西北太平洋秋刀鱼渔业

朱清澄　花传祥　编著

海洋出版社

2017 年 · 北京

内容介绍

　　本书是一本专门介绍西北太平洋秋刀鱼渔业的书籍，内容比较系统和全面。全书共分九章，主要包括西北太平洋秋刀鱼生物学特性及地理分布、秋刀鱼渔场分布与海洋环境的关系、秋刀鱼资源及其开发利用、西北太平洋秋刀鱼资源探捕与渔情预报、秋刀鱼渔业助渔设施设备、捕捞技术、秋刀鱼的加工和利用、秋刀鱼渔业的发展趋势展望、北太平洋公海相关渔业法规及管理等。

　　本书可作为海洋渔业科研和技术人员、大专院校有关师生、海洋渔业行政管理及生产人员的参考工具书。

图书在版编目（CIP）数据

西北太平洋秋刀鱼渔业/朱清澄，花传祥编著．—北京：海洋出版社，2017.12
ISBN 978-7-5027-9982-3

Ⅰ．①西…　Ⅱ．①朱…　②花…　Ⅲ．①北太平洋-海洋渔业　Ⅳ．①S975

中国版本图书馆 CIP 数据核字（2017）第 286934 号

责任编辑：方　菁
责任印制：赵麟苏

海洋出版社　**出版发行**

http://www.oceanpress.com.cn
北京市海淀区大慧寺路 8 号　邮编：100081
北京朝阳印刷厂有限责任公司印刷　新华书店发行所经销
2017 年 12 月第 1 版　2017 年 12 月北京第 1 次印刷
开本：787mm×1092mm　1/16　印张：22
字数：500 千字　定价：80.00 元
发行部：62132549　邮购部：68038093　总编室：62114335
海洋版图书印、装错误可随时退换

序

海洋渔业资源是人类社会的宝贵财富，合理开发利用海洋渔业资源，大力发展远洋渔业，为丰富我国水产品供给、促进渔民增收、推动农业国际交流合作和农产品贸易、维护国家海洋权益，做出了重要贡献。党的十八大明确提出："提高海洋资源开发能力，发展海洋经济，保护海洋生态环境，坚决维护国家海洋权益，建设海洋强国。"建设海洋强国的战略目标是党中央在我国全面建成小康社会决定性阶段做出的重大决策，远洋渔业是海洋强国战略的重要组成部分，也是国家"一带一路"大战略的重要一环。

我国从 20 世纪 80 年代开始发展远洋渔业，经过 30 多年的发展，我国已成为世界上重要的远洋渔业国家。我国远洋渔业从无到有、从小到大、从弱到强，取得了举世瞩目的成就。截至目前，我国已在 40 多个国家和地区及太平洋、印度洋、大西洋公海作业。我国远洋船队总体规模和远洋渔业产量均居世界前列，装备水平明显提升，产业结构日趋优化，从远洋渔业大国向远洋渔业强国迈进。

北太平洋公海秋刀鱼是我国新兴捕捞的大洋性鱼种，是我国远洋渔业的重要组成部分。我国大陆从 2003 年才开始对秋刀鱼资源进行试生产，2004 年由上海海洋大学朱清澄团队和大连国际合作远洋渔业有限公司联合派遣科研人员随船"国际 903"赴北太平洋进行探捕生产，并取得初步成功；经过十多年的科研努力与推广发展，秋刀鱼生产企业发展到数十家，船队规模增大，产量逐年提高，已实现了规模化生产。在"存在即权益"的规则下，增强了我国在相关国际领域的地位和影响力，为国家增强国际渔业管理话语权发挥了重要推动作用。

《西北太平洋秋刀鱼渔业》一书是对科技部"国家科技支撑计划"项目和历年农业部"北太平洋公海秋刀鱼资源探捕"项目的汇报与总结。该书图文并茂、数据翔实可靠、文献资料丰富，具有重要的科研和技术实用价值，是我国秋刀鱼渔业的首本专业书籍，也是生产、科研、教学及管理人员重要的参考书籍。

值此《西北太平洋秋刀鱼渔业》出版之际，谨向编著者和相关参与者表示衷心的祝贺，并向广大读者推荐，希望对读者有所启迪与帮助。

农业部渔业渔政管理局局长

张显良

2017 年 5 月 18 日

前　言

1992年联合国环境和发展大会通过的《21世纪议程》指出：海洋是全球生命系统的基本组成部分，是保证人类可持续发展的重要财富。21世纪将是海洋的世纪，应引起人们的高度重视。人类通过海洋渔业捕捞活动，利用海洋资源为自己提供了优质的蛋白质，从而为解决粮食危机提供了途径。海洋渔业是我国海洋产业中的重要组成部分之一，海洋渔业在海洋产业乃至国民经济中占有重要的地位。

按照《联合国海洋法公约》规定，中国的人均海域不到世界人均的1/10，人均占有面积排在世界第122位，海洋资源只有世界人均的1/30，人均大陆架盆地的面积只有世界平均的1/40。中国共产党第十八次代表大会报告指出，中国将"提高海洋资源开发能力，坚决维护国家海洋权益，建设海洋强国"。建设海洋强国的战略目标是党中央在我国全面建成小康社会决定性阶段做出的重大决策，因此，要把这一宏伟"海洋强国"战略目标变成现实，远洋渔业也应必须与此同步发展。

我国近海渔业资源的长期过度开发导致了渔业资源的严重衰退，远洋渔业"走出去"的战略实施已成为必然。远洋渔业关乎国家利益，国际远洋渔业资源竞争激烈，要获得国际渔业资源的有利分配权，必须要加快发展远洋渔业，拓展生存空间。西北太平洋公海秋刀鱼资源是目前完全开放利用的大洋性渔业资源，开发秋刀鱼资源将是我国远洋渔业重要的组成部分。

《西北太平洋秋刀鱼渔业》一书是对科技部"国家科技支撑计划"项目和历年农业部"北太平洋公海秋刀鱼资源探捕"项目的汇报与总结。2001年，大连国际合作远洋渔业有限公司首次派"国际903号"船赴西北太平洋捕捞秋刀鱼。2003年我国大陆正式派船到西北太平洋公海进行秋刀鱼探捕至今已历经15年，从2003—2012年的资源开发利用探捕阶段，到2014年实现规模生产，总产量接近8万吨，取得了阶段性的成功。秋刀鱼渔业研究团队先后对西北太平洋秋刀鱼生物学特性及地理分布、秋刀鱼渔场分布与海洋环境的关系、秋刀鱼资源及其开发利用、西北太平洋秋刀鱼资源探捕与渔情预报、秋刀鱼渔业助渔设施设备和捕捞技术、秋刀鱼的加工和利用、秋刀鱼渔业的发展趋势展望和相关的法律法规等进行了研究，取得多项重要成果。

本书共有"西北太平洋秋刀鱼生物学特性及地理分布、秋刀鱼渔场分布与海洋环境的关系、秋刀鱼资源及其开发利用、西北太平洋秋刀鱼资源探捕与渔情预报、秋刀鱼渔业助渔设施设备、秋刀鱼捕捞技术、秋刀鱼的加工和利用、秋刀鱼渔业的发展趋势展望、北太平洋公海相关渔业法规及管理"9个章节。

在本书的编写过程中，中国水产科学研究院东海水产研究所黄洪亮研究员、张勋研究员等提供了部分资料，部分研究生参与了海上调查、资料收集并进行实验与测试工作，上海海洋大学张衍栋搜集和整理了部分资料，在此一并致谢。

中国水产科学研究院东海水产研究所陈雪忠研究员，上海海洋大学陈新军教授对该书的编著出版给予了大力支持和帮助，黄海水产研究所孙中之研究员对全书进行了审阅，并进行了修改，在此一并致谢。

感谢科技部国家科技支撑计划"大洋性渔业捕捞与新资源开发"项目的支持（项目编号：2013BAD13B05）。

感谢农业部历年对"西北太平洋公海秋刀鱼资源探捕"项目的资助。

由于作者水平有限，错误在所难免，敬请各位读者批评指正。

编著者

2017 年 3 月于上海

目 次

第一章　西北太平洋秋刀鱼生物学特性及地理分布

第一节　秋刀鱼形态特征与地理分布

秋刀鱼，学名 *Cololabis saire* 取自日本纪伊半岛（Kii Peninsula，きいはんとう）当地对此鱼种的名称，其中 saira 系俄语（сайра），但 saira 的说法便成为日本纪伊半岛方言"さいら"。中文与日文的汉字都是秋刀鱼，则是源自于其体形修长如刀，同时生产季节在秋天的缘故。秋刀鱼是北太平洋常见的一种重要的冷温性中上层洄游经济鱼类，亦是重要的食用鱼类之一。秋刀鱼偶尔进入黄海，见于我国辽宁黄海北部及山东沿海。国外见于日本沿海及北太平洋。

一、形态特征

秋刀鱼（*Cololabis saire* Brevoort，1856），同种异名 *Scomberesox saira*（Peters，1866）和 *Scomberesox brevirostris*（Brevoort，1856），英文名称 Pacific saury、mackerel pike、skipper，日文称サンマ，曾用名竹刀鱼，属颌针鱼目（Beloniformes）、竹刀鱼科（Scomberesocidae），秋刀鱼属（*Cololabis* Gill，1895）（图1-1）。

图1-1　北太平洋秋刀鱼（*Cololabis saire*）

秋刀鱼体细长，侧扁，略呈棒状。头顶部至吻端平坦，中央有一微弱棱线。上、下颌骨略突出，呈啄状。口前位。下颌比上颌稍长，上颌呈三角形。两颌齿显著小，排列成1行，极稀疏，前部齿较集中，后部少或无；犁骨、腭骨及舌上无齿。舌端游离。鳃盖膜分离，不与峡部相连。鳃耙多而细长。眼较大，眼径大于口裂。鼻孔每侧1个，位于眼前方，呈三角形，下角延长呈裂缝状；嗅囊外露；嗅板呈蘑菇状。椎骨数64~65。

背鳍10，小鳍6；臀鳍13，小鳍6；胸鳍 i-12；腹鳍6。侧线鳞121。鳃耙0+34。

体长为体高6.3~8.7倍，为头长4.3~4.6倍。头长为吻长2.5~4.6倍，为眼径6.0~6.4倍，为眼间距4.3~5.8倍。

　　体被小圆鳞，薄，易脱落。体及头顶部、鳃盖部均被小圆鳞。侧线位低，近腹缘，自鳃盖底缘后方始，直向后延伸到基部。背鳍位于体后部，起点在臀鳍第6鳍条基部上方；第2~4鳍条最长，其后逐渐缩短。臀鳍与背鳍同形，基底长稍大于背鳍基底；两鳍后方均具有6个游离小鳍。胸鳍短宽。腹鳍小，腹位。尾鳍叉形。

　　体背部青黑色，体侧及腹部银白色，吻端与尾柄后部略带黄色。体侧胸鳍上方有2~3行鳞片宽的橄榄色纵带，体后部至尾基部带渐窄。背鳍及小鳍、尾鳍为浅褐色。胸鳍浅灰色而基底黑色。臀鳍和腹鳍白色。

　　成鱼体长一般350 mm、体重200 g左右，最大个体可达400 mm、体重250 g。

二、地理分布

　　目前发现竹刀鱼科共4属、4种，均为单型属。其中竹刀鱼属（*Scomberesox*）和秋刀鱼属（*Cololabis*）个体稍大，体纵列鳞107~148。竹刀鱼产于北大西洋及南半球，它的上下颌较长；秋刀鱼则产于北太平洋，它的上下颌仅稍突出。其他2属是体形较小的矮刀鱼属（*Nanichthys*）和小竹刀鱼属（*Elassichthys*），前者产于大西洋及印度洋的一个海区，后者产于东中太平洋（孟庆闻等，1995）。有的学者则把竹刀鱼科分为2属4种（李明德，1998）。竹刀鱼科的这4个种分别为：北太平洋的秋刀鱼（*Cololabis saira*）、东太平洋亚热带海区的秋刀鱼（*Cololabis adocetus* Böhlk，1951）（又名大吻秋刀鱼）（图1-2）、南半球温带和北大西洋的竹刀鱼（*Scomberesox saurus*）（图1-3）以及亚热带大西洋的竹刀鱼（*Scomberesox* sp.）（上海市水产研究所，1975）。也有人认为："世界海洋水域分布有5个种，其中包括一个亚种。①鱼口最长的称为北大西洋秋刀鱼，主要分布于大西洋北部和地中海；②鱼体较小者，体长仅有数厘米称为太平洋秋刀鱼，主要分布于太平洋东部至夏威夷诸岛水域；③鱼体长十几厘米的也称为大西洋秋刀鱼，它主要分布于大西洋和印度洋；④为印度洋秋刀鱼，主要分布于印度洋和大西洋；⑤为大西洋秋刀鱼（庞景贵，1994）。

图1-2　东太平洋秋刀鱼（*Cololabis adocetus*）

　　《渔业资源与渔业展望》记述：竹刀鱼科有4个种：北太平洋的秋刀鱼（*Cololabis saira*）、东太平洋亚热带海区的秋刀鱼（*Cololabis adocetus*）、南半球温带和北大西洋的竹刀鱼（*Scomberesox saurus*）以及亚热带大西洋的竹刀鱼（*Scomberesox* sp.）。

　　北大西洋竹刀鱼（*Scomberesox saurus*）（图1-3）鱼体最长，最大可达500 mm；其分布与西风漂流一致，广泛分布于南半球温带海区和北大西洋；北方群体与南方群体由赤道海区隔成一道鸿沟。北大西洋竹刀鱼幼鱼分布的中心在14°—23° N的低纬度地带（Ueyanagi等，1972）。敷网捕捞北大西洋竹刀鱼的水温范围为10~23℃（Parin，1968）。

　　亚热带大西洋竹刀鱼（*Scomberesox* sp.）体长较小，仅十几厘米；主要分布于大西洋和印度洋。

图 1-3　北大西洋竹刀鱼（*Scomberesox saurus*）

北太平洋秋刀鱼（*Cololabis saira*）（图 1-1）（本书以下所述的"秋刀鱼"除特别说明外，均为北太平洋秋刀鱼）体长亦较长，一般 350~400 mm；广泛分布于北太平洋温带圈东部至西部，几乎连续地分布在日本近海至北美西岸。一般认为，其南北分布区的界限大体为亚热带收敛线及极峰，终年在这一区域之间进行南北洄游。

东太平洋秋刀鱼（*Cololabis adocetus*）（图 1-2）则是矮小种，最大体长 60 mm。仅分布于 160°W 以东的太平洋亚热带海区。在北半球，它分布于 15°—25°N；在南半球则从赤道至 15°S。水温范围 21~25℃。

4 种竹刀鱼、秋刀鱼幼鱼和成鱼分布见图 1-4。

北太平洋秋刀鱼有 4 个种群，广泛分布在 25°—30°N 以北的北太平洋温带海域（图 1-5），夏季随暖流水系北上，扩大分布到鄂霍次克海南部、堪察加半岛南部、阿留申群岛至阿拉斯加南部 50°N 以北的海域。由于陆地的隔离以及群与群之间相距很远，其生活环境有所差异等而形成若干不同的群系或种群，这些种群之间几乎没有相互交流的江河，各自进行独立的洄游和资源变动。其主要种群自西向东分别为：日本海种群、西北太平洋种群、北太平洋中部种群和加利福尼亚种群。

（1）日本海种群。该种群沿对马暖流广泛分布于东海至日本海，春季随对马暖流增强，在日本海南部即可开始捕捞秋刀鱼，之后渔场逐渐北移，盛夏时在石狩湾也可捕到秋刀鱼。这个时期是秋刀鱼的产卵期，主要以流刺网捕捞。在外海，5—6 月以大和堆为中心形成渔场。此外，4—5 月在日本海西部尚有一支鱼群从对马海峡沿朝鲜半岛东岸北上至滨海边区，8—9 月到达鞑靼海峡近海。

（2）西北太平洋种群。该种群的产量在日本秋刀鱼产量中所占比重最大，主要是夏秋季在千岛列岛至常磐近海海域为舷提网所捕获。该种群的产卵期为秋季至翌年春季，秋季在房总近海开始产卵，冬季在九州南部至冲绳近海或小笠原群岛近海产卵，到春季产卵海区又缩小到日本的本州南部海域。孵化后的仔鱼在随产卵场的海流漂移过程中成长。秋季仔稚鱼的密集分布区在远州滩东部至房总近海，冬季分布在自四国南部至潮岬近海、伊豆诸岛近海、犬吠埼东部的狭长带海域以及八丈岛东南部海域。稚鱼随日本南部的黑潮流轴向东分布至本州东岸，顺沿岸北上的鱼群在夏季被沿岸定置网所捕获。此外，北上的鱼群尚有一部分到达北海道东南至南千岛近海；外海的鱼群主要沿黑潮第二分支北上。

幼鱼和成鱼在春季随黑潮暖流北上，分散在日本东北部的东部水域，夏季到达千岛列岛中部海域，在色丹海域可被捕获。其中一部分鱼群继续北上，穿过千岛列岛中、南部的水道进入鄂霍次克海。进入鄂霍次克海的鱼群数量受每年暖流北上势力和亲潮势力的强弱所制约。这些鱼群在夏季停留在鄂霍次克海中部海域，到水温下降期该鱼群开始游向鄂霍

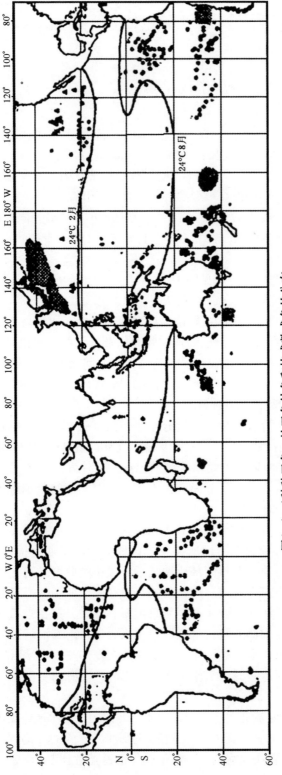

图1-4 4种秋刀鱼、竹刀鱼幼鱼和快熟成鱼的分布

圈外：北大西洋竹刀鱼（Scomberesox saurus）幼鱼　　太平洋圈内：东太平洋秋刀鱼（Cololabis adocetus）幼鱼

大西洋圈内：大西洋竹刀鱼（Scomberesox sp.）幼鱼　　　　阴影区：幼鱼与成鱼

三角形：北太平洋秋刀鱼（Cololabis saira）幼鱼

资料来源：Ueyanagi等，1969；Ueyanagi和Doi，1971；Ueyanagi等1972；上海市水产研究所 渔业资源与渔业展望，1975

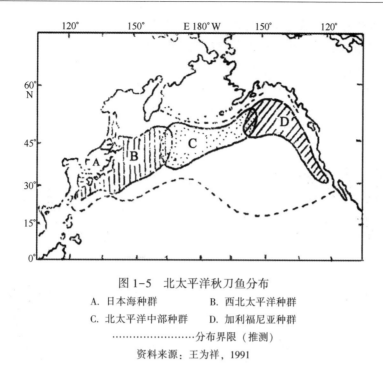

图1-5　北太平洋秋刀鱼分布

A. 日本海种群　　　　　B. 西北太平洋种群
C. 北太平洋中部种群　　D. 加利福尼亚种群
······················分布界限（推测）
资料来源：王为祥，1991

次克海的北海道沿岸。9月水温下降，秋刀鱼开始南下洄游，鱼群密集分布在北海道东部至三陆外海亲潮前锋的南侧并形成渔场。随着季节的变化亲潮前锋南移，渔场也随之逐渐南移。因此，这一带的渔期为8月末至12月初；冬季鱼群沿海岸南下，在纪伊半岛近海形成渔场。该群体的舷提网渔获物以体长250～290 mm和290～310 mm的大型秋刀鱼为主。

（3）北太平洋中部种群。据日本和俄罗斯在北太平洋海域的调查，确认存在着太平洋中部种群。该种群的分布范围在160°E—150°W的北太平洋中部海域，其主要分布区在黑潮续流的北太平洋海流北侧、阿留申海流和沿阿留申列岛向西流的阿拉斯加海流等3个海流围绕的环流海域，每年随季节和海况的变化作南向洄游。夏季以中型秋刀鱼为主，主要分布在阿留申列岛南侧47°—51°N、水温10～15℃潮隔区的南侧海域；其产卵场在靠近分布区南部的39°—40°N、水温16～18℃的海域。由于北太平洋中部高温区偏北，产卵场的纬度也比其他种群偏北。

（4）加利福尼亚种群。该种群栖息在150°W以东的北美洲西岸，自加利福尼亚半岛北部外海至阿拉斯加湾，与其他种群一样也是进行南北季节洄游。秋刀鱼在加利福尼亚沿海的产卵期为2—7月，体长200 mm以下的秋刀鱼多分布在南部海域，北部海域以体长180 mm以上的鱼为主。此外，不同纬度的秋刀鱼体长范围亦有差异（42°N以南为180～220 mm；42°—44°N为260～300 mm；44°N以北为280～310 mm），具有越向北个体越大的分布趋势。

太平洋秋刀鱼属冷温性中上层洄游鱼类，广泛分布于北太平洋温带圈的东部至西部，几乎连续地分布在日本近海至北美海岸，一般认为，其南北分布区的界限大致是亚热带收敛线及极峰，终年在这区域之间进行南北洄游（图1-6和图1-7）。栖息于亚洲和美洲沿岸的太平洋亚热带和温带 18°—66°N、137°E—108°W 水域中，主要分布于太平洋北部温带水域，包括日本海、阿拉斯加、白令海、加利福尼亚、墨西哥湾等水域。在西北太平洋海域，秋刀鱼稚鱼在 30°—45°N、125°—160°E 海域均有分布，其中在 141°—147°E、35°—43°N 海域的分布密度最大。适温范围为 10~24℃，最适温度 15~18℃，栖息水深 0~230 m。

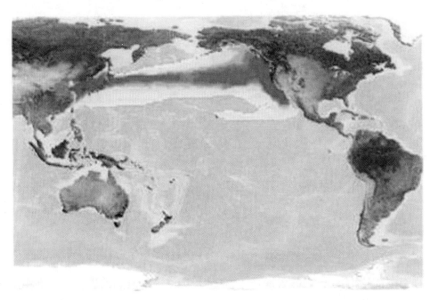

图1-6　北太平洋秋刀鱼分布示意图

资料来源：世界大洋性渔业概况，2011

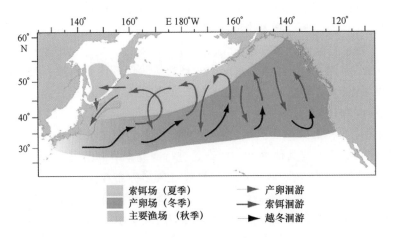

图1-7　北太平洋秋刀鱼生活史和洄游分布

资料来源：世界大洋性渔业概况，2011

西北太平洋秋刀鱼的主要渔场在以下 3 个地方：日本本州东北部和北海道以东外海；千岛群岛以南的俄罗斯 200 海里专属经济区及以外海域；太平洋中部的天皇海山一带（图1-8）。北上期的主要渔场形成于千岛群岛中、南部外海，43°—46°N、146°—56°E 附近的流隔（千岛前峰）区。近海鱼体以中、小型为主，外海以中型为主，混有大型鱼。

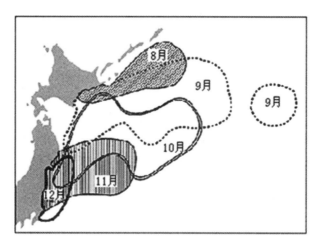

图 1-8　秋刀鱼作业渔场分布

南下第一群的出现约于 8 月 20 日，南下初期在色丹—择捉岛近海及外海形成主要渔场。从亲潮分支的扩张状态来看，主群的南下是在外海，约在 9 月中旬，沿岸渔场在落石角至靳裳角外海，外海渔场达 41°—43°N、146°—152°E。南下期前半期的鱼体以中、小型为主，混有大型鱼（大型鱼多在外海）；后半期以中、小型为主，在外海北上的大型鱼较多。

第二节　秋刀鱼生物学特性

一、繁殖生物学特性

1. 产卵与产卵场

秋刀鱼是一种多次产卵型鱼类，怀卵量为 3 000~20 000 粒。初次产卵年龄为 1.5~2 龄，约在冬季（12 月至翌年 3 月），体长 270~290 mm 的鱼是一生中产卵活动的最盛期。秋刀鱼雌性个体生殖腺左右不对称，卵巢长度为 20~130 mm（久保雄一，1954），卵巢长度（L）和重量（W）的关系式为：$W = 1.355\ 3 - 0.645\ 7L + 0.080\ 3L^2$。秋刀鱼产卵期可持续两个月，每次产卵有 500~3 000 粒/尾，产卵频度 3~5 次/尾。因此，一尾成熟秋刀鱼雌鱼的产卵量 1 500~15 000 粒/尾。

秋刀鱼除夏季以外，几乎全年可以产卵，西北太平洋种群春季和秋季的主要产卵场在黑潮流域北部的混合水域（三陆和常磐海域），冬季则在黑潮水域（伊豆近海到萨南海域）。

秋刀鱼鱼卵呈椭圆状，大小为（1.7~1.9）mm×（1.6~1.8）mm，为沉性卵（密度

1.055），有若干极小的油球，未受精的成熟卵及受精初期的卵为无色透明，近孵化时呈蓝绿色。秋刀鱼鱼卵是典型的附着性卵，卵膜上具有两种特殊的附着丝：在长轴的一端带有 12~15 条细丝所组成的丝状物质——附着丝，每根附着丝粗约 10 μm；离这些附着丝 90° 处的侧面也有一条单独的、稍粗（20 μm）且较长的缠绕丝。多数鱼卵互相缠绕成葡萄状，并利用其缠绕丝（filament）可以轻易附着于海水表层漂浮物上（如海草），达到其漂浮和移动之目的。然而，秋刀鱼鱼卵的机械性漂浮模式与一般海洋鱼类鱼卵的物理性漂浮模式在原理上显著不同。一般海洋鱼类鱼卵是由渗透压调节，借以改变本身密度，达到在海水表层漂浮的目的。但是，秋刀鱼鱼卵并非全部具有上述细丝物质的构造，部分秋刀鱼鱼卵被发现不具细丝构造。据研究结果，即使秋刀鱼鱼卵未附着漂浮物而下沉，其仍可发育并孵化成正常仔鱼，因此，秋刀鱼仔鱼在海洋中的丰度是无法仅由海水表层漂浮物数量、或由漂浮物所能负载的秋刀鱼鱼卵数量来估算。

不同的研究方法，得出的结果亦不同。Hatanaka（1956）研究发现，秋刀鱼产卵时间是从 9 月到次年的 6 月，在单一产卵季内最多可进行约 30 次的产卵（3~6 d 可产卵一次），每次产卵的卵数范围和平均数分别为 120~4 500 粒和 2 000 粒。产卵期一般可持续两个月，6 个月至 1 龄时开始性成熟，2 龄全部性成熟。崛田秀之（1960）依据卵巢发育季节变化评估认为，秋刀鱼的产卵季分为秋冬季（10 月至次年 2 月）和春季（3—6 月），栗田（2001）认为秋刀鱼产卵的高峰期在冬季。

秋刀鱼在日本周边海域各产卵场和产卵期如表 1-1 所示。

表 1-1　秋刀鱼各产卵场和产卵期

产　卵　场	产　卵　期
北海道东部海域	6—8 月
本州南部海域	11 月至翌年 5 月
九州南部海域	1—3 月
日本海西部海域	2—5 月
日本海北部海域	6—7 月

2. 卵母细胞发育与孵化

鱼类卵巢发育模式通常有 3 种类型：同期卵发育（synchronous oocyte development），群同期卵发育（group-ynchronous oocyte development），非同期卵发育（asynchronous oocyte development）（Tyler and Sumpter，1996；De Silva et al，2008）。秋刀鱼卵巢发育模式为非同期卵发育，卵巢内同时存在连续不同发育阶段的卵母细胞，可以使同一尾雌鱼在单一产卵季节内发生多次分批产卵的行为（Hatanaka，1956；巢山等，1996；小坂，2000）。

巢山等（1996）将秋刀鱼卵母细胞划分 7 个发育时期。

（1）周仁期（peri-nucleolus stage）：细胞质逐渐增加，滤泡细胞厚度亦增加。此时期的卵径 0.06~0.18 mm（图 1-9A）。

（2）表层囊泡前期（early cortial alveoli stage）：细胞质内开始出现少数表层囊泡且呈

不规则排列，之后随着数量的增加，沿着滤泡细胞并以细胞核为中心，呈现2~3列同心圆排列，此时期的卵径0.15~0.34 mm（图1-9B）。

（3）表层囊泡后期（late cortial alveoli stage）：表层囊泡数量多，并向细胞核周边聚集，占细胞质1/2以上，此时期的卵径0.31~0.39 mm（图1-9C）。

（4）初级卵黄球期（primary yolk stage）：细胞质内出现卵黄颗粒，并且细胞核会向旁边移动，此时期的卵径0.36~0.41 mm（图1-9D）。

（5）次级卵黄球期（secondary yolk stage）：卵黄球大小超过细胞核径，此时期的卵径0.52~0.85 mm（图1-9E）。

（6）第三级卵黄球期（tertiary yolk stage）：细胞质几乎被大部分卵黄物质占据，小部分卵黄物质存在滤泡细胞周围，此时期的卵径0.90~1.07 mm（图1-9F）。

（7）成熟期（maturation stage）：卵黄完全融合，核膜消失，此时期的卵径0~1.52 mm（图1-9G）。

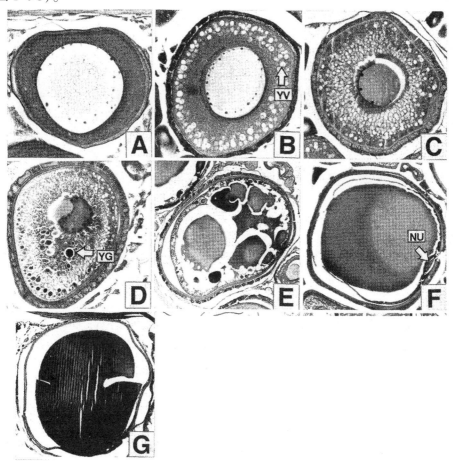

图1-9　秋刀鱼卵母细胞不同发育时期的显微相片

A：周仁期（×270）；B：表层囊泡前期（×190）；C：表层囊泡后期（×120）；D：初级卵黄球期（×170）；

E：次级卵黄球期（×135）；F：第三级卵黄球期（×75）；G：成熟期（×60）

资料来源：巢山 哲等，1996

海洋鱼类鱼卵的比重变化，从卵发育的初期到中后期，通常不显著，但在卵发育后期到孵化前之间，有快速上升的现象。秋刀鱼卵比重的变化，与上述鱼卵发育过程相似，从卵发育初的囊胚期的 1.050 g/cm³ 开始，缓慢上升至卵发育中的胸鳍拍动期的 1.055 g/cm³ 后，比重升高速率加快，至孵化前已达到 1.063 g/cm³。海洋鱼类鱼卵比重在发育后期骤升的主要原因可能与卵化酶素在卵化前大量出现及卵化酶素的活化有关。

秋刀鱼卵在 14~20℃ 水温下，需 10.5~17 d 的孵化期；水温 15℃ 时约需 14 d 孵化出仔鱼。刚孵化的秋刀鱼仔鱼全长 6.22~6.74 mm，卵黄大部分被吸收，色素发达，呈明显的黑色；立即可进行摄食活动。孵化后 4 日龄时全长 7.97~8.15 mm，背部呈蓝青色、腹部呈银白色，其成长至约 23.0 mm 时，鱼体各鳍鳍条发育趋近完备，旋即进入稚鱼期。秋刀鱼幼鱼成长速度非常快，但其成长率却依地方、季节产卵、年度产卵时间的不同而有所变化。其在每一年级层之体长估计，范围都非常大。1 龄时体长为 80~150 mm；2 龄 150~250 mm；3 龄 230~330 mm。4~5 龄时最大体长可达 350~400 mm，一般体长为 250~300 mm。2 龄左右性成熟。秋刀鱼性成熟最小体长为 260 mm，最小年龄为 13 个月。

二、生长发育特性

1. 生长发育概述

年龄是鱼类种群动力学和早期生活史研究的基本生物学参数，用来分析个体生长规律，建立各种资源评估和管理模型等。年龄与生长及两者之间的关系是鱼类不可缺少的研究课题，这对于渔业的管理和资源的合理开发十分重要。

秋刀鱼的寿命一般是 2~4 龄，在渔获物生物学群体测定中，基本都是 2 龄群体，2 龄最小生物学体长为 210~220 mm，3~4 龄最大体长为 350~400 mm，生命周期短，生长迅速，世代更新快。秋刀鱼群体组成比较复杂，根据体长组可分为小型群（体长 210~240 mm、体重 60 g 左右）、中型群（体长 270~280 mm、体重 80~90 g）、大型群（体长 300 mm 左右、体重 130g）、特大型群（体长 320~350 mm、体重 150~180 g）和超特大型群（体长 350~400 mm、体重 200 g 左右）。但不同的学者根据秋刀鱼体长组成划分为不同的群体。巢山哲等（1992）将秋刀鱼分为小型群（200 mm<KnL<240 mm）、中型群（240 mm<KnL<295 mm）和大型群（KnL≥295 mm）。另外，Hotta（1960）进一步划分出特大型群（KnL≥320 mm）。这些群体中，中型群—特大型群 3—7 月产卵，亦称为春季发生群；小型群—大型群为 10 月至翌年 2 月产卵，亦称为秋季发生群。

秋刀鱼分为卵、仔鱼、稚鱼、幼鱼、未成熟鱼和成鱼这 6 个生活周期（图 1-10），这些阶段不仅描述了秋刀鱼的生活阶段，也阐述了各阶段在秋刀鱼生长和洄游中的变化。Mukai 等（2007）认为在第一年冬季产卵的秋刀鱼生长最快，在春季产卵的秋刀鱼生长最慢，到第二年结果相反。有学者认为秋刀鱼的稚鱼长到 90 mm 需要 3 个月时间，在 10 个月时体长达到 280 mm，鱼体形似成熟群体。

2. 不同的研究方法得出的年龄与生长关系

Hotta（1960）对秋刀鱼幼鱼饲养了 80 d，认为秋刀鱼 0.5 龄长到 20~50 mm，1.0 龄长到 150~200 mm，1.5 龄长到 230~250 mm，2 龄长到 300 mm，2.5 龄长到 315 mm。

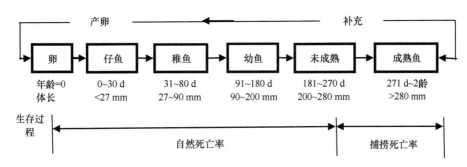

图 1-10　秋刀鱼生长阶段

Hotta 利用耳石和脊椎骨组织将秋刀鱼划分为春季产卵群和秋季产卵群，并且划分为 1.0 龄，1.5 龄，2.0 龄，2.5 龄 4 个年龄组，分别对应体长为 210~240 mm，260~280 mm，290~300 mm，310~330 mm，1 龄以后的生长率为 0.6~0.7 mm/d。

Suyama 等（1992）根据 1989 年 7—8 月在中部北太平洋采集的 300 尾秋刀鱼样本，确定了年龄和体长（KnL）之间的关系，其关系式为 $KnL = 0.189D + 195.4$（$N = 26$，$r^2 = 0.716$）。1996 年，Suyama 等（1996）根据 1991 年 6—10 月在西北太平洋采集的秋刀鱼样本，对耳石进行测量和计数确定了年龄和体长（KnL）之间的关系，即，体长（KnL）和日龄（D）的关系式为：

$$KnL = 0.24D + 162.7 \quad (R^2 = 0.846) \tag{1-1}$$

得出了西北太平洋秋刀鱼鱼体长（KnL）和日龄（D）的关系式为：

$$KnL = 0.18D + 196.3 \quad (N = 26,\ r^2 = 0.716) \tag{1-2}$$

中部太平洋秋刀鱼为：

$$KnL = 0.19D + 196.3 \quad (N = 39,\ r^2 = 0.809) \tag{1-3}$$

Nakaya（2010）在实验条件下研究了秋刀鱼的生长和成熟情况，研究发现秋刀鱼孵化后的体长为（6.9±0.26）mm，孵化 140 d 后，秋刀鱼性腺可以辨别，并得出雌性秋刀鱼体长（KnL）和日龄（D）的关系式分别为：

$$KnL = 0.56D + 109.9 \quad (n = 63,\ r^2 = 0.72) \tag{1-4}$$

雄性秋刀鱼体长（KnL）和日龄（D）的关系式分别为：

$$KnL = 0.54D + 114 \quad (n = 60,\ r^2 = 0.7) \tag{1-5}$$

利用 Gompertz 生长模型得出体长（KnL）与日龄（D）的关系式方程为：

$$KnL = 277.1\exp\left\{-\exp\left[-0.015(D - 83.8)\right]\right\} \tag{1-6}$$

秋刀鱼生长迅速，同种而不同地理种群、性别、生长阶段不同其生长率也不同。秋刀鱼在仔稚幼鱼期生长速度较快，从初孵仔鱼到 10 日龄其体长生长率为 1 mm/d，一周后生长率降至 0.4 mm/d，20 日龄后，生长率高于 1 mm/d，在 30~60 d 之间的生长率为 1.4 mm/d（Watanabe，1991）。而 Agüera（2012）认为从孵化到 8 个月之间，大西洋秋刀鱼的平均生长率为 1.04 mm/d。

2005 年，笔者从捕捞的秋刀鱼群体随机取样测定发现，被捕获的秋刀鱼群体由 $0^+ \sim 3^+$ 个年龄组组成，其中以 2 龄与 1 龄组占优势。这部分群体是秋刀鱼资源的主要组成，体现出其生长迅速、世代周期较短的特性。

体长与鳞径关系：各龄秋刀鱼的平均轮径 R 与叉长 L 的关系，呈现如下直线方程的关系。即：

$$R = -0.2238 + 4.15 \times 10^{-3} L \ (\text{mm}) \ (\text{相关系数} \ r = 0.9974) \tag{1-7}$$

叉长与体重（总重）关系：根据生物体长与体重的一般关系式：$W = aL^b$，北太平洋秋刀鱼的相关方程为：

$$W = 1.58 \times 10^{-7} L^{3.6} \ (\text{g}) \ (\text{相关系数} \ r = 0.99994) \tag{1-8}$$

秋刀鱼生长方程：秋刀鱼体重与叉长的立方成比例（$W_\infty L^3$），符合 Von Bertalanffy 的假设条件。其体长和体重的生长方程为：

$$L_t = L_\infty [1 - e^{-k(t-t_0)}] \tag{1-9}$$

$$w_t = w_\infty [1 - e^{-k(t-t_0)}]^3 \tag{1-10}$$

依直线回归求得：$a = 125.94$，$b = 0.694$　　（相关系数 $r = 0.94$）

$$b = e^{-k} = 0.694, \qquad k = +0.3647$$

$$L_\infty = \frac{a}{1-b} = 412 \ \text{mm}$$

$$t_0 = \frac{1}{k} \ln \left[\frac{L_\infty - L_t}{L_\infty} + t \right]$$

$$t_0 = -1.424, \ -1.256, \ -1.731, \ -1.407$$

$$t_0 = \frac{\sum t_0}{4} = -1.45$$

$$W_\infty = aL_\infty^b = 1.58 \times 10^{-7} \times 412^{0.0694} = 409 \ (\text{g})$$

求得秋刀鱼的生长方程：

$$L_t = L_\infty [1 - e^{-k(t-t_0)}] = 412 [1 - e^{-0.36(t+1.45)}] \tag{1-11}$$

$$w_t = w_\infty [1 - e^{-0.36(t-1.45)}]^{3.6} = 409 [1 - e^{-0.36(t+1.45)}]^{3.6} \tag{1-12}$$

秋刀鱼的拐点年龄（即生长速度从增加到下降称为拐点，也就是当重量生长速度的变化值为 0 时的年龄就是拐点）。

拐点年龄：$\dfrac{\ln b}{k} + t_0 = 2.06$

三、摄食特性

秋刀鱼没有胃和幽门垂，其消化系统仅由食道部、肠部和直肠部组成。秋刀鱼是浮游生物食性鱼类，主要饵料为浮游甲壳类、仔鱼、鱼卵、箭虫等。在浮游甲壳类中摄食最多的是小型拟哲镖水蚤 *Paracalanus parvus*、隆剑水蚤、大眼剑水蚤 *Corycaeus* sp.、纺锤镖水蚤 *Acartia* sp. 及虾、蟹类幼体、磷虾、端足类等。秋刀鱼摄食有日周期性，摄饵活动盛期主要在白天至日落前，夜里基本上不摄食，摄饵时的最适温度为 15~21℃。生殖期间亦不停止摄食活动。

秋刀鱼在仔稚鱼时期以桡足类（Copepods）的无节幼虫（nauplius）等小型浮游动物为主，在成鱼阶段以羽叉哲水蚤（*Calanus plumchrus*）等大型桡足类和磷虾（*Euphausiids*）

为主食（小達和子，1977；高幸子等，1980；高幸子等，1982）。体长达到 50 mm 左右时体形及鳃耙的形态发生变化，此后开始摄食鳀鱼、沙丁鱼等鱼的仔幼鱼。秋刀鱼在北太平洋资源丰富，同时也是大型肉食性鱼类、鸟类及海洋哺乳动物的主要饵料。朱清澄等（2008a、b）研究发现在秋刀鱼胃含物中主要为桡足类、箭虫类、虾类、端足类、浮蚕类，其中以桡足类和箭虫类为主。

第三节　秋刀鱼洄游特性

鱼类赖以生存的自然环境会经常、不断地发生变化，一类是在地球生物圈有机界的影响下发生的、缓慢的不可逆变化；另一类是由宇宙因素即太阳系中的天体运动和地质运动所引起的生物圈状态的、可逆的周期性变化。这些周期性变化主要有地球自转引起的昼夜变化、伴随月相变化产生的阴历月变化、地球公转引起的季节变化、与太阳黑子活动周期有关的多年性变化以及时间更长的地貌变化。通过长期的进化，鱼类对这种周期性环境变化产生了适应，表现为交替出现的节律性生物现象，即所谓的生物周期，在行为上的适应就表现为行为的节律性。从生物周期的长短来看，它们一般可分为昼夜周期、月周期、季节周期和多年周期等多种，这恰好与环境变化周期相一致。显然，鱼类行为的节律性也同样具有昼夜节律、月节律、季节节律和多年节律等。一般认为，生物周期（包括鱼类行为的节律性）大多是生物钟作用的结果。这种世世代代遗传下来的调节机制，不仅能够把身体内在和环境条件的节奏紧密结合起来，而且使鱼类能够预先感受到即将到来的光照、温度、潮汐以及其他环境昼夜的、季节的周期性变化，然后经过神经系统和内分泌系统的调节和支配作用，使鱼类的行为习性、生活方式以及生理状态发生相应的变化，以适应环境的变化而有利于生存。因此，大多数海洋鱼类因索饵、产卵、集群等生存本能的因素，具有洄游、昼夜垂直行动的泳动行为。

一、洄游

某些鱼类等水生动物，由于环境影响和生理习性要求，出现一种周期性、定向性和集群性的规律性移动行为称为洄游。洄游是一种社会行为，具有季节性或周期性。洄游是按一定路线进行移动，洄游所经过的途径称为洄游路线。研究和掌握鱼类的洄游规律，在渔业生产上具有重要意义。鱼类的洄游是一种先天性的本能行为，具有一定的生物学意义。洄游过程在漫长的进化过程中逐渐形成而且稳定之后，就成为其遗传性而固定下来。不同的鱼类或同一鱼类的不同种群，由于洄游遗传性的不同，各有其一定的洄游路线和一定的生殖、索饵及越冬场。这是自然选择的结果，有相当强的稳定性，不是轻易可以改变的，在一定的内、外因作用下，鱼类是依靠其遗传性进行洄游的。

并非所有的鱼类都会进行洄游。根据进行洄游与否，鱼类可分为洄游性鱼类和定居性鱼类两大类。对于大多数鱼类来说，洄游都是其生活周期中不可或缺的一环；只有较少数的鱼类经常定居某一区域，不进行有规律的、较远距离的移动。

影响鱼类洄游过程的主导因素是其内部因素，也就是其生物学状态的变化，如性腺发育、激素水平作用、含脂量、血液化学成分的改变等。性腺发育到一定程度时，性激素分泌作用就会引起神经系统的相应活动，从而导致鱼类的生殖洄游。肥满度和脂肪含量必须达到一定的程度，才会引起越冬洄游。由于在生殖或越冬后对饵料的需求，才会进行索饵洄游。鱼类血液化学成分和渗透压调节机制的改变，也是影响洄游过程的内部因素。当鱼类血液中的二氧化碳含量逐渐升高时，增加了血液渗透压，如鳗鲡，在这时入海就成了生理上的迫切需要。血液渗透压逐渐降低、消化道萎缩、停止摄食，例如鲑科鱼类，这时需要进入淡水，使其积极进行生殖洄游。鱼类如果性腺发育不好，即使达到生殖年龄，生殖洄游亦不会开始。同样，鱼类如果肥满度和含脂量尚未达到一定的程度，即使冬天已经来临，越冬洄游也不会开始。

鱼类已完成洄游准备并不意味着其洄游马上开始，通常已做好洄游准备的鱼类只有在一定的外界因素刺激下才会开始洄游。同时，已经开始的洄游也仍然要受外界因素的影响，由于不利的外界因素出现，鱼类往往会暂时停止洄游活动，或偏离当年的洄游路线。外界因素不仅可以作为引起洄游开始的信号或刺激，而且还会影响洄游的整个过程。影响鱼类洄游的外界因素很多，各种外界因素的作用大小亦各不相同，也不是固定不变的，不但因种类而异，而且即使是同一种类在不同的发育阶段和生活时期，外界因素的主要因素和次要因素也会发生相互转化。鱼类在生殖洄游时期，洄游主要是为了寻求生殖的适宜场所，在游向产卵场的过程中，水温、盐度、透明度和流速等外界因素对其行为往往有较为显著的影响。在索饵洄游时期，洄游主要是为了寻求饵料，决定鱼类行为的主要外界因素已转化为饵料的丰歉。在越冬洄游时期，鱼类洄游主要是为了寻求适宜的越冬场所，这时决定其洄游的外界因素主要是水温和地形，在洄游过程中，逐渐游至水温较高的海区或水流较缓的深水区寻求越冬。

鱼类洄游是在漫长的进化过程中逐渐形成的，是鱼类对外界环境长期适应的结果。鱼类通过洄游能够保证种群得到有利的生存条件和繁殖条件。几乎所有的洄游鱼类都是以集群方式进行洄游的，洄游鱼群一般均由体长和生物学状态相近的鱼所组成，不同种类鱼的洄游鱼群大小各不相同。因此，研究和掌握鱼类集群洄游对渔业资源评估和预报、海洋捕捞生产等有着重要的积极意义。

秋刀鱼属于中上层洄游性鱼类，一生中要完成索饵、成长、繁殖等生活行为。在秋季，成熟的秋刀鱼自亲潮海域（Oyashio waters）进行索饵，之后随寒流南下，一些成熟的秋刀鱼在混合区（mixd-water region）进行产卵，其子代为秋生群（autumn-spawned group）；大多数秋刀鱼在冬季洄游至黑潮水域（Kuroshio waters）产卵，其子代为冬生群（winter-spawned group）；最后部分成熟者会在春季洄游北上到达混合区进行产卵，其子代为春生群（winter-spawned group）（小坂淳，2000；Tian et al，2003）。Suyama（2012）认为有些秋刀鱼远离日本海岸向南洄游产卵。秋刀鱼洄游示意图见图 1-11。

秋刀鱼的洄游路线很长，从亚热带穿过环境状况极其复杂的黑潮—亲潮混合区直到亚寒带。北太平洋秋刀鱼产卵季节也很长，从秋季一直延续到翌年春季。秋季的主要产卵场在黑潮前锋北部的混合水域，冬春则在黑潮水域。幼鱼的生长及存活率与不同产卵群体有关。在黑潮区产卵的冬季群体和在混合区产卵的春季群体比在混合区产卵的秋季群体其幼鱼存活率要明显高一些，所以冬季群体和春季群体在补充群体中占较大比重。此外，在春夏季一部分进入日本海的秋刀鱼开始大量产卵，所以在日本周边秋刀鱼几乎常年都有产

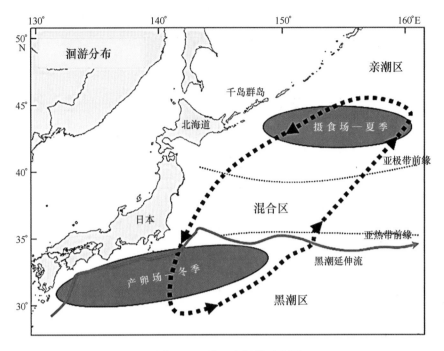

图 1-11　秋刀鱼洄游示意图

资料来源：黄文彬等，2011

卵行为。在春季随着水温的逐渐上升，秋刀鱼开始北上索饵洄游，夏季到达千岛群岛沿岸亲潮区并得到充足的饵料。当秋刀鱼逐步成长并至开始成熟后，鱼群开始南下。也有一部分秋刀鱼进入日本海产卵，在海况条件适宜时，这部分鱼卵和幼鱼会通过津轻海峡进入太平洋，成为西北太平洋秋刀鱼补充群体的一部分。由于每年寒、暖流有强弱，潮隔内的暖水块有的年份靠岸，有的年份离岸，这样就会影响秋刀鱼的洄游路线和渔场分布。捕捞是在秋刀鱼沿亲潮沿岸分支及第二分支进行南下洄游时进行。渔场主要分为日本东北沿岸的渔场和千岛群岛以南延伸到公海的外海渔场两块。我国大陆及台湾省目前多以北上的公海秋刀鱼鱼群为主要的捕捞对象（图 1-12 中虚线框所示）。

二、昼夜垂直移动

大多数海洋鱼类的游泳活动都具有昼夜节律性，这往往与鱼类的索饵、产卵、集群有着密切的关系。根据鱼类在昼夜间的游泳活动特点可将其分为 3 种类型：只在白天活动的称其为昼出性鱼类；只在夜间活动的称其为夜出性鱼类；在白天和夜间均有活动的称其为全昼夜活动性鱼类，这类鱼类的游泳活动没有昼夜节律性。此外，也有些鱼类比较喜欢在黄昏或黎明时进行活动。全昼夜活动性鱼类的夜间活动有两种情况，一是以索饵为目的的活动；二是不以索饵为目的的活动。

鱼类明显的昼夜垂直移动现象是一种具有昼夜节律性的行为。大多数中上层鱼类在白天生活在较深水层，到了傍晚则上升到表层并进行集群行动，夜间分散于水体，黎明时又下沉；而大多数底层鱼类通常白天在底层，夜间上升并分散。鱼类多为小群做垂直移动，早晨

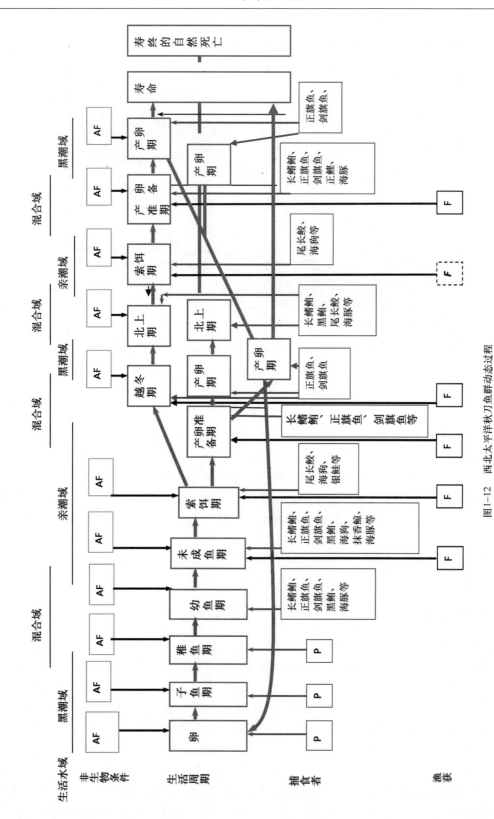

图1-12　西北太平洋秋刀鱼群动态过程

生活水域

非生物条件

生活周期

捕食者

渔获

黑潮域　　混合域　　亲潮域　　混合域　　黑潮域　　混合域　　亲潮域　　混合域　　黑潮域

寿终的自然死亡

寿命

产卵期

产卵备准期

索饵期

北上期

越冬期

产卵备准期

索饵期

未成鱼期

幼鱼期

稚鱼期

子鱼期

卵

由水表层下降之前或傍晚上升到水表层之前的鱼类分成小群，并以此小群做垂直移动。

有关引起鱼类垂直移动的原因则说法不一。不少人认为，上层鱼类的垂直移动是追随浮游生物的移动所引起的。由于饵料浮游生物因光照度变化而作垂直移动，所以，捕食浮游生物的鱼类也会随之做明显的昼夜垂直移动。但也有许多摄食浮游生物的鱼类不在夜间摄食，而是在早上和黄昏时摄食，故夜间不一定上升到水表层。另一些人则认为，鱼类的昼夜垂直移动是选择适宜照度所产生的结果，鱼类白天移动到水底层是为了避开光线。还有人认为，鱼类每天晚间起浮到上层索饵或者夜间索饵后游向水下层，是对白天以鱼类为食的海鸟及其他肉食性动物的防御性适应，是寻求水文条件较平稳并少受凶猛动物袭击的安全场所的结果。也有人认为，肉食性的鸟类和海豚迫使鱼类（如鳀鱼）降到水底，当冬季上层凶猛动物的影响减弱时，鱼群即起浮到水表层。甚至有人认为，鱼类在黑暗时起浮到水上层的原因是与食物的消化条件有关，原因是在水上层温度较高，消化过程进行的较快。此外还有人认为，引起水温及其他水文要素周期变化的潮汐内波，也直接促使一些远洋性上层鱼类进行全日或半日垂直移动。

季节对鱼类垂直移动亦有影响，季节不同，其垂直移动亦不同。例如在傍晚，产卵场的鲱鱼离开海底比索饵场的鲱鱼迟，在较低照度下才离开海底。在冬季，某些鱼类（如鳀）有无垂直移动则取决于丰满度，早丰满的早降至深处并停止垂直移动，仍然摄食的还会继续进行垂直移动，但不像春季在沿岸洄游时那样活跃。春季，鱼类行为发生变化，性产物逐渐发育，索饵强烈，积极进行水平移动而离开越冬场。光的照射能够刺激并促进鱼类性腺发育成熟，不少鱼类在产卵期以前或产卵期的垂直移动有着根本性的变化，甚至改变了垂直移动的一般规律（如太平洋鲱鱼等）。

此外，鱼类的昼夜垂直移动还因纬度而有差异。寒温带与热带鱼类的昼夜垂直移动有着极大的差异，寒温带摄食浮游生物的经济鱼类可进行深达 500 m 的垂直移动，垂直移动的昼夜节律会随季节变化而变化，并与一年各季节日出和日落的时间、生理状况有关。在热带，大多数摄食浮游生物经济鱼类的垂直移动幅度达 150~200 m，垂直移动的昼夜节律无季节性。在南热带的大陆架海区，浮游生物食性鱼类所做的昼夜垂直移动幅度不超过 15 m。从不同纬度上的各种摄食浮游生物鱼类上升和下降的延续时间资料对比来看，寒温带在延续时间上几乎不决定于鱼的种类、体长和分布深度。摄食浮游生物鱼类的垂直移动全过程在北方需要 2.5~3 h，南寒温带需要 1~1.5 h，而热带仅需要几分钟时间。垂直移动的延续时间取决于该地带整个水域内鱼类共同生活的外界环境因子，包括水层中昼夜光照开始时间和延续时间以及水的透明度等。同样，许多鱼类垂直移动的幅度在一定程度上也受温度的影响，水温跃层的存在，往往会阻碍鱼类进行完整的昼夜垂直移动。另外有人认为，水中含氧量、水温变化、内陆波、温跃层等因素不能决定鱼类生活的昼夜节律，只能影响其垂直移动幅度或水平分布的范围。

总之，鱼类的垂直移动既决定于鱼类的生理状态（特别是性成熟度和肥满度），也决定于栖息环境的海况、风、流、水温等，并决定于饵料和凶猛动物的分布以及鱼类本身的纬度和季节等。许多鱼类都具有垂直移动的习性，而渔具作业区域范围和捕捞时间往往不能与鱼类的昼夜垂直移动相一致，致使渔获率受到影响。在生产上，往往由于对鱼类昼夜垂直移动的变化规律不甚了解，以及对中心渔场判断失误，丢失了有效的捕捞机会，给生产造成很大的损失。因此，研究和掌握鱼类昼夜垂直移动的规律，可进行有效捕捞作业，在渔业生产上根据鱼类的此类行为来确定作业水层和作业时间等有着积极的意义。

秋刀鱼适温范围 10~20℃，生活最适温度 15~18℃，秋刀鱼具有趋光性和集群性，夜间在海表层活动，有明显的昼夜垂直移动现象（图 1-13）。

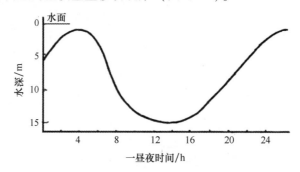

图 1-13　秋刀鱼昼夜垂直移动变化情况

第四节　秋刀鱼趋光行为学特性

光对鱼类及其饵料生物的习性影响很大，其重要性已被各种渔法所证实，甚至在原始捕鱼技术阶段就被渔民所了解。但由于光和温度的变化具有一定的平行性，所以光的独立作用常常不为人们所理解。在渔业生产上，可以利用鱼类的这一特性，用灯光诱捕鱼类，这就是平常所说的灯诱渔业。因此，研究鱼类的趋光性及其在光照条件下的行为对渔业生产有着积极的意义。

一、鱼类趋光理论

鱼类的趋光性是指鱼类对光刺激产生定向运动的特性。趋光性有两种：正趋光性和负趋光性。朝向光源的定向运动叫正趋光性（positive phototaxis）；远离光源的定向运动叫负趋光性（negative phototaxis）（或避光性）。但人们习惯上所说的趋光性一般都是指正趋光性。大量的研究表明，并不是所有的鱼类都具有趋光性，而不同的鱼类趋光性也各不相同，如有的趋强光，有的趋弱光等。根据集鱼灯实验和实际作业的结果，在可以作为捕捞对象的鱼类中，具有正趋光性的种类很多，但大多数为上层鱼类，如蓝圆鲹、沙丁鱼、青鳞鱼、圆腹鲱、竹荚鱼、秋刀鱼、鲐、鳀等。负趋光性鱼类一般在 0.1~0.01 lx 照度时才活动，随光强度增强而活动减少，如东方狐鲣、舵鲣等。此外，某些成鱼不趋光或具有负趋光性的鱼类，在幼鱼期也是正趋光的，如香鱼、鳗鲡、欧洲鳕等，这些鱼的仔鱼白天在强光下潜于水底，傍晚后则转向水上层活动。

对于鱼类趋光性的原因和机制主要有 3 种理论假设：强制运动论、适宜照度论和适应性理论。

1. 强制运动论

强制运动论由 Loeb（吕布）在 1910 年首次提出，Loeb 认为身体两侧对称的动物，当左、右眼受到不均匀的照明时，光感受器内部产生化学变化，这种变化的结果影响到肌肉紧张性的对称性，从而就会强制动物趋向光源或者远离光源。和大多数动物一样，鱼类也具有两侧对称的身体。支持这一理论的主要事实有：①当光作用于鱼的一边而使鱼一面盲眼时引起了鱼身体相反方向肌肉紧张的加强；②在光作用下鱼肌肉紧张程度与刺激强度呈线性关系；③强光场区域鱼的反应具有无条件反射性质，比如对光有正反应的鱼在强光区并不注意食物和敌鱼；④强光区鱼围绕光源作圆周运动。总之，强制运动论认为，鱼类趋光性是一种非适应行为，是定向破坏和强制运动的结果。但是也有人认为，由于强制运动论把有机体和环境之间的复杂多端的相互作用简单归结于物理化学过程，所以，这种理论是一种机械论，因而也是不够科学的。Loeb 的理论根本无法解释使得鱼在弱照度区运动的原因。

2. 适宜照度论

适宜照度论又可称为最适照度论，是解释鱼类趋光性的另一种理论。该理论认为，任何一种鱼类都有其所喜欢的照度，并经常在具有这种照度的水层内集结成群，趋光性就是鱼类寻求适宜照度的结果。另外也有人认为，鱼类的昼夜垂直移动现象也是寻求适宜照度的结果。另外，有人发现某些鱼类在白天和夜间的适宜照度有所不同，在夜间适于低照度，而在白天适应于高照度。现在普遍认为，鱼类的适宜照度是随着内外环境的变化而改变的，所以，适宜照度常表现为一定的照度范围。值得指出的是，在某种特定条件下鱼类的适宜照度往往都是比较固定的。适宜照度论也有很大的局限性。一些研究结果表明，竹荚鱼鱼群在靠近光源最明亮部分的水域内并不停留，当接近光源以后，鱼类就向较暗的方向游去，经过一段时间以后又再次向光源游近，所以，光源附近的鱼群经常在游窜，活动十分激烈。显然，此现象是无法用适宜照度论来解释的。此外，某些鱼类在白天起浮，而在夜间则沉入深层，这种昼夜垂直移动现象也是适宜照度论无法解释的。

3. 适应性理论

适应性理论是从趋光性的生物学意义（适应性）出发进行考虑的，一般认为，鱼类趋光性与索饵、防御、集群等行为有着密切的关系。为此，许多学者分别提出了各种用来解释鱼类趋光性的适应性理论假设。

（1）3yccep（楚塞尔）（1953 年）的信号论认为，鱼类的趋光是对光的食物条件反射和对食物的非条件反射。由于这一理论认为趋光与索饵有着密切的关系，所以常称之为索饵论。支持这一理论假设的事实主要有：①摄食浮游生物的鱼对光呈正反应，因为在自然条件下这些浮游生物集中在照明区，故光对鱼是摄食浮游生物的信号，而且这些摄食浮游生物的小鱼也特别趋近光源处。显然，白昼摄食的鱼（如竹荚鱼）呈正反应，因为光对它们是觅食的必须条件；反之，夜间摄食的鱼（如鳗鲡）对光呈负反应；②光是许多白昼摄食的凶猛鱼类的必需条件，在光照区一般有大量的凶猛鱼在摄食，而且这些鱼的摄食是在一定照度下开始的；③在自然界中存在着发光的有机体可以作为鱼的食物。值得指出的是，3yccep 的索饵论显然把趋光性看成了光诱现象，这是不妥当的。也就是说，把鱼类对食物的非条件反射也看成趋光性是不合理的。

（2）Franz（法朗次）（1913 年）适应论认为，鱼类趋光与防御、集群等有关，具有一定的适应性。支持这一理论的事实有：①鱼的对光反应是与鱼的发展阶段相联系的，如在一定的生活时期要求一定的生态条件，鱼的对光反应在改变鱼的生态条件和生理状态时也随之改变了；②鱼对光反应具有防御作用，这特别表现在仔鱼身上。在实验室和自然条件下某些仔鱼（如鲹、鲻）表现出对光有正反应，这是与鱼在上层水面防御敌鱼相联系的，而有的稚鱼（如鳗鲕）则表现为在水的低层防御敌鱼的反应；③鱼类趋光与其脱离困难处境的适应有关。比如在实验条件下鱼类正趋光会随着水中二氧化碳含量的增加而加强，当鱼生活的空间减小时趋光反应也会加强；④鱼对光的反应表现为集群运动，集群只能在一定的照度之下才能实现。依照 Franz 和 3yccep 的理论，对于鱼来说，光是帮助其脱离危险而进行集群运动的生物学信号，或者也是摄食的生物学信号。这意味着，鱼类想必适应于一定的照度，一般在这种照度下进行摄食和形成鱼群。但无论从 Franz 还是从 3yccep 的理论都无法解释，在光照区，鱼不仅停留在光照区，甚至游近光源，开始它的圆周运动，某些个体一直到休克为止；此时鱼类停止了对食物或敌害的反应。

4. 阶段论

上述理论假设在说明某些现象上具有一定的说服力，而在说明另一些现象上却存在很大的矛盾，因此都是不全面的。Протасов（普拉塔索夫）（1978 年）阶段论综合了上述理论，从鱼类光谱敏感系统特点的观点阐明了鱼类趋光性现象，对鱼类趋光性做了较满意的解释。鱼类的趋光由两个阶段组成：即生物学阶段和生理学阶段。在生物学阶段，光是作为形成鱼群、摄食、逃避敌害等的自然信号；在生理学阶段，由于视觉适应机制的结果，很强的光线造成吸引的作用。这即是 Протасов "信号—适应" 论的假设。这一假设认为：在光诱鱼的开始，光具有一定的信号意义，使鱼进入弱光区。之后，鱼感觉到了更强的光，对此也很快适应，于是在鱼的后面越来越暗，而前面越来越亮。随着光适应鱼越来越向前。在光源处的特强光刺激下鱼失去了平衡，在行为上出现了带病理性的、围绕光源的旋转运动。简言之，开始光对鱼具有集群和食物的生物学上的信号意义，之后随着视觉的适应机制强光也能诱鱼（图 1-14）。

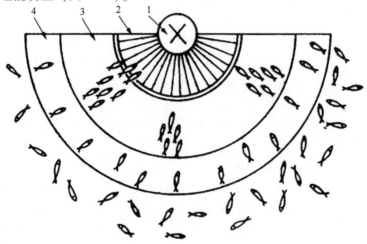

图 1-14　光源形成的不同意义光照区

1. 光源；2. 强光照区（10 lx）；3. 信号光照区（$10^{-3} \sim -10$ lx）　4. 阈值光照区（10^{-3} lx）

资料来源：何大仁等，1998

二、影响鱼类趋光的因素

鱼类的趋光性不仅与种类有关，而且还受到各种内部因素（如年龄、生活阶段、性别、胃饱满度等）和外部环境因素（如水温、海水透明度、风浪、月光等）的影响。渔业生产上利用鱼类的正趋光性，发展成灯诱渔业。在灯诱渔业的实践中发现，鱼的趋光性受许多内外因子的影响。

1. 内部因素

鱼类趋光性随其年龄不同而变化。通常幼鱼的趋光性比成鱼显著，如蓝圆鲹、竹筴鱼、沙丁鱼、鳗鲡等；褐鳟、虹鳟、大西洋鲑等在稚鱼初期对光呈正反应，后期反应迟钝，到成熟期出现负反应。

鱼类趋光性与其所处的生活阶段有很大关系，其生理状况影响趋光性。鱼类生殖前后的生理状态显然不同，因此趋光反应各异。鲱、鳀、沙丁鱼、秋刀鱼等在性成熟时不趋光，产卵过后趋光很快得到恢复。我国黄海鲐鱼在 5 月进行产卵洄游时趋光性弱，光诱效果不显著，6 月产卵时趋光性不强，光诱效果也差；9 月开始进入索饵期，趋光性逐渐增强，光诱效果逐步提高。黑海鳀性成熟个体通常在上半夜大量产卵，不聚集在光照区，到下半夜产过卵的鳀则有明显的趋光反应，密集在光照区里，而当夜不产卵的鳀，从傍晚开始趋聚在光源周围，有强烈的趋光反应。

雌鱼和雄鱼的趋光性也有所差异。雌性秋刀鱼和远东沙丁鱼等在怀卵时不趋光，但雄鱼没有这种情况。性成熟的雌鲱鱼趋光反应不如雄鱼强烈，原因是性成熟的雄鲱鱼比雌鲱鱼有着强烈的摄食要求，因此大量聚集于光照区域进行摄食活动。

胃饱满度对鱼类趋光性有很大影响。趋光性往往与摄食联系在一起，饥饿会增加鱼的趋光性，饱食时趋光性减弱；光照区内无该种鱼类所要摄食的饵料生物时，鱼则不会长期停留在光照区内。如秋刀鱼胃饱满度小时，趋光性强，胃饱满度大时趋光性弱。我国舟山渔场秋冬汛用灯光诱捕蓝圆鲹时，发现光诱产量高时，捕获到的蓝圆鲹多数是空胃，摄食等级多为 0~2 级；光诱产量低时，捕获到的蓝圆鲹摄食等级都比较高，胃里食物相当多。

由于自然光源有昼夜节律性的周期变化，对鱼类新陈代谢过程的特点在时间节律上也有影响，这样就会因为体内生理状态的节律性变化而导致趋光反应的不同。此外，长时间受到灯光照射而引起的眼睛适应或疲劳现象对鱼类趋光性也有一定的影响。

2. 外部环境因素

（1）水温。一般来说，鱼类处在其适温范围内有较强的趋光性，当水温超过或低于其适温时，鱼类则不趋光。在光诱鲱鱼时，鱼群追随运动光源而移动，当光源下降（或上升）至水温对其不适应的水层时，鱼群就游离光源。舟山渔场秋冬汛灯诱的主要对象蓝圆鲹和鲐鱼均属于暖水性鱼类，光诱效果较好的时间为 9—10 月，水温为 22~28℃，当 11 月中旬水温降低至 20.8℃时，灯诱效果变差。

（2）水体透明度。水体透明度不同，光诱效果往往不同，其不仅影响鱼类的趋光性，而且还影响灯光在水域中形成的光照区范围，进而影响到集鱼的效果。用灯光诱捕蓝圆鲹和金色沙丁鱼时，在"青蓝色"海水中的诱捕产量比在浑浊的"白涝水"中要高。

（3）潮流和风浪。潮流对鱼类趋光有一定的影响。一般认为，潮流对鱼类的集群有不利的影响，因而影响到了鱼类的趋光行为。在光诱鲱鱼时，当潮流的速度等于鲱鱼运动的速度（约0.35 m/s）时，光诱就不能成功。同样，波浪也会妨碍鱼类的正常趋光。例如，仅在平静的天气中能够用灯光诱捕沙丁鱼，在五级波浪时捕获秋刀鱼就可能有些困难等。但是，随着捕捞深度的增加，这种不利的影响将会逐渐消失，这是因为风浪引起的海水翻滚程度会随着水深增加而减小。

（4）月光。远在半个多世纪以前，人们就发现了月光对光诱捕捞效率的显著影响。普遍认为，月光越明亮则捕获量越小。月光虽是一种弱光刺激，但长时间作用于鱼眼将改变鱼眼的适应状态，降低鱼眼对刺激光的敏感性，导致鱼类趋光性的显著减弱。此外，在背景光存在时，鱼眼对刺激光辨增阈的增加程度还取决于背景光和刺激光之间的相对强度，以及不同种类的原有趋光特性。关于月光对鱼类趋光性的影响还有另一种解释，认为在月光下鱼类开始形成群体和积极地摄食是为了克服月光对鱼类趋光性的影响。据此，光诱作业时，可以增大人工光源的强度，使人工光源与月光之间的对比度增加，迫使鱼类趋向人工光源；再者可使用短波部分的颜色（如蓝、绿光），这样一方面可以提高人工光源的强度；另一方面又可以使颜色光照明与月光照明产生较强的对比度，增强鱼类的趋光性等。值得指出的是，在深水中光诱鱼类是不会受到月光照明影响的。

三、秋刀鱼的趋光特性

秋刀鱼具有明显的趋光习性，其趋光性内部因素（如年龄、生活阶段、性别、胃饱满度等）和外部环境因素（如水温、海水透明度、风浪、月光等）有着密切的关系。

秋刀鱼幼鱼比成鱼趋光性更为显著。

秋刀鱼产卵期前后趋光性较差，性成熟的秋刀鱼不会被光诱，也不会停留在照明区。在性成熟生殖期或产卵期过后对光的正反应很快恢复。故产卵期的光诱渔获效果最差。

胃饱满度对秋刀鱼的趋光性也有影响。秋刀鱼在饱食和饥饿状态下趋光性有着明显差异，胃饱满度小时趋光性强，胃饱满度大时趋光性弱。秋刀鱼是有条件趋光鱼类，以生物饵料为媒介而与光发生联系，在光照区内有其生物饵料时才有趋光反应，在光诱捕捞中，将其渔获物解剖，发现在秋刀鱼的口腔或消化道中残留食物就是光照区域内的饵料生物。如果光照区域内没有其需要摄食的饵料，秋刀鱼就不会趋集于光照区域内；光照区域内的饵料生物越多，趋集的数量也越多。

温度对秋刀鱼趋光的影响。秋刀鱼是喜温性鱼类，其生存的最上层水温为6~26℃，超过或低于适宜温度6~26℃时，便不再趋光。秋刀鱼在7~24℃能维持比较正常的生命活动，这表明秋刀鱼对温度变化具有相当强的适应能力。但是在同样的灯光下，光诱捕获量却以14~18℃最多，因为在这个狭小范围温度下，秋刀鱼趋光反应强烈，鱼群稳定而密集。低于14℃或高于18℃，秋刀鱼趋光反应都将向幅度下降和鱼群稳定减弱的方向变化，因而光诱渔获量随之降低。相沢幸雄（1963）对不同渔场的秋刀鱼的趋光性分析后得出，水温较低的北部渔场秋刀鱼的趋光性比水温较高的南部渔场秋刀鱼的趋光性高。秋刀鱼幼鱼与只处在水的上层和下层的成鱼不同，能耐受很大的水温变化。

光诱秋刀鱼的适宜光照强度。秋刀鱼是适宜照度趋光性鱼类，有其最喜栖息集群的光强照度，当诱鱼灯的光照强度适宜时，就会引起趋光集群反应，当光照强度不适宜时，就会使其趋光性和集群性减弱，甚至离开光诱区域。秋刀鱼在光照强度为 0.01～0.1 lx 时，开始趋向光源移动；光照强度上升为 150～200 lx 时，会长期停留在光照区域；在 600～800 lx 的光照区域也能停留几秒的时间，光照强度超过 800 lx 时，即会离开光照区域。由此可见，秋刀鱼的最适诱鱼光照强度为 150～200 lx。这说明，改变光照强度，特别是降低光照强度对秋刀鱼能起到很大的稳定作用，使其积极地趋向光源，进而提高捕获量。

集群趋光特性。集群趋光是鱼类趋光的原因之一，一般趋光性强的鱼类集群性也强，秋刀鱼的趋光性和集群性都很强。在夜间由于视觉的消散，秋刀鱼群体分散，偶尔在集鱼灯的光照区内发现同类，就产生了集群反映，大量聚集在集鱼灯光照区内，形成群体。因此，在集鱼灯的光照圈内一旦发现了同类，就会立即产生集群的反应行为，成群地向光照区域聚集。

月光照明对秋刀鱼的捕获量也有影响，满月时相捕获量减少较多，在第一和第三月光时相期间捕获量降低不显著，最高的捕获量是在新月时相。此外，月亮在水平面上很低位置时捕获量降低不大（图 1-15）。满月时相月光下灯光诱集的效果显著下降。

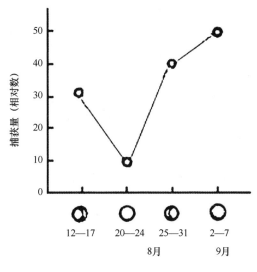

图 1-15　秋刀鱼捕获量与月光时相关系

光源颜色对秋刀鱼趋光的影响。据熊凝武晴（1965）用荧光灯的青白色、绿色短波长光来诱集秋刀鱼的试验结果，秋刀鱼喜欢在青色和绿色的灯光下形成稳定而密集的趋光鱼群。高桥等（1963）研究秋刀鱼对不同颜色光的行为反应后得出，在浅水区，白色灯光对秋刀鱼的集鱼效果较差；而在深海，红色灯光对表层鱼群的集鱼效果最好。相沢幸雄（1963）分析不同渔场的秋刀鱼的趋光性时得出：水温较低的北部渔场的秋刀鱼的趋光性比水温较高的南部渔场的秋刀鱼的趋光性高。有元贵文（1985）认为红色集鱼灯可激励鱼群的活动，使得鱼群围绕集鱼灯作洄旋游动；另外红色集鱼灯比白色灯和绿色灯在垂直水深方向的光照强度变化显著，促使鱼群从暗处游向亮处。值得指出的是，观察鱼对颜色光的趋光反应与光色的关系时，千万不可忘记光色在海水中不同水层里颜色在发生变化，否则，如果不问趋光鱼群的分布区域，只看光源本身的颜色来下定论，很可能出差错。例如，在白色灯光下（水上灯），秋刀鱼能大群地聚集在水下 5~7 m 的深处。不能由此认定这种鱼可以用白色光大量诱集，因为在 5~7 m 处，光线颜色已变成青色到绿色的中间颜色。这才是秋刀鱼喜趋的光色。如果用青色、绿色的光源诱集秋刀鱼，那么光源发出的光将能更多地"转换成"集鱼效果，在同样的功率下，渔获量必定比用白炽灯时增多。因为白炽灯光的许多光组成未能被利用来诱集鱼类。同样的，将粉红色的灯光射入海水中时，也发现秋刀鱼聚集在 7 m 左右的水层中数量最多，这个区域的光色也是青色的。

秋刀鱼在光源光照区的行为。秋刀鱼能很好地被引诱至水上光源光照区，而在水下光源光照区的数量很少，并停留在远离光照区的地方，几分钟就较快地集中在水的表面，甚至从水中跳出来，有时在水面作快速的旋转运动，之后又下至水中。当灯光突然熄灭时，鱼处于兴奋状态，以致带着噪声跳出水面。灭灯后鱼失去方向，四处乱窜。再开灯，鱼又重新聚集在光照区。当同时打开两盏功率相同的灯时，鱼会从一盏灯游向另一盏灯。如果两盏灯的功率不同时，在小功率灯附近的鱼不断地向大功率灯的方向移动。当大功率灯熄灭后，只有一部分鱼转移到小功率灯的周围，而另一部分鱼离开。如果水上灯作水平运动，或者水下灯作水平和垂直运动时，鱼就比较容易聚集在光源附近。三浦铁雄利用水上灯和水下灯光诱秋刀鱼的实验结果为，水上灯实验中，秋刀鱼在光源垂直下方约 2 m 处为中心大量聚集，逗留相当长的时间；水下灯实验时，尽管光源小于水上灯，但秋刀鱼从很远处就向光源围拢，逐渐向光源游近。灯具的轻微摇动就容易惊散鱼群，逗留短时间后即离开灯光，这意味着光源在水上和水中对秋刀鱼的最适刺激并不一样（赵传绌等，1979）。

海水透明度和风浪影响。海水透明度低，光诱鱼类的范围会明显缩小，光颜色也可能变化，光诱秋刀鱼的效果较差，捕获量亦会降低。在 5 级以上的风浪情况下，光诱秋刀鱼的效果也较差，但其影响随水深增加而减小。

秋刀鱼是一种趋光集群性较强的鱼类，故秋刀鱼舷提网生产主要在夜间进行灯诱捕捞。

第二章　秋刀鱼渔场分布与海洋环境的关系

第一节　西北太平洋海洋环境概况

一、地理及海流概况

西北太平洋（世界粮农组织 61 渔区）是指 175°W 以西、20°N 以北，与亚洲大陆包围的海域（图 2-1）。其面积约 2 047.6×10^4 km^2，占海洋面积的 5.6%，大陆架面积为 227× 10^4 km^2。本区临海的国家主要有俄罗斯、日本、朝鲜、韩国、中国和越南等。

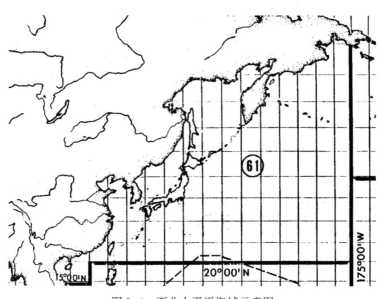

图 2-1　西北太平洋海域示意图

西北太平洋海区环境复杂，众多群岛、半岛将海区分割为数个半封闭海域，如鄂霍次克海、日本海、黄海与东海。鄂霍次克海被俄罗斯大陆、堪察加半岛与千岛群岛所环绕，面积为 159×10^4 km^2，大陆架面积约 62×10^4 km^2，平均水深 774 m，南部是深海平原，向东直达千岛群岛北部沿海，最大水深为 3 374 m。日本海被日本列岛、朝鲜半岛与俄罗斯大陆所环绕，通过鞑靼、宗谷、津轻、朝鲜、对马等海峡，与鄂霍次克海、黄海、东海及太平洋相通，面积达 101.0×10^4 km^2。日本海较深，平均水深为 1 752 m，沿岸大陆架狭窄，

面积仅 $25×10^4$ km^2，中部海盆区最大水深达 4 036 m。除上述半封闭性海域外，西北太平洋的开阔海区，坐落着世界上一些较深的海沟，自北向南有千岛海沟（库里尔海沟），水深 10 542 m；日本海沟水深 8 412 m；琉球海沟水深 7 790 m；马里亚纳海沟水深 10 924 m。海沟在西北太平洋几乎绵延不断，其中马里亚纳海沟是世界上最深的海沟。

西北太平洋海域主要分布着黑潮（Kuroshio）和亲潮（Oyashio）两大流系，黑潮为高温（15~30℃）、高盐（34.5~35）水系，来源于北赤道暖流；亲潮为低温、低盐水系，来源于白令海，并沿着千岛群岛自北向西南方向流动。亲潮由阿拉斯加流和堪察加流交汇于 55°N 而成，流向西南并分为亲潮第一分支和第二分支，第一分支沿日本本州岛海岸南下，在 39°N、145°E 附近，汇合形成亲潮北极锋边界，实际上亲潮为亚北极环流的西边界流。黑潮的主体在日本东侧约 35°N 附近流向东北，并到达 40°N 与南下的亲潮汇合，交汇于北海道东部海域，汇合后继续向东流动。其混合水构成了亚极海洋锋面（约在 40°N），宽度 2~4 个纬度，在 160°E 以西海域锋面较为明显，而在 160°E 以东海域锋面则不明显。160°E 以东的延续流也称北太平洋海流。较南的锋面（一般在 36°—37°N）和较北的锋面（一般在 42°—43°N）的中间区域则形成了混合区（图 2-2）。在锋面的北侧由于亚极环流是持续性分散的气旋性环流，冷水上扬，因此营养盐高，浮游植物和浮游动物的基础产量较高，这给渔场的形成提供了最基础的保障，在秋季，当北太平洋亚极锋面减弱淡化时，秋刀鱼在锋面附近觅食，从而形成了西北太平洋秋刀鱼渔场。

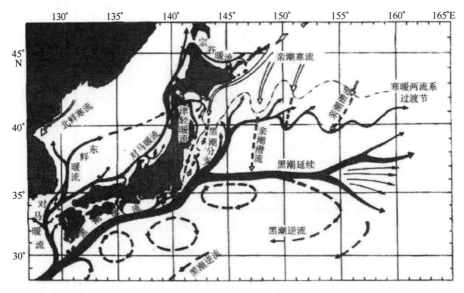

图 2-2　西北太平洋黑潮和亲潮分布示意图

资料来源：陈新军等，2011

受黑潮和亲潮的影响，西北太平洋海域是世界上高生产力海区之一，中上层鱼类资源丰富，经济鱼类较多，主要中上层鱼类有秋刀鱼、鲐鱼、沙丁鱼及柔鱼等。日本学者研究认为北太平洋的秋刀鱼资源量在 $300×10^4$ ~ $600×10^4$ t，资源量大，并且有较大的开发空间。

　　由于海流和气候变化的影响，可将西北太平洋的上层水分为以下几种：①低温、低盐的亚极带区，约自43°N至阿拉斯加；②高温、高盐的亚热带区，约位于20°—31°N；③中间为过渡区。亚极（热）带区与过渡区水域的交界处，具有锋面区的特性，即此水域的水体温盐结构及生物种类组成等会产生急剧的变化。在亚极带区与过渡区之间的是亚极锋面区，位于40°—43°N附近，其水文性质为：表水层具33.0~33.8等盐度线及9~10℃等温线的深度迅速增加。在亚热带区与过渡区之间的是亚热带锋面区，位于31°—34°N附近，其水文性质为：表水层具34.8（34.6~35.2）等盐度线及18℃等温度线（图2-3）。

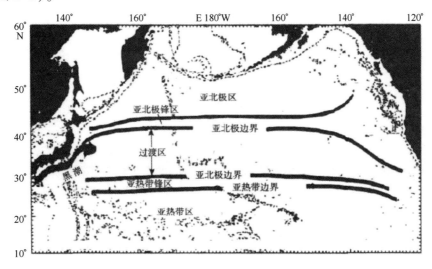

图2-3　北太平洋海流形成各区的示意图

资料来源：陈新军，2011

二、气候特点

（一）大气环流特点

　　西北太平洋海平面气压场分布的季节性变化十分明显。1月主要受一个深厚强低压控制，而7月则完全相反，为副热带高压所控制。冬季西伯利亚被强大的冷高压控制，冷空气活动频繁，致使西北太平洋西部整个冬季受冷空气活动的影响。而北部大部分洋面被以阿留申群岛为中心的阿留申低压所占据，此系统势力强大，且从10月持续到翌年3月的整个冬半年，故被称为半永久性的深厚强大低压系统；1月达最强，低压外围最南可达30°N以南，其中心强度平均在1 000 hPa以下，有时甚至可达940 hPa以下。由于阿留申低压势力强大，迫使全年每月都存在的北太平洋副热带高压偏居在北太平洋的东南角，其势力很弱；副热带高压通过一条沿25°N伸展的高压脊与西伯利亚高压相连，因此25°N以南的热带洋面全年都处于高压南缘的影响之下，那里全年盛行东北信风。

　　夏季西北太平洋主要受北太平洋副热带高压控制。从3月开始，阿留申低压逐渐减弱并向东北收缩，高压开始向西北方向扩展，势力加强，范围也逐步扩大，7月达最强。7月整个西北太平洋被副热带高压所控制，1 015 hPa 等压线向北扩展到5°N，向西延伸到160°E 以西，其影响可至中国大陆，尤其是中国东北。此时冷空气终止，阿留申低压退至最偏北，强度也较弱，对西北太平洋的影响甚小。

从8—10月间，阿留申低压加深时，副热带高压迅速向东南撤退。

（二）海面风场

北太平洋的季风是一般环流中季节变化最为明显的。10月至翌年3月为全年最强烈的冬季季风季节，尤以1月最强盛。1月在西伯利亚高压和阿留申低压之间的西北太平洋西部吹很强的北—西风，北部鄂霍次克海、日本海和日本东北部盛行西北风，风向频率为50%~64%；我国黄渤海以北风和西北风为主，风向频率为40%~60%，东海以北风和东北风为主，风向频率为60%~70%；南海及菲律宾附近则以东北风为主，风向频率高达80%~90%；25°—50°N 中纬度地区为盛行西风带（prevailing westerlies），西北风向频率为40%~60%；在白令海西部及以南则盛行偏东至东北风，风向频率为30%~50%；25°N 以南赤道地区常年盛行东北风。

夏季在西北太平洋西部、北部海区的风向与冬季相反，频率较冬季低，西北太平洋西部盛行西南—南风；受副热带高压的影响，30°N 以南的广大洋面盛行偏东风，7月最为强盛，风向频率高达90%；日本以东盛行偏南风，风向频率为30%~40%；45°N 以北至白令海西部盛行西南风，风向频率在30%~50%。

平均风速的分布：全年平均风速6级，8级以上大风频率以冬季最高、夏季最低；北部40°N、160°—180°E 附近海域风速最大，我国东海南部至南海东北部海域（含台湾海峡及巴士海峡）次之，菲律宾南部岛区至东部赤道附近最小。10月至翌年3月的冬季季风期间，平均风速一般在7~12 m/s，6级以上大风频率在15%~55%，8级以上大风频率在0~15%。1月除日本海和我国近海外，30°N 以北平均风速都在9 m/s 以上，6级以上大风频率大于40%，8级以上大风频率大于5%；平均风速大于12 m/s 的大风仅在36°—41°N、162°—176°E 的一小区域内，该海域1月为全年最大。在30°N 以南，东海南部至南海东北部有一平均风速大于9 m/s 的区域，6级以上大风频率大于40%；其余大部分海域均在7~8 m/s，6级以上大风频率在15%~25%，该海域的最大值大于10 m/s，出现在11—12月。5—8月夏季季风期间，平均风速一般在5~7 m/s，6级以上大风频率在5%~20%，8级以上大风频率在5%以下，7月为全年最小的月份。7月广大洋面平均风速均为5~6 m/s，低纬度赤道附近及日本海北部至鄂霍次克海北部海域小于5 m/s，40°N 以北与阿留申群岛之间（经度在173°E 以东）很小区域6级以上大风频率大于15%，其余大部分洋面均为5%~10%。4月的平均风速为6~10 m/s，6级以上大风频率在5%~40%，8级以上大风频率在5%左右。9月平均风速在6~8 m/s，6级以上大风频率在5%~30%，8级以上大风频率在5%以下（表2-1）。

表 2-1　海面风要素年变化

站点	要素	月份											
		1	2	3	4	5	6	7	8	9	10	11	12
A点	平均风速/（m·s⁻¹）	12.1	11.8	11.6	10	8.8	8	7.1	7.1	8.9	10.2	11.5	12.1
	≥6级风频率/%	57	54	54	42	31	25	17	17	32	43	55	57
	≥8级风频率/%	17	16	14	7	4	2	0	1	4	9	14	16
	最多风向	W	W	W	W	W	W	S	S	W	W	W	W
B点	平均风速/（m·s⁻¹）	7.1	7.1	7.7	7.9	6.7	6.7	6.8	6.3	5.9	7.2	8.1	8.3
	≥6级风频率/%	17	15	19	16	10	6	7	5	3	14	21	28
	≥8级风频率/%	0	0	1	0	0	0	0	0	0	0	0	2
	最多风向	E	E	E	E	E	E	E	E	E	E	E	E

注：南北 A、B 两网格为 175°E—180°E，A 网格为 40°—45°N，B 网格为 15°—20°N，位置如图 2-4 所示.

（三）风浪场

西北太平洋的风浪受季风控制，盛行浪向与风向基本一致。冬季平均浪高比夏季大得多，大浪频率也高得多。该特点与北印度洋截然相反。

1. 冬季季风期间

从 10 月至翌年 3 月，盛行浪向与这一时期的盛行风向相一致。冬季风浪为全年最强烈的季节，平均浪高最大，每月在北部均有大于 2.0 m 的浪区，全年其他月份则没有；大浪频率较高，范围较全年最广。

浪向：整个冬季的盛行浪向基本上是 25°N 以北盛行 W—NW 向浪，我国东海、南海及白令海盛行 NE 向浪，菲律宾以东低纬度洋面常年盛行 E—NE 向浪，尤以 1 月风浪最为强盛。1 月北部鄂霍次克海、日本海和日本南部盛行很强的偏北向浪，浪向频率为 35%～55%；我国黄渤海以 NW—N 向浪为主，浪向频率为 25%～45%，东海及台湾海峡以 N—NE 向浪为主，浪向频率为 30%～50%；南海及菲律宾东部附近则以 NE 向浪为主，浪向频率高达 40%～70%。25°—50°N 中纬度地区盛行 W 向浪，浪向频率为 30%～40%；在阿留申低压的极地一侧则盛行偏 E—NE 向浪，浪向频率为 30%～50%；25°N 以南赤道地区常年盛行 E—NE 向浪，浪向频率全年在 40%～70%。

平均浪高：冬季季风时期的平均浪高在 1.0～2.0 m，各月在北部最大浪高大于 2.0 m，台湾周边海域次之，大于 1.5 m，其分布规律与平均风速基本一致；从 10 月开始，平均浪高逐月增至最大，到 1 月为全年最大。10 月在 0°—12°N、100°E 以东的区域内平均浪高小于 1.0 m，这一区域随时间逐月向赤道缓慢缩小，到 12 月达最小范围；而平均浪高大于 2.0 m 的区域 10 月仅在阿拉斯加湾，11 月这一海域范围则已达 160°E 以西，到 1 月达最大。1 月北到白令海南部，南到 30°N，西到日本东部外海，这一广大区域平均浪高均大于 2.0 m，而 1.5 m 的等值线分布范围比 2.0 m 区域外延 5 个纬度。我国东海大部、南海东北部以及菲律宾外海东北部平均浪高均大于 1.5 m。菲律宾以东赤道附近平均浪高最小，在 1.0 m 以下；其他海区平均浪高在 1.0～1.5 m（图 2-4）。

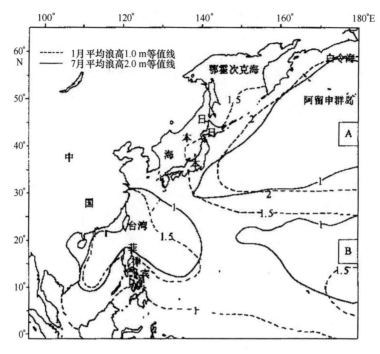

图2-4　1月和7月平均浪高分布

大浪频率分布：大浪频率分布规律与平均浪高相类似，该季节是全年大浪频率最高的季节，各月大浪频率在0~20%，1月达最高，大浪频率中心在日本东部40°N附近海域。1月大浪频率最高大于20%，25°N以北的广大洋面及日本海、我国东海至南海大部均大于5%，其余海域均小于5%（图2-5）。

2. 季风转换季节

4月和9月为过渡月份，平均浪高已没有大于2.0 m的区域，大浪频率较冬季也低得多。4月平均浪高在日本东部海域，大于1.5 m，大部分海域在1.0~1.5 m，南海、赤道附近及北部沿海小于1.0 m；大浪频率在0~13%，也以日本东部海域较大。9月份的平均浪高明显比4、10月要小得多，同一波高等值线区域范围也小得多，大部分海域在1.0~1.5 m，小于1.0 m的范围也比10月多；大浪频率较4月略小，小于8%。

3. 夏季季风时期

5—8月为夏季季风时期，是全年风浪最弱的季节。整个西北太平洋受副热带高压控制，平均浪高全年最小，大浪频率最低，范围最小。

浪向：5—8月整个西北太平洋受副热带高压的影响，西部近海浪向与冬季相反，盛行SW—S向浪，30°N以南的广大洋面盛行NE—E向浪，较冬季北抬了5个纬度。7月副高最强，在10°—20°N、155°E以东海域E向浪频率最高，达80%；日本以东盛行偏S向浪，浪向频率为20%~30%；45°N以北至白令海盛行W—SW向浪，浪向频率在20%~30%（表2-2）。

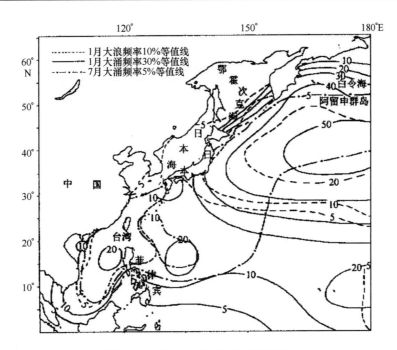

图 2-5　1 月和 7 月大浪大涌频率分布

表 2-2　风浪要素年变化

站点	要素	月份											
		1	2	3	4	5	6	7	8	9	10	11	12
A 点	平均浪高/ (m·s^{-1})	2.4	2.4	2.3	1.9	1.5	1.4	1.2	1.2	1.6	1.9	2.2	2.5
	≥3.5 m 浪频率/%	21	20	18	9	5	4	2	2	6	11	17	22
	最多浪向	W	W	W	W	W	W	S	S	W	W	W	W
B 点	平均浪高/ (m·s^{-1})	1.3	1.2	1.3	1.4	1.1	1.2	1.1	1.1	1	1.3	1.4	1.5
	≥3.5 m 浪频率/%	2	2	2	3	1	1	1	1	0	2	4	7
	最多浪向	E	E	E	E	E	E	E	E	E	E	E	E

平均浪高：夏季季风时期的平均浪高在 1.0 m 左右，其分布规律是西部沿海及赤道附近海域浪小，日本东部海域浪大。在整个夏季季风时期内，只有 5 月在阿留申群岛南部有 3.5 m 以上的平均浪高，其余月份平均浪高都小于 3.5 m，6—8 月为全年最小的月份。7 月从我国南海东北部到东海大部、菲律宾外海东北部以及 20°N 附近低纬度海域和从阿留申群岛附近到 40°N 以北海域的平均浪高均大于 1.0 m，其余海域小于 1.0 m。

大浪频率分布：整个夏季季风时期大浪频率为全年最低，各月均小于 10%，主要分布在阿留申群岛南部海域，其他海域均为零。7 月份最低，大浪频率仅在 0~2%。

（四）涌浪场

全年的涌浪场分布特点与风浪场相类似。只是与风浪相比，涌浪场强盛得多，平均涌浪要大得多，大涌频率也要高得多（表2-3）。

表2-3　涌浪要素年变化

站点	要素	月份											
		1	2	3	4	5	6	7	8	9	10	11	12
A 点	平均涌高/（m·s⁻¹）	3.6	3.6	3.5	2.8	2.3	2.2	1.9	1.9	2.5	2.9	3.4	3.7
	≥3.5 m 涌频率/%	54	52	49	31	18	14	8	8	21	33	44	55
	最多涌向	W	W	W	W	W	W	W	W	NW	NW	NW	W
B 点	平均涌高/（m·s⁻¹）	2.3	2.3	2.3	2.1	1.7	1.8	1.7	1.7	1.6	2	2.4	1.5
	≥3.5 m 涌频率/%	17	16	15	12	3	3	2	2	5	9	18	20
	最多涌向	E	E	E	E	E	E	E	E	E	E	E	E

1. 冬季季风时期

冬季季风时期为全年涌浪最强盛的时期，并比同期风浪要大得多。盛行涌向与这一时期盛行浪向基本一致，平均涌高为全年最大，大涌频率最高，范围最广。

涌向：这一时期的盛行涌向与浪向基本一致，10月至翌年3月各月也基本相同，只是局部海域涌向频率不同而已，1月份涌向频率为冬季各月最高。

平均涌高：这一时期的平均涌高比平均浪高要大得多，在1.5~3.5 m，12月至翌年2月均出现最大平均涌高大于3.5 m的区域，1月范围达最大。其分布规律与平均浪高相似，在40°N、160°E以东海域达最大，大于3.5 m。10月平均涌高在1.0~2.5 m，仅在阿留申南部平均涌高大于2.5 m；11月在这一海域中心平均涌高已出现大于3.0 m的涌区，12月该中心最大已大于3.5 m，范围较小，到1月范围达最大。1月平均涌高为2.0~3.5 m，从阿留申群岛北部到20°N，西到日本群岛东部外海的广大洋面平均涌高均大于2.5 m，最大平均涌高在34°—45°N、160°E以东海域，其值大于3.5 m，菲律宾东部赤道附近、我国渤黄海、日本海、鄂霍次克海及白令海北部大部分海域的平均涌高最小，其值小于2.0 m；2月大于3.5 m区域明显缩小，各平均涌高等值线范围也向该中心收缩，到3月已没有3.5 m以上的区域。

大涌频率分布：冬季季风时期，各月大涌频率均比大浪频率高很多，在0~50%，1月达全年最高。1月绝大部分海域大涌频率大于10%，20°N以北的广大海域大于20%，阿留申南部海域最大，高达50%以上；仅在菲律宾岛区赤道附近很小区域最低，大涌频率小于5%（图2-6）。

2. 季风转换季节

4月和9月为过渡月份，平均涌高已不如冬季，没有大于3.0 m的区域，大涌频率较冬季小得多。4月平均涌高为1.5~2.5 m，最大在北部较大海域，大于2.5 m，西部沿海及赤道附近最小在1.5 m以下；大涌频率在0~30%，周边海域及赤道低纬洋面小于5%，阿留申群岛南部较小海域最高，大于30%。9月的平均涌高明显比4月和10月小得多，大部分海域在1.5~2.0 m，只有北部很小的区域平均涌高大于2.5 m；大涌频率在0~20%，

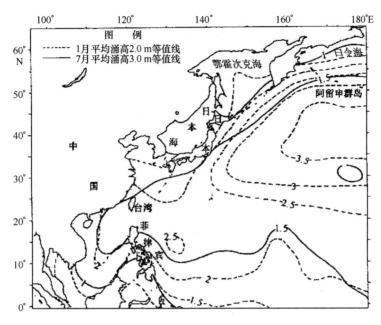

图 2-6 1月和7月平均涌高分布

沿 WSW—ENE 走向，海南岛以北海域大涌频率大于 5%，其中在阿留申群岛南部海域涌高最高，频率大于 20%，其余海域小于 5%。

3. 夏季季风时期

夏季季风时期是全年涌浪最弱的时期，但比同期风浪要大。这一时期的涌向与同期浪向相类似，平均涌高为全年最小的季节，大涌频率最低，范围最小。涌高小于 1.5 m；6月和 8 月局部较小海域会出现平均涌高大于 2.0 m 的涌浪。

涌向：5—8 月整个西北太平洋的涌向基本上与同期浪向相一致，只是个别区域的涌向或涌向频率略有不同。

平均涌高：夏季季风时期的平均涌高在 1.0~2.0 m，其分布规律与同期平均浪高相似。5 月在阿留申群岛南部有 2.5 m 以上的平均涌高，其余月份平均涌高小于 2.5 m。7 月为全年最小的月份，广大洋面平均涌高大于 1.5 m，日本海、鄂霍次克海、白令海北部、我国南海南部及菲律宾海域小于 1.0 m，其余海区在 1.0~1.5 m。

大涌频率分布：夏季季风时期大涌频率是全年涌浪频率最低的季节，但比大浪频率高，在 0~20%。7 月大涌频率最低，在 0~10%，沿 SW—NE 走向，从南海大部到日本东南部外海这一弧形带状海域大涌频率在 5%~10%，其余广大洋面小于 5%（图 2-5）。

（五）台风

西北太平洋的天气变化主要由北太平洋副热带高压、温带气旋和热带气旋三大天气系统交替控制并影响。

热带气旋即通常所称的台风，发生较多的季节是夏季（6—8 月，占 44.64%）和秋季（9—11 月，占 40.35%），春季（3—5 月）台风最少（占全年的 7.29%），甚至少于冬季

33

（12月至翌年1—2月，占7.58%）。上述季节变化突出地反映了海温高低与台风的发生有非常密切的关系，因为海温的季节变化明显比气温的季节变化滞后。

西北太平洋台风最多的路径是西行，占全部台风数量的20.8%。西北行、北行（及东北行）和海上回旋的台风数量比西行台风要少得多，三类合计只占15.2%。路径类型中次多的是登陆消失的台风，占19.5%；登陆后继续维持并转向出海的台风仅占5.28%。这说明只有在比较少见的环流背景下，台风登陆后才能转向重新出海。此类台风对我国的影响最大，但数量很少，大约平均每年只有两个。在冬春季节（11月至翌年5月），台风主要在130°E以东的海面上转向北上，在16°N以南往西进入南海中南部或登陆越南南部，还有少数在东经120°—125°E的近海转向北上，少数台风也可能在5月和11月登陆广东；在7—9月的盛夏季节，台风路径更往北、往西偏移，中国从广西到辽宁的沿海在此季节都有可能遭受台风侵袭；在6月和10月的过渡季节，台风主要在125°E以东海面上转向北上，西行路径较偏北，在15°—20°E，少数可登陆广东、台湾、福建和浙江。

西北太平洋的台风主要发源于170°E以西、5°—25°N。极少数台风发生在30°N以北。35°N以北未见有台风发生。10°N附近台风发生最多，但南海地区台风发生最多的纬度在17°N附近。西北太平洋有3个台风生成最多的地区，分别在南海、菲律宾群岛以东以及马里亚纳群岛附近。

台风发生源地有明显的季节变化，1—4月大多数台风发生于10°N以南，尤为集中在5°—7.5°N。从5月开始，台风发生的范围明显向北扩大，8—9月最北达到30°N附近。生成最集中的纬度带也逐月向北移动，8—9月达到16°N。从10月开始，台风生成集中区逐月南移。可见台风的发生有明显的季节变化，6月是台风发生范围和生成频数开始显著增大的月份，10月则相反

较强的台风大都发源于125°E以东的洋面上，并在总体上表现为自西向东递增的趋势。南海地区生成的台风中心气压几乎都在980 hPa以上，菲律宾群岛以东则逐渐增强。中心最低气压低于960 hPa的台风基本上发源于145°E以东。中心气压低于940 hPa的台风都发源于155°E以东。表明在3个主要的台风发生源地中，发源于马里亚纳群岛附近的台风最强，这可能是因为在此地区生成的台风未来在洋面上的移动距离最长，可以从热带洋面上吸收大量水汽潜热而发展成为非常强的台风。

7—10月是热带气旋活动的最盛期，副热带高压对其活动路径有较大影响，7—9月副热带高压势力较强，且位置偏北。因此，热带气旋基本影响东海及35°N以南的太平洋及其邻近海域，对35°N以北、日本以东的西北太平洋海域影响较少。9月以后，随着副热带高压南撤以及东亚大陆冷高压的东移或南下，低纬度海域生成的热带气旋大多在30°N附近海域转向东北。在温带气旋的引导下，影响35°N以北、日本以东的西北太平洋海域，并在40°N附近变性成为阿留申低压的一部分。

第二节　海洋环境对渔场的影响

在海洋中，海洋经济鱼类或其他海产经济动物比较集中，并且可以利用捕捞工具作

业，具有开发利用价值的场所（海域）统称为渔场（fishing ground）。

渔场的形成是捕捞对象的生态习性和生理状态与其所在水域环境条件相适应的结果。渔场分布则是指在一定的海域内散布着渔场。渔场究竟在怎样的海洋结构中形成，这是一个复杂的综合性问题，也是大范围内鱼群聚集、移动、分散与海洋环境关系的问题。海洋环境条件的不同形成的渔场亦不同，由海流和水系形成的渔场有 3 种类型：①分布在两种不同水系交汇区附近的流隔（流界）渔场（fishing ground in the current boundary）；②分布在上升流水域的上升流渔场（upwelling fishing ground）；③分布在涡流附近水域的涡流渔场（fishing ground in the eddy area）。

流隔渔场形成的原因，即流隔区鱼类生物聚集的现象，主要有生物学、水文学等方面的原因：①两种不同性质的海流交汇，由于辐散和逆时针涡流把沉积在深层未经充分利用的营养盐类和有机碎屑带到上层，从而使浮游植物在光合作用下迅速进行繁殖，给鱼类饵料生物以丰富的营养物质，形成高生产力海区，所以能够有利于鱼类聚集栖息。②在交汇区的界面，两种不同水系（团）的水温和盐度发生显著变化，出现较大的梯度，构成不同生物圈生物分布的一种屏障（barrier）或境界。随流而来的不同水系浮游生物和鱼类到此遇到"障壁"、不能逾越，均集群于流隔附近，形成良好的渔场。③两种不同水系的混合区，其饵料生物兼有两种水系性质不同的生物群体，既有高温高盐水系的种类，又有低温低盐水系的种类，形成了拥有两种水系所带来的丰富的综合饵料生物群，为鱼类提高了一种水系所不能独有的饵料条件。辐聚和顺时针涡流使表层海水辐聚下沉，于是，处于流隔附近的各类生物在此汇集，即从浮游生物、小鱼到大鱼，从低次到高次汇集于辐合区的中心，形成良好的渔场（陈新军，2004；胡　杰，1995）。如西北太平洋、日本东至千岛群岛、堪察加和阿留申群岛外海即为黑潮暖流与亲潮寒流交汇而形成的秋刀鱼渔场。

在渔场中，影响鱼类集群的因素很多，除与鱼类自身的生活习性、生物学特性有关外，直接支配鱼类集群的最重要因素是海洋环境因素。外部环境因素包括饵料、水温、盐分、潮汐、流隔、敌害等生物或非生物因素，外部环境因素的变化，在短期或长期都会影响鱼类集群行动的变化。

秋刀鱼是冷温性洄游类中上层鱼类，适温范围为 10~24℃。生命周期较短，一般为两年左右，对环境变化非常敏感，鱼群洄游和渔场变动与海洋环境因子的关系十分密切。影响秋刀鱼渔场分布的主要因素为北太平洋环流、水温和浮游生物饵料等。

一、环流影响

海流和水系的分布状况对鱼类的洄游、越冬、集群和分布都有一定的影响，是形成渔场的重要海洋环境因素之一。海水的流动可以使海水中的营养盐和含氧量得以不断地补充，鱼类和仔鱼、幼鱼被海流带到很远的地方，扩大了其分布范围；否则，会因海水的静止不动而导致浮游生物因营养盐和溶解氧得不到补充而死亡（陈新军，2004）。

秋刀鱼洄游同亲潮寒流和黑潮暖流有极大的关系，随着暖、寒流势力的交替，秋刀鱼在春、夏季节进行北上洄游，秋、冬季节进行南下洄游。由于每年寒、暖流有强弱，潮隔内的暖水块有的年份靠岸，有的年份离岸，这样就会影响秋刀鱼渔业的丰歉（孙满昌等，2003）。

黑潮和亲潮的流向影响秋刀鱼的洄游。秋刀鱼的洄游路线会随着亲潮分支的改变而发生相应的变动（宇田道隆，1970）。秋刀鱼的洄游路线很长，从亚热带海域北上穿过黑潮和亲潮的复杂水域到达亚寒带，洄游路线跨越纬度较广，洄游海域水温变化明显（图2-7）。

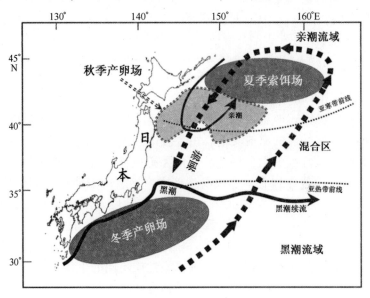

图2-7　秋刀鱼洄游路线与黑潮、亲潮关系示意图

资料来源：Yongjun Tian 等，2003

日本东北海区的秋刀鱼每年11月随亲潮南下洄游到常磐海面产卵，有些年份，常磐近海受暖水团控制形成暖水屏障，寒流不能向南伸展，秋刀鱼鱼群由于这个屏障而停止南下，密集成群。如果在屏障处有一股狭窄的亲潮（或黑潮）锲入暖水域（或冷水域）而形成屏障水道时，秋刀鱼就会沿水道急速南下（或北上）（陈新军，2004）。秋刀鱼从冬季到春季在日本列岛附近的黑潮暖流水域中产卵，其仔鱼、幼鱼在越过混合区向冷的亲潮水域洄游过程中索饵育肥并成长为成鱼；在夏季，秋刀鱼在产卵之前一直停留在亲潮水域；夏末，成熟的秋刀鱼鱼群开始生殖洄游，从亲潮水域越过混合区向黑潮水域移动。秋刀鱼产卵季节也很长，从秋季一直延续到翌年春季。秋季的主要产卵场在黑潮暖流前锋北部的混合水域，冬、春季则在黑潮海域。不同季节产卵的产卵量各不相同，幼鱼的生长及存活率与不同的产卵群体有关。在黑潮区产卵的冬季群体和在混合区产卵的春季群体比在混合区产卵的秋季群体其幼鱼存活率明显要高一些，所以，第二年秋刀鱼资源的补充群体，大都是冬生群和春生群。每年春、夏季，一部分进入日本海的秋刀鱼开始大量产卵，在日本海周边，秋刀鱼几乎常年都有产卵行为。

春季随着水温的逐渐上升，秋刀鱼开始北上索饵洄游，夏季到达千岛群岛沿岸亲潮区，在此得到充足的饵料；当其逐步成长并开始成熟后，鱼群开始南下。也有一部分秋刀鱼进入日本海产卵，在海况条件适宜时，这部分鱼卵和幼鱼会通过津轻海峡进入太平洋，成为西北太平洋秋刀鱼补充群体的一部分。捕捞作业是在秋刀鱼沿亲潮沿岸分支和第二分支进行南下洄游时进行，渔场主要分为日本东北沿岸的渔场和千岛群岛以南延伸到公海的外海渔场（沈建华等，2004）。

　　秋刀鱼回避暖流环与涡旋，似乎喜欢选择较冷的水域作其洄游路线，第一和第二分支亲潮侵入是秋刀鱼向南洄游的重要路线，黑潮暖流环通过和周围冷水的相互作用控制向南洄游的路线（韩士鑫，1987）。秋刀鱼渔场的渔期为8—11月，最好渔期是10月，秋刀鱼的最适宜水温是15～18℃，尤其在寒暖流交汇处容易形成渔场。日本近海附近秋刀鱼鱼体以中小型鱼为主，远海海域以大中型鱼为主。8—12月秋刀鱼会南下洄游，南下洄游的鱼群以中小型鱼为主，2—7月主要从外海北上，鱼群大都为大中型鱼（林龙山，2003）。

　　黑潮和亲潮势力的强弱影响秋刀鱼渔场的形成和位置。黑潮第一分支、第二分支以及亲潮沿岸支流和第二分支对秋刀鱼资源丰度和中心渔场的位置具有显著影响，秋刀鱼的洄游位置是由亲潮和黑潮锋线决定的，秋刀鱼中心渔场在各月份的分布与亲潮和黑潮势力强弱有关（福岛信一等，1962）。秋刀鱼中心渔场主要形成在亲潮前锋附近的亲潮冷舌前端、略微偏东，渔场呈椭圆形，主轴与海流一致。黑潮第一分支、第二分支与亲潮沿岸支流、第二分支是影响秋刀鱼渔场的主要流系，亲潮和黑潮势力的强弱直接影响秋刀鱼渔场的位置和产量。当亲潮的沿岸分支较强时，有可能形成日本沿岸的高产渔场；当亲潮的沿岸分支较弱、而亲潮第二分支势力较强时，则外海可能形成高产渔场（图2-8）。HUANG（2007）等利用1994—2002年期间调查数据分析得出秋刀鱼有两条洄游路线，一条在沿岸海域，另一条在外海区域，并分析了两条路线相应的产卵地；另外发现秋刀鱼高丰度年份（1997年）的一条特殊洄游路线—位于160°—165°E的秋刀鱼鱼群一部分向西南方向洄游至北海道外海，另一部分则向东南方向洄游（图2-9）。

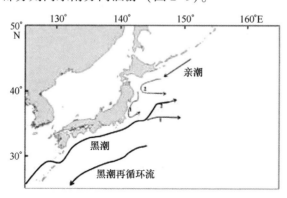

图2-8　日本沿岸黑潮和亲潮流向示意图

资料来源：吴越等，2014

　　如果亲潮势力在夏季比较强，较多的寒流性浮游动物被携带进入混合区，鱼群的肥满度就比较好，而且渔汛开始时间会比较早，渔场比较偏北；如果亲潮势力在夏季比较弱，则渔汛开始时间会比较晚，开始阶段渔获率会很低，鱼的肥满度也会差一些。因此，在寻找公海秋刀鱼中心渔场的位置时，应密切注意亲潮第二分支和黑潮第二分支的流态变动。随着季节的变化，鄂霍次克海及其以北洋面的海冰融化、亲潮寒流势力的加强，中心渔场的位置逐渐由北向南移动（黄洪亮等，2005；沈建华等，2004）。

　　黑潮和亲潮对秋刀鱼资源量的影响。日本近海和西北太平洋公海秋刀鱼产量的高低与

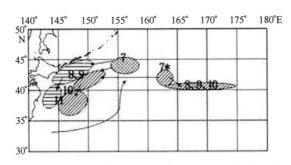

图 2-9　1994—2002 年 7—11 月北太平洋秋刀鱼两条洄游路线

（＊1997 年处于高丰度年份的特殊洄游路线）

资料来源：吴越等，2014

亲潮势力的强弱有着密切关系，亲潮势力较强时，会使近海秋刀鱼产量显著提高。相反，亲潮势力较弱时，会使公海秋刀鱼产量明显提高（四之宫博等，1993a）。夏季亲潮势力的强弱会影响秋刀鱼鱼体的大小和肥满度，夏季亲潮势力强，会带来大量的浮游生物进入秋刀鱼渔场，造成秋刀鱼生长快、鱼体大、肥满度高，渔汛也会提前到来。

二、水温影响

鱼类是变温动物，俗称"冷血动物"，新陈代谢水平低，缺乏调节体温的机制，故其对于周围的水温从属关系极大，因此，水温是决定鱼类分布移动的主要环境因子，对渔场的形成起着极为重要的作用。在所有影响渔场形成的海洋环境信息中，温度被一致认为是最主要的影响因素，水温的变化会对鱼类产卵、仔稚鱼发育和成活率、鱼类饵料代谢和生长产生影响，这一切都直接或间接地影响到鱼类资源量的分布、洄游移动和空间集群等，即渔场的形成。鱼类对温度的反映非常敏感，通常海洋经济鱼类都有一定的适温范围和最适温度，也即其特征温度值，它往往是一个温度区间，温度区间越小，依据特征温度值推测的渔场位置的准确性可能越高。此外，水温还影响到饵料生物的种类组成和数量变化以及在各海区和各水层的分布，从而间接影响到鱼类的栖息分布。

水温的变化也往往引起渔场和渔期的变化，在渔汛期间，水温不但制约着渔汛的迟早和长短，而且也影响大汛期内鱼群的移动和分布。如水温的变化可引起鱼类洄游路线的改变，因而会引起渔场位置出现偏差；水温的水平梯度越大，则渔场面积越小，鱼群也越密集，因而形成捕捞作业的良好条件；反之，水平梯度小，则鱼群分散，不易形成中心渔场，不利于捕捞生产。水温的垂直梯度越大（或出现温跃层），则鱼群的活动范围缩小；反之，水温的垂直梯度越小，则鱼群的活动范围越大（陈新军，2004）。水温对秋刀鱼的影响亦然，海水温度是确定秋刀鱼渔场位置的最主要因子，其在时间和空间上的变化与秋刀鱼渔场有着密切的关系。水温的水平分布和垂直分布、水温的短期和长期变化都影响到秋刀鱼及其他生物性因子的活动。水温的水平梯度和秋刀鱼鱼群分布密度关系甚大，水温的水平梯度越大，则鱼群分布越密集，渔场的面积越小，越能形成捕捞上的良好条件。

早在 20 世纪 30 年代，一些日本学者就对秋刀鱼渔场的适宜水温进行了研究。宇田道隆（1930，1936）认为秋刀鱼渔场的适宜水温为 15～18℃。相川廣秋（1933）分析了 9—

11月的秋刀鱼渔场，其最适水温分别是 14~20℃、13~21℃、12~22℃。池田信也（1931，1933）研究了日本近海秋刀鱼渔场与水温、亲潮的关系，认为秋刀鱼渔场的变动与适宜水温密切相关，渔场的月间变动与亲潮的位置和势力强弱有关，渔场中心一般分布在亲潮前锋附近。福岛信一（1979）利用日本 1949—1957 年在北太平洋海域调查的秋刀鱼资源量数据，分析认为秋刀鱼的高产水温为 14~18℃。但是，秋刀鱼的适宜水温在不同的月份和不同的年份中会有差异。最近几年的一些调查资料表明，不同时间作业渔场的分布变化较大，且呈 SW—NE 向变化的趋势；7月中旬到9月下旬，作业渔场的水面温度一直处在 11~15℃，最适作业水温为 12~13℃（图2-10和图2-11）（花传祥等，2006）。

　　秋刀鱼渔场的形成与上层水温的垂直结构关系密切。朱清澄等（2006）利用2003年8—9月、2004年7—8月、2005年7—9月我国秋刀鱼渔船的生产调查数据，以及哥伦比亚大学的海洋环境数据（0~100 m 水层的数据），通过计算渔场重心，利用灰色系统理论分析了秋刀鱼渔场重心的分布情况以及环境因子与日产量的关联度分析，结果表明秋刀鱼渔场分布的变化较大，随着时间的推移，7—9月渔场中心由西南向东北方向偏移，产量重心处 ΔT_{0-15} 和 ΔT_{0-40} 分别在 0.10~0.24℃/m 及 0.06~0.12℃/m。9月随着亲潮势力的加强，表层水混合充分，混合层深度较 7—8 月有所加深，渔场也较后者向北移动。秋刀鱼作业温度为 11~15℃，最适宜的温度为 11~12℃。秋刀鱼生产实验渔获产量与上层水温垂直结构的分析表明：各月高产渔区 ΔT_{0-15} 都在 0.25℃/m 以下，ΔT_{0-40} 在 0.1℃/m 左右，ΔT_{40-60} 在 0.25~0.42℃/m（笔者注：各月产量重心处 0~15 m、0~40 m 和 40~60 m 的水温垂直梯度分别用 ΔT_{0-15}、ΔT_{0-40} 和 ΔT_{40-60} 表示）。利用灰色关联度分析各渔区月产量与时间（月份）、空间（纬度）、渔场水温（表层水温及水温垂直结构）、捕捞努力量（以作业网次为单位）等之间的关系，其中捕捞努力量（CPUE）是影响秋刀鱼渔区月产量的主要因子，关联度为 0.91；渔区平均日产量、渔场温度次之，表层水温、ΔT_{0-15}、ΔT_{0-40} 的关联度均在 0.80 以上（朱清澄等，2006）。朱国平等（2006）利用地理信息系统（Geographic Information System，GIS）技术对 2004 年 7—9 月在北太平洋秋刀鱼资源调查中的渔业数据与水温之间的关系进行了初步分析，认为 50 m 和 100 m 水深处的等温线分布与 CPUE（catch pre unit effort）分布有一定的关系，表层、10 m、30 m、50 m、75 m 及 100 m 水层处钓获率基本上在冷水窝或冷暖水窝交汇处附近，作业位置基本上集中在等温线较为密集的水域。0~50 m 水层水温与 CPUE 关系不太明显，但 50~100 m 水层时，各渔场最高 CPUE 分布的各层温度范围较为接近，50 m 水层为 3℃ 左右，75 m 水层约为 2℃，100 m 水层为 1.50℃ 左右。但考虑到调查数据量较少，这一点还需要进一步进行讨论和求证。

　　不同的年份、不同的季节，由于受海流、水温的影响，作业渔场存在变动。晏磊等（2012）根据 2010 年 5—10 月的北太平洋公海秋刀鱼生产调查资料及其表层水温数据，按月及经纬度 1°×1° 时空分辨率，利用渔业地理信息软件 Marine Explorer4.0 和数理统计方法对北太平洋公海秋刀鱼作业渔场时空分布及其与表层水温的关系进行分析的结果显示，北太平洋公海各月作业渔场变化较大，作业区域主要集中在 36°—47°N、145°—163°E 海域；渔场重心随时间推移在纬度上有先向北、后向南的变动趋势；作业渔场分布在表层水温为 10~17℃ 的海域，最佳作业表层水温为 10~13℃，且适宜表层水温随时间推移有先下降、后上升的变动趋势。邹晓荣等（2006）利用 2003—2004 年秋刀鱼调查生产数据对秋刀鱼

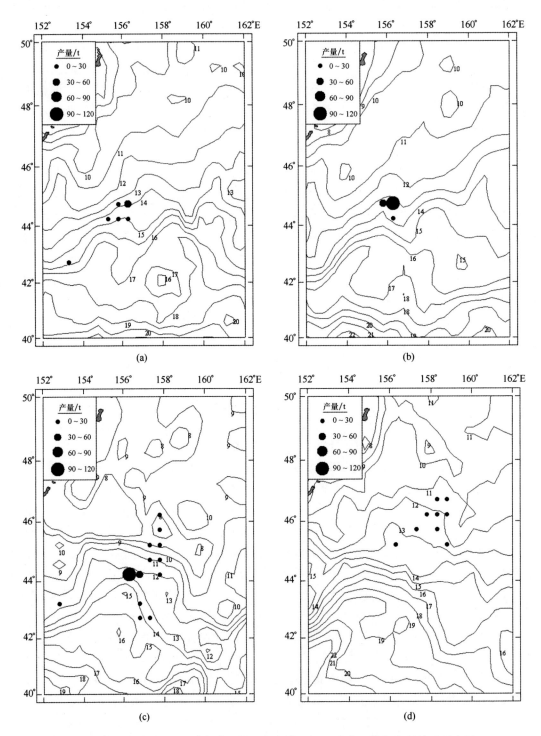

图 2-10　2005 年 7 月 10 日至 9 月 10 日各周 CPUE 分布及其与表温关系示意图

资料来源：花传祥等，2006

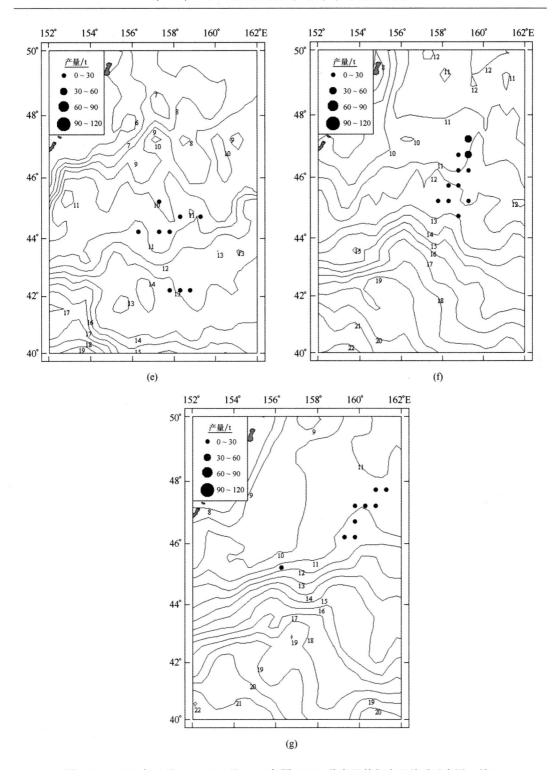

图2-10 2005年7月10日至9月10日各周CPUE分布及其与表温关系示意图（续）

资料来源：花传祥等，2006

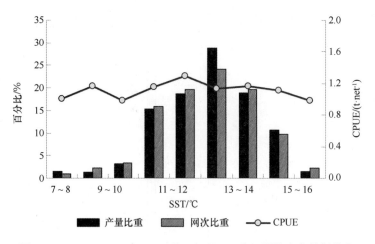

图 2-11   2003—2005 年 7—9 月 SST 以 1℃ 为组距的生产数据分布

渔场与表层水温的关系进行分析，其结果为 7—9 月西北太平洋秋刀鱼渔场主要集中在 40.5°—44.5°N、151.5°—158°E 海域，表层水温为 10~19℃，2003 年 8 月最高产量出现在表层水温 15~16℃附近水域，9 月以 14~19℃附近水域产量最高；2004 年则以表层水温 12℃附近水域产量最高，最大 CPUE 亦出现在 12℃附近水域。捕捞群体以中大型个体为主。渔场的形成和丰度与亲潮和黑潮的势力强弱及其分布密切相关。

三、浮游生物的影响

浮游动物（zooplankton）是一种随海流漂浮的动物，其游泳能力甚弱，在食物链中占有重要位置，是肉食性动物的摄食对象，为初级生产者与三级生产者或终级生产者之间的能量转换者（洪惠馨等，1981）。浮游动物是海洋生产力的重要环节，其丰歉是海洋渔业资源盛衰的重要因素；此外，不同的生态类群浮游动物的分布特征也是各水系的输送和相互推移状况以及不同性质水团边界区分的有利佐证。浮游动物涵盖了许多不同的类群，其中桡足类不论就数量或种类皆居于极优势的地位。

秋刀鱼鱼群密集程度主要受索饵洄游期间浮游生物和海表面温度的影响，鱼群会随着适宜的海洋环境的移动进行洄游。夏季亲潮势力的强弱会影响秋刀鱼鱼体的大小和肥满度，夏季亲潮势力强，会带来大量的浮游生物进入秋刀鱼渔场，造成秋刀鱼的饵料生物丰富，秋刀鱼鱼体生长较快，鱼体较大，肥满度高，渔汛也会提前到来，捕捞时间提前，捕捞产量增加，渔场位置也会相应地向北移动。亲潮势力较弱，则会产生相反的作用。

秋刀鱼以寒流系浮游动物（如甲壳纲的桡足类和端足类、毛颚类等）及鱼卵为主要饵料，浮游动物的丰度和分布受海洋环境的影响，再者，秋刀鱼在索饵过程中也要追求适宜的环境条件。经典食物链理论认为，"硅藻—桡足类—鱼类"是海洋生态系统物质循环和能量流动的主要途径（Runge，1988），硅藻的生物量将直接决定海洋次级生产力以及渔业资源量的多寡。因此，硅藻一直被认为是海洋浮游动物主体地位的桡足类生长繁殖的主要食物来源，对桡足类的种群补充和发展具有支持作用（Mann，1993）。浮游生物是海洋生态系统初级、次级生产力，是鱼类的饵料，在海洋生态系统的食物网中占有重要的地位。

秋刀鱼主要摄食桡足类、端足类、箭虫类、糠虾类等，因此，海洋环境中浮游动物的丰歉对秋刀鱼渔场的形成尤为重要。

四、海表盐度的影响

海表面盐度（Sea Surface Salinity，SSS）是研究大洋环流和海洋对全球气候影响的重要参量、是决定海水基本性质的重要因素之一。鱼的侧线神经起着盐度检测器的作用，盐度的显著变化是支配鱼类行动的因素之一，鱼类能对 0.2 mg/m³ 的盐度变化起反应。不同海水鱼类有着不同的适盐性，它们分别栖息于不同的水团之中。某一海区的盐度变化，往往受海水水平流动等因素的影响，暖水性鱼类随暖流而来，冷水性鱼类随寒流而到，它们随水团的运动而运动，不同水团的盐度不同，因此盐度与鱼类行动的关系往往是间接的关系。盐度变化对秋刀鱼鱼群行动的影响虽然不如水温影响明显，但是秋刀鱼也有一定的适盐范围，即盐度为 33~35，低于这个盐度的海区，鱼群很少出现。由于海水中盐度的变化会引起秋刀鱼鱼体渗透压的变异，如果盐度变化幅度较大，超出其渗透压所能调节的范围，不仅限制秋刀鱼鱼群的洄游分布，而且突然剧烈的变化，还会造成秋刀鱼有死亡的危险。此外，盐度还影响带来的浮游植物（phytoplankton）的种类和分布。

图 2-12 是 SSS 以 0.1 为组距的生产数据分布图。从图 2-12 中可以看出，夏季西北太平洋公海秋刀鱼主要产量分布在 SSS 为 32.7~33.4 范围内。在 33.0~33.4 范围内产量百分比较高，超过全区总产量的 61%，作业网次也最高，百分比达 58%。从 CPUE 的变化趋势看，SSS 超过 33.2 后，CPUE 随着 SSS 的增高而下降。

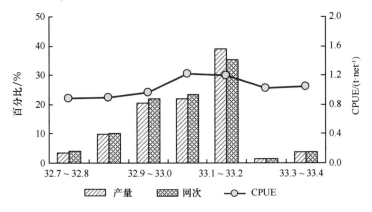

图 2-12　SSS 以 0.1 为组距的生产数据分布

资料来源：花传祥，2007

2009 年和 2010 年的产量数据和 CPUE 数据按不同 SSS 组距进行分析结果显示，2009 年秋刀鱼主要分布在 33~33.1 和 34~34.1 的 SSS 组距下，最高平均 CPUE 出现在 34.0~34.1 的 SSS 组距下，随着 SSS 的不断增加，产量呈现先降低后升高的变动趋势，而平均 CPUE 的变动趋势基本与产量的变动一致；2010 年秋刀鱼主要分布在 32.8~32.9 和 33~33.1 的 SSS 组距下，最高平均 CPUE 出现在 32.8~32.9 的 SSS 组距下，随着 SSS 的不断增加，产量总体上看呈现降低的变动趋势，平均 CPUE 也呈现这种变动趋势（图 2-13）。

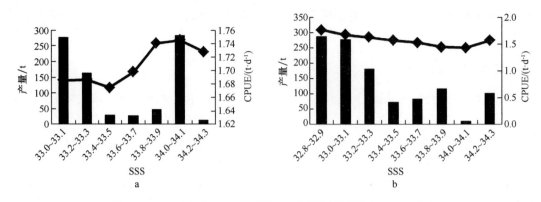

图 2-13　2009 年和 2010 年不同 SSS 组距下的产量和 CPUE 分布

（a 为 2009 年，b 为 2010 年）

五、叶绿素 a 浓度的影响

海表面叶绿素 a（sea surface Chlorophyll-a，SSChl-a）是研究大洋环流和海洋对全球气候影响的重要参量、是决定海水基本性质的重要因素之一，海洋中叶绿素 a 含量虽然是难以观察的细微信息，但它能反映海水中浮游生物的分布，进而反映渔场中各种鱼类资源的分布和资源量状况。海水叶绿素的渔情分析应用是基于海洋食物链原理，即浮游植物的丰富使以其为食的浮游动物资源丰富，进而促使以浮游动物为饵料的海洋鱼类资源的丰富。中上层鱼类渔场形成和分布与表面叶绿素 a 分布关系密切。

国外研究发现，在卫星海色图锋面区域有秋刀鱼渔场形成。在沿岸区域渔场多形成在海色（叶绿素 a 分布）前线附近。花传祥（2007）从渔场与叶绿素 a 浓度空间叠加图中发现，秋刀鱼作业渔场一般出现在叶绿素 a 浓度锋面附近，夏季西北太平洋公海秋刀鱼主要分布在 $0.0 \sim 6.0 \times 10^{-3}$ mg/（$m^3 \cdot km$）海表面叶绿素 a 浓度梯度范围内，在 $0.0 \sim 4.2 \times 10^{-3}$ mg/（$m^3 \cdot km$）海表面叶绿素 a 浓度梯度范围内，CPUE 随 SST（Sea Surface Temperature）梯度的增高呈上升趋势，最高 CPUE 出现在 $3.6 \times 10^{-3} \sim 4.2 \times 10^{-3}$ mg/（$m^3 \cdot km$）海表面叶绿素 a 浓度梯度范围内。月份不同，形成渔场的海表面叶绿素 a 浓度值亦有差异。

六、海表面高度的影响

海表面高度（sea surface height，SSH）反映的是海水流向、流速等海洋动力环境状况。海表面高度值大于平均海表面意味着海流的辐合或涌升，海流的辐合及涌升使海域营养盐丰富，从而促进了秋刀鱼的生长、发育及繁殖，渔场资源十分丰富。海表面高度还能够较好地反映中尺度涡、海洋锋、水团等环境条件，与海表面温度、叶绿素 a 浓度相结合，可以较为全面地反映秋刀鱼渔场和海洋环境间的相互关系。秋刀鱼渔场最适海表面高度在 $-200 \sim 100$ mm，海表面高度通过影响饵料的分布影响秋刀鱼渔场的形成，间接影响秋刀鱼的秋刀鱼渔场分布。

海面高度距平（Sea Surface Height Anomaly，SSHA）表示海表面高度与平均海表面（Mean Sea Surface，MSS）的偏差。花传祥（2007）将海面高度距平以 30 mm 为组距的生产数据作图分析，结果表明，夏季西北太平洋公海秋刀鱼主要产量分布在海面高度距平为 -60~90 mm 的范围内，在该范围内的总产量超过全区总产量的 85%。全区 70% 的总产量分布在海面高度距平为正的海域内，其中，海面高度距平为 0~30 mm 和 30~60 mm 范围内的总产量分别超过全区总产量的 25% 和 30%，这两个海面高度距平范围内的平均 CPUE 也较高，均超过 1.2 t/net（图 2-14）。

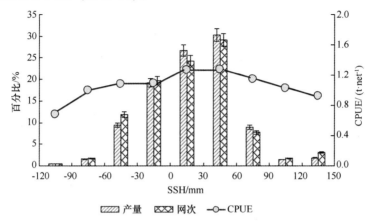

图 2-14　SSHA 以 30 mm 为组距的生产数据分布
数据来源：花传祥，2007

第三节　作业渔场分布

秋刀鱼在北太平洋均有分布。西北太平洋秋刀鱼的主要渔场有 3 个区域：日本本州东北部和北海道以东海域；千岛群岛以南的俄罗斯 200 海里；太平洋中部的天皇海山一带（孙满昌等，2003）。我国开发利用的秋刀鱼渔场主要为西北太平洋公海渔场。

秋刀鱼渔场分布与黑潮、亲潮势力的强弱及其分布关系密切，渔场重心的变化分为 3 个阶段，7—8 月渔场重心由南向北移动；8—10 月渔场重心由西北向东南移动；10—12 月渔场重心由西向东移动。

一、2013 年度西北太平洋秋刀鱼作业渔场分布

7 月渔汛分析。7 月下旬，秋刀鱼作业渔船主要在 43°00′—45°15′N、157°00′—161°00′E 附近海域作业，表层水温在 9.5~15.5℃。

8 月渔汛分析。8 月上旬，秋刀鱼作业渔船的作业渔场向东北转移，渔船广泛分布在 44°00′—46°00′N、159°00′—163°00′E 附近海域生产作业。其表层水温为 13~15℃。8 月中旬，秋刀鱼作业渔船向北聚集，在 45°00′—47°00′N、159°00′—162°00′E 附近海域生产。其表层水温为 12~14℃。8 月下旬，秋刀鱼作业渔船向西聚集，大部分集中在 45°00′—47°00′N、157°00′—160°00′E 附近海域作业，其表层水温在 13~15℃。

9 月渔汛分析。9 月上旬，作业渔场主要集中在 45°00′—47°00′N、156°00′—158°00′E 附近海域，形成了相对稳定的渔场。其表层水温为 11~13℃。9 月中旬，主要集中在

45°00′—46°30′N、156°00′—158°00′E附近海域，其表层水温在11～13℃。9月下旬，秋刀鱼作业渔船集中在43°00′—46°30′N、153°00′—157°00′E附近海域，其表层水温在10～12℃。

10月渔汛分析。10月上旬，中心渔场为43°00′—44°30N、152°00′—157°00′E附近海域，表层水温为12～15℃。10月中旬，秋刀鱼作业渔船分布在43°00′—44°30N、148°00′—151°00′E附近海域，表层水温为11～13℃。10月下旬，秋刀鱼作业渔船分布在40°00′—41°00′N、148°00′—150°00′E附近海域，表层水温为11～14℃。

11月渔汛分析。11月上旬，秋刀鱼作业渔船集中在40°00′—41°30′N、148°00′—150°00′E附近海域，表层水温在12℃左右。11月中旬，秋刀鱼作业渔船多数集中在41°30′—42°30′N、150°30′—152°30′E附近海域，表层水温在9.5～11℃。11月下旬，大部分秋刀鱼作业渔船在41°30′—42°30′N 151°30′—153°00′E海域间生产，表层水温为11℃左右。

12月渔汛分析。12月上旬，秋刀鱼捕捞船主要集中在39°00′—42°30′N、146°00′—153°00′E附近海域。

2013年西北太平洋秋刀鱼平均日产量（t/船）作业区域见图2-15。

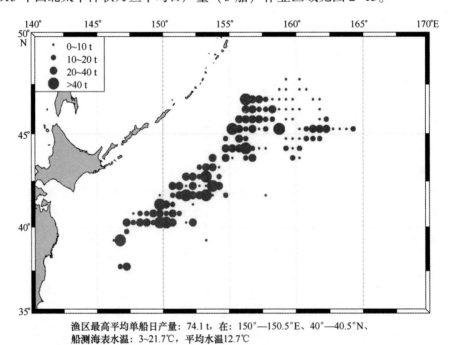

渔区最高平均单船日产量：74.1 t，在：150°—150.5°E、40°—40.5°N、
船测海表水温：3～21.7℃，平均水温12.7℃

图2-15 2013年西北太平洋秋刀鱼平均日产量（t/船）作业区域示意图

2013年度西北太平洋秋刀鱼生产各周次的比重分布见图2-16；2013年度西北太平洋海域秋刀鱼按周次的平均日产量见图2-17；2013年度西北太平洋海域秋刀鱼累计周次产量见图2-18；2013年度西北太平洋海域按周次作业渔船数分布见图2-19。

2013年度，我国大陆共有9家企业参加西北太平洋秋刀鱼生产，作业渔船19艘，总渔获量为24 296.1 t，单船平均年产量为1 278.74 t。作业时间从7月下旬至12月上旬，

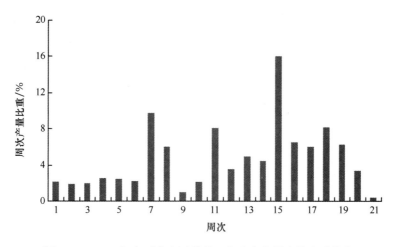

图 2-16　2013 年度西北太平洋秋刀鱼生产各周次的比重分布

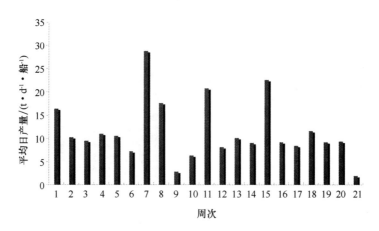

图 2-17　2013 年度西北太平洋海域秋刀鱼按周次的平均日产量

作业渔场在 40°00′—47°00′N、146°00′—163°00′E。7 月下旬，秋刀鱼作业渔船主要在 43°00′—45°15′N、157°00′—161°00′E 附近海域作业，表层水温在 9.5~15.5℃。7 月至 9 月下旬，秋刀鱼作业渔船的作业渔场逐渐向东北转移；9 月下旬，秋刀鱼作业渔船集中在 43°00′—46°30′N、153°00′—157°00′E 附近海域，其表层水温为 10~12℃。9 月至 12 月上旬，秋刀鱼作业渔场逐渐向西南转移，12 月上旬，秋刀鱼捕捞船主要集中在 39°00′—42°30′N、146°00′—153°00′E 附近海域。9 月上旬，作业渔场在 45°00′—47°00′N、156°00′—158°00′E 附近海域时，单船平均日产量最高，为 28.80 t。表层水温在 11~13℃，渔场相对稳定。第二个单船平均日产量高产期为 11 月上旬，为 22.70 t，作业渔场为 40°00′—41°30′N、148°00′—150°00E 附近海域，表层水温在 12℃左右。秋刀鱼渔场与水温有明显的相关性，最佳表层水温为 11~13℃。

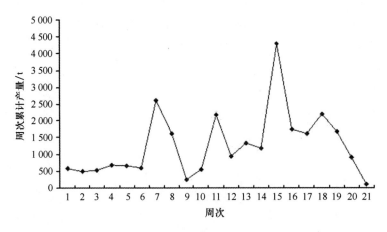

图 2-18　2013 年度西北太平洋海域秋刀鱼累计周次产量

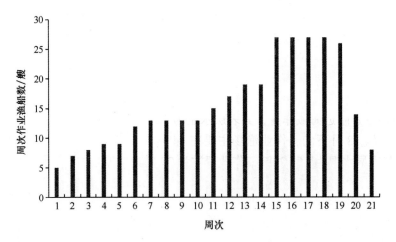

图 2-19　2013 年度西北太平洋海域按周次作业渔船数分布

二、2014 年度西北太平洋秋刀鱼作业渔场分布

2014 年度西北太平洋秋刀鱼渔船出海时间比 2013 年提前，2013 年度的开航时间为 7 月下旬，2014 年 5 月上旬有少量渔船出航，中下旬渔船陆续出航。

5 月上旬宁波欧亚远洋渔业有限公司的两艘渔船开始在西北太平洋海域进行生产，5 月下旬天津牧洋渔业股份有限公司、蓬莱京鲁渔业有限公司的渔船陆续到达作业渔场，6 月下旬 14 艘秋刀鱼渔船到达作业渔场投入生产，约占总船数的 35%。7 月下旬渔船数量达到 20 艘，约占总船数的 50%。8 月下旬达到 30 艘左右，约占总船数的 75%。

5 月渔汛分析。5 月上旬，秋刀鱼作业渔船主要在 39°00′N、151°00′E 附近海域作业，其表层水温为 12~14℃，作业船数为 2 艘，单船平均日产量 2.5 t 左右。5 月中旬，秋刀鱼作业渔船的作业渔场向东转移，主要在 37°00′—40°00′N、151°00′—163°00′E 附近海域作业，其表层水温在 10~16℃，作业船数为 2 艘，单船平均日产量 2.2 t 左右。5 月下旬，作业渔场主要在 38°00′—41°00′N、161°00′—163°00′E 附近海域作业，其表层水温为 10～15℃，作业船数为 4 艘，单船平均日产量 4 t 左右。

6 月渔汛分析。6 月上旬，秋刀鱼作业渔船的作业渔场向北转移，主要在 40°00′—42°00′N、160°00′—163°00′E 附近海域作业，其表层水温在 8～13℃，作业船数为 10 艘，单船平均日产量 25 t 左右。6 月中旬，作业渔场主要在 40°00′—42°00′N、161°00′—164°00′E 附近海域作业，其表层水温在 10～13℃，作业船数为 12 艘，单船平均日产量 20 t 左右。6 月下旬，作业渔场向西转移，主要在 40°00′—44°00′N、157°00′—163°00′E 附近海域作业，其表层水温在 10～15℃，作业船数为 14 艘，单船平均日产量 10 t 左右。

7 月渔汛分析。7 月上旬，秋刀鱼作业渔船的作业渔场向西北转移，主要在 42°00′—44°00′N、157°00′—160°00′E 附近海域作业，其表层水温为 10～14℃，作业船数为 14 艘，单船平均日产量 15 t 左右。7 月中旬，作业渔场向北转移，主要在 43°00′—46°00′N、157°00′—161°00′E 附近海域作业，其表层水温在 10～13℃，作业船数为 18 艘，单船平均日产量 10 t 左右。7 月下旬，作业渔场主要在 44°00′—46°00′N、156°00′—161°00′E 附近海域作业，其表层水温为 11～14℃，作业船数为 20 艘，单船平均日产量 10 t 左右。

8 月渔汛分析。8 月上旬，秋刀鱼作业渔船的作业渔场向北转移，主要在 46°00′—48°00′N、157°00′—161°00′E 附近海域作业，其表层水温在 11～13℃，作业船数为 21 艘，单船平均日产量 12 t 左右。8 月中旬，作业渔场向东北转移，主要在 45°00′—49°00′N、157°00′—164°00′E 附近海域作业，其表层水温为 12～16℃，作业船数为 23 艘，单船平均日产量 10 t 左右。8 月下旬，作业渔场主要在 44°00′—48°00′N、156°00′—160°00′E 附近海域作业，其表层水温为 16～22℃，作业船数为 28 艘，单船平均日产量 10 t 左右。

9 月渔汛分析。9 月上旬，秋刀鱼作业渔船的作业渔场向西南转移，主要在 43°00′—47°00′N、153°00′—160°00′E 附近海域作业，其表层水温为 11～15℃，作业船数为 35 艘，单船平均日产量 15 t 左右。9 月中旬，作业渔场主要在 42°00′—46°00′N、153°00′—158°00′E 附近海域作业，其表层水温为 11～17℃，作业船数为 35 艘，单船平均日产量 20 t 左右。9 月下旬，作业渔场向西南转移，主要在 42°00′—45°00′N、152°00′—158°00′E 附近海域作业，其表层水温在 12～19℃，作业船数为 36 艘，单船平均日产量 30 t 左右。

10 月渔汛分析。10 月上旬，秋刀鱼作业渔船的作业渔场向西南转移，主要在 41°00′—45°00′N、151°00′—157°00′E 附近海域作业，其表层水温为 11～19℃，作业船数为 36 艘，单船平均日产量 20 t 左右。10 月中旬，作业渔场向西南转移，主要在 39°00′—44°00′N、149°00′—156°00′E 附近海域作业，其表层水温为 8～17℃，作业船数为 39 艘，单船平均日产量 10 t 左右。10 月下旬，作业渔场主要在 41°00′—44°00′N、150°00′—157°00′E 附近海域作业，其表层水温为 6～17℃，作业船数为 38 艘，单船平均日产量 25 t 左右。

11 月渔汛分析。11 月上旬，秋刀鱼作业渔船的作业渔场向西南转移，主要在 39°00′—44°00′N、146°00′—158°00′E 附近海域作业，其表层水温为 5°～15℃，作业船数为 37 艘，单船平均日产量 20 t 左右。11 月中旬，作业渔场主要在 38°00′—44°00′N、145°00′—158°00′E 附近海域作业，其表层水温为 4～17℃，作业船数为 35 艘，单船平均日产量 15 t 左右。11 月下旬，作业渔场向西南转移，主要在 37°00′—41°00′N、146°00′—

151°00′E 附近海域作业，其表层水温在 4~15℃，作业船数为 33 艘，单船平均日产量 30 t 左右。

12 月渔汛分析。12 月上旬，秋刀鱼作业渔船的作业渔场向西南转移，主要在 37°00′—40°00′N、143°00′—147°00′E 附近海域作业，其表层水温为 3~13℃，作业船数为 3 艘，单船平均日产量 15 t 左右。

2014 年西北太平洋秋刀鱼生产平均日产量（t/船）作业区域见图 2-20。

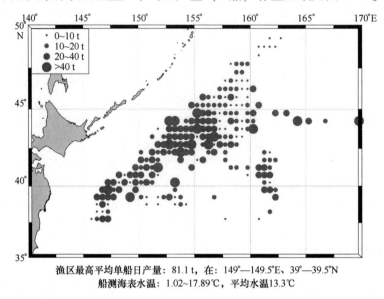

渔区最高平均单船日产量：81.1 t，在：149°—149.5°E、39°—39.5°N
船测海表水温：1.02~17.89℃，平均水温13.3℃

图 2-20 2014 年西北太平洋秋刀鱼生产平均日产量（t/船）作业区域示意图

2014 年度西北太平洋秋刀鱼生产各周次的比重分布见图 2-21；2014 年度西北太平洋海域秋刀鱼按周次的平均日产量见图 2-22；2014 年度西北太平洋海域秋刀鱼累计周次产量见图 2-23；2014 年度西北太平洋海域按周次作业渔船数分布见图 2-24。

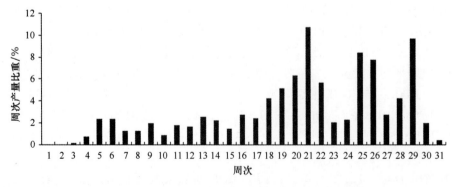

图 2-21 2014 年度西北太平洋秋刀鱼生产各周次的比重分布

2014 年度，我国大陆共有 14 家企业参加西北太平洋秋刀鱼生产，比 2013 年度多 5 家，作业渔船为 40 艘，比 2013 年度的 19 艘多 21 艘。总渔获量为 76 617.9 t，比 2013 年

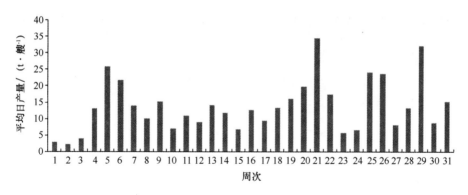

图 2-22　2014 年度西北太平洋海域秋刀鱼生产按周次的平均日产量

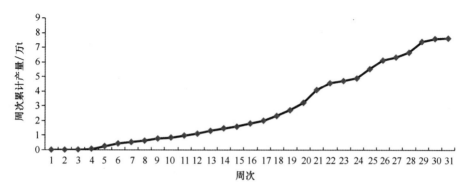

图 2-23　2014 年度西北太平洋海域秋刀鱼周次累计产量

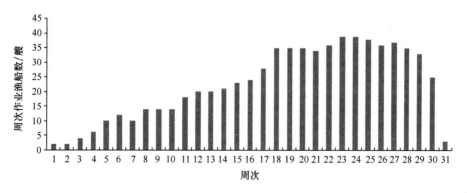

图 2-24　2014 年度西北太平洋海域按周次作业渔船数分布

的总渔获量 24 296.1 t 高 52 321.8 t。2014 年度的平均单船产量为 1 915.45 t，比 2013 年度的平均单船产量为 1 278.74 t 高 636.71 t，增加约 49.79%。秋刀鱼产量最高的是蓬莱京鲁渔业有限公司，其总产量为 27 893.0 t，作业渔船数为 9 艘，分别占 2014 年总产量的 36.4% 和总船数的 22.5%。作业时间从 5 月上旬至 12 月上旬，作业渔场在 37°00′—48°00′N、143°00′—163°00′E。5 月上旬，秋刀鱼作业渔船主要在 39°00′N、151°00′E 附近海域作业，其表层水温为 12~14℃。5 月至 8 月下旬，秋刀鱼作业渔船的作业渔场逐渐向北转移；8 月下旬，秋刀鱼作业渔船的作业渔场主要在 44°00′—48°00′N、156°00′—160°00′E 附近海域作业，其表层水温为 16~22℃。9 月至 12 月上旬，秋刀鱼作业渔船的作业渔场逐渐向西南转移，12 月上旬秋刀鱼渔船主要在 37°00′—40°00′N、143°00′—147°00′E 附近海域作业，其表层水温为 3~13℃。

三、2015 年度西北太平洋秋刀鱼作业渔场分布

我国大陆 2015 年度西北太平洋秋刀鱼渔船出海时间与 2014 年相当，2014 年度的开航时间为 5 月上旬，2015 年 5 月中旬则才有少量渔船出航，中下旬渔船陆续出航。5 月中旬，天津牧洋渔业有限公司的两艘渔船开始在西北太平洋海域进行生产；6 月中旬，福州中帆远洋渔业有限公司的渔船到达作业渔场；8 月上旬，13 艘秋刀鱼渔船到达作业渔场投入生产，约占总船数的 31%。8 月下旬，渔船数量达到 20 艘，约占总船数的 50%。9 月上旬，达到 30 艘左右，约占总船数的 71%。现分月对西北太平洋秋刀鱼渔汛进行分析。

5 月渔汛分析。5 月中旬，秋刀鱼渔船的作业渔场主要在 39°30′—41°00′N、158°30′—164°00′E 附近海域作业，其表层水温在 11~15℃，作业船数为 2 艘，单船平均日产量 15 t 左右。5 月下旬，作业渔场主要在 39°30′—40°00′N、158°00′—162°00′E 附近海域作业，其表层水温在 11~17℃，作业船数为 2 艘，单船平均日产量 15 t 左右。

6 月渔汛分析。6 月上旬，秋刀鱼渔船的作业渔场向北转移，主要在 39°30′—41°00′N、161°30′—163°00′E 附近海域作业，其表层水温为 9~14℃，作业船数为 3 艘，单船平均日产量 10 t 左右。6 月中旬，作业渔场主要在 41°00′—41°30′N、158°30′—161°30′E 附近海域作业，其表层水温为 11~16℃，作业船数为 3 艘，单船平均日产量 13 t 左右。6 月下旬，作业渔场向北转移，主要在 41°30′—43°30′N、160°00′—162°30′E 附近海域作业，其表层水温在 10~15℃，作业船数为 3 艘，单船平均日产量 15 t 左右。

7 月渔汛分析。7 月上旬，秋刀鱼渔船的作业渔场向东北转移，主要在 42°30′—44°00′N、160°30′—163°30′E 附近海域作业，其表层水温为 11~16℃，作业船数为 3 艘，单船平均日产量 2 t 左右。7 月中旬，作业渔场向北转移，主要在 43°30′—45°00′N、160°30′—164°00′E 附近海域作业，其表层水温在 11~14℃，作业船数为 3 艘，单船平均日产量 3 t 左右。7 月下旬，作业渔场主要在 44°00′—47°00′N、158°30′—162°00′E 附近海域作业，其表层水温为 10~15℃，作业船数为 3 艘，单船平均日产量 2 t 左右。

8 月渔汛分析。8 月上旬，秋刀鱼渔船的作业渔场向北转移，主要在 46°00′—48°00′N、158°00′—160°30′E 附近海域作业，其表层水温为 11~14℃，作业船数为 13 艘，单船平均日产量 3 t 左右。8 月中旬，作业渔场向东北转移，主要在 45°00′—48°30′N、156°00′—162°00′E 附近海域作业，其表层水温为 11~16℃，作业船数为 15 艘，单船平均日产量 2 t 左右。8 月下旬，作业渔场主要在 44°30′—46°30′N、155°00′—159°00′E 附近海域作业，其表层水温在 15~22℃，作业船数为 14 艘，单船平均日产量 1 t 左右。

9 月渔汛分析。9 月上旬，秋刀鱼渔船的作业渔场向西南转移，主要在 41°00′—47°30′N、155°30′—160°30′E 附近海域作业，其表层水温为 11°~14℃，作业船数为 27 艘，单船平均日产量 3 t 左右。9 月中旬，作业渔场主要在 41°00′—44°00′N、153°00′—158°00′E 附近海

域作业，其表层水温为 11~16℃，作业船数为 36 艘，单船平均日产量 8 t 左右。9 月下旬，作业渔场向西南转移，主要在 40°30′—43°30′N、149°00′—159°00′E 附近海域作业，其表层水温为 11~17℃，作业船数为 37 艘，单船平均日产量 10 t 左右。

10 月渔汛分析。10 月上旬，秋刀鱼渔船的作业渔场向西南转移，主要在 38°00′—42°00′N、146°30′—151°00′E 附近海域作业，其表层水温为 11°~19℃，作业船数为 28 艘，单船平均日产量 23 t 左右。10 月中旬，作业渔场向西南转移，主要在 40°00′—41°00′N、148°00′—150°00′E 附近海域作业，其表层水温为 8~17℃，作业船数为 38 艘，单船平均日产量 28 t 左右。10 月下旬，作业渔场主要在 40°00′—44°00′N、148°00′—151°00′E 附近海域作业，其表层水温为 6~17℃，作业船数为 39 艘，单船平均日产量 14 t 左右。

11 月渔汛分析。11 月上旬，秋刀鱼渔船的作业渔场向西南转移，主要在 39°00′—42°00′N、149°00′—152°00′E 附近海域作业，其表层水温为 9~15℃，作业船数为 33 艘，单船平均日产量 24 t 左右。11 月中旬，作业渔场主要在 39°00′—42°00′N、148°00′—152°00′E 附近海域作业，其表层水温在 4~14℃，作业船数为 32 艘，单船平均日产量 16 t 左右。11 月下旬，作业渔场向西转移，主要在 39°00′—42°00′N、147°00′—151°00′E 附近海域作业，其表层水温在 6~15℃，作业船数为 11 艘，单船平均日产量 10 t 左右。

2015 年西北太平洋秋刀鱼平均日产量（t/船）作业区域见图 2-25；2015 年度西北太平洋秋刀鱼生产各周次的比重分布见图 2-26；2015 年度西北太平洋海域秋刀鱼按周次的平均日产量见图 2-27；2015 年度西北太平洋海域秋刀鱼累计周次产量见图 2-28；2015 年度西北太平洋海域按周次作业渔船数分布见图 2-29。

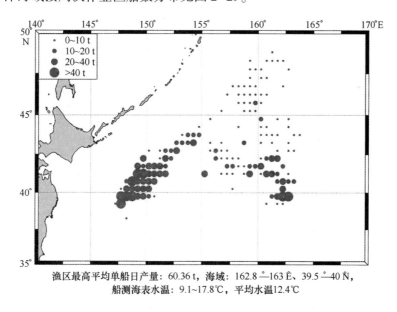

渔区最高平均单船日产量：60.36 t，海域：162.8 °—163 °E，39.5 °—40 °N，
船测海表水温：9.1~17.8℃，平均水温12.4℃

图 2-25　2015 年西北太平洋秋刀鱼平均日产量（t/船）作业区域示意图

2015 年度，我国大陆共有 14 家企业参加西北太平洋秋刀鱼生产，比 2014 年度多两家，作业渔船为 42 艘，比 2013 年度的 40 艘多两艘。总渔获量为 47 110.7 t，比 2014 年的

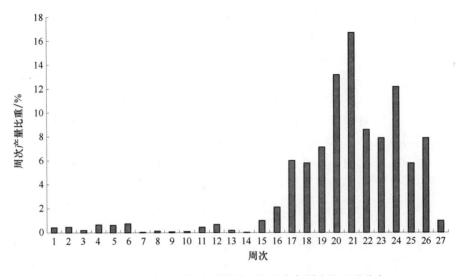

图 2-26　2015 年度西北太平洋秋刀鱼生产各周次的比重分布

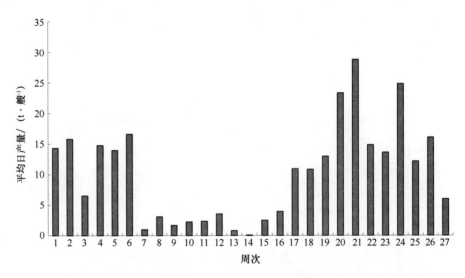

图 2-27　2015 年度西北太平洋海域秋刀鱼生产按周次的平均日产量

总渔获量 76 617.9 t 低 29 507.2 t。秋刀鱼产量最高的是蓬莱京鲁渔业有限公司，其总产量为 16 654.5 t，作业渔船数为 11 艘，分别占今年总产量的 35.4% 和总船数的 26.2%。2015 年度的平均单船产量为 1 121.68 t，比 2014 年度的平均单船产量的 1 915.45 t 低 3 793.77 t，平均单船产量减少了约 41.44%。捕捞作业时间从 5 月中旬至 11 月下旬，作业渔场在 39°00′—48°30′N、146°00′—164°00′E 之间。5 月中旬，秋刀鱼渔船的作业渔场主要在 39°30′—41°00′N、158°30′—164°00′E 附近海域，其表层水温为 11~15℃。5 月至 8 月下旬，秋刀鱼作业渔船的作业渔场逐渐向北转移；8 月下旬，秋刀鱼渔船主要在 44°30′—46°30′N、155°00′—159°00′E 附近海域作业，其表层水温在 15~22℃，作业船数为 14 艘，

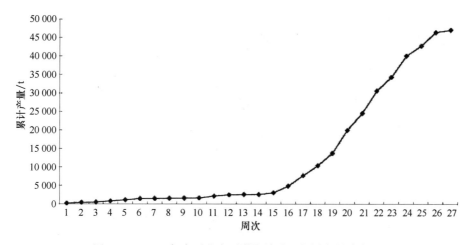

图 2-28　2015 年度西北太平洋海域秋刀鱼周次累计产量

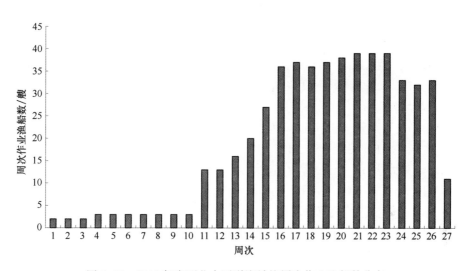

图 2-29　2015 年度西北太平洋海域按周次作业渔船数分布

单船平均日产量 1 t 左右。9 月至 11 月下旬，秋刀鱼作业渔船的作业渔场逐渐向西南转移，11 月下旬，秋刀鱼渔船主要在 39°00′—2°00′N、147°00′—151°00′E 附近海域作业，其表层水温在 6~15℃，作业船数为 11 艘，单船平均日产量 10 t 左右。

四、2016 年度西北太平洋秋刀鱼作业渔场分布

2016 年度西北太平洋秋刀鱼渔船出海时间比 2015 年稍晚，6 月渔船陆续出航。5 月下旬天津牧洋渔业有限公司和宁波甬发远洋渔业股份有限公司的 4 艘渔船开始在西北太平洋海域进行生产，6 月中旬宁波欧亚远洋渔业有限公司的两艘渔船到达作业渔场，7 月上旬 39 艘秋刀鱼渔船到达作业渔场投入生产，约占总船数的 65%。8 月上旬渔船数量达到 50 艘，约占总船数的 83.3%。9 月中旬所有 60 艘渔船赴西北太平洋从事秋刀鱼生产，12 月上旬秋刀鱼渔船已基本完成返航作业。

5月渔汛分析。5月下旬，秋刀鱼渔船的作业渔场主要在157°30′—163°30′E、37°30′—41°00′N附近海域作业，作业船数为两艘，最高平均单船日产量为6.64 t。

6月渔汛分析。6月上旬，秋刀鱼渔船的作业渔场向北转移，主要在159°00′—161°00′E、40°00′—42°30′N附近海域作业，作业船数为4艘，最高单船平均日产量为9.01 t。6月中旬，作业渔场主要在157°30′—161°30′E、41°00′—42°30′N附近海域作业，作业船数为6艘，最高单船平均日产量为24.12 t。6月下旬，作业渔场向北转移，主要在158°00′—161°30′E、41°00′—44°00′N附近海域作业，其表层水温为7.8~13℃，平均水温11℃，作业船数为8艘，最高单船平均日产量为18.07 t，渔区单船最高总产量271.04 t。

7月渔汛分析。7月上旬，秋刀鱼渔船的作业渔场向东北转移，秋刀鱼渔船的作业渔场主要在157°30′—164°00′E、41°00′—44°30′N附近海域作业，其表层水温为6.7~14℃，平均水温10.4℃，作业船数为14艘，渔区最高单船平均日产量为22 t，渔区单船最高总产量157.76 t。7月中旬，作业渔场主要在157°30′—164°00′E、42°30′—48°00′N附近海域作业，其表层水温为7.2~18.8℃，平均水温10℃，作业船数为26艘，渔区最高单船平均日产量为22 t，渔区单船最高总产量204.01 t。7月下旬，作业渔场主要在159°00′—165°00′E、45°00′—50°00′N附近海域作业，其表层水温为8.4~20.6℃，平均水温11.3℃，作业船数为41艘，渔区最高单船平均日产量为18 t，渔区单船最高总产量149.92 t。

8月渔汛分析。8月上旬，秋刀鱼渔船的作业渔场主要在158°30′—168°30′E、40°00′—48°30′N附近海域作业，其表层水温为10~18.4℃，平均水温14.1℃，作业船数为49艘，渔区最高单船平均日产量为31.16 t，渔区单船最高总产量69.81 t。8月中旬，作业渔场向西南转移，主要在156°30′—167°30′E、42°00′—44°00′N附近海域作业，其表层水温为10~23.1℃，平均水温14.1℃，作业船数为49艘，渔区最高单船平均日产量为42.2 t，渔区单船最高总产量432.14 t。8月下旬，作业渔场主要在155°00′—161°30′E、39°30′—48°00′N附近海域作业，其表层水温为13~25.1℃，平均水温18.9℃，作业船数为52艘，渔区最高单船平均日产量为15.2 t，渔区单船最高总产量188.88 t。

9月渔汛分析。9月上旬，秋刀鱼渔船的作业渔场主要在155°00′—167°00′E、40°30′—46°00′N附近海域作业，其表层水温为13.8~25.1℃，平均水温18.8℃，作业船数为52艘，渔区最高单船平均日产量为37.17 t，渔区单船最高总产量216.92 t。9月中旬，作业渔场主要在154°30′—158°00′E、43°00′—47°30′N附近海域作业，其表层水温为11.1~22℃，平均水温14.8℃，作业船数为59艘，渔区最高单船平均日产量为80 t，渔区单船最高总产量1 031.54 t。9月下旬，作业渔场主要在151°00′—158°00′E、42°00′—47°00′N附近海域作业，其表层水温为11.3~22.3℃，平均水温16.9℃，作业船数为60艘，渔区最高单船平均日产量为61.4 t，渔区单船最高总产量2 652.02 t。

10月渔汛分析。10月上旬，秋刀鱼渔船的作业渔场主要在149°30′—156°00′E、40°00′—43°00′N附近海域作业，其表层水温为11~20.1℃，平均水温16.5℃，作业船数为60艘，渔区最高单船平均日产量为61 t，渔区单船最高总产量949.74 t。10月中旬，作业渔场主要在146°30′—158°00′E、37°30′—43°00′N附近海域作业，其表层水温为10.5~20.6℃，平均水温14.5℃，作业船数为60艘，渔区最高单船平均日产量为73.8 t，渔区单船最高总产量2 159.99 t。10月下旬，作业渔场主要在146°00′—151°30′E、38°30′—

42°00′N 附近海域作业，其表层水温为 9.8~21.6℃，平均水温 16.1℃，作业船数为 60 艘，渔区最高单船平均日产量为 27.24 t，渔区单船最高总产量 760.45 t。

11 月渔汛分析。11 月上旬，秋刀鱼渔船的作业渔场主要在 146°00′—150°30′E、37°30′—41°00′N 附近海域作业，其表层水温为 12.6~20.3℃，平均水温 17.2℃，作业船数为 60 艘，渔区最高单船平均日产量为 31.99 t，渔区单船最高总产量 134.9 t。11 月中旬，作业渔场主要在 146°30′—156°30′E、36°00′—41°30′N 附近海域作业，其表层水温为 9.3~20.6℃，平均水温 15.7℃，作业船数为 56 艘，渔区最高单船平均日产量为 43.81 t，渔区单船最高总产量 178.75 t。11 月下旬，作业渔场主要在 146°00′—155°30′E、36°30′—40°00′N 附近海域作业，其表层水温在 14~21.6℃，平均水温 16.3℃，作业船数为 22 艘，渔区最高单船平均日产量为 30.4 t，渔区单船最高总产量 110.74 t。

2016 年西北太平洋秋刀鱼平均日产量（t/船）作业区域见图 2-30；2016 年度西北太平洋秋刀鱼生产各周次的比重分布见图 2-31；2016 年度西北太平洋海域秋刀鱼按周次的平均日产量见图 2-32；2016 年度西北太平洋海域秋刀鱼累计周次产量见图 2-33；2016 年度西北太平洋海域按周次作业渔船数分布见图 2-34。

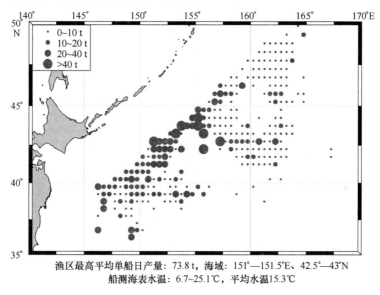

渔区最高平均单船日产量：73.8 t，海域：151°—151.5°E，42.5°—43°N
船测海表水温：6.7~25.1℃，平均水温15.3℃

图 2-30　2016 年西北太平洋秋刀鱼平均日产量（t/船）作业区域示意图

2016 年度，我国大陆共有 18 家企业参加西北太平洋秋刀鱼生产，比 2015 年度多 4 家，作业渔船为 60 艘，比 2015 年度的 42 艘多 18 艘。总渔获量为 59 169.1 t，比 2015 年的总渔获量 47 110.7 t 高 12 058.4 t。秋刀鱼产量最高的是蓬莱京鲁渔业有限公司，其总产量为 17 544 t，作业渔船数为 12 艘，分别占本年总产量的 29.65% 和总船数的 20%。2016 年度的平均单船产量为 986.15 t，比 2015 年度的平均单船产量 1 121.68 t 降低 135.53 t，减少约 12.08%，其中平均单船产量在 1 500~2 000 t 的仅有天津牧洋渔业有限公司（1 502.9 t/艘）1 家。

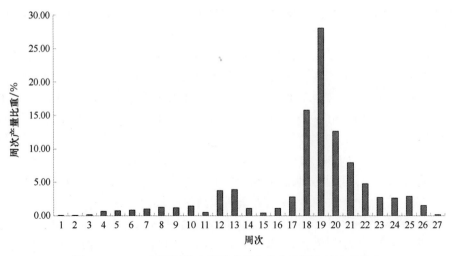

图 2-31　2016 年度西北太平洋秋刀鱼生产各周次的比重分布

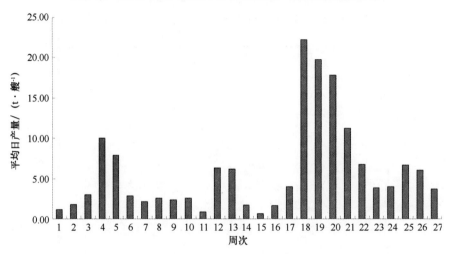

图 2-32　2016 年度西北太平洋海域秋刀鱼生产按周次的平均日产量

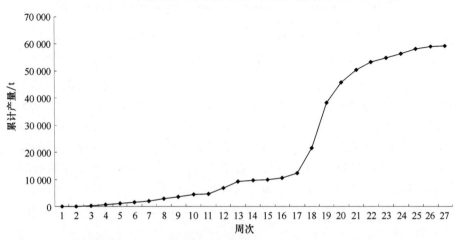

图 2-33　2016 年度西北太平洋海域秋刀鱼周次累计产量

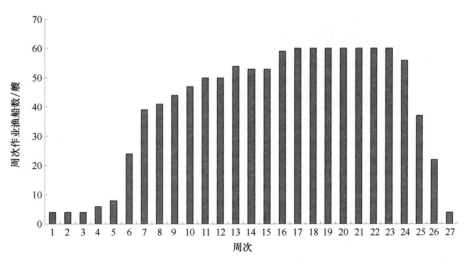

图 2-34 2016 年度西北太平洋海域按周次作业渔船数分布

第四节 海洋环境与渔情预报和资源变动

一、海洋环境与渔情预报的关系

渔情预报也称渔况预报，是指对未来一定时期和一定水域范围内水产资源状况各要素，如渔期、渔场、鱼群数量和质量以及可能达到的渔获量等做出的预报。其预报的基础就是鱼类行动和生物学状况与环境条件之间的关系及其规律，以及各种实时的汛前调查所获得的渔获量、资源状况、海洋环境等各种渔情和海况资料。

渔情、渔获量的变动，往往与海洋环境因素的变化密切相关。水温不仅明显地影响鱼类个体发育的速度，同时也约束群体的行动分布，是很重要的海洋环境指标。在影响秋刀鱼渔场形成的海洋环境信息中，温度被一致认为是最主要的影响因素，水温的变化对鱼类产卵、仔鱼发育和成活率，以及对鱼类饵料代谢和生长产生影响，而且也影响到鱼类饵料生物鱼种的消盛，这一切都直接或间接地影响到鱼类资源量的分布、洄游移动和空间集群等。水温对秋刀鱼行动的影响主要反映在渔期的变化上。秋刀鱼的最适宜水温为 13~18℃，只有在最适宜的环境条件下才能形成好的渔场，依据特征温度值推测的渔场位置的准确性可能更高。

其次为黑潮和亲潮两大流系。黑潮与亲潮的交汇、混合作用形成了秋刀鱼渔场。黑潮为高温（15~30℃）、高盐（34.5~35），来源于北赤道流；亲潮为低温、低盐，起源于白令海，沿着千岛群岛自北流向西南方向。黑潮的一个分支从 35°N 附近继续流向东北，到达 40°N 并与南下的亲潮汇合，交汇于北海道东部海域，收敛混合后向东流动。其混合水构成了亚极海洋锋面（约在 40°N），宽度 2~4 个纬度，在 160°E 以西海域较为明显，而在 160°E 以东海域锋面不明显。亚极海洋锋面较南的锋面（一般在 36°—37°N）和较北的锋面（一般在 42°—43°N）中间的区域则形成混合区。在锋面的北侧由于亚极环流是持续性分散的气旋性环流，冷水上扬，因此，营养盐高，浮游植物和浮游动物的基础生产量也较高，这给秋刀鱼渔场的形成提供了最基础的保障。一般来讲，黑潮较强、亲潮较弱的年份，黑潮北上的各分支向北势力较为强劲，5月后海区表层水温升温快，中心渔场较偏北、偏东，渔期较早；黑潮较弱、亲潮较强的年份，表层水温低且升温缓慢，中心分布区域较为偏南、偏西，渔期较晚。

再者，叶绿素等也是渔情预报的重要指标。日本东海大学情报技术中心与远洋水产研究所合作，通过 Nimbus 卫星的海岸带水色扫描仪，以叶绿素量为指标拍摄出东海（爱知县·岐阜县·三重县临太平洋海域。下同。笔者注）径流扩散和流隔图，可明显看出大陆河川冲淡水在东海的扩散情况，同时还明显看出东海中部有一个流隔，这就是围网渔场，与实际观测的数据极为吻合，实用性相当高。

早在 20 世纪 80 年代初期，日本就利用海况资料建成了日本海区的渔海况速报体系，组成一个全国性的测报网，并成立了全日本统一的"日本渔业情报服务中心"，对渔海况进行中、长期预报和速报。但早期的渔情预报是使用手工操作来处理多个研究机构和生产单船发送来的数据，做一次预报所需的时间一般在一个月以上，后来应用了计算机处理数据技术，从收集资料到分布渔海况模式图仅需要 10~12 h，效果理想。这些渔海况图十分详细，如太平洋北部的亚北极区图，不但展示出暖流、寒流、涡流及其形成的分布位置，而且还标示出海洋水体悬浮物和云层位置。据报道，从该海图信息中获益最大的是太平洋秋刀鱼渔业，计算机渔情预报的高效性使日本从事秋刀鱼渔业的渔民节省了大量寻鱼时间和燃料，生产效率大为提高。

基于海洋环境因素，结合其他方面的因素，国内外一些学者对秋刀鱼渔情预报做了相关的研究。例如，Shin-ichi Ito（2013）基于生态系统的生物能模型研究了气候变暖对秋刀鱼资源的影响，认为水温的升高会延迟秋刀鱼向南迁徙，减小浮游生物的密度，影响秋刀鱼的幼鱼生长和资源密度。Tseng（2013）根据 2006—2010 年的卫星遥感影像分析了西北太平洋秋刀鱼栖息地环境因子，研究结果表明秋刀鱼栖息地环境因子的适宜范围分别是：海表面温度为 14~16℃、叶绿素浓度在 0.4~0.6 mg/m³、初级生产力在 600~800 mg/cm³。在秋刀鱼资源空间变动模型中，广义线性模型 35.7%（GAM）比垂直广义生产模型 20.5%（VGPM）的解释率更高。Chen（2011）研究了海表面温度对秋刀鱼潜在栖息地的影响，根据 2006—2008 年台湾北太平洋秋刀鱼渔业生产数据，利用 MODIS 卫星遥感中海表面温度（SST）数据，研究北太平洋秋刀鱼偏好海表面温度（SST）范围，并预测了潜在的秋刀鱼栖息地范围。研究表明，北太平洋秋刀鱼偏好海表面温度（SST）范围为 12~18.5℃，并且随月份不断的变化。随着海表面温度（SST）的增加秋刀鱼栖息地范围不断向北偏移，秋刀鱼潜在栖息地的最南端由 40.24°N 转移到 46.15°N。TIAN 等（2004）通过生命周期模型结合 SST、南方涛动事件数据等海洋气候因子，较好地得到了秋刀鱼年际间数量变化情况，研究结果表明大尺度气候和海洋环境的改变能强烈影响秋刀鱼的资源量和产量。Tseng 等（2014）认为 SST 前锋是影响秋刀鱼分布和提高渔场预报准确度的基础。TIAN 等（2003）指出，秋刀鱼的幼体生长和存活率很大程度上受海洋条件的影响。这些相关因子与西北太平洋秋刀鱼资源丰度变化有显著相关性。谢斌等（2015）基于 1989—2012 年秋刀鱼捕捞数据计算单位捕捞努力量渔获量（CPUE）以及对应的海洋环境因子，采用 BP 神经网络模型, 对西北太平洋公海秋刀鱼资源丰度进行了预测分析。张孝民 (2015) 根据 2013 年 7—12 月西北太平洋公海的秋刀鱼渔船生产调查数据和下载的对应海洋环境数据, 利用海洋渔业信息系统相关软件和数理学统计计算方法, 对北太平洋秋刀鱼渔场在时间上和空间上的分布, 以及渔场和海洋环境因子: 包括 SST、Chl-a 和 SSH 的关系进行了一些研究。韩士鑫 (1987) 报道了通过卫星红外观测黑潮暖流环和其周围冷水变化对秋刀鱼渔场形成的短期预报情况。

二、海洋环境与资源变动的关系

鱼类资源变动也称鱼类的数量变动, 主要通过渔获量的变动而显示出来。秋刀鱼每年的补充量变动较大, 是每年渔获量变动较大的鱼种, 其渔获量的波动幅度为 1~25 倍。在不同的海域, 具有不同的水环境条件和不同的初级生产力 (如叶绿素、浮游生物) 等, 因而也有不同的饵料状况, 因此, 海洋环境所决定的饵料保证程度是影响秋刀鱼数量变动的重要因素。

秋刀鱼的成长、补充和死亡是资源变动的主要原因。秋刀鱼的繁殖能力 (产卵、成活率)、自然死亡、补充群体 (种群代谢) 及其生长, 对其资源数量变动起着支配作用。但秋刀鱼各个生长发育阶段或生活年周期, 要求有与之相适应的海洋环境条件 (包括生物条件和非生物条件), 都受到海洋环境变化的影响。因此, 要了解秋刀鱼的生长、洄游规律及预报资源变动, 就必须了解其赖以生活的海洋环境。在实际工作中, 常利用海洋环境因子作为预测因子预报某种鱼的未来的可能渔获量, 即认为: 环境因子影响鱼类资源。

Oozkei (2015) 利用粒子跟踪实验分析了日本近海秋刀鱼产卵场所的不同对秋刀鱼资源密度的影响, 研究认为秋刀鱼鱼卵会随水流流向不同的区域, 比如黑潮延伸区域, 这些区域的环境因子影响了秋刀鱼幼鱼的数量, 可以通过改善这些区域的生态环境因子, 来影响秋刀鱼的资源密度。Takasuka (2014) 根据 2003—2012 年日本近海秋刀鱼的调查数据, 分析了秋刀鱼资源丰度与海表面温度 (SST)、海表面盐度 (SSS) 和叶绿素 a 浓度的关系。认为秋刀鱼最适宜的产卵温度是 19~20℃, 幼鱼密度的主要取决因素是环境因素, 最重要的是海表面温度, 并与黑潮的流向和强弱有很大的关系。

OOZEKI (2004) 通过分析秋刀鱼稚鱼生长率与海洋环境因子的关系, 认为海洋环境因子会显著影响秋刀鱼稚鱼生长率, 是秋刀鱼稚鱼生长率随季节变化的重要原因。Kosaka (2000) 研究了日本近海秋刀鱼资源的变动, 并根据其资源变动情况研究了秋刀鱼的生活史。Kurita (2006) 研究了季节变动对秋刀鱼产卵场的影响, 认为季节变动对秋刀鱼幼鱼资源状况有明显的影响。田永军 (2002, 2003, 2004a) 研究了 1984—2000 年日本秋刀鱼生产作业情况, 分析了秋刀鱼的资源变动和产量变化, 田永军 (2002, 2003, 2004) 根据最近几个世纪北太平洋的气候变化对秋刀鱼资源的长期性影响, 具体分析了海洋环境变化与西北太平洋秋刀鱼资源丰度的关系, 以及海洋环境的变化对秋刀鱼种群变动和渔场转移的影响。

第三章　秋刀鱼资源及其开发利用

第一节　秋刀鱼资源的调查与开发

西北太平洋海域广阔，且由于黑潮（Kuroshio）暖流和亲潮（Oyashio）寒流的交汇为海洋生物、鱼类等的生长提供了良好的基础，从而形成了世界高产量海域之一。秋刀鱼渔业是西北太平洋的重要渔业之一。秋刀鱼广泛分布于西北太平洋亚热带到温带水域，是一种具有较高资源量的上层洄游性鱼类。目前，西北太平洋公海秋刀鱼，是为数不多的尚未完全开发利用的大洋性渔业资源和渔场。

近几十年来，各国通过开展不间断的资源评估与调查，对西北太平洋公海海域的秋刀鱼资源量和可捕量进行了评估，并对其进行了开发利用。对秋刀鱼资源量开展评估和预报的国家主要有日本和韩国，对秋刀鱼进行开发利用的国家和地区主要有日本、韩国、俄罗斯、中国台湾省和中国大陆等。根据不同的评估，秋刀鱼资源量在 192 万~719 万 t，总渔获量 24 万~63 万 t（表3-1）。

表3-1　2001—2014 年秋刀鱼资源量与渔获量　　　　　　　　　　　　　　　万 t

年份	评估资源量	总渔获量
2001	540	35
2002	284	35
2003	502	32
2004	383	44
2005	407	35
2006	352	24
2007	283	50
2008	461	61
2009	376	46
2010	208	42
2011	248	45
2012	192	46
2013	282	43
2014	253	63
2015	227	35

一、日本对秋刀鱼资源量的调查与评估

秋刀鱼渔业在日本有着重要的地位，日本一些研究机构每年都定期对秋刀鱼资源进行调查，并发布长期和短期的渔海况预报。如每年8月和10月，水产厅资源课、独立行政法人水产综合研究所和东北区水产研究所3个单位联合对本年度西北太平洋秋刀鱼渔况和海况进行长期预报。每年9—12月，独立行政法人水产综合研究所、东北区水产研究所和渔情预报中心，每旬对秋刀鱼渔海况进行短期预报。

日本东北区水产研究所的"北凤丸"号和"青海丸"号，分别使用中层拖网进行捕捞生产调查，期间分别采用标准拖网方法（曳纲长度为300 m，网口高度20 m，拖速5 kn，每网拖曳时间为60 min）和表层拖网方法（曳纲缩短到200 m，使拖网上浮，拖曳水层范围从表层至20 m水层），对3个海区分别调查，进行资源评估（图3-1）。采用扫海面积计算法推测得出秋刀鱼资源量（表3-2），各年度在北太平洋143°E—177°W以西至日本海海区的秋刀鱼资源量分别为：2003年最高，达到800万t；之后几年稳定在400万～500万t；2009年下降到350万t，2015年资源量为227万t。其渔获比重在5%～13%（表3-3）（平成27（2015）年度サンマ太平洋北西部系群の资源评价，世界大洋性渔业概况编写组，2015）。

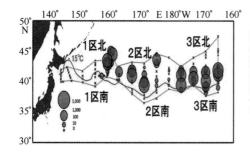 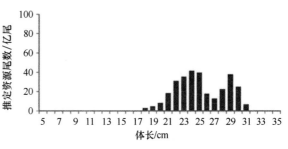

图3-1　2015年秋刀鱼调查示意图及其渔获物个体大小组成

资料来源：平成27（2015）年度サンマ太平洋北西部系群の资源评价，
世界大洋性渔业概况编写组，2015

表3-2　2003—2015年利用表层拖网估算的秋刀鱼资源量　　　　万t

年份	海区1	海区2	海区3	合计	变异系数	95%置信限	
2003	56.4	385.3	60.7	502.4	18.9	321.6	681.9
2004	212.1	102.7	68	382.8	27	197.9	578.9
2005	116.9	237.3	53	407.3	19.5	260.1	570.6
2006	118.2	205	28.5	351.6	22.1	218.4	521.4
2007	26.3	174.5	82.3	283.1	20.9	168	400.6
2008	88.6	309.8	62.2	460.6	22.4	325.6	813.9
2009	118.7	182	74.9	375.6	25.5	210.6	580.4

续表

年份	海区 1	海区 2	海区 3	合计	变异系数	95%置信限	
2010	5.9	126.3	75.5	207.6	18.3	138.1	281.2
2011	1.2	247.3	—	248.5	15.3	183	311.3
2012	10.7	142.1	39.2	192	24.1	114.1	286.9
2013	21.4	158.8	102.1	282.3	23.3	169.8	417.3
2014	18.8	171.7	62.4	252.9	21.6	147.5	340.4
2015	24.6	111.5	91.1	227.2	19.5	146.8	310.9

* 资料来源：平成 27（2015）年度サンマ太平洋北西部系群の资源评价，2015

表 3-3　2003—2014 年秋刀鱼资源量及其渔获比重

年份	资源量/万 t	渔获量/万 t	渔获比重/%
2003	502.4	44.0	8.8
2004	382.8	35.4	9.2
2005	407.3	46.9	11.5
2006	351.6	39.0	11.1
2007	283.1	51.9	18.3
2008	460.6	60.6	13.2
2009	375.6	47.0	12.5
2010	207.6	41.5	20.0
2011	248.5	44.9	18.1
2012	192.0	45.7	23.8
2013	282.3	42.1	14.9
2014	252.9	62.5	24.7

* 资料来源：平成 27（2015）年度サンマ太平洋北西部系群の资源评价，世界大洋性渔业概况编写组，2015

　　2007 年度的 6—7 月，在秋刀鱼渔汛前，日本东北区水产研究所的"北凤丸"号和"青海丸"号，分别使用中层拖网进行捕捞生产调查。调查发现，2007 年度秋刀鱼主要分布在 150°—170°E 海域，在太平洋中部海域（163°E 以东）呈连续型分布，渔获物体长组成分别以 170~220 mm 和 280~300 mm 为主。采用扫海面积法计算推测得出，在北太平洋 143°E—177°W 以西至日本近海海域的秋刀鱼资源量约为 358 万 t。大型群（体长 290 mm 以上）资源尾数 $115×10^8$ 尾，约占总量的 22%；中小型群（体长 290 mm 以下）资源尾数 $408×10^8$ 尾，约占总量的 78%。与 2006 年相比，2007 年西北太平洋秋刀鱼资源量和大型群所占比重均有所下降。

　　根据对 165°W 以西全海域资源量调查结果和渔获比重（图 3-2）得出，1991—1997

年资源量处于高位，1998—1999 年资源量水平骤降，此后资源量水平有所上升，但变动较大，渔获比重基本维持在 10% 左右。日本专属经济区内秋刀鱼资源量 1992 年和 1994 年超过 500 万 t，处在较高水平；1993 年、1995—1997 年在 150 万~240 万 t；1998—2000 年只有 50 万~100 万 t，处在较低水平。1994 年以后，秋刀鱼资源开发率呈逐步上升趋势，从 1993 年的 5% 增加到 2000 年的 23% 左右。2008 年以后秋刀鱼资源量呈下降趋势，而秋刀鱼资源开发率呈波动上升趋势，从 2003 年的 10% 增加到 2015 年的 25%。

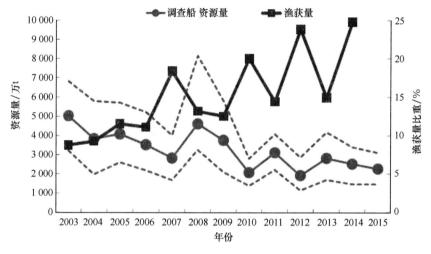

图 3-2　2003—2015 年的秋刀鱼的资源量和渔获量比重

有关研究认为，秋刀鱼资源量反复和变动很大，周期大约 30 年。20 世纪 80 年代后半期到 90 年代中期，资源一直保持良好的状态。但自 1998 年渔汛起，资源水平急剧下降。根据秋刀鱼资源长期变动趋势看，其资源水平进入逐步回升期。根据日本东北区水产研究所对秋刀鱼的调查结果和渔获比例，秋刀鱼渔业资源尚具有较大的开发潜力，天皇海山渔场周边公海水域是具有开发潜力的秋刀鱼新渔场。

二、韩国对秋刀鱼资源量的调查与评估

1998 年开始，韩国每年约有 26 艘渔船在俄罗斯南千岛群岛（日本称北方四岛）周边水域从事秋刀鱼舷提网作业，年均渔获量约 2 万 t，入渔费为 $（US）60/t。

为了解决陷入外交困境的日韩秋刀鱼渔场纷争，韩国政府 2002 年起积极开展远洋渔业资源调查及新渔场开发工作。秋刀鱼资源调查海域覆盖西北太平洋俄罗斯 200 海里外侧 160°E 以西、40°N 以北渔场，预算经费 45 000 万韩元。韩国国立水产振兴院试验调查船"探求一号"承担此项工作任务，调查涉及秋刀鱼资源分布、洄游路径、作业时期，水温等渔场形成环境因子。此外，还与俄罗斯合作，对千岛群岛水域进行了为期 5 个月的生产调查。

2002 年，韩国海洋水产部对俄罗斯库立水域外侧公海进行了秋刀鱼资源调查，并根据调查结果，鼓励国内渔船积极去作业，最后取得了 1.1 万 t 的捕捞成果。

2003 年，韩国政府在西北太平洋公海成功地开发了秋刀鱼的替代渔场。韩国国立水产

科学院与海洋水产研究院 2003 年 4—6 月合作调查结果表明，西北太平洋公海海域的秋刀鱼资源高于俄罗斯北方领土周边水域。新开发的替代渔场在公海，不必交付入渔费，韩国远洋渔业界因此受益。

2003 年 7—8 月韩国海洋水产部对俄罗斯南库页北部水域以及 8—10 月对北太平洋公海海域进行渔场调查，结果显示，不仅 44°N 以北水域已经形成了具有商业性水平的鱼群，而且调查区域还在持续形成适合秋刀鱼栖息的水温带区域。据判断，在日本水域作业后，就可以转移到公海上，11 月就可进行作业。作业试验结果显示，进入日本水域作业以前，在公海上的渔获量为 8 510 t，远远多于南库页北部渔场上的 1 234 t。而且考虑到 9 月以后中国台湾省渔船会继续进入 44°N 以北公海上作业，所以开发北太平洋公海渔场的可能性很大。

北太平洋公海上，秋刀鱼渔场在表层水温为 10.5~13.0℃ 的地方，特别会在水深 50 m 处形成强大的水温弱层，具有显著的鱼群密集效果。估计如果渔船利用中层水温计，探索渔群的效率会极大提高。

第二节　秋刀鱼主要生产国家和地区的开发利用概况

西北太平洋的秋刀鱼渔业历史悠久，捕捞历史长达 300 年以上，捕捞区域主要分布在西北太平洋从亚热带到亚寒带南部海域，渔期为 8—11 月。1670 年前后，日本开始捕捞秋刀鱼，主要采用单拖网和流刺网捕捞，渔获量相对较低，捕捞效率不高。20 世纪 30 年代，日本的千叶县和神奈川地区首先发明了秋刀鱼舷提网（日本称之为"棒受網"）作业方式，这种渔具渔法操作简便，渔获效率高，在第二次世界大战以后得到推广应用。1950 年前后，日本研制发明出灯诱舷提网渔具渔法，渔获量显著增长，从 1 万 t 左右增加到 20 万 ~50 万 t（Tokyo Fisheries Agency, Research Department, 1973；Fukushima, 1979）。此后，舷提网渔具渔法相继传入俄罗斯、中国台湾省、韩国等国家和地区，使秋刀鱼渔业的发展进入新的阶段。韩国的秋刀鱼渔业是 20 世纪 50 年代末利用刺网在马岛暖流海域作业和自 50 年代初以来在黑潮—亲潮海域利用了舷提网作业开展的（Gong Y, Suh Y S, 2013）。俄罗斯的秋刀鱼舷提网渔业是在 20 世纪 70 年代发展的。中国台湾省于 1975 年开始秋刀鱼渔业，当时渔业有第一个商业捕捞记录（NPFC01 - 2016 - AR Chinese Taipei Rev 2）。自 2012 年以来，中国大陆一直在公海上发展秋刀鱼渔业（NPFC - 2016 - WS PSSA01 - WP01）。在东太平洋地区，从 1997—2013 年，加拿大商业渔业捕捞了少量的秋刀鱼（Wade J, 2015）。

目前已形成商业化秋刀鱼渔业的主要捕捞国家和地区为日本、俄罗斯、韩国、中国台湾省和中国大陆等。日本和俄罗斯的船只主要在其专属经济区范围内作业，而中国台湾省、韩国和中国大陆的船只主要在北太平洋公海生产。目前，秋刀鱼产量处在一个较高水平，2007—2015 年年产量稳定在 40 万 ~65 万 t，其中以日本和中国台湾省产量较多（图 3-3 和表 3-4）。

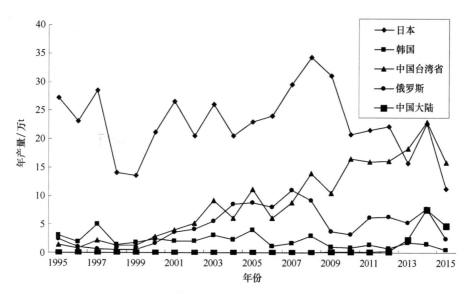

图3-3　1995—2015年各国（或地区）秋刀鱼年总捕捞量

表3-4　各主要国家和地区秋刀鱼渔获量　　　　　　　　　　t

年份	日本	韩国	中国台湾省	俄罗斯	中国大陆	合计总渔获量
1980	192 449	0	0	38 715	0	231 164
1981	159 304	0	0	31 576	0	190 880
1982	192 883	0	0	26 174	0	219 057
1983	232 560	0	0	7 692	0	240 252
1984	223 769	0	0	10	0	223 779
1985	259 247	1 050	0	2 185	0	262 482
1986	225 718	2 035	0	11 757	0	239 780
1987	210 249	1 016	0	22 733	0	233 998
1988	287 927	1 960	0	50 830	0	340 717
1989	246 713	3 236	12 036	68 420	0	330 405
1990	310 592	17 612	31 877	71 586	0	431 667
1991	298 941	25 135	19 473	50 336	0	393 885
1992	258 717	33 708	34 235	50 220	0	376 880
1993	273 707	40 154	36 435	47 536	0	397 827
1994	250 704	32 280	12 550	26 343	0	321 877
1995	272 901	30 996	13 772	24 762	0	342 431
1996	231 238	18 729	8 236	10 919	0	269 122
1997	285 438	50 227	21 887	6 627	0	364 179
1998	140 110	13 926	12 794	4 862	0	171 692

续表

年份	日本	韩国	中国台湾省	俄罗斯	中国大陆	合计总渔获量
1999	134 944	18 036	12 541	5 050	0	170 571
2000	211 883	24 803	27 868	16 355	0	280 909
2001	266 344	20 869	39 750	35 522	0	362 485
2002	205 268	20 345	51 283	41 600	0	318 496
2003	260 459	31 219	91 515	55 803	—	438 996
2004	205 046	22 943	60 832	85 295	—	374 116
2005	229 679	40 509	111 491	87 779	—	469 458
2006	239 979	12 009	60 649	79 511	—	392 148
2007	295 625	16 976	87 277	109 739	—	509 608
2008	343 225	29 591	139 514	91 370	—	604 000
2009	310 700	10 000	104 200	37 700	—	463 500
2010	207 500	9 000	165 700	31 700	—	415 300
2011	215 400	14 100	160 500	62 100	—	452 800
2012	221 500	7 200	161 500	63 100	—	455 300
2013	157 300	17 700	182 600	52 900	24 200	434 700
2014	227 400	16 100	229 900	77 600	76 100	627 600
2015	112 264	11 204	152 271	23 964	47 100	346 803

日本一直是西北太平洋秋刀鱼的主要捕捞国，1955 年产量就达到 27.35 万 t，1998 年和 1999 年产量下降到 15 万 t 左右，2008 年产量超过 35 万 t，其他年份基本稳定在 20 万～30 万 t。中国台湾省秋刀鱼捕捞产量自 1995 年以来呈逐渐增加的趋势，近年来产量逐步赶上日本，其中 2014 年的产量超过 20 万 t，是秋刀鱼捕捞的第二大地区。俄罗斯的秋刀鱼捕捞历史悠久，但产量与日本比较相对较低，产量较高时为 5 万～10 万 t。韩国的秋刀鱼捕捞量一直维持在较低水平，一般在 1 万～2 万 t。中国大陆在 2013 年之前产量一直较低，渔船数量较少，2013 年以后产量开始增加，其中 2014 年产量达到 7.6 万 t，接近俄罗斯秋刀鱼捕捞量。

表 3-5　2014 年各国或地区从事秋刀鱼渔业的情况

国家或地区	渔船数	作业总天数/d	渔期	作业渔场	渔获物
日本	200 艘以上	8559	7—12 月	日本 200 海里内	冰鲜
俄罗斯	60 艘左右	2055	8—12 月	200 海里内及公海	船上冷冻、加工、部分冰鲜
韩国	13 艘	1918	6—11 月	日本 200 海里内以及西北太平洋公海	船上冷冻
中国台湾省	91 艘	7709	6—12 月	西北太平洋公海	船上冷冻
中国大陆	44 艘	6435	6—12 月	西北太平洋公海	船上冷冻

2014 年，日本作业渔船和作业总天数都是各国家或地区最多的，渔船数达到 200 艘以上；中国台湾省渔船数量也较多，为 91 艘；其次为俄罗斯和中国大陆，分别为 60 艘左右和 44 艘；渔船数量最少的是韩国，为 13 艘。作业天数从多到少依次是日本、中国台湾省、中国大陆、俄罗斯和韩国。渔期主要集中在 7—12 月。日本的作业海域在日本 200 海里专属经济区内；俄罗斯的作业海域在其 200 海里专属经济区内及公海；韩国的作业海域在日本 200 海里专属经济区内以及西北太平洋公海；中国台湾省和中国大陆作业海域则在西北太平洋公海。日本的渔获物基本上以冰鲜的形式储藏和销售；韩国、中国台湾省和中国大陆由于作业渔场离本国距离较远，大都以船上冷冻的方式保存；俄罗斯对渔获物采用 3 种处理方式，分别是冰鲜、加工和船上冷冻（表 3-5）。

一、日本秋刀鱼开发利用概况

日本是捕捞秋刀鱼最早的国家，据历史记载，日本从 1670 年前后开始使用小型渔船和流刺网捕捞秋刀鱼（福岛信一，1979），到了 20 世纪 30 年代，开始采用秋刀鱼舷提网（日本称之为 "棒受網"，stick-held dip-net、bouke net）作业方式。40 年代后期，日本渔民开始关注秋刀鱼，每年夏秋季节，2 000 余艘小型渔船用刺网和抄网捕捞秋刀鱼，高峰时每天鲜鱼的上岸量可达 1 万 t；在晴而无月的夜晚，无数捕捞渔船云集渔场，船上开着诱鱼灯，灯光使秋刀鱼在渔船周围聚集，渔民们轻而易举地就能将其捕获。此时的渔场，远远望去犹如一只插满蜡烛的大碗。在全盛时期的 1966 年，日本捕捞秋刀鱼的渔船近千艘，近年来控制在 230 艘左右，但渔船的平均总吨位已远远高于过去。日本的秋刀鱼舷提网作业基本上都是鲑鳟鱼流网船、金枪鱼钓船、鱿鱼钓船和其他作业船的兼（轮）作渔业。

1. 渔获量变化

日本开发利用的秋刀鱼资源主要分布于西北太平洋西部的北海道东南岸至本州东北部一带的海域，作业渔场为青森、岩手、宫城、福岛、茨城、千叶这 6 个县的沿海一带海域，作业渔期主要为每年的 8—12 月，作业模式主要为舷提网，北海道地区的渔获量最大。

分布于日本以东西北太平洋公海的秋刀鱼虽然距离日本不远，但日本一直没有去捕捞，其主要原因是由于在公海捕捞的秋刀鱼体型较小（以体重 100~120 g 居多），产值较低，且远赴公海捕捞亦增加了很多生产成本。但是，从 2000 年前后开始，先后有中国台湾省、韩国、中国大陆的舷提网渔船相继进入西北太平洋公海捕捞秋刀鱼，这引起了日本的高度关注。其后，日本为了谋求维护其在西北太平洋公海秋刀鱼渔业的利益，于 2007 年启动了开发调查西北太平洋公海秋刀鱼的项目，采用声呐和探鱼仪对秋刀鱼资源进行探捕。并于同年向民间渔业企业租借了 1 艘秋刀鱼舷提网渔船，首次出航西北太平洋公海进行秋刀鱼捕捞，渔获量 267 t，首获成功更坚定了日本此后继续在西北太平洋公海捕捞秋刀鱼的决心。2008 年，时由日本水产厅派出其大型资源调查船 "开洋丸"（2 640 总吨）对西太平洋公海秋刀鱼进行调查探捕。2003 年渔期，日本派出 5 艘大型舷提网渔船去西北太平洋公海探捕生产，获得了 1 970 t 的捕捞量。截至 2013 年，日本开发调查中心已连续 7 年在西北太平洋公海实施了秋刀鱼的调查工作，取得了一定的成果。

图 3-4 为日本 1894—2010 年秋刀鱼渔获量的年变化情况。在 20 世纪 50 年代前后，当捕捞方法改为灯诱舷提网渔法后，产量比原先用流网时大幅度增加，年产量变化幅度也更为剧

烈，长期呈波动起伏状态。日本是秋刀鱼的主要生产国，其渔获量近百年来最高为 1958 年的 57.20 万 t，最低为 1969 年的 6.3 万 t，1950—2000 年间的年平均产量约为 25.78 万 t。

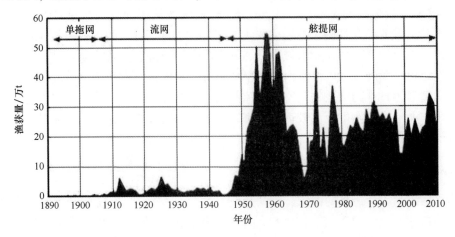

图 3-4　日本 1894—2010 年间秋刀鱼渔获量的年变化

从 20 世纪 80 年代起，日本渔民为稳定鱼价，通过渔民协会的协调对总渔获量采取了控制措施，至 90 年代，捕捞力量开始逐步下降，渔船从 1975—1980 年的每年 500 艘左右，减至 2014 年的不到 250 艘。但资源量却仍呈现大幅度变化状态，如在 1998 年，产量突然下降到 14.01 万 t（仅有 1997 年度的一半左右），到 2000 年渔获量又恢复到 20.70 万 t，2001 年又上升到 26.60 万 t。很显然，资源变动的原因不完全是过度捕捞所引起的。在日本，秋刀鱼作为总限制可捕量（TAC 制度）的规定鱼种之一，目前的 TAC 为 31 万 t 左右。由于秋刀鱼舷提网是以单一鱼种为捕捞对象，较容易掌握该渔业渔场、渔期等渔业状态；同时，由于常年作业形成的全体日本从业渔民保护资源的意识较强，当渔获量超过总的许可渔获量规定时都能自觉采取休渔措施，因此，秋刀鱼渔业的 TAC 制度在日本实施顺利。近年来，总的许可渔获量有所增加，2009 年达到 45.5 万 t，但是实际捕捞量仅为 30.8 万 t（表 3-6）。

表 3-6　2000-2009 年度日本秋刀鱼可捕量配额和实际渔获量　　　　　　　　　　　万 t

年份	总许可渔获量	实际渔获量
2000	31.0	21.6
2001	31.0	26.7
2002	31.0	20.5
2003	33.4	24.1
2004	28.6	20.5
2005	28.6	22.9
2006	28.6	24.0
2007	31.6	29.6
2008	39.6	34.3
2009	45.5	30.8

资料来源：世界大洋性渔业概况，2011.

1953—1981 年，日本秋刀鱼渔获量年度波动的主要原因是因洄游线路变化而引起的鱼群可捕量的差异和集群密度，而不是资源量的变化。在亲潮、黑潮海洋条件的变化与秋刀鱼的可捕量之间，有着复杂的关系，比如渔场的形成，鱼群的性质和大小，渔场的位置和分布范围等。西北太平洋秋刀鱼群体的相对资源量指数表明，该群体各季节之间虽然确实有很大的变化，但这些年来相当稳定（图 3-5）。

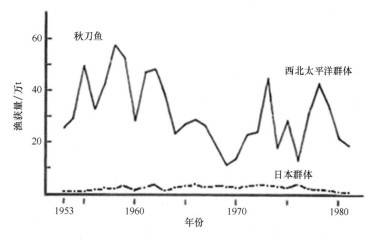

图 3-5　1953—1981 年日本秋刀鱼各群体渔获量

资料来源：千国史郎，1985

1971—2015 年，日本秋刀鱼渔获量波动较大（图 3-6）。其中，1973 年产量最高达 43 万 t，1976 年产量最低仅为 10 万 t。1971—1987 年，平均网次产量在 0.5~1.8 t 之间波动。1988—1997 年，平均网次产量处在较高水平，在 2~5 t。1998 年以后，平均网次产量为 1~1.7 t。1999 年，秋刀鱼产量 13.5 万 t。据统计，2003 年日本秋刀鱼总产量超过 26 万 t，但 2008 年以来，日本秋刀鱼渔获量成下降趋势，2015 年日本秋刀鱼总产量为 11.2 万 t。

2. 渔船变化

舷提网是捕捞秋刀鱼的主要渔具。1966 年，全日本 10 吨级以上的秋刀鱼渔船 946 艘。1966 年以后，日本秋刀鱼渔船数量逐年减少，1975—1980 年稳定在 311 艘。1998 年，由于兼作鲑鳟鱼流网渔船的减船和报废，进一步减少为 242 艘。1999 年秋刀鱼舷提网渔业经批准的船数为 239 艘，比 1998 年减少了 3 艘。吨数级别为 10~20 吨级船，与 1998 年相同，为 124 艘；20~40 吨级减少 1 艘，为 2 艘；40 吨级以上船减少 2 艘，为 119 艘。另外 100 吨级以上船减少 1 艘，为 102 艘。各等级船占全部批准船数的比例为：10~20 吨级占 51.9%，100 吨级以上占 42.1%，均保持在上一年水平。20 世纪 80 年代以来，日本秋刀鱼舷提网渔船有向不满 20 吨级的小型船和 100 吨级以上大型船的两极分化趋势（图 3-7）。

日本秋刀鱼舷提网渔业几乎都是其他作业渔船的兼捕渔业。以 1998 年为例，中型鲑鳟鱼流网渔业占总数的 26%，小型鲑鳟鱼流网渔业占 12%，鲣、金枪鱼渔业占 11%，鱿鱼钓渔业占 11%，大网目流网渔业占 9%，近海小型底拖网占 5%，鲐鱼抄网占 4%。

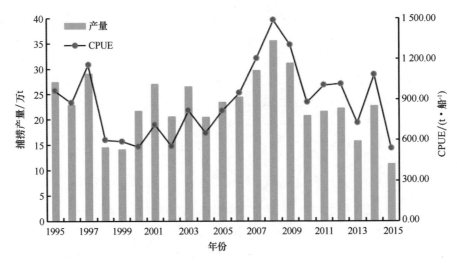

图 3-6　日本各年秋刀鱼渔获量

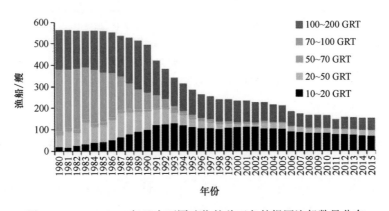

图 3-7　1980—2015 年日本不同吨位的秋刀鱼舷提网渔船数量分布

二、韩国秋刀鱼开发利用概况

韩国于 1966 年开始在西北太平洋捕捞秋刀鱼，但 1977 年因美国和俄罗斯各自专属经济区的宣布而暂时结束。1985 年，韩国仅 3 艘试验船赴西北太平洋从事秋刀鱼生产作业，1987 年，秋刀鱼舷提网作业实行许可证制度后，作业渔船不断增加，经过近 20 年的发展，到 2004 年底，韩国的秋刀鱼舷提网船为 16 艘。

秋刀鱼流刺网在韩国东部海域作业，捕捞春季 5—6 月北上的洄游鱼群，在其南海岸水域，亦在 3—6 月和 10—12 月用流刺网捕捞秋刀鱼。除本国沿海秋刀鱼流刺网渔业外，秋刀鱼舷提网渔业是韩国重要的远洋渔业之一。其作业渔场主要在西北太平洋 35°—46°N、141°—147°E，1995 年渔获量为 3.10 万 t，1996 年降至 1.87 万 t，减少 40%，1997 年有较大幅度的增长，达到 5.02 万 t。2002 年韩国秋刀鱼总产量为 2.03 万 t。2004 年产量达到22.94 万 t。2015 年秋刀鱼捕捞总产量最低，仅 1.12 万 t（图 3-8）。

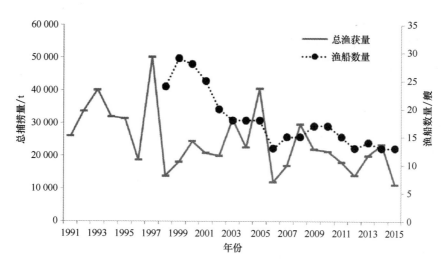

图 3-8 韩国渔船数量和渔船的总捕捞量

数据来源：NPFC-2017-SSC PS02-WP01 Proposal on the second step for PSSA，2017

近年来，随着 200 海里专属经济区（Exclusive Economic Zone，EEZ）和 TAC（Total Allowable Catch）制度的实行，韩国秋刀鱼舷提网渔船已逐渐由日本和俄罗斯专属经济区水域向公海渔场转移。韩国水产研究机构曾于 2001 年和 2002 年成功开辟了西北太平洋公海海域的秋刀鱼渔场，鼓励本国渔船在公海渔场捕捞作业，减少对别国 EEZ 海域的依赖程度，进一步发展韩国渔业。但是由于韩国渔业的不景气，秋刀鱼舷提网渔船逐年减少，产量也连年下降。《韩-俄渔业协定》于 1991 年开始生效，因此秋刀鱼渔业配额每年就由韩俄联合渔业委员会决定。

韩国的远洋秋刀鱼渔业主要以向日、俄购买配额为主。然而，21 世纪初，俄罗斯和日本就北方四岛（俄罗斯称南千岛群岛）周边海域捕鱼权的问题使韩国远洋秋刀鱼渔业陷入困境。

2001 年 8 月初，韩国渔船获得俄方批准，以 82.5 万 US $ 购得在南千岛群岛（日本称北方四岛）海域捕捉 1.5 万 t 秋刀鱼的配额。此举立即招致日方的强烈不满。日本外务省随即提出抗议，要求韩国停止捕鱼、俄方收回向他国发放的捕鱼权，并向韩方发出警告，如果韩国渔船执意前往北方四岛（俄罗斯称南千岛群岛）捕鱼，日方将拒绝韩国渔船按照《韩日渔业协定》前往日本北海道附近日本专属经济区三陆海域捕鱼的申请。

为了解决南千岛群岛（日本称北方四岛）海域的捕鱼争端，韩日双方先后进行了 5 轮会谈。韩国方面在会谈中坚持认为，韩国渔船的做法符合国际法的规定。韩方表示，如果日本方面能够提供替代渔场，韩方可以考虑停止在南千岛群岛海域的捕鱼作业。而日本在几轮会谈中的态度逐渐有所松动，同意有条件地向韩国渔船开放三陆渔场。此外，日方还表示，如果韩方承认北方四岛（俄罗斯称南千岛群岛）海域为日本专属经济区，就可以允许韩国渔船进入这一海域作业。但韩方以不愿介入日俄双方的领土争端为由拒绝了这一要求。经历了艰苦的谈判过程，在汉城（今称首尔）举行的第四次韩日渔业共同委员会就 2003 年各种鱼的捕捞配额、进口水域最终达成了协议。韩日两国政府决定，2003 年在对方国家专属经济区(EEZ)的捕捞渔船数量规定为1 395艘，总捕捞配额定为89 773 t。根据这一规定，2004年韩国和日本的捕捞配额将分别减少2万t和4 000 t。

三、俄罗斯秋刀鱼开发利用概况

俄罗斯是较早开发利用秋刀鱼资源的国家。在苏联时期，秋刀鱼渔业在远东最早出现，并开始发展起来。在沿海边区南部，秋刀鱼一直是沙丁鱼网、鲐鱼网和建网的兼捕鱼类。千岛群岛沿海一带经常发现有大量的秋刀鱼鱼群，俄罗斯千岛群岛以南的200海里专属经济区和其外侧的公海海域为重要的秋刀鱼渔场，因此，俄罗斯也是开发利用西北太平洋秋刀鱼资源的主要国家之一。

1941年，沿海边区的围网船在日本海南部寻找沙丁鱼时，发现了秋刀鱼鱼群并用围网试捕。他们在夜间投放了自制的发光浮标（用蓄电池供电），围捕聚集在浮标周围的秋刀鱼，围网每一网次的产量不超过1.5~2 t。1945年9月，莫斯科渔业学院一群学生在太平洋渔业和海洋学研究所的调查船上试验了秋刀鱼对水上灯光和水下灯光的反应，取得了有关秋刀鱼在光照区域活动情况的资料。调查所使用的主要渔具是锥形吊网、网箍直径3 m；后来使用了提升式船舷张网（所谓的达尼列夫斯基棒受网）捕捞秋刀鱼，该种网具比锥形吊网的捕捞面积大，有波浪时吓走的鱼也较少些。

1955—1957年，太平洋渔业和海洋学研究所对秋刀鱼鱼群进行了侦察，渔业管理局也派船到南千岛群岛（日本称北方四岛）区域查明从事秋刀鱼生产性捕捞的可能性。根据此次侦察结果，于1958年派出了11艘捕捞船从事生产，此后几年，捕捞船和加工基地不断增加。秋刀鱼渔期在8月中旬开始至10月为止。平均每条船在渔期的捕获量达200 t（И.И. 西德尔尼科夫，1965）。

1960—1962年，苏联太平洋渔业和海洋学研究所与朝鲜东海水产研究所利用"阿尔加玛号"中型拖网船（300马力）对日本海（包括鞑靼海峡50°N以南的海区）的鱼类进行了全面调查研究，考察队队长索·米·卡冈诺夫斯卡娅副博士提交了"秋刀鱼、鳀、鲐、沙丁鱼、鲱等的分布、群体组成和捕捞前景"的报告。1962年4—10月间，对秋刀鱼自南至北的整个移动进行了研究，这样大规模的工作还是首次进行，对了解秋刀鱼的生物学特性具有很大帮助。并利用1960—1962年收集到的资料绘制了秋刀鱼在日本海几乎整个生活期间的洄游路线图（图3-9）。确定了水文条件和饵料条件对秋刀鱼分布和洄游的影响关系。阐明了日本海秋刀鱼同太平洋秋刀鱼的差别。在日本海是夏季产卵，而在太平洋是冬季产卵，这可以说是它们的主要差别（C. M. 卡冈诺夫斯卡娅，1966b）。

俄罗斯除了本国渔船在此区域内捕捞外，也对外出售秋刀鱼的捕捞配额，主要入渔国家和地区为中国台湾省和韩国。2000年12月韩国与俄罗斯签订了一项协议，据此韩国渔船可以从2001年7月中旬至11月中旬在南千岛群岛（日本称北方四岛）的水域捕捞秋刀鱼，捕捞量为1.5万t，总值2 300万美元。2001年，俄罗斯开始重新关注这一数量巨大的渔业资源，他们采用出售和发放许可证等方法，将1.5万t的秋刀鱼捕捞配额分别给予26艘朝鲜渔船、26艘韩国渔船、16艘乌克兰渔船，中国台湾省渔船也加入其中，但要求其必须悬挂乌克兰国旗。俄罗斯允许韩国渔船进入有争议的南千岛群岛海域捕捞秋刀鱼的做法激怒了日本，日本扬言要撕毁《日韩渔业协定》，尽管俄罗斯呼吁各方保持克制，但

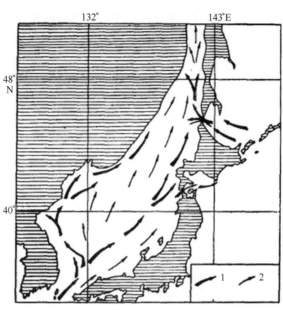

1.主要的洄游路线; 2.非主要的洄游路线

图 3-9　日本海秋刀鱼春季和夏季洄游路线示意图

资料来源：C. M. 卡冈诺夫斯卡娅，1966

日本还是执意将此事升格为外交争端，为此普京总统在与日本首相会谈时表示希望不要将此事"政治化"。

　　日本-俄罗斯渔业专家和科学家年度会议（Annual Meeting of the Japan-Russia Fisheries Specialists and Scientists）在每年的 11 月召开，在该年会上，日、俄两国的代表会针对商业重要鱼种（例如：秋刀鱼、沙丁鱼、鲭、鲑、狭鳕等）进行渔业相关信息的交换。在年会上除了进行秋刀鱼年产量报告外，还会依据秋刀鱼渔业系群资源的现况，共同撰写一本资源评估报告。日本渔业科学家认为，经由渔业专家和管理者参与的国际性合作会议，对秋刀鱼资源和渔业的实际状况作周期性报告与信息交换，对秋刀鱼渔业合作、系群管理以及资源量变动预测准确度的提升是非常重要的。

　　俄罗斯捕捞秋刀鱼除了使用舷提网外，曾开发了"降落伞型"艉提网，适用于大型艉滑道渔船，并且取得了相当好的效果。渔船一般用声呐或探照灯探测鱼群，发现目标后打开诱鱼灯，最后使用不同的网具进行捕捞。

　　俄罗斯的秋刀鱼捕获量变动很大。俄罗斯对秋刀鱼的开发利用有两个高峰期，第一个高峰期为 1986—1996 年，即苏联时期，曾有 170 余艘中型捕捞船和十几艘加工制罐工作母船在千岛群岛海域从事秋刀鱼捕捞和加工，捕获量均超过 1 万 t，最高年产量超过 7 万 t。苏联解体后，由于燃料价格上涨和加工母船巨大的费用开支，使俄罗斯在这一地区的秋刀鱼捕捞量急剧下降，1997 年俄罗斯的秋刀鱼捕捞量骤降至不到 7 000 t，当时总共仅有 20 余艘渔船在从事秋刀鱼捕捞作业；加工和运输能力的不足也是造成产量骤降的原因之一。在俄罗斯海洋捕捞业不景气的同时，俄罗斯的水产品加工也因为国际上鳕鱼和鲱鱼配额的拍卖价格上涨而陷入困境。俄罗斯海洋渔业的急剧衰退引起了俄罗斯的担忧，俄政府指示渔业管理部门组织科学家研究对策，探索新的捕捞方法，开发那些未被充分利用的渔业资源。作为回应，科学家们把秋刀鱼捕捞技术列为其重点研究课题之一，并同时着手研究新的渔具渔法，最终研究出了"降落伞型"舷提式渔网。俄罗斯科学家的不懈努力终于结出了丰硕果实，2001 年成为俄罗斯秋刀鱼开发利用最辉煌的一年，当年共捕获秋刀鱼 35 522 t，产量比 2000 年翻了一倍还多。2001—2014 年，俄罗斯秋刀鱼渔业进入另一个捕捞高峰期，年捕获量均超过 2 万 t。1980—2014 年，捕获量最高为 109 739 t（2007 年），最低仅为 10 t（1984 年）。进入 21 世纪，俄罗斯在西北太平洋的秋刀鱼渔获量一直占 10% 左右（图 3-10 和图 3-11）。

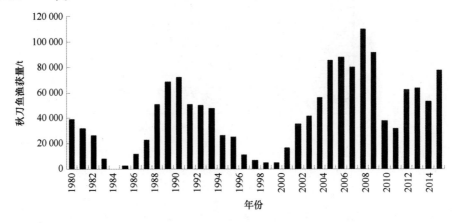

图 3-10　1980—2014 年俄罗斯秋刀鱼渔获量变动概况

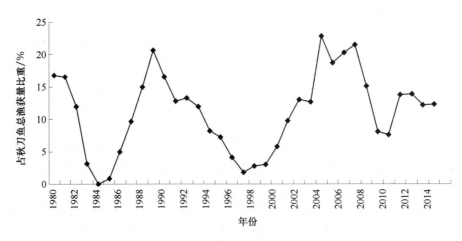

图 3-11　1980—2014 年俄罗斯秋刀鱼渔获量比重变动

四、中国台湾省秋刀鱼开发利用概况

中国台湾省的秋刀鱼舷提网渔业开始于 1977 年，由 2 艘拖网船改装成舷提网船赴西北太平洋捕捞秋刀鱼。当时由于作业技术不熟练和对渔场不熟悉，仅捕获 100 t 秋刀鱼。后经过几年的渔具渔法技术改进和渔场摸索，逐步掌握了秋刀鱼的捕捞技术。1991 年，台湾省的 10 余艘远洋鱿钓渔船在鱿钓渔期结束后改装成秋刀鱼舷提网船赴西北太平洋捕捞秋刀鱼，随后几年，台湾省的秋刀鱼兼作渔船在 16~25 艘之间波动，但近年来，秋刀鱼兼作渔船出现逐年快速增长的趋势，2001 年为 44 艘、2002 年为 56 艘、2003 年为 67 艘，产量分别为 3.98 万 t、5.13 万 t 和 9.15 万 t。作业渔船数的增长也导致了作业总天数增多和产量的大幅度提高，2008—2011 年期间，平均每年作业总天数达到了 7 841 d，每年的总渔获量超过了 10 万 t，2010 年作业天数达到 9 766 d，总渔获量达到了 16.5 万 t（表3-7）。2013 年，在西北太平洋公海作业的中国台湾省秋刀鱼舷提网渔船达 92 艘之多，秋刀鱼总渔获量达到 18.2 万 t，首次超过了秋刀鱼渔获量年年居世界首位的日本。

秋刀鱼渔业平均 CPUE（catch pre unit effort）指数和单船平均年产量也均有提高（图3-12）。图 3-13 是中国台湾省 1994—2014 年的秋刀鱼渔获量统计和变化。

表 3-7　1994—2015 年中国台湾省秋刀鱼渔业总渔获量、作业天数和作业渔船数变化

年份	作业总天数/d	作业渔船数/艘	总渔获量/t
1994	843	18	12 550
1995	836	16	13 772
1996	856	14	8 287
1997	1 242	20	21 887
1998	1 636	25	12 794
1999	1 805	33	12 541
2000	1 878	40	27 868
2001	2 604	44	39 750
2002	3 981	56	51 283
2003	4 780	67	91 515
2004	4 565	67	60 832
2005	6 584	67	111 491
2006	4 875	65	60 619
2007	5 115	67	87 277
2008	6 487	68	139 514
2009	7 640	72	104 219
2010	9 776	77	165 692
2011	7 461	74	160 532
2012	7 349	85	161 514
2013	7 405	90	182 619
2014	7 709	91	229 937
2015	5 866	90	152 271

资料来源：NPFC-2017-SSC PS02-WP01 Proposal on the second step for PSSA，2017.

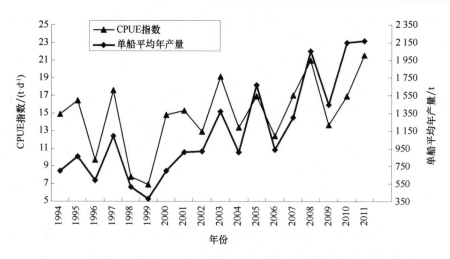

图 3-12　中国台湾省秋刀鱼渔业平均 CPUE 指数和单船平均年产量的变动

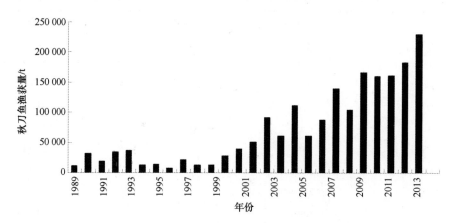

图 3-13　1989—2014 年中国台湾省秋刀鱼渔获量变化

台湾省每年捕获的秋刀鱼约有 2 万 t 在岛内销售，其余全部出口国际市场，主要向日本出口，约占全年出口量的 50%；自 2001 年开始，韩国又成为台湾省秋刀鱼出口的另一主要国家，仅 2003 年，就有 3 万 t 秋刀鱼在韩国釜山港卸售。除了向日本和韩国出口以外，台湾省还向世界上 10 多个国家和地区出口秋刀鱼（表 3-8）。

表 3-8　中国台湾省秋刀鱼出口的国家和地区

国家或地区	数量/t				价值/千元（新台币）			
	1999 年	2000 年	2001 年	2002 年	1999 年	2000 年	2001 年	2002 年
日本	4458	7 947	420	9 746	107 229	151 317	8 896	177 292
美国	121	247	257	477	5 936	9 669	6 295	10 420
韩国	–	–	2 208	7 201	–	–	39 922	113 181
新加坡	285	399	735	593	5 222	8 772	11 900	13 267

续表

国家或地区	数量/t				价值/千元（新台币）			
	1999 年	2000 年	2001 年	2002 年	1999 年	2000 年	2001 年	2002 年
中国香港	–	317	353	463	–	8 083	7 480	9 583
加拿大	16	34	25	66	1 139	1 870	1 531	2 846
澳大利亚	–	–	4	17	–	–	65	291
菲律宾	–	–	14	0.5	–	–	179	4
马来西亚	14	–	4	19	4751	–	232	5 259
印度尼西亚	15	98	57	–	267	1 521	988	–
美属萨摩亚	–	–	261	–	–	–	3 909	–
毛里求斯	–	15	37	15	–	180	695	368
南非	30	30	27	22	449	712	643	610
西班牙	–	–	–	675	–	–	–	15 218
关岛	5	–	–	–	306	–	–	–
其他	1 375	972	1 204	1 361	25 201	20 211	33 553	34 603
合计	6 319	10 060	5 606	20 655	150 500	202 335	116 288	382 981

资料来源：汤振明等，2004.

　　中国台湾省秋刀鱼捕捞作业渔场主要为西北太平洋公海海域，作业时间为每年的5—12月。每年的5—6月是台湾省秋刀鱼捕捞作业的起始时间，2004年的捕捞作业区域在40°—45°N、155°—160°E，呈S—N向带状分布；2005年在39°—44°N、154°—159°E区域，向SW方向变动；2006年为40°—43°N、154°—159°E区域，捕捞作业范围相对缩小；2007年捕捞作业区域再向SW方向变动，范围又有所缩小，分布在38°—41°N、154°—158°E之间海域，呈SE—NW向带状分布；2008年捕捞作业区域相对2007年向北变动，分布在40°—42°N、154°—160°E海域，呈E—W向带状分布；2009年捕捞作业区域与2004年的区域基本一致，但捕捞范围有所缩小；2010年捕捞作业区域横跨经度范围扩大，分布在39°—43°N、155°—164°E区域，呈SE—NW向带状分布；2011年捕捞作业区域向SW方向变动，分布在40°—42°N、154°—157°E海域（图3-14a）。

　　2004—2011年7月的捕捞作业区域为40°—47°N、153°—162°E（图3-14b）。8月是秋刀鱼渔场变化趋势改变的拐点，渔场开始有向SW方向移动的趋势，基本呈NE—SW向带状分布，范围为42°—48°N、144°—164°E海域；在个别年份，有很少一部分渔船在千岛群岛外海43°—45°N、146°—150°E区域捕捞作业（图3-14c）。9月秋刀鱼渔场继续向SW移动，呈NE—SW向带状分布，仅2009年呈E—W向分布，范围为41°—49°N、150°—161°E区域；其中在个别年份有一小部分渔船在北海道外海42°—44°N、146°—149°E区域作业；另有一小部分渔船在千岛群岛外海43°—45°N、146°—150°E海域作业（图3-14d）。10月渔场继续向SW方向移动，多数年份呈E—W向带状分布，少数年份呈S—N向带状和NE—SW向带状分布，作业范围区域略有缩小，范围为39°—46°N、147°—158°E海域；个别年份有一小部分渔船在北海道外海39°—44°N、146°—149°E海域作业

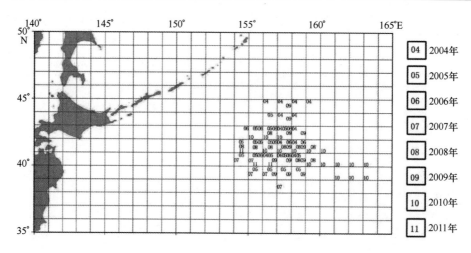

图 3-14a　中国台湾省 2004—2011 年 6 月秋刀鱼渔船捕捞作业区域示意图

（图 3-14e）。11 月秋刀鱼渔场继续向 SW 方向移动，范围为 38°—44°N、146°—157°E 海域，基本呈 NE—SW 向带状分布，个别年份呈 S—N 向带状分布（图 3-14f）。12 月是秋刀鱼捕捞作业的收尾阶段，捕捞强度逐渐减小，捕捞区域是在 11 月捕捞区域的基础上逐渐缩小。

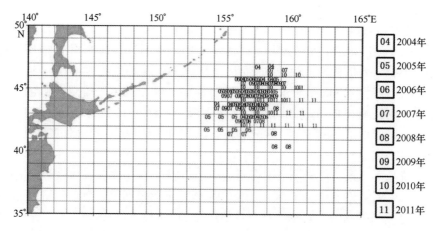

图 3-14b　中国台湾省 2004—2011 年 7 月秋刀鱼渔船捕捞作业区域示意图

　　台湾省秋刀鱼捕捞作业渔场每年都有所变动，主要作业时间是在秋刀鱼洄游的后半程进行。开捕阶段作业渔场区域变动较大，往往也会影响当年随后几个月份的渔场趋势走向。每年的开始捕捞时间为 5—6 月，随后 7—8 月的作业区域逐渐向北变动，到 9 月开始向 SW 方向变动，10—11 月逐渐靠近日本北海道沿岸海域。2004—2007 年期间，台湾省秋刀鱼渔业主要在公海海域捕捞作业，从 2008 年开始，每年 8—11 月的捕捞作业区域都会延伸至日本北海道沿岸海域，捕捞作业区域也开始分为两个区域，其中一块区域是在北海道沿岸海域；另一部分则在西北太平洋公海海域。每年各个月份捕捞作业渔场都有重叠部分，这些重叠区域为来年确定捕捞作业区域提供了基础依据。秋刀鱼渔场的形成受海洋环

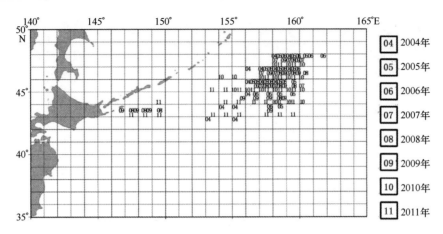

图 3-14c　中国台湾省 2004—2011 年 8 月秋刀鱼渔船捕捞作业区域示意图

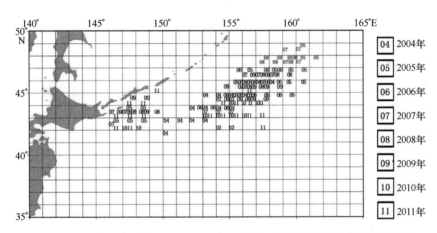

图 3-14d　中国台湾省 2004—2011 年 9 月秋刀鱼渔船捕捞作业区域示意图

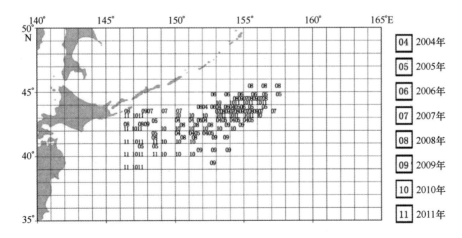

图 3-14e　中国台湾省 2004—2011 年 10 月秋刀鱼渔船捕捞作业区域示意图

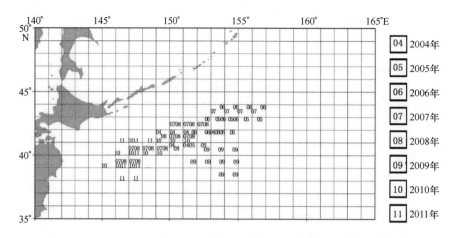

图 3-14f　中国台湾省 2004—2011 年 11 月秋刀鱼渔船捕捞作业区域示意图

资料来源：吴越等，2014

境因素的影响较大，导致每年同一时间的作业区域有所差异、捕捞作业中心渔场位置也有所变化。

台湾省对赴西北太平洋捕捞秋刀鱼的作业船和运输船管理十分严格，除了必须获得许可证以外，"行政院农业委员会"还要求渔船须严格遵守与他国签订的经济水域协议，不得违规侵入他国经济海域，每天必须向财团法人和台湾对外渔业合作发展协会报告船位和渔获资料，对违反上述规定者，轻则不予核发渔获返台签证，重则不得申领次年作业证明书，甚至取消其秋刀鱼捕捞许可证。

台湾秋刀鱼舷提网渔业的渔获物一般被分为 5 级，1 级为 90 尾/箱以下，2 级 91~120尾/箱，3 级 121~140 尾/箱，4 级 141~160 尾/6，5 级 161 尾/箱以上，每箱重量 10~11kg，其中 1、2 级以供食用为主，3~5 级和部分 2 级鱼则主要作为金枪鱼延绳钓的饵料。

五、中国大陆秋刀鱼开发利用概况

中国大陆对西北太平洋秋刀鱼渔业资源开发利用起步较晚，大致分为两个阶段，2001—2012 年的探捕阶段和 2013 年至今的开发利用初始阶段（图 3-15），均在西北太平洋公海渔场（大致 40°—52°N、150°—166°E 区域）作业（图 3-16）。

大连国际合作远洋渔业有限公司是我国第一家从事秋刀鱼渔业捕捞生产的企业。2001 年，"国际 903 号"船开始探捕西北太平洋秋刀鱼资源，并取得了初步成功，从此，拉启了中国大陆开发利用西北太平洋秋刀鱼渔业资源的序幕。2003 年，中国水产集团远洋渔业股份有限公司也投入 1 艘船"中远渔 2 号"，于 2003 年 7 月底至 10 月中旬在西北太平洋秋刀鱼公海渔场进行秋刀鱼探捕生产试验，实际作业 66 d，渔获量达到1 020 t。2004 年大连国际合作远洋渔业有限公司投入 1 艘、中国水产集团远洋渔业股份有限公司投入 2 艘，2005 年上海远洋渔业有限公司投入 1 艘、中国水产集团远洋渔业股份有限公司投入 3 艘，2006 年和 2007 年均有 1 艘中国大陆的秋刀鱼渔船在西北太平洋公海从事秋刀鱼捕捞生产。

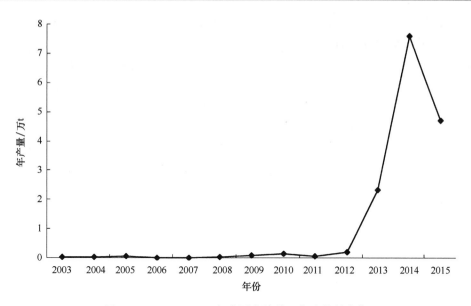

图 3-15　2003—2015 年中国大陆秋刀鱼渔获量变化

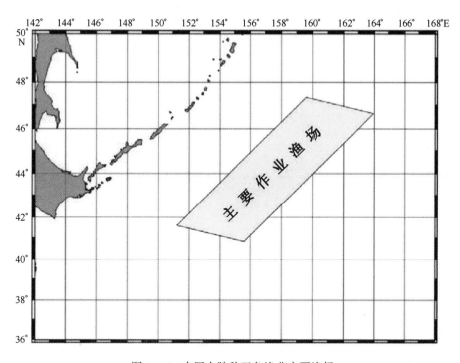

图 3-16　中国大陆秋刀鱼渔业主要渔场

2013 年之前中国大陆秋刀鱼渔船较少（1~4 艘），产量较小，渔船一般为鱿钓渔船兼作秋刀鱼渔船，没有形成一定的作业规模。2013 年中国大陆开始秋刀鱼捕捞生产大规模作业，共有 9 家企业，作业渔船 19 艘，总渔获量 2.42 万 t，单船平均产量 1 300 t 左右。

2014年，共有14家企业参加西北太平洋秋刀鱼捕捞生产，作业渔船达40艘，总渔获量为7.66万t，单船平均产量2 000 t左右。

2014年5月上旬，中国大陆秋刀鱼渔船主要在37°—41°N、161°—163°E附近海域作业；6月作业渔场向北转移，主要在40°—42°N、160°—164°海域作业，6月下旬作业渔场向西转移，主要在40°—44°N、157°—163°E附近海域作业；7月作业渔场向西北转移，主要在42°—46°N、157°—161°E海域作业；8月上旬，秋刀鱼作业渔船的作业渔场向北转移，主要在44°—49°N、157°—164°E海域作业；9月上旬，作业渔场向西南转移，主要在42°—46°N、153°—160°E海域作业；10月作业渔场向西南转移，范围缩小，主要在39°—45°N、149°—157°E海域作业；11月，作业渔场向西南转移，主要在37°—43°N、146°—156°E附近海域作业；11月下旬，秋刀鱼作业渔船的作业渔场向西南转移，主要在37°—41°N、146°—151°E附近海域作业；12月上旬，继续向西南转移，主要在37°—40°N、143°—147°E海域作业（图3-17）。

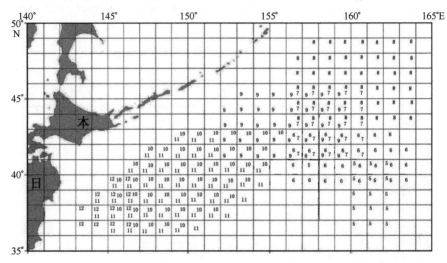

图3-17　2014年5—12月中国大陆秋刀鱼渔船捕捞作业区域示意图

由于秋刀鱼资源大部分集中在俄罗斯的200海里专属经济区（exclusive economic zone，EEZ）以内，所以向俄罗斯争取配额是一件非常重要的工作。1987年以前，苏联发给日本在其远东200海里水域内作业的捕捞配额只有无偿的相互配额（日本也相应地发给苏联一定的无偿配额）一种。但自1987年起，苏联发给日本的捕捞配额即增加为两种，一种是上述的无偿配额；另一种是要支付入渔费的有偿配额。目前俄罗斯发给日本渔船秋刀鱼的配额呈下降趋势。200海里专属经济区（EEZ）的建立，使各国加强了对本国专属经济区渔业的管理。鉴于中俄关系的发展趋势，中国大陆向俄罗斯取得专属经济区秋刀鱼捕捞配额也是有可能的。另外，少量渔船可以到俄罗斯专属经济区以外的公海秋刀鱼渔场捕捞。

中国大陆开发利用秋刀鱼资源的前景广阔、潜力较大。捕捞秋刀鱼的主要渔具渔法是舷提网作业，其渔具结构、渔法和渔捞设备相对都比较简单，只要对鱿钓渔船进行局部改装就可以投入秋刀鱼舷提网捕捞作业。中国大陆有500艘左右的远洋鱿钓渔船，其中80%

左右的鱿钓渔船在北太平洋作业，此外还有 90 余艘在西南大西洋作业。在西南大西洋作业的这 90 余艘鱿钓渔船，除上半年有比较稳定的鱿钓渔场外，下半年必须寻找和转移到其他渔场作业；而西北太平洋秋刀鱼捕捞作业时间则恰好在下半年，这些鱿钓渔船完全可以转入西北太平洋进行秋刀鱼捕捞作业。

第四章　西北太平洋秋刀鱼资源探捕与渔情预报

第一节　中国发展西北太平洋公海秋刀鱼渔业的战略意义

一、历史背景和重要意义

我国 1989 年起开始发展鱿钓渔业，到 2002 年已有 480 余艘远洋鱿钓船投入作业，远洋鱿钓业已成为我国远洋渔业生产的支柱产业之一。但近年来由于鱿钓业缺乏世界性的有序管理，造成鱿钓船大量发展，致使南北太平洋的鱿鱼资源发生了很大的波动，以及受沿岸国家渔业法规等诸多因素的影响和制约，鱿钓业面临新的选择。另外，改革开放以来，我国的水产业取得了举世瞩目的成就，水产品出口创汇额在农业领域一直排在第一位。但随着我国经济的迅速发展，内陆河口沿海、近海水域生态环境污染和破坏却日趋严重，渔业水域生态环境恶化已成为新时期制约我国渔业可持续发展的重要因素。由于掠夺性捕捞，我国近海渔业资源严重衰退，而发展远洋渔业可以减缓近海渔业的压力，进而实现我国渔业的可持续发展。因此，为我国大洋性远洋渔业开拓新渔场、新资源的任务迫在眉睫。

西北太平洋海域广阔，且由于黑潮（Kuroshio）暖流和亲潮（Oyashio）寒流的交汇为海洋生物、鱼类等的生长提供了良好的基础，从而形成了世界高产量海域之一。秋刀鱼资源广泛分布于西北太平洋亚热带到温带水域，是一种具有较高资源量的中上层冷温性洄游鱼类，目前具有一定的资源开发量。为了提高鱿钓作业的经济效益，日本、韩国和我国台湾省采用一船多业的作业方式，即鱿钓船增加秋刀鱼舷提网设备，实现两种作业方式的兼营，利用远洋鱿钓船在西南大西洋生产的间隙（7—12 月），赴西北太平洋从事秋刀鱼捕捞生产。2002 年，上海海洋大学朱清澄教授等提出"西北太平洋公海秋刀鱼资源开发和利用可行性报告"，并与大连国际合作远洋渔业有限公司一起对其进行了充分论证，决定申请基金开展探捕和开发利用西北太平洋公海秋刀鱼资源。

2003—2004 年，大连国际合作远洋渔业有限公司、上海远洋渔业有限公司和上海海洋大学合作，联合开展西北太平洋公海秋刀鱼资源探捕项目。探捕调查发现，中国大陆秋刀鱼渔船主要作业渔场经纬度为：41°—42.5°N、150.5°—153°E，43°—46.5°N、156°—159°E 海域；单船产量较高的区域集中分布在 42.5°N、152.5°E，44.5°N、156°E 以及 46°N、159°E 海区范围；最高日产量高达 49.16 t/船，渔业生产作业时间一般为 7—10 月。探捕调查取得了较好的预期效果，通过了相关部门和专家的一致认可，确认"西北太平洋公海秋刀鱼资源开发和利用"对发展我国远洋渔业具有重要的战略意义，并连续多年获得大力扶持和资助。

1. 维护中国在国际公海的海洋权益

随着《联合国海洋法公约》的生效和 200 海里专属经济区制度的确立，各沿海国相继加强了对其专属经济区内海洋生物资源的管理和养护，因此，中国远洋渔业战略方向需要转向公海。西北太平洋公海秋刀鱼资源探捕项目的实施，可不断加大中国在公海大洋渔业中的捕捞份额，以提高中国在国际公海的既得利益，提高资源分配话语权，在"占有既权益"的世界渔业资源管理规则中维护中国重大权益。中国远洋渔业是海洋战略和海洋经济的重要组成部分，是实现中国渔业经济"走出去"战略、坚持"对外开放"并取得重要成果的一项产业，涉及国家的海洋权益、经济利益、粮食安全、资源和外交战略等，是具有战略意义的重要产业。

2. 扩展中国远洋渔业持续发展的空间

中国拥有丰富的水域资源和海洋渔业资源，为其渔业发展提供了重要的基础条件，但由于掠夺性捕捞，中国近海渔业资源严重衰退；而发展远洋渔业既可以减缓近海渔业的压力，进而又可实现其渔业的可持续发展，故发展远洋渔业势在必行。目前一些传统的大洋性捕捞品种多已被充分利用，但仍有某些品种资源（如中上层鱼类、头足类、软体动物和南极磷虾等）尚有开发潜力。中国必须对远洋渔业进行结构性调整，逐步从以"过洋性渔业"为主向"大洋性渔业"转变。西北太平洋公海秋刀鱼资源的探捕和开发利用，在很大程度上可以拓展我国远洋渔业可持续发展的空间，秋刀鱼也将成为 21 世纪中国重点开发的公海鱼类之一。

3. 具有较好的经济效益

我国国内沿岸、近海渔业资源严重衰竭，部分渔民闲置在家，而开展秋刀鱼资源捕捞作业可引导闲置在家待转产的渔民走出去，到公海渔场从事捕捞、加工等工作，带动国内渔业经济的发展，增加渔民收入，提高生活水平。所捕的高品质渔获可运回国内，为居民提供天然、健康、无污染的鱼产品，帮助政府稳定国内居民菜篮子工程；一部分鱼产品经加工厂精深加工后，还可销往国外市场，为国创汇。

秋刀鱼资源探捕项目的实施将带动国内相关产业的发展。秋刀鱼渔业是一个系统工程，不仅涉及资源和渔场，同时还涉及渔具渔法配置和助渔设备等。因此，积极开展西北太平洋公海海域中上层鱼类捕捞项目，可以带动渔具及其相关装备的国产化，带动相关产业，如渔业运输、产品加工、生产销售以及捕捞机械设备的研发和生产等一系列产业，实现国内剩余劳动力的转型，促进农民增收和缓解就业压力，起到社会稳定的作用。

秋刀鱼资源探捕项目的实施，可以有效缓解目前我国沿岸、近海渔业资源严重不足的现状，解决因渔业捕捞资源不足而带来的加工原料不足的问题，全面提高渔业生产效益，促进和适应渔业经济的发展。通过渔场、资源变动等进行科学作业，不仅有利于我国沿岸、近海渔业资源的良性发展和养护，而且将有利于远洋渔业资源的可持续合理利用。同时，通过对捕捞机械设备、生产流程管理等进行改进，实现中国海洋渔业资源的高效生态捕捞，实现海洋渔业资源的健康持续发展。

二、西北太平洋公海秋刀鱼资源探捕概况

2001 年，大连国际合作远洋渔业有限公司首次选派"国际 903 号"船开赴西北太平洋试捕捞秋刀鱼。2003 年，我国大陆正式派船到西北太平洋公海进行秋刀鱼探捕，并取得了初步成功。2003—2012 年，为中国大陆对西北太平洋秋刀鱼渔业资源开发利用探捕阶段；2013 年以后进入规模生产利用阶段。

（1）2004 年探捕。2004 年，大连国际合作远洋渔业有限公司再次选派渔船"国际903 号"，同时上海海洋大学也选派许巍随船共同赴西北太平洋公海实施秋刀鱼资源探捕项目，渔获 300 t。随后几年继续对西北太公海秋刀鱼开展资源探捕工作。

（2）2005 年探捕。2005 年 7—10 月，上海远洋渔业有限公司（上海水产集团公司）的"沪渔 910 号"前往西北太平洋公海进行秋刀鱼探捕调查，上海水产大学则由朱清澄教授指派的研究生花传祥随船一同前往进行实地调查，执行上海市农委下达的《北太平洋公海秋刀鱼资源渔场及其捕捞技术的研究》项目第一阶段海上调查任务。探捕调查期间，随船技术人员对北太平洋公海秋刀鱼基础生物学、渔场海洋环境、舷提网捕捞技术等进行了尽可能详细的探捕调查和试验。上海远洋渔业公司所属的"沪渔 910 号"自 2005 年 7 月 6 日从上海港起航，赴西北太平洋探捕，2005 年 7 月 14 日到达生产海区，至 9 月 18 日返航。调查期间，调查海域内各周产量稍有些波动，其中第 1、4 和 8 周产量最高，分别为49 t、60 t 和 11 t；各周作业渔场的分布变化较大，但总体分布在 41°30′—47°30′N、155°30′—161°30′E 海域，且各周作业渔场呈从西南向东北变化的趋势；作业渔场主要分布在表层水温为 11~15℃的海域，表层水温在 12~13℃的海域作业产量为最高，相应的 CPUE也最高（图 4-1）。

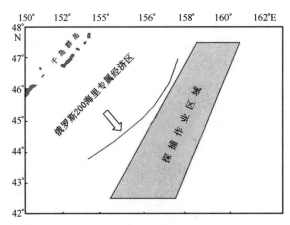

图 4-1　2004—2005 年 7—9 月西北太平洋公海秋刀鱼探捕作业区域示意图

（3）2007 年探捕。2007 年 8—10 月，中国水产总公司的"中远渔 2 号"前往西北太平洋公海进行秋刀鱼商业性生产，中国水产科学研究院东海水产研究所指派科研人员随船一同前往进行实地调查，执行上海市农委下达的《北太平洋公海秋刀鱼资源渔场及其捕捞技术的研究》项目第二阶段海上调查任务，并顺利完成各项规定的任务。调查船为中国水

产总公司所属的"中远渔 2 号"专业鱿钓渔船，并进行了秋刀鱼舷提网设备改装，渔船主机功率 1 323 kW，配备了先进的助渔、导航和通信设备。探捕调查海域范围为 41°—46°30′N、150°—158°30′E 海域，共计 47 个站位。

（4）2008 年探捕。2008 年度的《西北太平洋公海海域秋刀鱼探捕》系浙江省海洋与渔业局下达的远洋探捕项目，由浙江省舟山市普陀远洋渔业总公司和上海海洋大学共同承担。自 2008 年 3 月启动，至 12 月结束，课题组按计划完成了前期的准备工作和海上探捕试验。探捕调查期间（2008 年 10—12 月），实际作业 56 d，生产海区为 39°30′—45°30′N、146°30′—158°30′E，共完成调查站点 47 个，渔获量 300 t。随机抽取 463 尾样品进行生物学测定，并记录了实际生产和渔场气候、海况相关数据等，获得了大量第一手资料。查阅汇总资料后，从西北太平洋的资源环境和渔业概况入手，对西北太平洋秋刀鱼资源的渔场环境，生物学特性及渔具渔法等进行了分析研究。

（5）2014 年探捕。项目承担单位蓬莱京鲁渔业有限公司选派"鲁蓬远渔 027 号"渔船执行 2014 年 5 月 8 日至 10 月 25 日的海上探捕调查工作。调查期间，随船科研人员王晓栋、周吉开展了对西北太平洋公海（传统渔场东北海域）秋刀鱼资源探捕的科研调查和渔获物样品采集等工作。渔船实际作业 167 d，共完成调查站点 73 个，在各探捕站点进行了基础生物学测定和相关渔获物、捕捞日志统计，并记录了实地生产和渔场气候、海况相关数据、舷提网渔具渔法等，获得了大量第一手资料。调查海域为 45°30′—47°30′N、156°30′—161°30′E。探捕调查期间，捕获秋刀鱼总产量为 1 159.34 t（6 月产量为 588.09 t、7 月产量为 232.72 t、8 月产量为 313.4 t），其中特号、1 号秋刀鱼共 995 t。最高日产量 48.96 t，共放网 522 次，平均日产量 11.95 t。

（6）2015 年探捕。2015 年度西北太平洋公海秋刀鱼探捕项目是 2014 年探捕项目的延续。2015 年 7 月 11 日至 10 月 30 日，项目承担单位山东京鲁远洋渔业有限公司选派"鲁蓬远渔 019 号"渔船执行该期间的海上探捕调查工作。探捕调查海域在 40°25′—48°25′N、148°46′—162°00′E 海域。实际作业 108 d，共完成调查站点 77 个（计划调查站点 60 个），完成了规定任务。调查期间，课题组科研人员石永闯开展了对西北太平洋公海（传统渔场东北海域）秋刀鱼资源探捕的科研调查和渔获物样品采集等工作。在各探捕站点附近，进行了基础生物学测定和相关渔获物、捕捞日志统计，并记录了实地生产和渔场气候以及海况相关数据等，获得了大量的资料。探捕调查期间，秋刀鱼捕获总产量为 1 252.50 t（7 月产量为 23.30 t、8 月产量为 100.64 t、9 月产量为 334.46 t、10 月产量为 794.10 t），其中特号、1 号秋刀鱼共 376.81 t。最高日产量 79.00 t，共放网 335 次，平均日产量 15.93 t。

至此，为期 10 余年的西北太平洋公海秋刀鱼渔业探捕阶段基本结束。

自 2013 年开始，中国大陆开始进入秋刀鱼生产大规模开发利用阶段。当年，共有 9 家企业的 19 艘渔船赴西北太平洋捕捞作业，总渔获量 2.4 万 t，单船平均产量 1 300 t 左右。2014 年，共有 14 家企业 40 艘渔船赴西北太平洋捕捞作业，当年总渔获量为 7.6 万 t，单船平均产量 2 000 t 左右。2015 年，共有 14 家企业 42 艘渔船赴西北太平洋捕捞作业，总渔获量为 4.7 万 t，单船平均产量 1 120 t 左右。2016 年，共有 18 家企业 60 艘渔船赴西北太平洋捕捞作业，总渔获量为 5.9 万 t，单船平均产量 1 000 t 左右。

第二节　秋刀鱼渔获物组成与生物学分析

一、群体组成特征

2004—2015 年，西北太平洋公海秋刀鱼资源探捕调查共测得 2 322 尾秋刀鱼的基础生物学数据。其群体组成以及测定和研究结果如下。

1. 体长组成

2014 年 6—8 月，体长范围为 178~317 mm，平均体长 285.17 mm，优势体长组 280~300 mm，占整个渔获物样本的 67.25%。其中，传统海域秋刀鱼样本体长范围为 194~314 mm，平均体长 284.83 mm，优势体长组 280~300 mm，占整个渔获物样本的 55.79%（图 4-2 和图 4-3）。

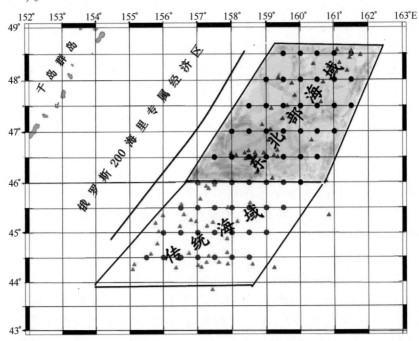

图 4-2　西北太平洋传统海域探捕与东北部海域探捕示意图

2005 年探捕海域内秋刀鱼渔获物样本体长范围为 185~336 mm，优势体长为 300~320 mm，占总数的 53.85%，平均体长 290 mm。其中，2005 年 8 月体长范围为 187~340 mm，优势体长为 300~320 mm，占总数的 55.56%，平均体长 296 mm。2005 年 9 月体长范围 162~335 mm，优势体长为 300~320 mm，占总数的 32.52%，平均体长 269 mm（表 4-1 和图 4-4）。

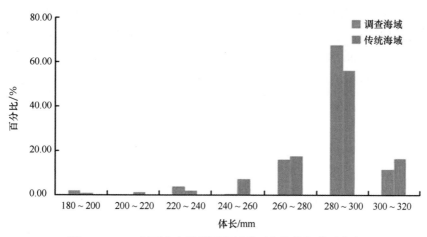

图 4-3　2014 年西北太平洋两海域秋刀鱼体长组成百分比

表 4-1　2005 年 7—9 月不同时期的秋刀鱼渔获物群体组成

时间	调查海域		尾数	体长范围 /mm	优势体长 /mm	优势比例 /%	平均体长 /mm	平均体重 /g
	纬度	经度						
7 月	43°19′—45°09′N	156°00′—158°02′E	260	185~336	300~320	53.85	290.0	133
8 月	44°58′—46°28′N	157°33′—159°11′E	387	187~340	300~320	55.56	296	182
9 月	46°03′—47°55′N	157°19′—161°16′E	123	162~335	300~320	32.52	269	101

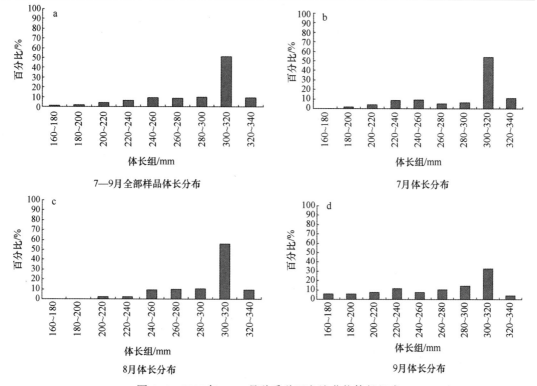

图 4-4　2005 年 7—9 月秋季秋刀鱼渔获物体长组成

2008 年 10 月，秋刀鱼渔获物样本体长范围为 185～336 mm，优势体长为 300～320 mm，占总数的 53.85%，平均体长 290 mm；11 月，体长范围 187～338 mm，优势体长为 300～320 mm，占总数的 55.56%，平均体长 296 mm；12 月，体长范围 164～335 mm，优势体长为 300～320 mm，占总数的 32.52%，平均体长 269 mm（图 4-5）。

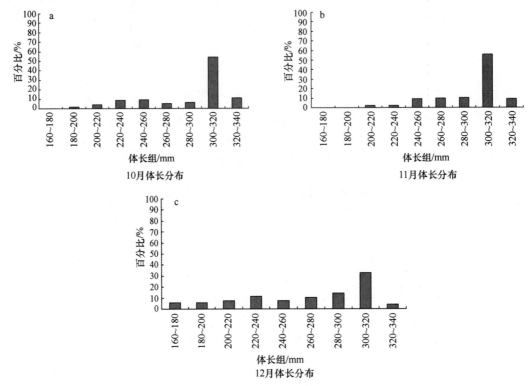

图 4-5　2008 年 10—12 月秋刀鱼渔获物体长组成

2015 年 7—10 月期间，西北太平洋东北部海域（图 4-2）秋刀鱼渔获物样本体长范围为 194～306 mm，平均体长 257.27 mm，优势体长组 270～290 mm、占整个渔获物样本的 33.54%。传统海域秋刀鱼样本体长范围为 194～325 mm，平均体长 285.54 mm，优势体长组 290～310 mm，占整个渔获物样本的 44.16%。传统海域的秋刀鱼个体稍大（图 4-6）。

2. 叉长组成

2007 年公海渔场秋刀鱼基本以小型鱼为主。通过对捕获的秋刀鱼样品叉长测定数据的分析，其叉长组成范围在 140～380 mm，优势叉长组范围在 230～239 mm、占总样本的 21.08%，平均叉长为 246.48 mm，与其他年份相比，明显偏小（图 4-7）。

2014 年 6—8 月，秋刀鱼渔获物样本叉长范围为 213～332 mm，平均叉长 300.47 mm，优势叉长组为 300～320 mm、占整个渔获物样本的 54.15%。传统海域秋刀鱼渔获物样本叉长范围为 206～332 mm，平均叉长 301.06 mm，优势叉长组为 300～320 mm、占整个渔获物样本的 54.90%（图 4-8）。

2015 年 7—10 月，东北部海域秋刀鱼渔获物样本叉长范围为 215～325 mm，平均叉长

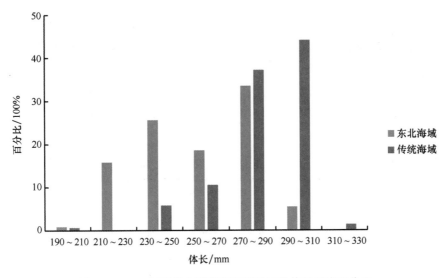

图 4-6　2015 年西北太平洋两海域秋刀鱼体长组成百分比

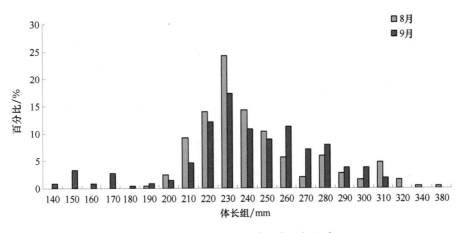

图 4-7　2007 年 8—9 月秋刀鱼叉长组成

273.09 mm，优势叉长组为 290~310 mm、占整个渔获物样本的 30.00%。传统海域秋刀鱼渔获物样本叉长范围为 173~345 mm，平均叉长 3012.84 mm，优势叉长组为 290~310 mm、占整个渔获物样本的 43.59%（图 4-9 和图 4-10）。

3. 体重组成

2007 年，秋刀鱼渔获物样本的体重组成范围在 10~210 g，优势体重范围为 50~59 g、占总样本的 21.29%，平均体重 62.95 g。其中，8 月秋刀鱼体重范围在 20~190 g，优势体重组为 50~59 g，平均体重 63.21 g。9 月秋刀鱼体重范围在 10~210 g，优势体重组为 50~59 g，平均体重 62.37 g（图 4-11）。

2014 年 6—8 月，调查的秋刀鱼渔获样本体重范围为 55~192 g，平均体重 135.90 g，优势体重组为 110~150 g、占整个渔获物样本的 66.81%。传统海域秋刀鱼渔获物体重范围

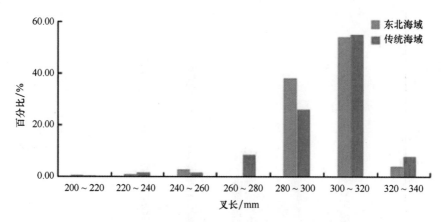

图 4-8　2014 年 6—8 月西北太平洋两海域秋刀鱼叉长组成百分比

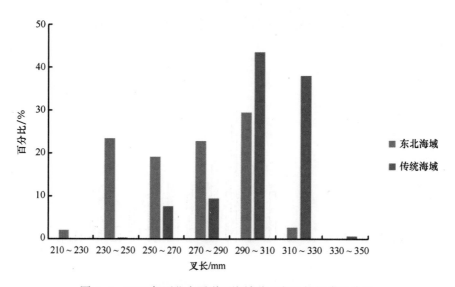

图 4-9　2015 年西北太平洋两海域秋刀鱼叉长组成百分比

为 48~190 g，平均体重 136.55 g，优势体重组为 130~170 g、占整个渔获物样本的 61.72%（图 4-12）。

2015 年 7—10 月期间，秋刀鱼渔获物样本体重范围为 46~155 g，平均体重 96.98 g，优势体重组为 60~80 g、占整个渔获物样本的 30.79%。传统海域秋刀鱼体重范围为 52~167 g，平均体重 115.85 g，优势体重组为 120~140 g、占整个渔获物样本的 41.76%（图 4-13 和图 4-14）。

二、摄食组成

1. 胃含物及饱满度

秋刀鱼主要摄食浮游动物，以甲壳纲为食，如桡足类、端足类等。

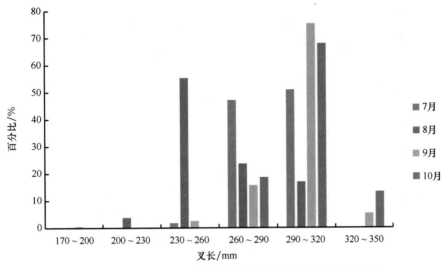

图 4-10　2015 年 7—10 月西北太平洋秋刀鱼叉长组成百分比

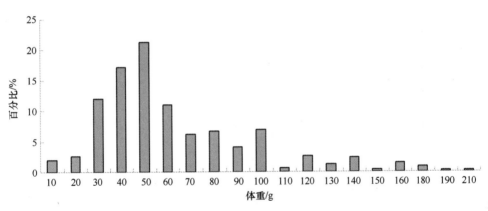

图 4-11　2007 年秋刀鱼体重组成

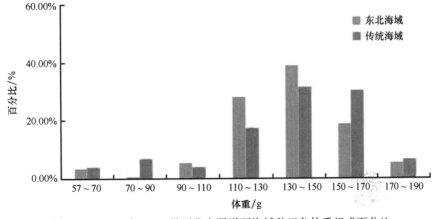

图 4-12　2014 年 6—8 月西北太平洋两海域秋刀鱼体重组成百分比

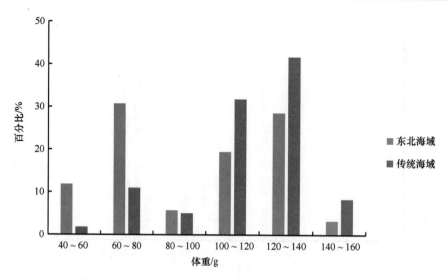

图 4-13　2015 年西北太平洋两海域秋刀鱼体重组成百分比

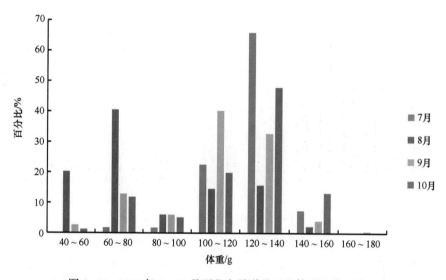

图 4-14　2015 年 7—10 月西北太平洋秋刀鱼体重组成百分比

　　为了研究的方便，我国常用的摄食等级采用 5 级标准。2005—2015 年探捕调查发现，秋刀鱼摄食等级变化较大。2005 年，调查海域内秋刀鱼摄食等级较高，2~3 级的比例为 73%，没有空胃现象（图 4-15）。

　　2007 年，秋刀鱼的摄食等级普遍不高，以 1、2 级为主，分别占 49.03% 和 43.66%，3 级仅占 7.31%，没有检测到超过 3 级的秋刀鱼（图 4-16）。

　　2008 年，秋刀鱼摄食等级较高，2~3 级的比例占 73%，没有空胃现象（图 4-17）。

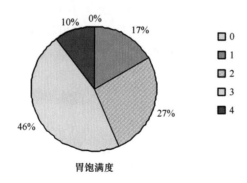

图 4-15 2005 年秋刀鱼摄食程度

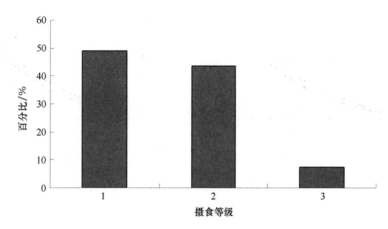

图 4-16 2007 年秋刀鱼摄食强度

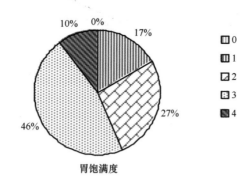

图 4-17 2008 年秋刀鱼摄食程度

三、形体特征

秋刀鱼体重与体长关系有一定的相关性。2005—2015 年，西北太平洋公海秋刀鱼资源探捕调查期间，共获得秋刀鱼样本 2 322 尾，并对其体长（L）或体高（H）、与体重（W）、净体重（W_0）进行了测定。经过回归处理，得出秋刀鱼体长-体重、体长-净体重关系呈幂函数类型，其曲线见图 4-18 和图 4-19。

1. 2005 年秋刀鱼形体特征

雌性个体：体长与体重关系：$W = 4.4736×10^{-8}L^{4.0615}$　　　（$R^2 = 0.9317$）

体长与净重关系：$W_0 = 9.3349×10^{-9}L^{4.0615}$　　　（$R^2 = 0.9187$）

雄性个体：体长与体重关系：$W = 4.8494×10^{-7}L^{3.3996}$　　　（$R^2 = 0.8461$）

体长与净重关系：$W_0 = 1.7519×10^{-8}L^{3.9569}$　　　（$R^2 = 0.8066$）

体长与鳃盖后缘周长关系：$S_1 = 0.3301L - 21.4906$　　　（$R^2 = 0.8010$）

体长与最大体周关系：$S_2 = 0.5187L - 55.4469$　　　（$R^2 = 0.8794$）

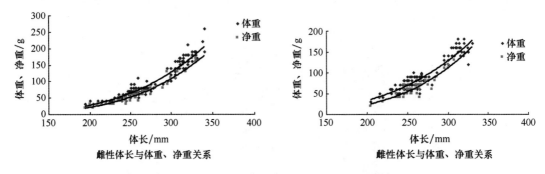

图 4-18　2005 年秋刀鱼体长与体重、体长与净重之间的关系

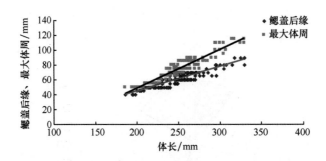

图 4-19　2005 年秋刀鱼体长与鳃盖后缘周长、最大体周之间的关系

2. 2007 年秋刀鱼形体特征

秋刀鱼体高组成见图 4-20。体高与体重的关系呈对数函数关系（图 4-21），其关系式为：

$$H = 9.4278\ln G - 6.2536 \tag{4-1}$$

式中：H—体高（mm）；G—体重（g）；$r = 0.9039$（相关系数）。

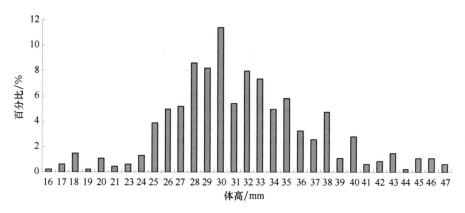

图 4-20　2007 年秋刀鱼体高组成

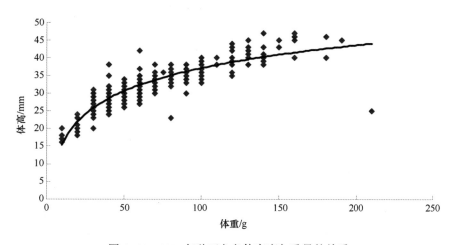

图 4-21　2007 年秋刀鱼鱼体高度与重量的关系

3. 2009 年秋刀鱼形体特征

2009 年秋刀鱼渔获物样本体长与体重、净重之间的关系见图 4-22，体长与鳃盖后缘周长、最大体周之间的关系见图 4-23。

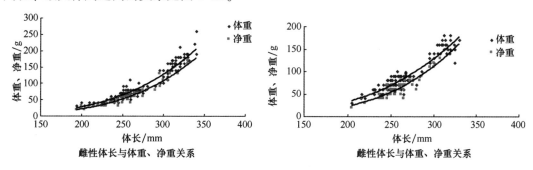

图 4-22　秋刀鱼体长与体重、净重之间的关系

雌性个体：体长与体重的关系：$W = 4.4736×10^{-8}L^{4.0615}$ （$R^2 = 0.9317$，$n = 149$）

体长与净重的关系：$W_0 = 9.3349 ×10^{-9}L^{4.0615}$ （$R^2 = 0.9187$，$n = 76$）

雄性个体，体长与体重的关系：$W = 4.8494×10^{-7}L^{3.3996}$ （$R^2 = 0.8461$，$n = 158$）

体长与净重的关系：$W_0 = 1.7519×10^{-8}L^{3.9569}$ （$R^2 = 0.8066$，$n = 63$）

体长与鳃盖后缘周长的关系：$S_1 = 0.3301L - 21.4906$ （$R^2 = 0.8010$，$n = 200$）

体长与最大体周长的关系：$S_2 = 0.5187L - 55.4469$ （$R^2 = 0.8794$　$n = 200$）

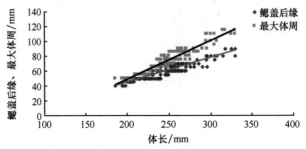

图 4-23　2009 年秋刀鱼体长与鳃盖后缘周长、最大体周之间的关系

4. 2014 年秋刀鱼形体特征

秋刀鱼渔获物样本叉长与体重的关系（图 4-24）。

$$W = 10^{-7}L^{3.69} \qquad R^2 = 0.7767$$

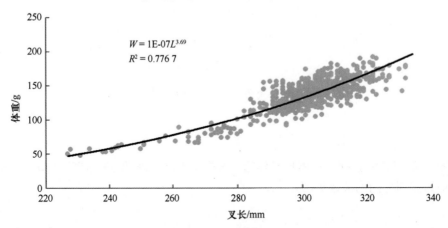

图 4-24　2014 年西北太平洋秋刀鱼叉长和体重的关系

5. 2015 年秋刀鱼形体特征

秋刀鱼渔获物样本叉长与体重的关系（图 4-25）。

$$W = 8×10^{-7}L^{3.3091} \qquad R^2 = 0.8938$$

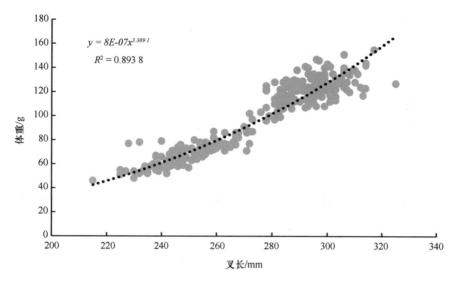

图 4-25　2015 年西北太平洋秋刀鱼叉长与体重的关系

四、性腺成熟度

1. 产卵与成熟

（1）产卵和产卵场。秋刀鱼的产卵场位于日本本州太平洋一侧的东部和南部沿海、近海一带水域，分布范围很广。一年四季中除了夏季以外，秋、冬、春季均都产卵，因此，秋刀鱼有秋生群、冬生群和春生群之分。秋季，秋刀鱼的产卵场位于日本本州东北部外海一带水域；春季，秋刀鱼的产卵场位于日本本州东北部外海至伊豆群岛以东外海一带水域，其产卵范围比秋生群和冬生群的都大。

（2）性腺成熟。秋刀鱼成熟的初始年龄很小，孵化后 6 个月至 1 年，性腺开始成熟。同龄鱼体长度差异较大，1 龄鱼的体长为 80～150 mm，2 龄鱼的体长为 150～250 mm，3 龄鱼的体长为 230～330 mm。

2. 性比及性腺成熟度

研究结果表明，秋刀鱼群体中历年的雌雄比例基本在 3∶2 左右，但不同年份的秋刀鱼雌雄比例随渔场资源变动、饵料丰富度等而有所不同。2005 年雌雄比为 3∶2，2007 年为 13.53∶1（注：捕获的秋刀鱼渔获个体可能比较小，不能分辨雌雄，造成比例较大），2009 年为 3∶2，2014 年为 2.1∶1，2015 年为 1.6∶1。

（1）2005 年秋刀鱼性成熟。对 644 尾秋刀鱼性腺成熟度测定发现，整个调查期间雌雄性别组成接近 3∶2，整个探捕渔场以 Ⅱ 期为主，占样本总数的 73%（图 4-26）。

（2）2007 年秋刀鱼性成熟。探捕调查期间，共随机取样 465 尾秋刀鱼，其中雌性 433 尾，雄性 32 尾，雌雄比例为 13.53∶1。但是，不同月份捕获的秋刀鱼雌雄比例差异较大，8 月为 9.45∶1，9 月为 25.75∶1（注：捕获的秋刀鱼渔获个体可能比较小，不能分辨雌雄，造成比例较大）。本次调查中，雌性秋刀鱼的性腺成熟度以 Ⅱ、Ⅲ 期为主，分别占样

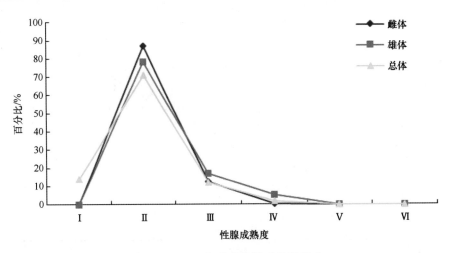

图 4-26　2005 年秋刀鱼性成熟度组成

本中雌性总数的 35.57% 和 36.26%，Ⅳ 期和 Ⅵ 期仅占总数的 2.3%，没有检测到处于 Ⅴ 期的雌性秋刀鱼。雄性秋刀鱼的性腺成熟度以 Ⅱ 期为主，占雄性总数的 59.38%，没有检测到处于 Ⅲ 期以上的雄性秋刀鱼（图 4-27）。

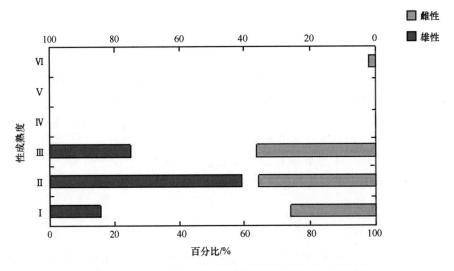

图 4-27　2007 年秋刀鱼不同性别性腺成熟度组成比例

　　（3）2009 年秋刀鱼性成熟。对 344 尾秋刀鱼进行性成熟度测定发现，整个调查期间雌雄性别组成接近 3∶2。整个探捕渔场的秋刀鱼性腺成熟度以 Ⅱ 期为主，占样本总数的 77%（图 4-28）。

　　（4）2014 年秋刀鱼性成熟。通过解剖发现，2014 年西北太平洋公海海域的秋刀鱼性腺成熟度 Ⅰ、Ⅱ、Ⅲ 期较多，并且以 Ⅱ 期为主、占整个样本的 71.75 %，而样本中性腺成熟度在 Ⅳ、Ⅴ、Ⅵ 期的尾数比较少（图 4-29）。对样本雌雄个体进行鉴定，不能区分雌雄的个体有 91 尾，雄性个体有 157 尾，雌性个体有 328 尾，雌雄性比为 2.1∶1。

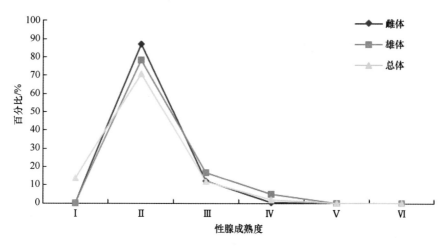

图 4-28　2009 年秋刀鱼性腺成熟度组成

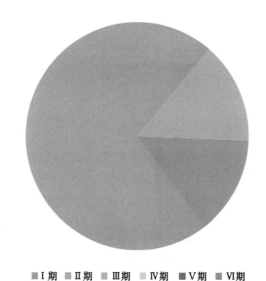

■Ⅰ期　■Ⅱ期　■Ⅲ期　■Ⅳ期　■Ⅴ期　■Ⅵ期

图 4-29　2014 年西北太平洋秋刀鱼性腺成熟度组成百分比

（5）2015 年秋刀鱼性成熟。通过解剖鱼体发现，2015 年西北太平洋公海海域的秋刀鱼样本性腺成熟度以Ⅰ、Ⅱ、Ⅲ期较多，并且以Ⅱ期为主、占整个样本的 45.31%，而样本中性腺成熟度在Ⅳ、Ⅴ、Ⅵ期的尾数比较少（图 4-30）。对样本雌雄个体进行鉴定，不能区分雌雄的个体有 112 尾，雄性个体有 186 尾，雌性个体有 304 尾，雌雄性比为 1.6：1。其中，7 月秋刀鱼样本性成熟度以Ⅱ期为主，约占 52.1%。8 月以Ⅱ期为主，约占 43.9%。9 月以Ⅱ期为主，约占 52.1%。10 月以Ⅱ期为主，约占 47.9%（图 4-31）。

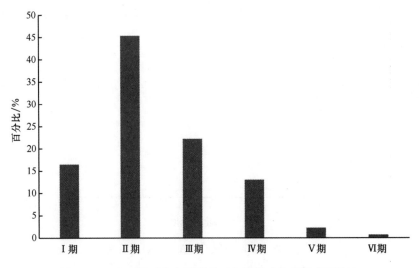

图 4-30 2015 年西北太平洋秋刀鱼性腺成熟度组成百分比

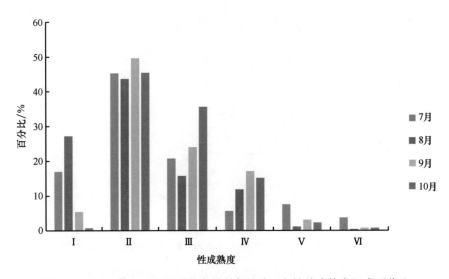

图 4-31 2015 年 7—10 月西北太平洋各月秋刀鱼性腺成熟度组成百分比

第三节 秋刀鱼渔场特点

秋刀鱼渔场是典型的流隔渔场，在西北太平洋、日本东部至千岛群岛、堪察加和阿留申群岛外海，黑潮暖流与亲潮寒流交汇，营养盐类丰富，浮游生物密集，潮流、波浪较大，形成涡流，有利于秋刀鱼集群，形成著名的秋刀鱼渔场。秋刀鱼属中上层冷温性洄游鱼类，形成秋刀鱼渔场的主要海况条件则取决于亲潮冷水、黑潮暖水以及津轻海峡进入太平洋的海流分布，而海流所携带的海水，其温度、盐度、营养盐类和饵料生物也各不相同。因此，黑潮暖流和亲潮寒流的强弱，饵料生物的丰歉，都直接影响秋刀鱼中心渔场的位置、渔期的迟早与持续时间的长短，也直接影响秋刀鱼的索饵洄游路线与繁殖场所。而秋刀鱼的生物学特性，特别是秋刀鱼的生长速度与性成熟的迟早也决定了秋刀鱼的渔场和渔期。

一、秋刀鱼渔场的温盐结构特点

1. 海水温盐结构

根据作业时间段的划分，西北太平洋公海秋刀鱼渔场可分为南北两个区域，北部区域在43°—50°N，南部区域在40°—43°N。7—8月，公海渔场北部海域的表面水温在10~18℃，盐度在32.23~33.87；南部海域的表面水温在17~20℃，盐度在31.56~34.40。9—10月，北部海域的表面水温在8~15℃，南部海域的表面水温在15~20℃。进入11月后，北部海域的表面水温在5~10℃，南部海域的表面水温在10~15℃。表面水温总体呈南高北低、东高西低的态势，南北海域温度与盐度垂直分布见图4-32和图4-33。

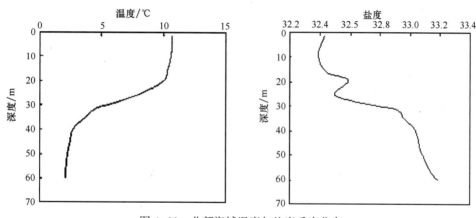

图4-32 北部海域温度与盐度垂直分布

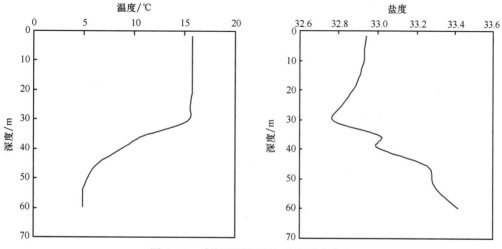

图4-33 南部海域温度与盐度垂直分布

2. 海表温度对秋刀鱼渔场分布的影响

在所有影响渔场形成的海洋环境信息中，温度被一致认为是最主要的影响因素，水温的变化对鱼类产卵、仔鱼发育和成活率，以及对鱼类饵料代谢和生长也产生影响，并且还影响到鱼类饵料生物鱼种的消盛，这一切都直接或间接地影响到鱼类资源量的分布、洄游移动和空间集群等。鱼类对温度的反映非常敏感，通常海洋经济鱼类都有一定的适温范围和最适温度，即其特征温度值。特征温度值往往是一个温度区间，温度区间越小，依据特征温度值推测的渔场位置的准确性和可能性越高。通常认为秋刀鱼的适宜水温是 15~18℃，但并非绝对，在不同的月份和不同的年份中略有不同。池田信也（1931，1933）曾报道，秋刀鱼的适宜范围在 13~20℃，最适水温在渔汛期间逐步下降。相川廣秋（1933）指出，高产渔场水温每月都在变化，9 月在 14~20℃，10 月为 13~21℃，11 月为 12~22℃。此外，据沈建华等（2004）报道，曾经在 1949 年记录到历史最低的 13~15℃，比一般年份低 3℃左右。当强冷空气南下时，水温可能骤降 1~3℃，秋刀鱼鱼群随适宜温度的位置移动而移动，渔场位置也会相应南迁。在秋季，强台风的过境会使鱼群逃散，严重时可能导致渔汛提前结束。

2014 年 5—12 月探捕船的 CPUE（catch pre unit effort）与 SST（sea surface temperature）叠加的空间分布图表明，5—12 月北太平洋公海秋刀鱼渔场的 SST 范围为 10~18℃，87% 的 CPUE 的作业区域的 SST 在 13~17℃，其中 5 月 CPUE 大于 24 t/net 的作业区域的温度基本都处在 11~13℃，CPUE 小于 12 t/net 的部分作业区域的温度处在 10~12℃，部分作业区域的温度处在 16~17℃；6 月 CPUE 大于 50 t/net 的作业区域的温度基本处在 13~15℃，CPUE 小于 25 t/net 的作业区域的温度处在 12~14℃；7 月 CPUE 大于 10 t/net 的作业区域的温度基本处在 14~16℃，CPUE 小于 10 t/net 的作业区域的温度处在 10~11℃；8 月 CPUE 大于 16 t/net 的作业区域的温度基本处在 14~17℃，CPUE 小于 8 t/net 的作业区域的温度处在 12~13℃；9 月 CPUE 大于 60 t/net 的作业区域的温度基本处在 13~16℃，CPUE 小于 30 t/net 的作业区域的温度处在 10~12℃；10 月 CPUE 大于 40 t/net 的作业区域的温度基本都处在 13~14℃，CPUE 小于 20 t/net 的部分作业区域的温度处在 10~12℃，部分作业区域的温度处在 17~18℃；11 月 CPUE 大于 60 t/net 的作业区域的温度基本都处在 14~16℃，CPUE 小于 30 t/net 的部分作业区域的温度处在 10~12℃，部分作业区域的温度处在 17~18℃；12 月 CPUE 较低、多数作业区域的温度基本处在 13~15℃（图 4-34）。

二、秋刀鱼渔场的洋流特点

秋刀鱼捕捞作业主要在其索饵洄游的后半程中进行，鱼群的聚集主要由其摄食特性、适宜温度等因素所决定，而这些因素又受黑潮—亲潮的流向和强弱影响。秋刀鱼以寒流系浮游动物（如甲壳类、毛颚类）及鱼卵为主要食物，在索饵期适宜温度为 15~18℃。一方面作为秋刀鱼饵料的浮游动物的丰度和分布受到海洋环境的影响；另一方面秋刀鱼在索饵的过程中也要追求适宜的环境条件，所以秋刀鱼渔场的形成受海洋环境的影响很大。影响秋刀鱼索饵区的主要流系为黑潮（K. C. Kuroshio Current）第一分支、第二分支和亲潮（Oy. Oyashio）的沿岸支流和第二分支（图 4-35）。秋刀鱼的食物大部分由亲潮携入亚寒

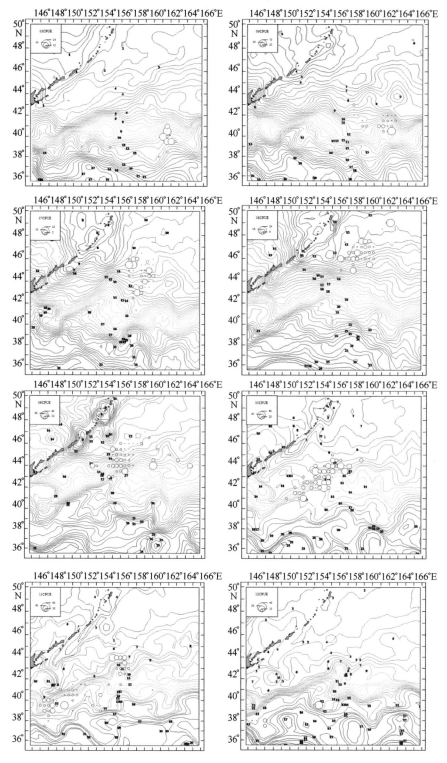

图4-34　CPUE 与 SST 空间叠加

带海域，由于亲潮的水温过低不适宜秋刀鱼的生存，所以秋刀鱼在亲潮前锋以外的黑潮——亲潮混合区聚集的可能性较大。每年 7—8 月，千岛群岛附近的水温达到或接近 15℃左右，且有丰富的饵料，所以秋刀鱼主要在千岛群岛周边海域和鄂霍茨克海索饵、育肥。随着水温的下降，鱼群追随适宜的水温而逐渐南下，但仍靠近亲潮前锋，以获得充分的食物；因此，黑潮势力的强弱会影响种群的丰度；而亲潮的态势则会影响鱼群的肥满度和渔场的形成及位置。

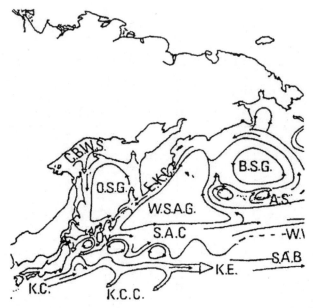

K. C. （Kuroshio Current）–黑潮　　K. C. C. （Kuroshio Counter Current）–黑潮逆流

K. E. （Kuroshio Extension）–黑潮续流　　S. A. B. （Subarctic Boundary）–北亚寒带边界

Oy. （Oyashio）–亲潮　　S. A. C. （Subarctic Current）–北亚寒带流

A. S. （Alaska Stream）–阿拉斯加暖流　　B. S. G. （Bering Sea Gyre）–白令海环流

W. S. A. G. （Western Subarctic Gyre）–西亚寒带环流　　O. S. G. （Okhotsk Sea Gyre）–鄂霍次克海环流

图 4-35　影响秋刀鱼生活区的西北太平洋亚寒带主要环流系统示意图

资料来源：沈建华等，2004.

宇田（1930，1933）和池田（1931，1933）两位日本科学家最早指出秋刀鱼渔场每月移动与适温水域（15~18℃）及亲潮势力的扩张有关，秋刀鱼的两条主要洄游路线由亲潮的沿岸分支和第二分支的位置所决定，渔场中心在亲潮前锋附近的亲潮冷舌前端，略微偏东，渔场呈椭圆形，主轴与海流一致。Ichiro Yasuda 等（1994）对亲潮影响秋刀鱼渔场也进行了分析，如果亲潮势力在夏季比较强，较多的寒流性浮游动物被携入混合区，鱼群的肥满度应比较好，而且渔汛开始时间会比较早，渔场比较偏北；如果亲潮势力在夏季比较弱，则渔汛开始时间会比较晚，开始阶段渔获率会很低，鱼的肥满度也会差一些；若亲潮第二分支比较强而沿岸分支比较弱，鱼群会比较分散，渔场面积较大且渔获率相对较低；又若亲潮沿岸分支很强，则有可能形成日本沿岸的高产渔场，而外海渔场就会差一些。四之宫博等（1993a）的研究也表明：当亲潮势力较强、沿岸分支比较近岸、且向南扩展比较明显，第二分支也有向南扩展趋势的年度，近岸渔场呈丰渔情况；反之，当亲潮势力较弱，亲潮第二分支向外海偏移，则沿岸渔场就会出现不渔状况。所以，对于主要以外海渔场为捕捞海域的中国大陆渔船而言，黑潮势力较弱、亲潮外海分支较强的年份，将是渔获率和产量都比较高的年份，也是生产的极好机会。

夏季，太平洋40°—50°N之间主要受夏威夷高压（北太平洋副热带高压）控制，风平浪静，能见度较高，适宜生产。进入9—10月以后，阿留申低压（北太平洋副极地低压）的影响开始加大，间歇性出现大风浪天气。11月以后，西伯利亚冷高压逐渐影响该海域，气温降低，风浪增大，作业困难。

太平洋的洋流多而复杂，以赤道为界，南北各形成一个完整的环流系统。其中北部为顺时针环流，由北赤道暖流、日本暖流（黑潮）、北太平洋暖流和加利福尼亚寒流组成。在40°—50°N以北的太平洋中又形成一个较完整的逆时针环流，由阿拉斯加暖流（阿留申暖流）与千岛寒流（又称亲潮）组成。千岛寒流沿堪察加半岛海岸和千岛群岛南下，在40°N以北，与黑潮（日本暖流）北上分支汇合。亲潮水温低，含氧量高，营养盐多，与水温高、含氧量低、深蓝色的黑潮汇合后，形成了寒暖两流系十分显著的锋面，是理想的渔场。

三、秋刀鱼渔场的叶绿素 a 浓度分布特征

海表面叶绿素 a（Sea surface Chlorophyll-a）能够反映海水中浮游生物量及其分布状况，是海水中基础饵料生物多寡、水域肥瘠程度和可养育生物资源能力的直接指标，也是估算海区初级生产力的重要参数之一；进而也能反映渔场中各种鱼类资源的分布和资源量状况。基于海洋食物链原理，海表面叶绿素 a 浓度高，浮游植物则丰富，以其为食的浮游动物资源亦丰富，进而促使以浮游动物为饵料的海洋鱼类资源的丰富。研究结果发现，中上层鱼类渔场形成和分布与表面叶绿素 a 分布关系密切，而且其分布又显示与海洋环境有相互依存的关系。

1. 叶绿素 a 浓度分布

沈新强等（2004）报道，其2001年6—8月对西北太平洋39°—43°N、152°E-171°W海域叶绿素 a 分布进行了取样调查。调查区域内分为西部渔场（152°—157°E）、中部渔场（168°—180°E）和东部渔场（179°—171°E）。整个调查区海表层叶绿素 a 含量变化为 $0.03 \sim 0.32 \ mg/m^3$，平均 $0.13 \ mg/m^3$。就平均值而言，中部渔场海表层叶绿素 a 含量值最大（表4-2和图4-36）。

在西部渔场，含量为 $0.1 \ mg/m^3$ 的两条叶绿素 a 等值线将西部渔场分为 3 个区域，东西两侧均为含量低于 $0.1 \ mg/m^3$ 的低值区，中间为大于 $0.1 \ mg/m^3$ 的高值区（图4-36a）；中部渔场表层叶绿素 a 的分布比较复杂，调查区的西北侧为含量大于 $0.20 \ mg/m^3$ 的高值区，其中在 174°E 以东，存在一个含量大于 $0.20 \ mg/m^3$ 的封闭区（图4-36b）；东部渔场，在 179°W 和 177°—176°W 附近分别有两个含量大于 $0.15 \ mg/m^3$ 的相对高的舌状向北伸展区（图4-36c）。

表 4-2 2001 年 6—8 月北太平洋渔场表层叶绿素 a 含量分析结果统计

项目	全调查区	西部渔场	中部渔场	东部渔场
地理位置	39°—43°N、152°—171°W	41°—43°N、152°—157°E	39°—42°N、168°—180°E	40°—41°N、179°W–171°W
范围/（mg·m⁻³）	0.03–0.32	0.04–0.18	0.03–0.32	0.06–0.18
平均值/（mg·m⁻³）	0.13	0.09	0.15	0.01

资料来源：沈新强等，2004.

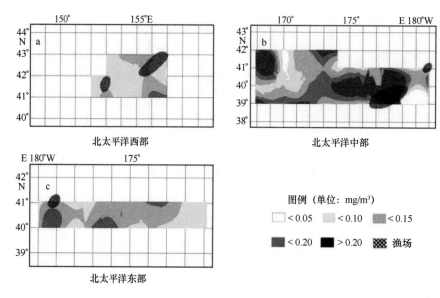

图 4-36 北太平洋渔场表层叶绿素 a 浓度分布

资料来源：沈新强等，2004

　　花传祥等（2007）基于大连国际合作远洋渔业有限公司"国际 903 号"渔船 2003 年 8—9 月对 42°00′—45°00′N、152°00′—156°30′E 海域调查资料和 2004 年 7—8 月对 42°30′—47°00′N、152°30′—159°00′E 海域调查资料，以及上海远洋渔业有限公司"沪渔 910 号"渔船 2005 年 7—9 月对 42°00′—48°00′N、156°00′—161°30′E 海域调查资料（图 4-37），将各年 7—9 月产量和 CPUE（catch per unit effort）分布分别与叶绿素 a 分布叠加（图 4-38 和图 4-39），可以看出秋刀鱼产量主要分布在 0.20~0.70 mg/m³ 叶绿素 a 浓度范围内，统计发现，各年 7—9 月 CPUE 最大值出现频次最高的叶绿素 a 浓度范围是 0.50~0.55 mg/m³。从渔场与叶绿素 a 浓度空间叠加图（图 4-38 和图 4-39）中可以看出，秋刀鱼作业渔场一般出现在叶绿素 a 浓度锋面附近。

　　从 7—9 月不同区域叶绿素 a 浓度以 0.05 mg/m³ 为组距的生产数据分布中可以看出，各月南部渔场产量百分比差异在各叶绿素 a 浓度组距内相对较大，各月北部渔场的产量百分比差异沿叶绿素 a 浓度分布与南部渔场相比相对较小（图 4-40）。

　　7 月，南部渔场的产量沿叶绿素 a 浓度分布较广，但各组距内的产量百分比都较小，

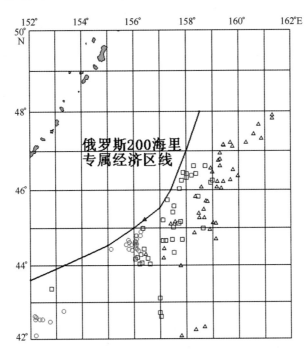

图 4-37　2003—2005 年北太平洋公海秋刀鱼渔场叶绿素 a 调查位置

"○" 2003 年；"□" 2004 年；"△" 2005 年

只有在 0.40~0.45 mg/m³ 叶绿素 a 浓度范围内产量百分比比较突出，在 30% 附近，CPUE 也较高，为 1.464 t/net（图 4-40a）。8 月，南部渔场的秋刀鱼产量主要分布在 0.35~0.40 mg/m³ 和 0.40~0.45 mg/m³ 这两个叶绿素 a 浓度范围内，产量百分比分别为 33% 和 57%，CPUE 分别为 1.154 t/net、1.163 t/net（图 4-40b）。9 月，南部渔场产量沿叶绿素 a 浓度分布与前两个月有较大差异，产量主要分布在 0.55~0.70 mg/m³ 叶绿素 a 浓度范围内，且 70% 以上的产量分布在 0.60~0.65 mg/m³ 叶绿素 a 浓度范围内，这一范围内的 CPUE 也相对较高为 1.141 t/net（图 4-40c）。

7 月，北部渔场的产量分布在 0.35~0.55 mg/m³ 叶绿素 a 浓度范围内，这一范围内的 4 个叶绿素 a 浓度组距上的产量百分比均超过 15%，只有在 0.35~0.40 mg/m³ 叶绿素 a 浓度范围内的作业网次百分比较突出，超过 45%，而最大 CPUE 出现在 0.35~0.40 mg/m³ 叶绿素 a 浓度范围内，为 1.164 t/net（图 4-40d）。8 月，北部渔场的产量分布在 0.20~0.60 mg/m³ 叶绿素 a 浓度范围内，其中，在 0.20~0.35 mg/m³ 范围内的 3 个叶绿素 a 浓度组距上的产量百分比均超过 20%，在叶绿素 a 浓度小于 0.40 mg/m³ 的 4 个组距上的 CPUE 明显大于叶绿素 a 浓度超过 0.40 mg/m³ 的 4 个组距上的 CPUE（图 4-40e）。9 月，北部渔场的产量分布在 0.30~0.50 mg/m³ 叶绿素 a 浓度范围内，其中 0.30~0.35 mg/m³ 和 0.40~0.45 mg/m³ 这两个叶绿素 a 浓度范围内的产量百分比分别超过 25% 和 35%，最大 CPUE 出现在 0.40~0.45 mg/m³ 叶绿素 a 浓度范围内，为 1.0 t/net（图 4-40f）。

夏季，西北太平洋公海秋刀鱼主要分布在（0.0~6.0）×10⁻³mg/（m³·km⁻¹）海表面叶绿素 a 浓度梯度范围内。其中，7 月主要分布在（1.2~6.0）×10⁻³mg/（m³·km⁻¹）

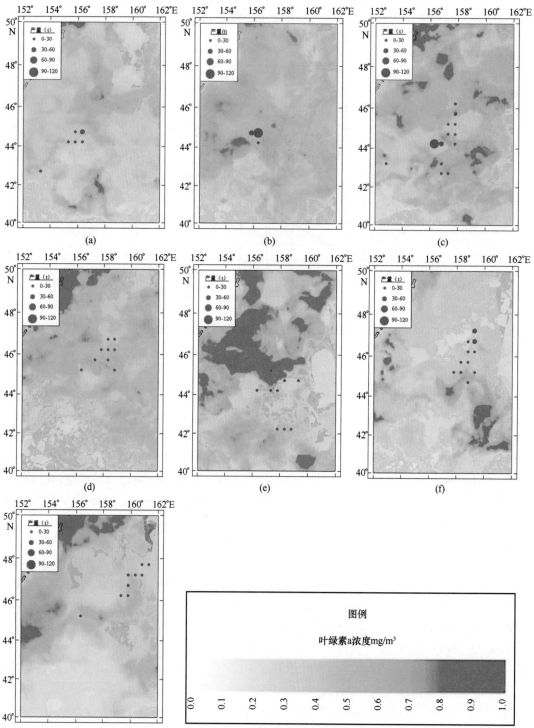

(g)　图4-38　2003—2005年7—9月产量分布和叶绿素a关系叠加

a. 2003年8月；b. 2003年9月；c. 2004年7月；d. 2004年8月；

e. 2005年7月；f. 2005年8月；g. 2005年9月

资料来源：花传祥，2007

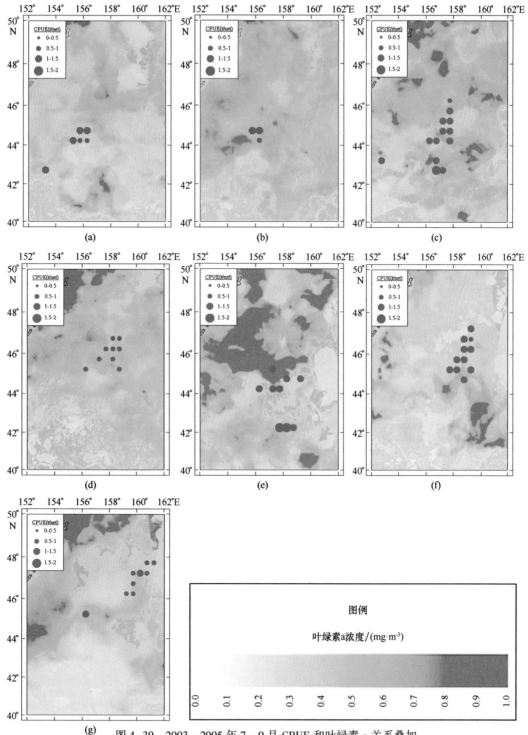

图4-39　2003—2005年7—9月CPUE和叶绿素a关系叠加

a. 2003年8月；b. 2003年9月；c. 2004年7月；d. 2004年8月；

e. 2005年7月；f. 2005年8月；g. 2005年9月

资料来源：花传祥，2007

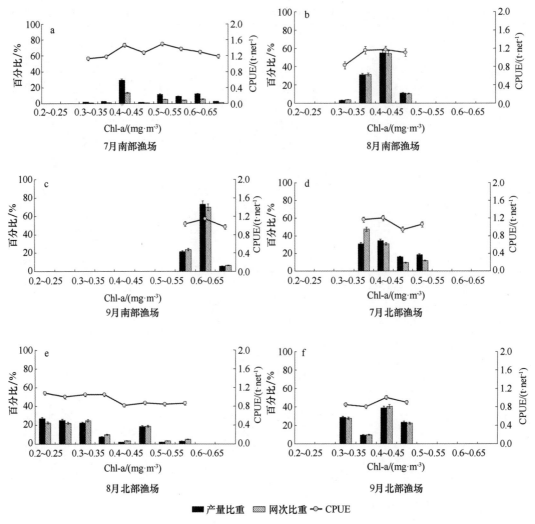

图 4-40　7—9 月不同区域叶绿素 a 以 0.05 mg/m³ 为组距的生产数据分布

资料来源: 花传祥, 2007

海表面叶绿素 a 浓度梯度范围内; 8 月主要分布在 (0.0~5.4) ×10⁻³ mg/ (m³·km⁻¹) 海表面叶绿素 a 浓度梯度范围内; 9 月主要分布在 (0.6~3.6) ×10⁻³ mg/ (m³·km⁻¹) 海表面叶绿素 a 浓度梯度范围内; 相比 7 月和 8 月, 9 月公海秋刀鱼渔场海表面叶绿素 a 浓度梯度较小且范围也较窄。从总体上看, 在 (0.0~4.2) ×10⁻³ mg (m³·km⁻¹) 海表面叶绿素 a 浓度梯度范围内, CPUE 随海表面温度 (SST) 梯度的增高呈上升趋势。最高 CPUE 出现在 (3.6~4.2) ×10⁻³ mg/ (m³·km⁻¹) 海表面叶绿素 a 浓度梯度范围内 (图 4-41)。

张孝民等 (2015) 对秋刀鱼渔场分布与叶绿素 a 浓度的关系进行了分析, 得出 2013 年西北太平洋秋刀鱼渔场的叶绿素 a 浓度范围为 0.5~1.0 mg/m³, 最适叶绿素 a 浓度为 0.6~0.8 mg/m³, 其中 7—12 月的叶绿素 a 浓度范围分别为 0.2~0.8 mg/m³、0.5~1.2 mg/m³、0.7~1.4 mg/m³、0.8~1.5 mg/m³、0.4~1.0 mg/m³ 和 0.2~0.7 mg/m³。

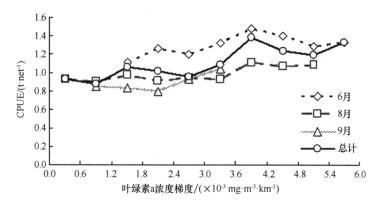

图 4-41　CPUE 与海表面叶绿素 a 浓度梯度的关系

2. 叶绿素 a 与水温的关系

水温是支配叶绿素 a 含量分布的重要环境因子之一，西部和东部渔场叶绿素 a 含量高值区（>0.15 mg/m³）对应高温区（18~20℃），中部渔场（图 4-36b）171°E 附近存在一个冷涡，冷涡中心水温低于 14℃，对应叶绿素 a 含量最低值区（>0.05 mg/m³），在 173°—176°E 有一个范围较大的暖涡，暖涡中心水温高于 17℃，其叶绿素 a 含量大于 2.0 mg/m³）。高温区（暖流区）利于浮游植物生长、聚集，而冷暖涡存在使浮游植物发生辐散和辐聚，最终导致叶绿素 a 含量的低、高分布特征。

3. 叶绿素 a 与盐度的关系

叶绿素 a 与盐度关系密切，盐度锋常与叶绿素 a 锋相一致。在西北太平洋海域，海表面叶绿素 a 的分布与温盐的水平分布情况相反。一般来说，高纬度海域的叶绿素 a 浓度高于低纬度海域。此外，西北太平洋存在一个生物量锋—过渡区的叶绿素锋（Transition Zone Chlorophyll Front，TZCF），它是低叶绿素浓度的亚热带区域和高叶绿素浓度的亚北极区域的分界线，通常过渡区叶绿素锋被定义为表层叶绿素 a 浓度为 0.2 mg/m³ 的区域。亲潮势力强，其西侧往往容易形成涡漩—持续性分散的气旋性环流，冷水上扬，因此营养盐高，其所流经的海域叶绿素 a 含量一般高于 0.5 mg/m³，浮游植物和浮游动物的基础生产量也较高，从而形成了生产力高的"海洋中的绿洲"，给渔场的形成提供了最基础的保障。大量研究得出，秋刀鱼渔场主要分布在叶绿素 a 浓度 0.5~1.5 mg/m³ 的范围内。6—8 月，过渡区叶绿素锋一般向北移动，9—11 月逐步向南移动。7—9 月西北太平洋公海秋刀鱼渔场处在 TZCF 以北海域，且主要受亲潮势力的影响，产量主要分布在叶绿素 a 浓度 0.20~0.70 mg/m³ 的范围内，各年 7—9 月 CPUE 最大值出现频次最高的叶绿素 a 浓度范围为 0.50~0.55 mg/m³。

西部渔场高叶绿素 a 含量区（>0.10 mg/m³）为高盐区（>34.0），低叶绿素 a 含量区（<0.10 mg/m³）为低盐区（<33.5）（图 4-36a）。在中部渔场的 39°N、168°E 处，有一个叶绿素 a 含量最高值区（0.32 mg/m³），对应一高盐水舌（>34.4）；在 170°E 附近有一个低叶绿素 a 含量的由北向西南伸入的舌状（<0.10 mg/m³），而该区正是一个低盐水舌

（<33.6）（图4-36b）。在东部渔场179°W附近有一个高叶绿素 a 含量的舌状（>0.18 mg/m³）向北伸进，该区也是一个高盐水舌（>34.4）（图4-36c）。叶绿素 a 含量高值区同时也是盐度的高值区，叶绿素 a 的低值区同时亦是盐度的低值区，海表水叶绿素 a 含量与盐度呈线性正相关，随盐度的增加而增加。

4. 叶绿素 a 与浮游植物的关系

叶绿素 a 含量可用于表征浮游植物的生物量，一般而言，浮游植物的高生物量区亦是叶绿素 a 的高含量区，两者具有相同的分布趋势。在西部、中部和东部渔场，海表水叶绿素 a 平均含量分别为 0.09 mg/m³、0.15 mg/m³ 和 0.12 mg/m³，其浮游植物平均生物量分别为 0.70×10⁴个/m³、7.36×10⁴个/m³和5.84×10⁴个/m³，叶绿素 a 含量与浮游植物呈一定的正相关关系，但个别站位不明显。

渔场重心与叶绿素 a 浓度的关系是随着叶绿素 a 浓度的增加，渔场重心位置发生偏移，近海秋刀鱼渔场主要分布于叶绿素 a 浓度锋面的前部。

四、秋刀鱼渔场浮游植物调查及分布特征

海洋浮游生物是海洋生态系统初级、次级生产力，是许多重要经济鱼类的饵料，在海洋生态系统的食物网中占有重要的地位。水温、盐度等海洋理化特性是影响和抑制海洋浮游生物数量波动和分布的重要因素。

在西北太平洋区域，亲潮区域的浮游植物群落一般由寒温带硅藻组成，而黑潮区域则是典型的暖水种类。日本南部海岸和黑潮之间的浮游植物具有明显的浅海性质，沿着黑潮与亲潮的交汇处，甚至在离岸 600 海里左右的远处海域（即至155°E左右），一些浅海硅藻仍占优势。在 39°N、153°E 处，由于受到亲潮或黑潮水流的交替影响，在这里有一个双峰周期，春、秋季各有一次高峰期。在亲潮区域，浮游植物的密度一般较大，为 10² ~ 10⁶ 个/L 细胞，而在黑潮主流中通常为 10² ~ 10⁴ 个/L 细胞，在更往南的广大区域，生物量减少，不到 100 个/L 细胞。在日本西部和南部沿海的浅海水域，密度通常在 10³ ~ 10⁴个/L 细胞范围。

在西北太平洋秋刀鱼渔场海洋浮游生物调查期间，海洋浮游植物主要为甲藻类和硅藻类，这两类浮游植物在秋刀鱼渔场范围内均有分布，并以沿岸性种类居多，部分藻类属于分布极广的种类，部分属于广温、广盐性种类，还有部分属于暖水大洋性种或外海性种类。尤其是骨条藻的分布占绝对优势，此外还有角毛藻、根管藻，这 3 种硅藻均为广温、广盐性种或暖水外海种。这说明在秋刀鱼渔场范围内，受暖水团影响，地处亚北极（40°—60°N）活动范围内的浮游植物分布水域有偏西、偏北的趋势。这与实测水温、盐度（10~15℃，33~34）的平面分布相似。

在秋刀鱼探捕期间，笔者同时对秋刀鱼渔场浮游植物进行了取样调查，经分析鉴定共有 5 目 6 科 8 属 10 个主要种类，以浮游硅藻类为主，常见硅藻类的代表种有豪猪环毛藻、窄隙角毛藻、密联角毛藻、辐射圆筛藻、太阳漂流藻、长海毛藻等。根管藻虽有检出，但出现频率不高，西北太平洋公海秋刀鱼渔场范围内浮游植物见表4-3。

表4-3　秋刀鱼渔场主要浮游植物种类

序号	种　　　类
1.	圆筛藻目 Coscinodiscales
	圆筛藻科 Coscinodiscaceae
	环毛藻属—豪猪环毛藻 *Corethron hystrix* Hensen，1887
	漂流藻属—太阳漂流藻 *Planktoniella sol*（Wallich）Schütt，1893
2.	合形藻目 Biddulphiales
	角毛藻科 Chaetoceraceae
	角毛藻属—窄隙角毛藻 *Chaetoceros affinis* Lauder，1864
	角毛藻属—密联角毛藻 *Chaetoceros densus* Cleve，1901
3.	根管藻目 Rhizosoleniales
	根管藻科 Rhizosoleniaceae
	根管藻属—细长翼根管藻 *Rhizosolenia alata* f. *gracillia* Cleve，1897
4.	等片藻目 Diatomales
	等片藻科 Diatomaceae
	海毛藻属—长海毛藻 *Thalassiothrix longissima* Cleve et Grunow，1880
5.	多甲藻目 Peridinales
	多甲藻科 Peridiniaceae
	多甲藻属—扁多甲藻 *Peridinium depressum* Bailey，1855
	角藻科 Ceratiaceae
	角藻属—三角角藻 *Ceratium tripos*（O. F. Müller，1781）Nitzsch，1817
	角藻属—长角角藻 *Ceratium macroceros*（Ehrenb.）Vanhöffen，1897

据吴永辉（2006）报道，水温和盐度对浮游植物的种类及分布影响较大。2004年7—9月，"国际903号"渔船在西北太平洋42°34′—46°25′N、150°—158°56′E海域设15个站位（图4-42）采样调查浮游植物，共发现浮游植物2门12属，共17个代表种。其中隶属于甲藻类的有2属4种，隶属于硅藻类的有10属13种（表4-4和图4-43）。浮游植物生物量为8～1320 mg/m³，平均值为432.5 mg/m³，变化幅度大，分布不均匀；其中以46°02′N、157°44′E站点最高，达1 320 mg/m³，并以硅藻类的圆筛藻、骨条藻为主要组成；其次是42°34′N、155°58′E和45°08′N、157°43′E站点，生物量分别为1 060 mg/m³和1 040 mg/m³，以硅藻类的骨条藻、透明辐杆藻和角毛藻为优势种类；最低的生物量出现在42°34′N、155°58′E和44°14′N、156°07′E站点，该站点几乎无浮游动物和浮游植物，全为水母动物。

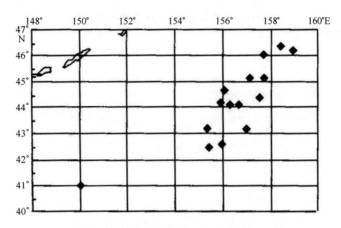

图 4-42　浮游植物调查站点位置

资料来源：吴永辉，2006

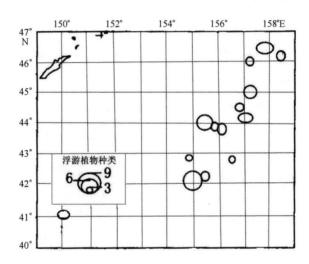

图 4-43　不同站位浮游植物多样性分布示意图

表 4-4　各站点浮游植物种类分布

种　类	站　　点														
	1	2	3	4	5	6	7	8	9	10	11	12	13	14	15
三角角藻 *Ceratium tripos*					+									+	+
梭角藻 *Ceratium fusus*					+		+				+			+	
长角角藻 *Ceratium macroceros*													+	+	
扁多甲藻 *Peridinium depressum*														+	
辐射圆筛藻 *Coscinodiscus radiatus*	+	+	+	+	+	+			+	+	+				
线形圆筛藻 *Coscinodiscus lineatus*							+	+				+			
太阳漂流藻 *Planktoniella sol*	+	+	+		+										

续表

种　类	站　点														
	1	2	3	4	5	6	7	8	9	10	11	12	13	14	15
中肋骨条藻 *Skeletonema costatum*		+	+		+	+	+		+		+	+	+	+	+
豪猪环毛藻 *Corethron hystrix*		+		+	+	+	+	+	+	+	+				
透明辐杆藻 *Bacteriastrum hyalium*														+	
翼根管藻 *Rhizosolenia alata f. alata*	+	+	+		+			+		+				+	+
长海毛藻 *Thalassiothrix longissima*													+	+	
菱形海线藻 *Thalassionema nitzschioides*													+	+	
密联角毛藻 *Chaetoceros densus*				+	+			+	+		+				
窄隙角毛藻 *Chaetoceros affinis*								+							
牟勒氏角毛藻 *Chaetoceros muelleri*						+					+				
三角褐指藻 *Phaeodactylum tricornutum*											+				

资料来源：吴永辉，2006.

五、秋刀鱼渔场浮游动物调查及分布特征

在西北太平洋区域，寒温带桡足类仅分布于黑潮续流的北部，热带或亚热带桡足类一般分布在黑潮区域及其以南水域；其分布情况没有什么季节性变化。大多数浮游动物位于水深 0~100 m。在黑潮区域，上层 100 m 的生物量（湿重）在黑潮靠大洋的一侧通常不到 50 mg/m³，而在浅海一侧为 50~180 mg/m³，且没有明显的季节性变化。在亲潮区域，冬季生物量一般较少，不到 50 mg/m³，在北海道以东水域尤其如此，在亲潮北部千岛群岛—堪察加半岛区域，夏季生物量高达 250~600 mg/m³。黑潮和亲潮两个区域的浮游动物种类组成因深度而异，在 200~300 m 水深深度总生物量急剧减少。

西北太平洋秋刀鱼在夏季（6—9 月）主要在食物丰盛的亲潮区亚寒带水域进行摄食，以浮游动物为饵料，主要食物为桡足类、端足类、磷虾类和十足类等，尤其是桡足类的丰歉，对秋刀鱼稚鱼的生长率和死亡率有着直接影响，并使得秋刀鱼资源量随之变动。探捕调查期间，对不同体长组的秋刀鱼胃含物样品剖析、测定，其摄食率为 26%，其余的胃内残留物均不超过其容量的 1/3，所摄食的种类经鉴定有桡足类、端足类、箭虫类以及糠虾类等，出现频率为 53%。分析表明秋刀鱼摄食强度不大，食物组成以甲壳动物为主。

同样，在秋刀鱼渔场范围内，海洋浮游动物以暖水种偏多。除帕氏真哲水蚤、小基齿哲水蚤、布氏真哲水蚤、加州布氏真哲水蚤、太平洋哲水蚤外，还有温带、亚热带以及暖水外海种的重叠分布，如中华哲水蚤、鼻锚哲水蚤、海洋真刺水蚤等种类，尤其是 7 月中旬，暖温带种的中华哲水蚤还出现在 44°N（一般不超过 42°N），这与调查范围以南海域水温偏高也是相似的。此外，暖水浅海种的代表种百陶箭虫最北也分布到 46°N（通常为 45°N），显然，暖水浮游动物的偏北分布可能与黑潮暖流的强势有关。渔场范围内浮游动物见表 4-5。

表 4-5　秋刀鱼渔场主要浮游动物种类

序号	种　类
1.	有孔虫目 Foraminifera
	圆球虫科 Orbulinidea
	抱球虫属–伊格抱球虫 *Globigerina eggeri* Rhumbler，1900
2.	管水母目 Siphonophora
	双生水母科 Diphyidae
	五角水母属—五角水母 *Muggiaea atlantica* Cunningharm，1892
3.	瓜水母目 Beroida
	瓜水母科 Beroidae
	瓜水母属—瓜水母 *Beroe cucumis* Fabricius，1780
4.	壮肢目 Myodocopida
	吸海萤科 Family Halocypridae Dana，1849
	浮萤属–巨手浮萤 *Conchoecia macrocheire* Müller，1906
5.	哲水蚤目 Calanoida，Sars，1903
	哲水蚤科 Calanidae Dana，1846
	哲水蚤属—太平洋哲水蚤 *Calanus pacificus*
	—北极哲水蚤 *Calanus glacialis*
	—羽叉哲水蚤 *Calanus plumchrus*
	真哲水蚤科 Eucalanidae
	真哲水蚤属—帕氏真哲水蚤 *Eucalanus parki*
	—布氏真哲水蚤 *Eucalanus bungii*
	锚哲水蚤属–鼻锚哲水蚤 *Rhincalanus nasutus* Giesbrecht，1888
	拟哲水蚤科 Paracalanidae
	拟哲水蚤属—小拟哲水蚤 *Paracalanus parvus* Claus，1863
	伪哲水蚤科 Pseudocalanidae
	基齿哲水蚤属—小基齿哲水蚤 *Clausocalanus minor* Sewell，1929
	鹰嘴水蚤科 Aetideidae
	真胖水蚤属—盔头真胖水蚤 *Euchirella galeata* Giesbrecht，1888
6.	端足目 Amphipoda
	蛾科 Hyperaiidae
	隐巧蛾属—隐巧蛾 *Phronima sedentaria*
	长脚蛾属—细长脚蛾 *Themisto gracilipes* Norman，1869
7.	糠虾目 Mysidacea
	糠虾科 Mysidae Haworth，1825
	新糠虾属—日本新糠虾 *Neomysis japonica* Nakazawa，1910
	节糠虾属–细节糠虾 *Siriella gracilis* Dana，1852

续表

序号	种　　类
8.	磷虾目 Euphausiacea
	磷虾科 Euphausiidae
	磷虾属—太平洋磷虾 *Euphausia pacifica* Hansen，1911
	—雷氏磷虾 *Thysanoessa raschii*
9.	翼足目 Pteropoda
	海若螺科 Clionidae
	海若螺属-海若螺 *Clione limacina*
10.	毛颚动物 Chaetognatha
	箭虫科 Sagittidae Claus et Grobben，1905
	箭虫属—百陶箭虫 *Sagitta bedoti* Béraneck，1895
	—太平洋箭虫 *Sagitta pacifica* Tokioka，1940
	—肥胖箭虫 *Sagitta enflata* Grassi，1881
	—秀箭虫 *Sagitta elegans* Verrill，1873
11.	有尾纲 Appendiculata
	住囊虫科 Oikopleuridae
	住囊虫属—异体住囊虫 *Oikopleura dioica* Fol，1872
12.	浮游多毛类 Pelagic Polychaeta
	浮蚕科 Tomopteridae Grube，1848
	浮蚕属-太平洋浮蚕 *Tomopteris pacifica* Lzuka，1914
13.	浮游幼虫
	软体动物的面盘幼虫（Veliger）-幼海若螺 *Paedoclione doliiformis*
	枪乌贼属 *Loligo*
	桡足类的无节幼虫和桡足幼体-数量大
	甲壳类的幼体-短尾类的溞状幼虫
	长尾类的溞状幼虫：对虾第一期溞状幼体

　　根据浮游动物的种类、分布状况以及优势种类的强弱来判断和分析黑潮暖流的强弱趋势，对确定秋刀鱼渔场的南北位置具有重要的参考价值。据朱清澄等（2008a，2008b，2008c）报道，2005 年 7—10 月，"沪渔 910 号"在西北太平洋 43°—48°N、156°—162°E 海域共设 30 个站点进行了浮游动物调查（图 4-44），并对浮游生物进行了丰度统计和生物量估算、日均网次产量计算、空间分布图绘制以及灰色关联分析等。

　　浮游动物丰度计算公式为：

$$n_{ij} = \frac{N_{ij}}{S \times d} \tag{4-2}$$

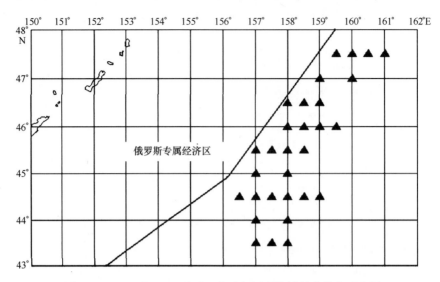

图 4-44 2005 年 7—9 月秋刀鱼渔场调查海域站点分布示意图

资料来源：朱清澄等，2008c

式中：n_{ij}—第 i 种浮游动物在第 j 站点的丰度（ind/m^3）；N_{ij}—第 i 种浮游动物在第 j 站点的数量 ind；S—采集网的网口面积（m^2）；d—拖曳深度（m）。

浮游动物优势度计算公式为：

$$Y = \frac{N_i}{N} \times f_i \tag{4-3}$$

式中：Y—表示物种优势度 N_i 为第 i 种的个体数；N—该海域所有个体总数的和；f_i—该种出现的频度，当某一物种 $Y \geq 0.02$ 时，可视为优势种类。

考虑到秋刀鱼舷提网渔业的作业日产量波动较大，定义日均网次产量作为另一项与浮游动物进行关联分析的指标量，日均网次产量计算公式为：

$$CPN = \frac{C}{N} \tag{4-4}$$

式中：CPN—日均网次产量（kg/net）；C—作业日产量（kg）；N—日作业网次（net），网次时间均按捕捞日志中开始起网的时间进行统计，如果起网时间已超过午夜零点则归入下一天。

浮游动物的种类组成见表 4-6。30 个站点的浮游动物样品中，以甲壳纲的桡足类、端足类、糠虾类、磷虾类和矢足纲的毛颚类（又称箭虫类）为主要代表种，此外还有原生动物、腔肠动物等，隶属于 11 目 15 科 17 属 25 种。哲水蚤目占绝对优势，共有 5 科 6 属 9 种，常见种类为太平洋哲水蚤 *Calanus pacificus*、北极哲水蚤 *Calanus glacialis*、羽叉哲水蚤 *Calanus plumchrus*、鼻锚哲水蚤 *Rhincalanus nasutus*、小拟哲水蚤 *Paracalanus parvus*、小基齿哲水蚤 *Clausocalanus minor*、帕氏真哲水蚤 *Eucalanus parki*、布氏真哲水蚤 *Eucalanus bungii* 及盔头真胖哲水蚤 *Euchirella galeata* 等 9 种。其次为毛颚类动物，即箭虫科的百陶箭虫 *Sagitta bedoti*、太平洋箭虫 *Sagitta pacifica*、肥胖箭虫 *Sagitta enflata* 和秀箭虫 *Sagitta elegans* 等4种。在30个站点中，浮游动物的检出频率和平均丰度由大到小依次为：桡足类、箭虫类、端足类、糠虾类和磷虾类，此外，亦有少量的异足类 Heteropoda、莹虾类 Lucifer 等在个别站点检出。秋刀鱼渔场调查海域的浮游动物优势种为桡足类（0.864）和箭虫类（0.061），优势度均在0.02以上。桡足类丰度最高，为137～3387 ind/m³、平均1080.0 ind/m³，生物量为33.93～839.86 mg/m³、平均298.56 mg/m³。箭虫类丰度为6～233 ind/m³、平均81.2 ind/m³，生物量为8.55～335.12 mg/m³、平均118.09 mg/m³（表4-6，图4-45，图4-46a和图4-46b）。

表4-6　浮游动物的种类组成

种类	桡足类 Copepoda	箭虫类 Chaetognatha	端足类 Amphipoda	糠虾类 Mysidacea	磷虾类 Euphausiacea
平均生物量/（mg·m⁻³）	298.56	118.09	2.92	0.84	0.44
生物量/%	69.42	27.46	0.68	0.19	0.10
出现次数	30	28	21	10	4
频率/%	100.0	93.3	70.0	33.3	13.3
平均丰度/（ind·m⁻³）	1 080.0	81.2	4.8	2.0	0.4
优势度	0.864 00	0.060 61	0.002 66	0.000 52	0.000 04

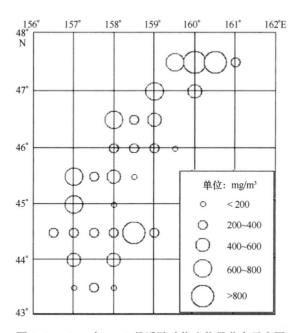

图4-45　2005年7—9月浮游动物生物量分布示意图

该调查海域的浮游动物分布有两个显著的特点：①46°30′N以北各站点的生物量较高，平均为636.56 mg/m³，而46°N以南各站点的平均生物量仅为353.56 mg/m³。主要原因是夏季太平洋西部环流整体北移的结果。由于夏季西北太平洋海域黑潮暖流势力增

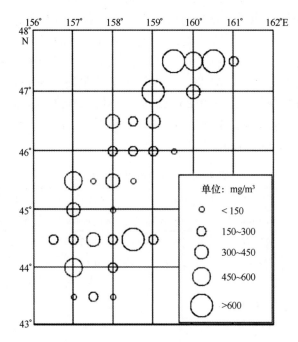

图 4-46a   2005 年 7—9 月桡足类生物量分布示意图

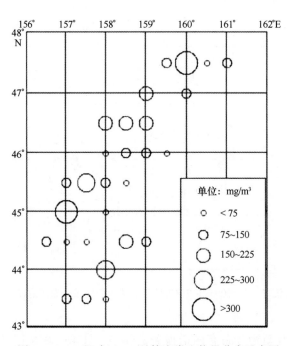

图 4-46b   2005 年 7—9 月箭虫类生物量分布示意图

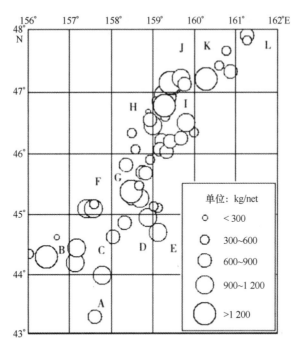

图 4-47 2005 年 7—9 月日均网次产量空间分布示意图

强，使得黑潮和亲潮的交汇北移，黑潮北至 46°30′—50°N 海域才转而向东，而该调查海域的北部恰好处于两流的锋面交汇区，其水文、营养盐条件非常适合浮游植物和浮游动物的生长；而 46°30′N 以南海域已基本处于黑潮流域，生产力不高。②近俄罗斯专属经济区的各站点的生物量较高，大于 500 mg/m³ 的站点中只有 44°30′N、150°30′E（站点 24），离俄罗斯专属经济区较远，另外 7 个站点均在俄罗斯专属经济区附近。主要原因是该海域受海底大陆架地形的影响，近俄罗斯专属经济区海域的水深较浅，生产力较高（图 4-45）。

调查期间作业 52 d、总作业 486 网次，日产量为 0.8~27.0 t/d，平均日产量（7.72±5.25）t/d；日均网次产量 0.16~1.50 t/（net·d⁻¹），平均日均网次产量（0.78±0.33）t/（net·d⁻¹）。日产量和日均网次产量较高的海域为 47°—47°30′N、159°—161°E 和 44°30′—45°30′N、158°—159°E（图 4-47）。运用灰色关联分析方法对 9 个小区（按 1°×1° 划分，A-L）的日产量、日均网次产量及各类浮游动物生物量进行相关分析，其结果表明，日产量与桡足类、端足类、箭虫类的生物量关联度均在 0.9 以上；日均网次产量与桡足类、端足类、箭虫类、糠虾类和磷虾类的关联度依次为 0.877、0.850、0.896、0.732 和 0.726（表 4-7 和表 4-8）。对 406 尾秋刀鱼胃含物分析的结果为：摄食等级 2~3 级的比例为 73%；饵料食谱出现频率由高到低依次为桡足类、箭虫类、糠虾类和磷虾类、端足类、浮蚕类、异体住囊虫，桡足类和箭虫类分布样本出现频数为 36.5% 和 27.2%。

表 4-7 作业渔场产量与主要浮游动物平均生物量分布的关系

区号	产量 /(kg·d⁻¹)	日均网次产量 /(kg·net⁻¹)	桡足类 /(mg·m⁻³)	端足类 /(mg·m⁻³)	箭虫类 /(mg·m⁻³)	糠虾类 /(mg·m⁻³)	磷虾类 /(mg·m⁻³)	其他 /(mg·m⁻³)	总生物量 /(mg·m⁻³)
A	2 100.00	700.00	195.95	3.59	225.94	7.08	0.00	12.43	445.00
B	3 233.33	586.67	491.72	6.08	252.32	0.00	0.00	9.88	760.00
C	5 360.00	1 000.00	658.05	2.29	23.92	0.62	0.00	23.12	708.00
D	8 276.67	856.67	790.98	4.31	285.25	0.00	0.00	8.79	1 089.33
E	9 300.00	1 160.00	526.08	0.00	154.32	0.00	0.00	21.04	701.44
F	6 016.67	850.00	613.30	5.19	483.42	9.75	0.00	13.02	1 124.67
G	7 370.00	712.22	340.67	1.69	115.68	0.00	5.44	19.30	477.33
H	6 356.00	570.00	529.82	4.58	262.46	0.00	1.90	26.64	823.50
I	7 502.50	764.17	368.20	1.89	254.26	0.16	0.00	43.49	668.00
J	14 850.00	1 202.50	1 300.03	30.86	237.77	0.00	0.00	20.44	1 578.00
K	12 425.00	767.50	1073.49	8.34	329.57	1.64	0.73	21.62	1 434.67
L	7 600.00	585.00	572.05	6.18	169.84	0.00	0.00	23.93	772.00

表 4-8 产量、日均网次产量与各类浮游动物生物量的关联度

项目	桡足类 Copepoda	端足类 Amphipoda	箭虫类 Chaetognatha	糠虾类 Mysidacea	磷虾类 Euphausiacea	其他	总生物量
L_C	0.967	0.903	0.913	0.801	0.809	0.899	0.960
L_{CPN}	0.877	0.850	0.896	0.732	0.726	0.889	0.886

注：L_C—产量与各类浮游动物生物量的关联度；L_{CPN}—日均网次产量与各类浮游动物生物量的关联度.

西北太平洋公海秋刀鱼渔场与桡足类、端足类、箭虫类等的分布关系显著。桡足类在该调查海域中的物种优势度为 0.864，远高于其他浮游动物种类，其生物量与秋刀鱼日产量的关联度在所有类别中也最高，故可说明秋刀鱼渔场分布与桡足类的分布关系最为密切，桡足类是影响秋刀鱼分布的重要因素之一。其次为箭虫类，物种优势度为 0.060 1。桡足类和箭虫类生物量的丰歉可作为确定秋刀鱼中心渔场的重要指标。

第四节 西北太平洋秋刀鱼渔情预报

渔情预报也称渔况预报，是指对未来一定时期和一定水域范围内水产资源状况各要素，如渔期、渔场、鱼群数量和质量以及可能达到的渔获量等做出的预报。其预报的基础就是鱼类行动和生物学状况与环境条件之间的关系及其规律，以及各种实时的汛前调查所获得的渔获量、资源状况、海洋环境等各种渔情、海况资料。渔情预报的主要目的就是预报渔场、渔期和可能渔获量。渔情的准确预报可为渔业主管部门和生产单位如何进行渔汛生产部署和生产管理等提供科学依据。

随着近海渔业资源的衰退以及远洋渔业的发展，国内外一些学者对远洋渔业鱼种的渔情预报进行了大量的研究。信息技术（地理信息系统）和空间技术（海洋遥感）的发展和应用，使渔情预报的手段和工具不断得到深化和发展，渔情预报的准确性也得到了提高，并进一步得到完善和发展，建立了多种预报模型。

日本是对秋刀鱼渔、海况预报最早的国家。早在1909年，日本就认识到调查研究渔、海况的变动情况，及时做出速报和预报，对了解和开发海洋鱼类资源、发展海洋渔业生产极为重要；随后并利用从北欧引进的渔、海况调查技术开始对日本近海进行了渔、海况速报。当时，主要用生物学法调查资源，海洋观测手段仅局限于船只，发布的资料只有每月的水温、盐度分布图，以及近海鲣鱼和秋刀鱼的渔况。此后经过60多年的努力，终于建成了现在由飞机、调查船、电子计算机、电台、自动海况观测浮标等组成的一体化的现代化渔、海况速报和预报系统（中国农业科技情报考察团，1982）。1977年，日本科学技术厅和水产厅正式开展了海洋和渔业遥感试验，相应成立了"渔业情报服务中心"，并有效地利用NOAA卫星的遥感资料编制渔情预报，可以在短时间内获得大量的海洋环境资料，如水文、浑浊度、水色等资料，大大提高了秋刀鱼渔情预报的效果和准确度。1982年日本水产厅宣布利用卫星资料和计算机搜索秋刀鱼和金枪鱼等鱼群的试验获得成功。

中国大陆对西北太平洋秋刀鱼的渔情预报主要包括两部分，分别是渔场预报和资源量的预报，且起步较晚。21世纪初，中国大陆才开始有一些初步研究和探讨，对其渔场的正式预报则始于2013年，每周进行一次，主要根据西北太平洋海域的海表面温度、海表面温度的距平值、海表面高度、叶绿素a浓度和海流等与秋刀鱼渔场变动相关的海洋环境因子对未来一周的秋刀鱼渔场位置进行预报。

朱清澄等（2006）利用2003年8月和9月、2004年7月和8月、2005年7—9月中国大陆秋刀鱼渔船的生产调查数据，以及哥伦比亚大学的海洋环境数据（0~100 m水层的数据），通过计算渔场重心，利用灰色系统理论分析了秋刀鱼渔场重心的分布情况以及环境因子与日产量的关联度，结果表明秋刀鱼渔场随各周不同而变化较大，由西南向东北方向偏移，秋刀鱼渔场作业温度为11~15℃，最适宜的温度为11~12℃。其分析方法为：

（1）渔场重心计算。分别计算各月产量重心和作业次数重心，计算公式如下：

$$X = \sum_{i=1}^{k} C_i \times X_i \Big/ \sum_{i=1}^{k} C_i \qquad Y = \sum_{i=1}^{k} C_i \times X_i \Big/ \sum_{i=1}^{k} C_i \qquad (4-5)$$

式中：X—重心经度位置；Y—重心纬度位置；X_i—渔区中心点的经度；Y_i—渔区中心点的纬度；C_i—渔区i每月总产量或作业次数（网次）；k—每月作业渔区的总个数。

（2）水温垂直结构计算。分别计算各月产量重心处0~15 m、0~40 m和40~60 m的水温垂直梯度，分别用ΔT_{0-15}、ΔT_{0-40}和ΔT_{40-60}来表示。

（3）作业渔场与时空、表层及温度梯度的关系。作图分析各渔区月产量和渔区平均日产量与表温、ΔT_{0-15}、ΔT_{0-40}和ΔT_{40-60}之间的关系。

（4）灰色关联分析。利用灰色关联度分析各渔区月产量与时间（月份）、空间（经纬度）、表层水温、ΔT_{0-15}、ΔT_{0-40}和ΔT_{40-60}、渔区平均日产量和捕捞努力量（放网次数）之间的关系。同时分析各渔区平均日产量与时间（月份）、空间（经纬度）、表层水温、ΔT_{0-15}、ΔT_{0-40}和ΔT_{40-60}之间的关系，从中找出主要影响因子。灰色关联度的计算按陈新军

（2003）《灰色系统理论在渔业科学中的应用》一书中提供的方式。原始数据变换采用初始化变换，分辨系数取 0.5。

张孝民等（2015）根据 2013 年 7—12 月西北太平洋公海秋刀鱼生产调查数据和海洋环境数据，利用渔业地理信息系统软件和数理统计方法，对秋刀鱼渔场的时空分布和海洋环境因子（海表面温度 SST、叶绿素 a 浓度 Chl-a、海表面高度 SSH）的关系进行了分析，得出：在调查海域 40°—47°N、147°30′—162°E 范围内，9—11 月是西北太平洋公海秋刀鱼生产的盛渔期，渔获量为全年最高。渔场重心的变化分为 3 个阶段，7—8 月渔场重心由南向北移动纬距 1.5°左右，经度变化不大；8—10 月渔场重心在纬度上由东北向西南移动，纬度移动纬距 4°左右，经度移动经距 9°左右；10—12 月渔场重心由西向东移动经距 1°左右，经度变化不大（图 4-48）。秋刀鱼渔场的 SST、Chl-a、SSH 的范围分别是 10～15℃、0.5～1.0 mg/m^3、0～20 m，最适范围分别为 11～13℃、0.6～0.8 mg/m^3、5～15 m。SST、Chl-a、SSH 可作为选择秋刀鱼渔场的指标。

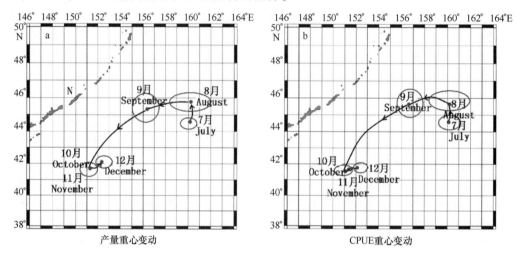

图 4-48　渔场重心变动

张孝民（2016）根据中国大陆 2003—2014 年在西北太平洋秋刀鱼的生产调查数据对 2015 年秋刀鱼资源量进行了预测，分别建立了基于海表面温度（SST）和叶绿素 a（Chl-a）浓度的西北太平洋公海秋刀鱼资源丰度预测模型，发现基于 SST 的西北太平洋公海秋刀鱼资源丰度预测模型好于基于 Chl-a 的模型，并且很好地预测了 2015 年资源丰度显著降低的情况，模型方程为：

$$CUE = 375.004 - 15.645 × 产卵场 SST - 1.337 × 索饵场 SST \tag{4-6}$$

谢斌等（2015）基于日本平成 25 年西北太平洋渔业资源评估报告中的 1989—2012 年秋刀鱼资源丰度指数（以 catch per unit effort，CPUE 为资源丰度指数）（中神正康等，2014）以及对应的海洋环境因子，包括 1—12 月各月的 Trans-Nino 指数（TNI，表征厄尔尼诺-南方涛动指数的一个指标，与厄尔尼诺相关的环境因子）、1 月黑潮区域海表面温度（sea surface temperature，SST$_{黑潮}$）、6 月亲潮区的海表面温度（sea surface temperature，

$SST_{亲潮}$）作为影响秋刀鱼资源丰度的主要环境因子，采用 BP（back propagation）神经网络模型，对西北太平洋公海秋刀鱼资源丰度进行了预测分析，通过 10 种神经网络模型比较，以及实际 CPUE 数据的验证，以拟合残差值最小的预报模型作为最优预报模型。研究表明，各月 TNI 指数、1 月黑潮区域海表面温度、6 月亲潮区域海表面温度对西北太平洋秋刀鱼资源丰度影响显著，结构为 14-10-1 的 BP 神经网络模型相对误差仅为 0.000 681，可作为西北太平洋秋刀鱼资源丰度的预报模型。

拟合残差是将输出层所输出的 CPUE 预报值与实测值进行比较所得的值，其函数定义式为（唐启义等，2007）：

$$E = \frac{1}{2} \sum_{k=1}^{N} (y_k - \hat{y}_k)^2 \tag{4-7}$$

式中：E—拟合残差；y_k—N 个样本的实际 CPUE 值（$k = 1, 2, 3, \cdots, N$）；$\hat{y}_k$—输出层输出的 CPUE 预测值。

近几年，在基于栖息地适宜性指数（habitat suitability index，HSI）模型预报秋刀鱼渔场方面亦进行了探索。HSI 模型是根据鱼类对环境因子的适应性，通过环境因子可以解释鱼类在不同时空下的渔场变动。其方法为，结合环境遥感数据，包括海表温度（SST）、海表温梯度（GSST）及海表高度（SSH），利用栖息地适宜性指数（HSI）模型定性描述资源密度分布与其栖息环境之间的关系，同时在假设捕捞努力量（CPUE）时空分布相同的情况下，建立各作业渔区渔获量与 HSI 之间的关系。SST 和 SSH 可利用美国国家航空航天局（NASA）网站数据，空间分辨率为 0.5°×0.5°；

$$GSST_{i, j} = \sqrt{\frac{(SST_{i, j-0.5} - SST_{i, j+0.5})^2 + (SST_{i+0.5, j} - SST_{i-0.5, j})^2}{2}} \tag{4-8}$$

式中：$GSST_{i,j}$ 是纬度为 i、经度为 j 的 GSST 数据；$SST_{i,j-0.5}$、$SST_{i,j+0.5}$、$SST_{i+0.5, j}$ 和 $SST_{i-0.5, j}$ 是纬度分别为 i，i，$i+0.5$ 和 $i-0.5$，经度分别为 $j-0.5$，$j+0.5$，j 和 j 的 SST 数据。

（1）SI 指数模型。HSI 模型建立有 3 个步骤：①构建单因子适宜性指数（SI）模型；②给每个变量设置权重；③建立 HSI 综合模型。渔民总是在有鱼的地方生产，一旦发现没有鱼或产量较低，即刻就转移生产海域或停止生产，故可以用一周的 CPUE 作为 SI 模型建立的指标。SI 值从 0~1，CPUE 最高时，SI 设置为 1，表示该范围内的环境最适宜秋刀鱼生存；CPUE 为 0 时，SI 设置为 0，表示该范围内的环境不适宜秋刀鱼生存。

（2）HSI 模型建立。HSI 模型采用赋予权重的算术平均算法（WAMM）：

$$HSI = W_{sst} \times SI_{sst} + W_{gsst} \times SI_{gsst} + W_{ssh} \times SI_{ssh} \tag{4-9}$$

式中：W_{sst}、W_{gsst} 和 W_{ssh} 分别为 SST、GSST 和 SSH 的权重。据研究结果，这 3 个因子的权重分别为 0.5、0.25 和 0.25 时最佳；SI_{sst}、SI_{gsst} 和 SI_{ssh} 分别为 SST、GSST 和 SSH 的 SI 值。

估算原理：HSI 是基于 CPUE 与海洋环境因子之间的关系建立的，HSI 高的区域资源量亦高，低的区域资源量亦低。单位时间和空间内渔获量也受到 CPUE 与环境因子的影响，因此渔获量与 HSI 之间必然存在某种正相关关系。以此可以推测出未作业渔区的 HSI 分布情况，即其资源分布密度，然后假设在同样的 CPUE 情况下，可以换算为各渔区的平均潜在渔获量。这一方法实现了从海洋环境条件（如 SST、GSST 和 SSH）到 HSI 分布以及到资源状况评估的可能，这也是近年来渔业资源学科一个新的发展趋势。HSI 模型中的 GSST 亦可以用 SSC（Sea surface Chlorophyll-a，海表叶绿素 a 浓度）替代，确立最适的秋刀鱼渔情预报模型。

由于中国大陆对秋刀鱼开发利用起步较晚，对其资源丰度的影响机制及预报模型方法的相关研究仍较少，应及时跟进国外秋刀鱼相关研究，逐步完善国内对秋刀鱼资源丰度预报模型，为秋刀鱼实际生产提供理论基础。

第五章 秋刀鱼渔业助渔设施设备

现今从事秋刀鱼捕捞的国家和地区绝大部分采用光诱舷提网作业，自动化程度较高。秋刀鱼舷提网捕捞作业流程主要有鱼群侦察、鱼群诱集、放网及诱鱼至放网舷（导鱼）、起网、鱼水分离、处理与加工等几个步骤。其助渔设施设备主要有探鱼仪、集鱼灯、吸鱼泵、鱼水分离装置、鱼体选别装置、起网辅助装置、冷冻冷藏设备等。

中国大陆采用舷提网在西北太平洋进行秋刀鱼生产作业时，渔船均配备一套自行研制的吸鱼、分鱼系统。该套系统包括吸鱼泵、鱼水分离器及鱼体选别机(分鱼系统)等。渔船作业时把鱼群网入网内以后，舷提网悬靠在船舷边，靠吸鱼泵吸至甲板，经过鱼水分离器达到鱼和水分离。然后再通过鱼体选别机进行鱼体大小筛选，最后根据鱼体大小装箱、进入冷冻舱。

第一节 探鱼仪和声呐

一、垂直探鱼仪

1. 探鱼仪的结构与原理

垂直探鱼仪是利用超声波回声原理探测渔船下方鱼群的仪器（图5-1）。超声波发射器发射出的超声波在水中受鱼群等的阻碍可产生回声，根据声波发射与收到鱼群回声的间隔时间，可测得鱼群所处深度；对回声声波结构加以分析，可估算出鱼群数量及其分布状况等。20世纪40年代初，人们已知回声测探仪能测得鱼群，第二次世界大战后许多国家大力研制，到50年代已在渔船上得到广泛使用，成为海洋捕捞中必不可少的助渔仪器。我国从20世纪50年代末开始研制，60年代普遍应用。80年代生产的机型，已对回波采用彩色显示和微机处理，并将日益智能化。

探鱼仪主要由发射器、换能器、接收器和记录显示器等部分组成。常用工作频率为20~200 kHz，探鱼深度可达1 000 m。发射器基本功能是产生几十到几千瓦、脉冲宽度为毫秒级的电功率脉冲馈给换能器。为了记录声波发射的时刻，发射器在记录显示器的同步信号触发下工作。

换能器。固定安装于船底。它把电功率转换为声脉冲，向水下发射。由于电声转换的可逆性，换能器又能把鱼群、海底等回波转换为电信号，故常收发兼用。换能器还可用多只排列成阵，用电子相控技术使声束偏转，以扩大探测范围；用声束稳定来补偿渔船颠簸摇摆而引起的声束偏移，保证窄声束垂直向下，以利于对深海中鱼群的探测。

接收器。把换能器收到的回波电信号放大、处理后送进记录显示器。接收器中设有各

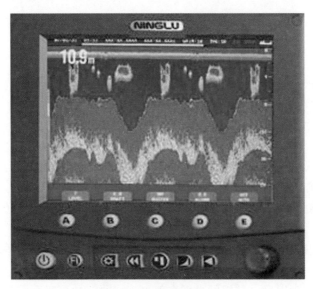

图 5-1　垂直探鱼仪

种控制电路，以提高探鱼性能和便于对映象判读。如时变增益电路能补偿声波在传播过程的损失，白线电路能把贴底鱼群与海底在映象上分开，相关电路能抑制噪声等。

记录显示器。常用的有机械记录器、多针式记录器和荧光屏显示器。最早采用的是机械记录器。接收器输出的回波电信号加至机械记录器后，运转记录笔即可将鱼群信息参数在记录纸上显示出来，但记录笔运转速度因机械惯性受到限制。多针式记录器是以固定密排的梳状针代替活动的记录笔，每根针通过电子开关与接收信号相连接，若以一定的时间序列脉冲依次对排针接通电子开关，把不同深度的回波信号加到相应的针上，即能方便地改变和扩大量程。彩色显示器将测得的大量回波信息储存后，按回波强度在屏幕上一般以8或16种色彩予以显示，它比记录纸上的单色映象具有更多的信息量，易于判别海底底质和鱼群的密集状况。

根据所测鱼群的种类和栖息深度不同以及对鱼群回波信号的处理和显示方式不同等，垂直探鱼仪可制成不同的机型，以提高探鱼精度。随着电子技术的进步，探鱼仪的功能正在不断扩展。

2. 探鱼仪的使用方法

（1）鱼群探测。渔船到达渔场后，为了能在最短的时间内探索到秋刀鱼鱼群的分布情况，应使探索航向与等深线或等温线呈一定角度，在风浪天，尽可能避免顶浪或横浪探索，航向与浪向呈30°较为合适。当侦测到鱼群时，为确定鱼群范围，一般采用以下几种方法：①四向探测法。渔船在A点发现鱼群，即继续向前行驶，到达B点鱼群消失立刻调头行驶，到C点又发现鱼群，一直行驶到D点向左转弯；行驶一段时间后，如果鱼群消失，即刻向右转弯，在E点又发现鱼群，在F点鱼群又消失。经过反复探测后，即可知道鱼群的范围。②交叉探测法。渔船在A点发现鱼群后继续向前行驶，到B点时鱼群消失，即刻转换航向探测，至C点时又发现鱼群消失，此时可继续转换航向探测，一直到达D点又发现鱼群消失，即可推测出鱼群范围的大小。③折航探测法。在 A 点发现鱼群后即刻向左右作曲折航行推测。④直线探测法。渔船侦测到鱼群后，继续往前行驶，至鱼群消失时立即回头探测。前 3 种探测方法对秋刀鱼鱼群的分布探测较精准，但耗时较多（图 5-2）。

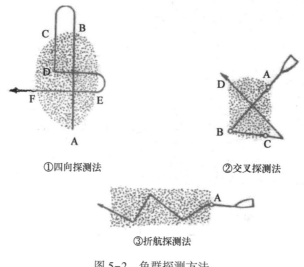

①四向探测法　　②交叉探测法

③折航探测法

图 5-2　鱼群探测方法

（2）记录映象分析。探鱼仪不能直接记录出鱼群的形状，只能记录斑斑、带状、流星、山峰、小鸟、复瓦或不规则的线条等。这些记录的形状与鱼本身的外形、体长等无关，仅能反映鱼群的集群性能、垂直分布及活动性能等。在掌握了足够多的记录映象资料后，船长根据对秋刀鱼渔场熟悉的情况和经验才能做出正确判断。

二、声呐

声呐是英文缩写"SONAR"的音译，其中文全称为：声音导航与测距（Sound Navigation and Ranging）。声呐是一种利用声波在水下的传播特性，通过电声转换和信息处理，完成水下探测和通信任务的电子设备。它有主动式和被动式两种类型，属于声学定位的范畴。声呐是利用水中声波对水下目标进行探测、定位和通信的电子设备，是水声学中应用最广泛、最重要的一种装置（图 5-3 和图 5-4）。

作为一种声学探测设备，主动式声呐是在英国首先投入使用的，不过英国人把这种设备称为"ASDIC"（潜艇探测器），美国人称其为"SONAR"，后来英国人也接受了此叫法。

由于电磁波在水中衰减的速率非常高，无法作为侦测的信号来源，所以利用声波探测水面下的人造物体成为运用最广泛的手段。无论是潜艇或者是水面船只，都利用这项技术的衍生系统，探测水下物体，或者是以其作为导航的依据。于是探测水下目标的技术——声呐技术便应运而生。声呐技术至今已有 100 多年的历史，它是 1906 年由英国海军的刘易斯·尼克森所发明，第一部声呐仪是一种被动式的聆听装置，主要用来侦测冰山。这种技术，到第一次世界大战时被应用到战场上，用来侦测潜藏在水底的潜水艇。

工作原理：声呐是先用声源（声呐换能器）发出声波，声波照射到水中的物体（鱼

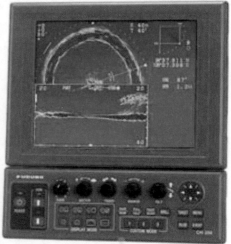

图 5-3　导航仪和水平声呐探鱼仪

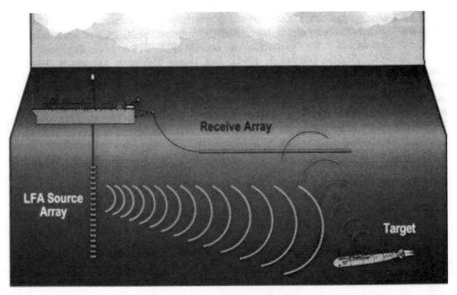

图 5-4　声呐工作原理示意图

类、潜艇等）后反射回来，通过不同的物体反射声信号的强度和频谱信息不一样这一特征，声呐的接收设备在接到这些包含丰富内容的信息后经过数据处理，再与数据库里面的数据比照，就能判断照射的物体是什么，甚至能判别其航速和航向。

声呐装置一般由基阵、电子机柜和辅助设备三部分组成。基阵由水声换能器以一定的几何图形排列组合而成，其外形通常为球形、柱形、平板形或线列行，有接收基阵、发射机阵或收发合一基阵之分。电子机柜一般有发射、接收、显示和控制等分系统。辅助设备包括电源设备、连接电缆、水下接线箱和增音机、与声呐基阵的传动控制相配套的升降、回转、俯仰、收放、拖曳、吊放、投放等装置，以及声呐导流罩等。

声呐探鱼仪是一种可用于发现鱼群动向、鱼群所在地点、范围的声呐系统，利用它可以大大提高捕鱼的产量和效率；助鱼声呐设备可用于计数、诱鱼、捕鱼、或者跟踪尾随某条鱼等。海水养殖场已利用声学屏障防止鲨鱼的入侵，以及阻止龙虾鱼类的外逃。

第二节　集鱼灯

经理论研究和实际海上作业证实，秋刀鱼具有较强的趋光性，各国对其也多采用光诱捕捞作业方法。秋刀鱼的具体诱集过程如图5-5所示。根据不同时期秋刀鱼的趋光特点，以及到达鱼眼的集鱼光线的颜色、照度特点，秋刀鱼会对诱鱼灯光产生不同的反应。在集鱼灯的诱集作用下，产生正反应的部分秋刀鱼逐渐向光源方向移动，并在特定的照度环境下形成稳定的鱼群。

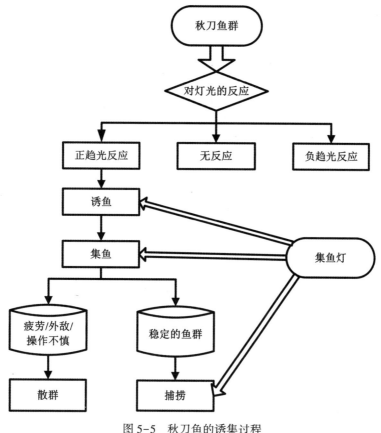

图5-5　秋刀鱼的诱集过程

资料来源，钱卫国，2006

秋刀鱼舷提网捕捞作业方法为利用集鱼灯诱集鱼群至网中，此后起网捕捞，因此，集鱼灯是秋刀鱼舷提网渔业中最重要的助渔设备之一。秋刀鱼舷提网渔船在集鱼灯的配置上因船而异，不同渔船在处理灯光配置问题上（如集鱼灯类型选择、集鱼灯箱内灯的排列、集鱼灯箱的架设和调整）都是根据其自身的实际情况而有所差别。根据秋刀鱼生活习性和集群特点，选择合适的光照强度和光源颜色，使其所形成的海面光场有利于捕捞是集鱼灯配备的依据。

一、秋刀鱼集鱼灯的类型、性能及发展史

秋刀鱼集鱼光源的选择对秋刀鱼诱集效果好坏起着至关重要的作用，光源的研究是秋刀鱼渔业研究中一个很重要的方面，包括光源的类型、光谱配光、功率、使用寿命、抗震性、抗腐蚀性等。集鱼灯（fish lamp，fish light，fish gathering lamp，fish attraction light）的种类较多（图5-6），现在秋刀鱼渔船使用的光源一般有白炽灯、高压汞灯以及金属卤素灯、LED（Light Emitting Diode）灯等，通常用作秋刀鱼渔船诱鱼用的集鱼灯一般有3类：白炽集鱼灯、金属卤素灯和LED集鱼灯。

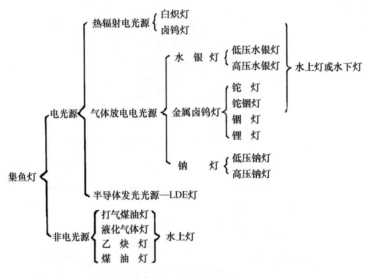

图5-6　集鱼灯种类

1. 白炽灯

白炽灯是热辐射电光源的一种、问世较早，是应用最多、最普遍的秋刀鱼集鱼灯，也是最早应用于秋刀鱼灯诱作业的光源之一。它是由电流加热元件产生的白热光光源（经常被称为普泡或 GLS 灯 General Lighting Service Lamps），发光效率低，一般为 10~20 lm/W，色温偏高，波长为 780~400 nm，光谱中缺少紫光，合成后光色略偏红黄。若从鱼类对光谱的感觉角度来看，白炽灯辐射的绝大部分能量不能被鱼类感觉，因此诱鱼效率也低；同时，靠近光源处有很强的光，鱼类趋光时无法接近，只能在离光源一定距离的区域集群。尽管白炽灯发光效率低，但由于价格便宜、安装方便、不需要其他附件、通电开灯迅速、可用变压器任意调节电压灯光强度以适应集鱼的要求，因此被普遍使用。用于秋刀鱼集鱼的白炽灯功率有 500 W、1 000 W、1 500 W 等，各主要秋刀鱼捕捞国家和地区均有装配此类光源的船舶，如中国大陆和台湾省渔船很多都采用 500 W 白炽灯，而各种规格的白炽灯在日本均有所应用。

船用秋刀鱼集鱼灯对于抗震性比陆地上用的普通白炽灯要求更高，渔船海上作业时船舷两侧震动非常剧烈（特别是小型船只），往往一个航次下来，白炽灯因震动产生的灯丝断裂和脱落而损坏的数目相当可观。另外由于海水和海风的侵蚀，大大缩短了白炽灯的使用寿命。从 2005 年 7 月 10 日至 9 月 10 日调查船"沪渔 910 号"在西北太平洋进行作业时白炽灯使用的情况来看，海上实际作业天数为 52d，而坏灯数量却达到 184 个，平均每天损坏 3.54 个，以全船总共有 2 016 个集鱼灯计，一个集鱼灯每天损坏的概率为 0.175 5%。由于白炽灯自身的光学和构造特点，其在秋刀鱼渔业应用中也遇到了一定的困难。

2. 金属卤素灯

金属卤素灯又叫金属卤化物灯，是近 20 年来迅速发展起来的新光源，它是在高压汞灯的基础上添加某些金属卤化物成分而研制发展起来的第三代气体放电灯，主光谱有效范围在 350～450 nm。如加入碘化铊为碘化汞灯，即铊灯；加入碘化铊和碘化铟则为铊铟灯。此灯与高压汞灯大致相同，不同之处在于石英玻璃管内不仅充有水银和氩气，而且还加入了碘化铊或碘化铟；此外，灯管中启动电极因易烧坏而被取消，故启动需要触发器。金属卤化物灯的发光原理为：当金属卤化物灯受到触发器高频高压的脉冲触发后，高压汞弧放电产生的热量使石英放电壁受热，色温升高至 1 000 K，金属卤化物便从管壁蒸发成蒸气，并向灯泡中心扩散，汞弧放电中心的气体色温高于 6 000 K，金属卤化物分解为金属蒸气和卤素蒸气，金属离子被汞弧中高速电子碰撞后激发发光。同时金属原子与卤素原子也会向温度低的管壁扩散，而重新化合成金属卤化物，如此循环下去。发光后由电源直接供电，工作电压 220 V，但需要限流器限制灯管内的电流量，以保证灯管正常工作。金属卤素灯的高光效（90～110 lm/W）、高强度（日本的渔用金卤灯单灯功率一般已达到 2～5 kW）、长寿命（10 000 h）以及优良的显色性，使其作为集鱼灯被广泛应用。

金属卤素灯，按现行日本 299 吨级的秋刀鱼渔船的灯光配置，在降低能耗和提高光效上都是白炽灯的 3.5 倍，而且金属卤素灯的使用寿命是白炽灯的 2～3 倍，在生产上有能够瞬间启动点亮、熄灯后再启动的时间短等优势，符合秋刀鱼生产的基本条件；同样吨位的渔船配置比白炽灯数量要减少 80%，便于操作。由于光效高、寿命长、节能好、光色适宜，穿透力强，在很大程度上能够提高捕鱼效率和产量。

3. LED 灯

LED 灯是近年来被各个国家和地区广泛应用于秋刀鱼渔业作业中的一种新光源。LED 是英文 light emitting diode 的简称，又称发光二极管。它的基本结构是一块电致发光的半导体材料，是一种固态的半导体器件，可以直接把电转化为光；置于一个有引线的架子上，然后四周用环氧树脂密封，起到保护内部芯线的作用。LED 的心脏是一个半导体的晶片，晶片的一端附在一个支架上，一端是负极，另一端连接电源的正极，使整个晶片被环氧树脂封装起来。

LED 集鱼灯显著改善了传统集鱼灯光源的不足，具有使用寿命长（与金属卤素灯相比延长 12 倍以上）、大幅度减少了电力损耗、耐腐蚀、耐震动、防水、节能、经济性价比高、不含紫外线和红外线、环保安全、不损害人体健康等特点。LED 集鱼灯的光谱在海水中的穿透性比金属卤素灯强、可控性好，能保持一定的光色。LED 光谱半高全宽在 30 nm

左右，谱线较窄，为分立的光谱，在光合有效辐射范围内，各类的 LED 有不同峰值波长，可以匹配出各种不同的光谱结构；LED 发散角较小，色彩丰富、鲜艳，发光大部分集中会聚于中心，可以有多样化的色调选择和配光，有效地控制眩光；通过调整电流，LED 就可以调节光的强度和颜色，对电流的响应速度极快。物理光学中，将非常小频率范围内的辐射可称之为单色辐射，LED 灯的辐射特性由单一频率决定，恰能发出特定波长范围的单色辐射，非常有利于秋刀鱼诱集作业。

4. 选择集鱼灯的基本原则

集鱼灯是光诱秋刀鱼渔业生产中的重要辅助工具之一，其性能优劣直接影响诱集鱼类的效果，故正确选择集鱼灯及光源，对生产具有重要意义。秋刀鱼灯光诱鱼作业是一种特殊环境下的作业，生产工况条件特殊，选择集鱼灯一般要求符合以下几个方面：①光源有较大的照射范围；②光源具有足够的照度，并能适用于诱集鱼群；③启动操作简单迅速；④在海浪中拍打和船舶摇晃中，灯具必须坚固、具备良好的防震和防水性能。理想的集鱼灯，不仅具备照射范围大，而且能随时调节灯光照度。

金属卤素灯与 LED 集鱼灯相比，其使用寿命相对较短、耐震性差、容易破碎，需要上百伏特（V）的工作电压，有玻璃泡、灯丝等易损坏部件。当用作水下集鱼灯时，金属卤素灯出水时必须先熄灯而后再提出水面，入水时必须先放入水中而后再开灯，操作麻烦，稍有不慎就可能造成触电事故，灯泡也有可能爆炸。LED 集鱼灯是一种全固体结构，使用寿命可高达 6 万~10 万 h，使用环氧树脂封装固态光源，经得起震动和冲击而不至于损坏；使用低电压（单个 LED 仅需要 1.5~4.0 V 的直流电压）、低电流驱动，且光源部分可方便地进行零件替换，维护极为方便，非正常报废率很低，大大减少了维护成本。LED 集鱼灯的发光效率非常高，一盏 100 W 的 LED 集鱼灯发光效果几乎相当于一盏 500 W 的白炽灯，在秋刀鱼渔船能源动力有限的情况下，节约发电成本十分必要，使得一艘渔船能够悬挂更多的集鱼灯箱，提高海面诱鱼效果。

二、集鱼灯配置

秋刀鱼集鱼灯配置是否合理关系到捕捞的成败。对于灯光配置，不同的渔船有不同的配置方法，同时船长的经验不同也可能采取不同的配置方式。

秋刀鱼集鱼灯可根据功能的不同分为诱集灯、诱导灯和探照灯 3 种，由于水下灯光源处往往有很强的光，超出了秋刀鱼的适光阈值，形成一定范围的不良感光区，导致秋刀鱼远离光源，因此秋刀鱼舷提网作业一般只使用水上灯，很少使用或不使用水下灯。

秋刀鱼舷提网作业成败的关键是诱鱼集群，渔船在渔场上航行时，灯诱即已开始，因此，照明用电的功率较大。日本对集鱼灯功率有一定的限制，即不允许超过 30 kW。一般渔船右舷安装 5~9 根灯竿（灯竿用 1.5~2.0 英寸直径的铁管制作），大型船的船首有两根灯竿，上面安装平灯罩，每个灯罩内装置 6~9 盏 500 W 的白炽灯。集鱼灯离海面 1.5~2.0 m，根据海况和干舷高度来调整灯竿的位置。左舷安装一根灯竿，上面安装一个平灯罩和两个圆形灯罩，分别安装 6~9 盏白炽灯和两组红色灯泡。各色灯泡的组合方法因地区而异，图 5-7 为集鱼灯配置的一个实例。除集鱼灯外，在驾驶台上还装有 1~2 盏探照灯，合计功率为 0.5~3 kW。

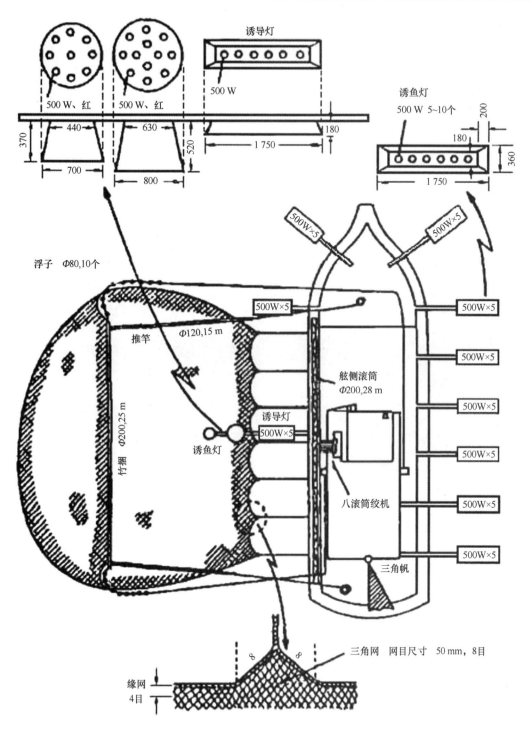

图 5-7　日本 100 吨级渔船秋刀鱼舷提网作业集鱼灯配置方式
资料来源：王明彦等，2003.

1. 诱集灯

诱集灯主要作用是把远处的秋刀鱼吸引到船体周围，使之形成稳定的集群，装配有此种灯的灯箱在数量上是最多的，大量的灯箱有序装配在非作业舷一侧，在海面上形成了强大的诱鱼光场，有的为了扩大诱鱼面积，也装在作业舷。诱集灯安置在诱集舷，一般根据船型的大小安装一定数量的电竿，电竿与水面的夹角小于 45°，电竿上配置一定数量的电灯，一般电竿长 7.5 m，安装 5~6 盏 500 W 的电灯。此外，还应配有几盏探照灯，在必要时配合诱鱼。光色历来均采用白炽灯，但近年来也开始采用白炽灯和荧光灯结合使用。中国大陆和台湾省的远洋秋刀鱼渔船的诱集灯主要有红、绿、白 3 种颜色，将之合理搭配使用，而韩国的渔船则普遍采用单一的白炽灯。集鱼时灯光配置如图 5-8 所示。

图 5-8　集鱼时灯光配置

对秋刀鱼舷提网作业来说，使鱼群被集鱼灯诱集大量集群非常重要。日本学者认为集鱼灯的照度低一点较好。为防止鱼群从集鱼舷向投网舷转移时不发生分散，左右舷的照度不能存在很大的差异，照度差大，离照明中心远的鱼群就不能被引到新的光源，而会逃到捕获范围以外的水表层。这种理论仅适用于小型渔船。而大中船型，投网舷侧的集鱼灯配置是集鱼舷侧的一半。

2. 诱导灯

诱导灯起到将诱集灯诱到的鱼群引导到装有网具作业舷的作用。光色通常采用红色，因红色在水中传播差，有利于使鱼群集中到水表层，方便捕捞操作。但也有采用白炽灯和红色灯合用，以充分发挥白炽灯的诱鱼作用，又发挥红色灯的集鱼作用。集鱼灯的光照强度根据渔船的大小合理配置，一般 59 m 长的渔船配备 400 kW 左右。

3. 探照灯

探照灯主要用于探测和诱导鱼群。舷提网渔船一般安装两盏探照灯，分别安装在船艏及船艉。当探照灯光束照射到秋刀鱼鱼群时，便引起鱼群的兴奋，并在光照区内跳跃。

侦察秋刀鱼鱼群时使用探照灯，探照灯照到的地方常常可看到跳跃的鱼群。探照灯发出的光强集中在直径 600 mm 的全部平行光束，当光束垂直射向海面时，照度为 11.5 万 lx，秋刀鱼的眼已适应了夜间自然环境的照度，此时对突然的探照灯光反应异常，激烈跃到水面。

三、集鱼灯使用方法及注意事项

1. 集鱼灯使用方法

根据发现鱼群的难易程度和灯诱的状态，秋刀鱼鱼群可分为 4 种类型，即表层群、浅水群、起水群和底层群，其中表层群最易捕捞，底层群捕捞难度最大。在实际生产时，对不同鱼群应采用不同的集鱼灯使用方法，视现场情况而定。

（1）表层群和浅水群。此两种鱼群在探照灯扫过海面时会产生成群跃出水面的现象，比较容易发现鱼群。开启集鱼灯后，可看见秋刀鱼在灯光的作用下，向船舷靠拢，并在船舷两侧作回旋游动，很容易将秋刀鱼从右舷引导至左舷网内。捕捞过程中，慎用白色集鱼灯。其原因是白色集鱼灯与红色集鱼灯切换时，因光线强度瞬间强烈变化，容易使秋刀鱼受惊吓，并四散逃逸。

（2）在集鱼灯下接近表层处跳跃的鱼群被称之为"起水群"，此种鱼群在探照灯照射下一般不会产生跳跃现象，在集鱼灯照射下由外向内游至集鱼灯下，群体较小，个体差异较大。捕捞起水群时，需要较强的集鱼灯灯光照度，扩大集鱼范围，并适当延长集鱼时间。

（3）在深水处的鱼群被称之为"底层群"，几乎不能使用肉眼观察，只能用探鱼仪或水平扫描声呐来探察。捕捞底层群时，集鱼灯光照强度最高，集鱼时间长，并交替切换各光色集鱼灯，诱使鱼群浮上水面。

干扰光对集鱼灯的效果也有较大的影响。如果一条船在集鱼过程中，另外一艘灯光照度较强的船从附近经过，会导致鱼群向亮光处游动。在农历十五前后，由于月光的影响，集鱼灯的效果会大大减弱。此外，秋刀鱼在产卵时，趋光性减弱，几乎对集鱼灯无反映。

2. 集鱼灯使用过程中的注意事项

作业过程中，秋刀鱼对光有明显反应，了解秋刀鱼的趋光行为，对提高渔获量有一定的帮助。

（1）使用高照度的集鱼灯，集鱼范围大；低照度的集鱼灯，集鱼范围狭窄，深度浅。汇集到集鱼舷的秋刀鱼若随时间流逝游泳范围扩大、下潜，则说明照度过高。

（2）灯光颜色不同，集鱼需要的时间也不同。一般蓝、绿光用时最少，其次是白、红光。

（3）月光对集鱼灯是一种干扰光。干扰光（背景光）越强，集鱼效果越差。

（4）红色光线能够刺激鱼群运动，因此网具上方的红色诱导灯一亮，鱼群就活跃起来，有许多跳出水面。

（5）灯光诱集、起网捞鱼、连续操作过程中侥幸逃脱的鱼群，则对光的反应会逐渐减弱。

四、集鱼灯箱的性能、方案设计及安装

1. 集鱼灯灯箱

集鱼灯灯箱主要分长条形灯箱和圆形灯箱两种,其在左右舷的装配各有不同。在海上实际生产中,灯箱都与水平面成一定的夹角,该夹角可根据作业时的具体情况进行调整,一般为30°~60°,在有些时候甚至可以达到70°。如果夹角超过70°,则有97%以上的光在海面上被反射,从经济成本和能源损耗这个角度来看大夹角十分不可取。在海上作业中,灯箱的装配高度一般为4 m左右。

"沪渔910号"的集鱼灯箱布局见图5-9。渔船右舷共有37组长条形灯箱,其中3组装配绿灯,船舯部一长条形灯箱的延伸处装配有3组红灯圆形灯箱;左舷也有37组长条形灯箱,其中6组装配绿灯;船体前部共装配有6组导鱼用圆形灯箱;尾部装配有5组长条形灯箱。

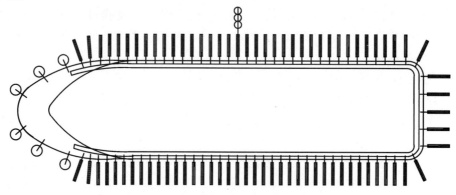

图5-9 "沪渔910号"灯箱布局

目前,常用的集鱼灯灯箱主要有4种规格,分别为T型24灯式、T型18灯式、圆形18灯式、圆形24灯式,其中T型24灯式与T型18灯式灯箱外形尺寸相同,区别在于灯箱内部灯座的构造及数量不同。灯箱的材料为不锈钢板,灯箱内部铺设耐高温电线及安装灯座。灯箱图见图5-10和图5-11。

2. 集鱼灯灯箱方案设计

(1)秋刀鱼灯箱(T-18不锈钢)(图5-12)。

(2)秋刀鱼灯箱(T-24不锈钢)(图5-13)。

(3)秋刀鱼灯箱(O-18不锈钢/O-24不锈钢)(图5-14)。

目前,舷提网渔船常用的集鱼灯泡仍主要为日本SANSHIN的220 V-500 W白炽灯秋刀鱼集鱼灯(图5-15)。其灯口直径40 mm,细部直径50 mm,灯头直径110 mm,光通量8 000 lm,额定寿命为1 000 h,发光效率达到16 lm/W,除可用于海上集渔外,还可用于水下照明及船上照明等。

3. 集鱼灯灯箱安装

安装集鱼灯灯箱时,用U型固定环把灯箱固定在灯箱固定管上,再通过旋转底座把灯

图 5-10　圆形 24 灯灯箱

图 5-11　T 型 24 灯灯箱

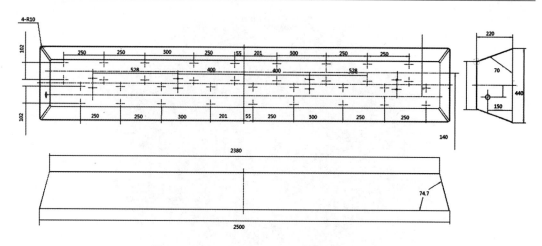

图 5-12　秋刀鱼灯箱（T-18 不锈钢）示意图

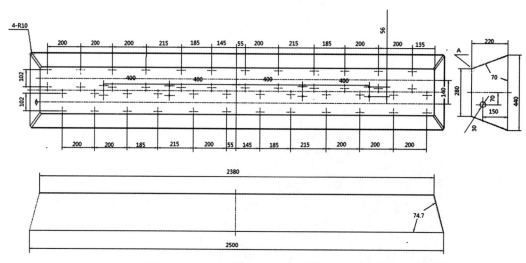

图 5-13　秋刀鱼灯箱（T-24 不锈钢）示意图

箱固定管安装在立柱上，利用支撑管连接固定管与立柱，并调节灯箱的角度，然后再使用 PP（聚丙烯）绳固定灯箱，避免在大风浪时，灯箱左右摇摆。图 5-16 为灯箱固定管图，图 5-17 为灯箱固定管与立柱连接图。

安装时，集鱼灯灯箱与船舷成 45°夹角，每组集鱼灯之间的间隔为 1.80~2.00 m。左、右舷一般安装 35~40 组集鱼灯，其中船首处安装 4~6 组集鱼灯，主灯架安装 1~2 组圆形 O-18 灯、2 组圆形 O-24 灯、1~2 组 3 灯式绿色集鱼灯、1 组 T 型 T-24 灯。

探照灯主要用于探测和诱导鱼群。以"京鲁 027 号"渔船为例，装有两盏 7 kW 探照灯，分别安装在船艏及船艉。电源线由机舱引出，接入设在机舱右舷上层舱房内的 4 个机舱电源控制箱内，分别控制左右两舷集鱼灯电源。

同时，再通过设置在驾驶台左右两侧的两个集鱼灯开关控制盘，控制左右两舷的集鱼

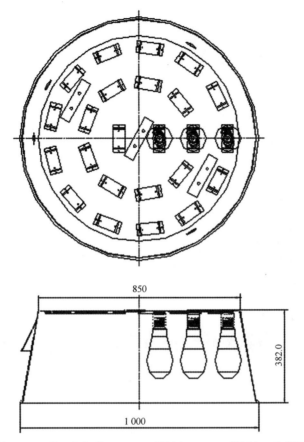

850

382.0

1 000

图 5-14　秋刀鱼灯箱（O-18 不锈钢／O-24 不锈钢）示意图

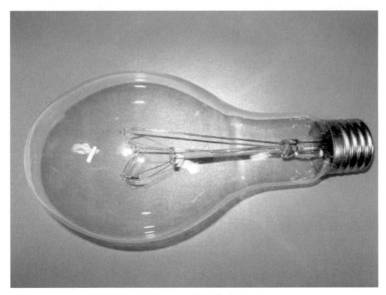

图 5-15　白炽集鱼灯

图 5-16 集鱼灯的灯箱固定管

图 5-17 灯箱固定管与立柱连接

灯。其中左舷控制箱中第36~40号空气开关，用于控制船尾部液压泵电源；右舷控制箱中第36~40号空气开关，用于控制尾部探照灯电源。另外，10组绿色集鱼灯的电源线需经过整流器（使用船上原安装供鱿鱼灯所用的整流器）。图5-18和图5-19分别为机舱电源控制箱及其电路图。

图5-18　机舱电源控制箱

集鱼灯输入电压为220 V，白色、红色集鱼灯灯泡终端电压为110 V，灯泡均为110 V、500 W；绿色卤素集鱼灯灯泡终端电压为220 V，灯泡为220 V-2 kW。白色、红色集鱼灯灯箱内的线路采用串并联电路，即每两个灯泡串联成一组，12组（或9组）并联，使用一个开关控制整个灯箱的电源。图5-20为秋刀鱼集鱼灯电路图。

五、集鱼灯光场特性与集鱼光照度的研究

1. 集鱼灯在水中形成光场的特性

研究集鱼灯在水中所形成的光场特点，并简单地计算光源的发光强度与聚集鱼类的关系，对合理利用集鱼灯、提高灯光使用效率以及增强集鱼效果具有极为重要的意义。集鱼灯发出的光会被海水强烈地吸收和散射，形成强度从强到弱的光场，一般依其光强度的大小划分为不良感光区、良好感光区、微弱感光区和不感光区4个部分（图5-21）。

（1）不良感光区。紧靠集鱼灯的照明区。此处光线极强，超过了鱼类的眼睛所能忍受的范围。一般来说，鱼类在此区域都表现为负趋光反应，迅速离去。

（2）良好感光区。不良感光区外围的照明区域。这个区域的光照强度适合于鱼眼的视觉要求，所以在这个区域内鱼类会主动趋向光源，游聚集群，因而可称为趋光区域。这个区域有一定的宽度。

（3）微弱感光区。良好感光区外围的光照区域，其最外线就是阈值强度的光照水平。

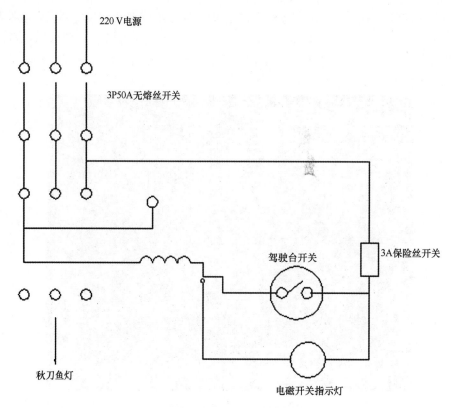

图 5-19　机舱电源控制箱电路

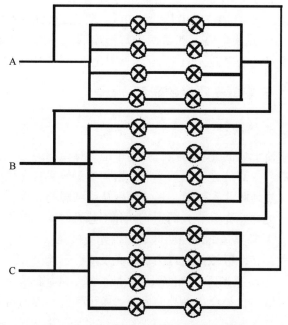

图 5-20　秋刀鱼集鱼灯灯箱电路示意图

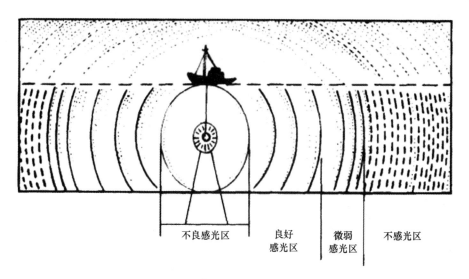

不良感光区　　良好感光区　　微弱感光区　　不感光区

图 5-21　集鱼灯光源分布示意图

这一阈值就是指刚刚能使鱼眼产生兴奋、感觉到光的刺激存在的光强度。不过在这个区域，鱼类通常是无法做出正趋光反应和负趋光反应。鱼可能因为感受到光的刺激而越过这个区域进入良好感光区，产生正趋光反应；也可能由于某些原因仅仅感到有光的刺激而辨别不出光源的方向，无法产生定向运动而游离这个光照区。

（4）不感光区。照明区的最外围区域。这个区域的光照强度低于阈值强度，不能为鱼类等所感受。

不同发光强度的光源，前面的 3 个区域的大小不一样。而对同一功率的光源来说，不同种类的鱼，因为眼睛的视觉特点不同，所以对这 3 个光照区域感觉的敏感程度也不相同。此外，水的透明度、水的深度及水底的反光程度等都会影响这 3 个区域的大小。重要的是，这 3 个区域的大小意味着人工光源诱集鱼类的范围，是实际效能的重要指标。

设从光源到临界趋光区域的距离为 R，光源的发光强度为 I，则根据光学原理，可得：

$$\frac{I_1}{I_2} = \frac{R_1^2}{R_2^2}$$

一般情况下，对于某一确定的鱼来说，光源的光照距离决定了其诱集鱼类的范围；而范围则与诱集的鱼数量成正比，即 $R = mG$，G 为被诱集鱼的数量，m 为鱼群的均匀系数。在同一海区作业，捕捞同一种鱼时，m 可视为常数。于是得到光源的发光强度和诱集鱼类数量之间的关系：

$$\frac{I_1}{I_2} = \frac{R_1^2}{R_2^2} = \frac{(mG_1)^2}{(mG_2)^2} = \frac{G_1^2}{G_2^2}$$

$$G_1 = G_2\sqrt{\frac{I_1}{I_2}} \qquad (5-1)$$

式中：I_2、G_2 可以是已知的灯光强度和用它来诱集某种鱼类等的诱集量。那么，增加人工光源的功率，其发光强度 I_1 也随之增大。由式（5-1）可知。I_1 增大，G_1 也增大，即所能诱集的范围扩大，因而聚拢而来的鱼群数量增多。因此，集鱼灯的发展趋势之一是增加光强。从火把、汽灯、电灯到水银灯、荧光灯等的发展历程似乎证明了这一结论。

但从图5-21可知，人工光源发光强度的增大，必将伴随着不良感光区域的扩大，这就有可能使趋集而来的鱼群又游离光源，影响渔获量。因此，集鱼灯的灯光强度并不是越大越好。

2. 海水的光学特性

海水的透明度

海水是半透明的介质，海水透明度则是表示海水能见程度的一个量度，即光线在水中传播一定距离后，其光能强度与原来光能强度之比。水色是指海水的颜色，是由水质点及海水中的悬浮质点所散射的光线来决定的。水色与透明度之间存在着必然的联系，一般说来，水色高、透明度大，水色低，透明度小。决定水色和透明度分布和变化的主要因素是悬浮物质（包括浮游生物）。此外，海流的性质、入海径流的多少和季节变化等都会影响透明度和水色。除沿岸或内湾受大陆影响严重的地区外，大多海水的透明度很大，最大可达50 m以上。

光在海面的反射和折射

集鱼灯所发出的光线照射到海面后，一部分被海面反射；另一部分则折射进入水中，该过程遵守反射定律和折射定律。即入射光线、反射光线、折射光线同在一平面上，光线可逆，入射角（θ）等于反射角（θ'），入射角的正弦（$\sin\theta$）等于折射角（γ）的正弦（$\sin\gamma$）与折射系数（n）的乘积。海水的折射系数约为1.33（田芊，2006）。

$$\begin{cases} \theta = \theta' \\ \sin\theta = n \cdot \sin\gamma \end{cases} \tag{5-2}$$

如不考虑吸收、散射等其他形式的能量损失，而根据能量守恒定律—总能量保持不变，则入射光线的能量将只在反射光线和折射光线中重新分配。根据Frensel（菲涅耳）法则，可求得反射光线和折射光线的强度。光的光能反射比（β_t）可由下式求得：

$$\beta_t = 0.5 \times \left[\frac{\text{tg}^2(\theta - \theta')}{\text{tg}^2(\theta + \theta')} + \frac{\sin^2(\theta - \theta')}{\sin^2(\theta + \theta')} \right] \tag{5-3}$$

则折射入海面下的光能（E_{vr}）为：

$$E_{vr} = E_v \cdot (1 - \beta_t) \tag{5-4}$$

海水的吸收和散射

光线射到海面后，经折射进入水中，但由于光能在水中不断地被吸收和散射，所以光线很快减弱。

光在海水中的吸收可由式（5-5）表示：

$$I_a = I_0 \cdot e^{-\beta z} \tag{5-5}$$

式中：I_a—z米深处的光强（cd）；I_0—海面处的光强（cd）；β—吸收系数；z—水深（m）。

吸收系数β由光波的波长以及海水中所含悬浮物质和浮游生物的情况来决定。在不同的海水中，光通过1 m水层的吸收系数与波长有关。在蒸馏水中，波长为0.5 μm的绿光，其吸收系数为 0.02，所以绿光在深 1 m 处的光能强度为 $I_a = I_0 \cdot e^{-0.02} = 0.98 I_0$。即被吸收了 2%，而波长为 0.67 μm 的红光，其吸收系数为 0.3，按同样计算可知约 26% 被吸收，所以通过 1 m 厚的水层，红光比绿光的减弱快了 13 倍。此外还可看出，可见光部分被吸收较少，光谱的红外部分几乎全部被吸收，光的长波部分比短波部分易被吸收。另外，海水越清洁其吸收系数越小。例如被过滤的海水，对可见光的吸收接近于蒸馏水；浅海或近海因有大量悬浮物质，吸收比蒸馏水和过滤的海水都大得多。

实际上，光线射入水中后，不仅被海水吸收，而且还有散射。散射，简单地就是看做光对直线传播方向的偏离。散射引起光分布的变化，主要由水本身产生的散射和有悬浮粒子所引起的散射。由于散射的结果，也使光能减弱。与式（5-5）类似，可得射达 z（m）深的光能强度为：

$$I_s = I_0 \cdot e^{-kz} \tag{5-6}$$

式中：I_s—z（m）深处的光强（cd）；I_0—海面处的光强（cd）；k—散射系数；z—水深（m）。

对于海水质点或海水中所含细小微粒来说，其散射系数与波长的 4 次方成反比。可见，波长越长，散射越少；反之，短波的散射要比长波来得强。所以，当光通过干净的大洋水时，波长较短的蓝光比黄光和红光散射强烈，散射光呈蓝色。

如果考虑到光能被海水吸收和散射，则透过 z（m）深处的光能强度 I 为：

$$I = I_0 \cdot e^{-(\beta+k)z} = I_0 e^{-rz} \tag{5-7}$$

式中：r—衰减系数，由吸收系数和散射系数决定。

从纯海水和含浮游生物海水对各种波长可见光的衰减系数中可以看出，含浮游生物海水的衰减系数比纯海水大，纯海水中波长为 0.4~0.5 μm 的光波（如绿光波长 0.5 μm），衰减系数较小，所以透射率大。波长大于 0.58 μm 的光波（如红光波长 0.67 μm），衰减系数显著增大，即光能很快减弱，这表明绿光透射率大，红光透射率小。

研究表明，大洋性清澈海水的光学衰减系数一般为 0.1 左右。海水衰减系数与海水的透明度盘深度（也称透明度，单位为 m）存在着一定的经验关系。例如，白光衰减系数 μ 与白色透明度盘深度 D_w 的关系为：

$$\mu = \frac{1.7}{D_w} \tag{5-8}$$

因此，同时考虑海水对光的吸收和散射，可知光在海水中衰减的规律，其衰减系数为吸收系数和散射系数之和。但这种规律只是对定向的单色的光波而言。而对于透射进入海中的集鱼灯辐射能，其传播的过程十分复杂，一般说来，都是既非定向，亦非单色的光波。

3. 集鱼灯研究实例

秋刀鱼舷提网作业利用集鱼灯诱集鱼群至网中而起网捕捞。其中集鱼效果的好坏对秋刀鱼渔获量有显著影响，而集鱼效果与集鱼方法有直接关系。日本和俄罗斯等国对集鱼灯灯色、光照度与鱼群行为之间的关系以及集鱼灯使用方法等方面进行了比较深入的研究，与之相比，我国还存在较大差距，尚未系统开展过这方面的研究。

中国水产科学研究院东海水产研究所和中水远洋渔业有限责任公司分别于 2004 年和

2007 年联合承担了"西北太平洋公海秋刀鱼渔业资源的探捕研究"项目，其中对集鱼灯灯色、光照度以及集鱼方法进行了初步的探讨和分析。

"中远渔 2 号"为专业鱿鱼钓船兼秋刀鱼捕捞渔船，两柱间长 60.70 m，型宽 10.60 m，型深 6.95 m，主机功率 1 323 kW，总吨位为 1096 t，配有 3 台辅机，功率分别为 441 kW、441 kW 和 242.55 kW，并配备了水平声呐等较先进的助渔、助航仪器。集鱼灯设备及参数见表 5-1。测试仪器光度计，型号为 ZDS-10W-2D，技术参数见表 5-2。不同位置的红色集鱼灯光照度见表 5-3。不同位置的集鱼灯混合使用时的光照度（红灯、8 组白灯和 3 组绿灯）见表 5-4。

表 5-1　集鱼灯设备及参数

集鱼灯数量/组	总功率/kW	红色集鱼灯规格	白色集鱼灯规格	绿色集鱼灯规格
71	771	110V-500W	110V-500W	220V-2kW

表 5-2　光度计技术参数

测量范围	测量误差	角度响应误差	色修正系数	示值再现性误差	工作环境
$(0.1 \sim 2) \times 10^5$ lx	≤±4%	30° ≤±2%	0.98~1.02	≤±1%	−20℃ ~ +40℃

表 5-3　安装于渔船不同位置红色集鱼灯的光照度　　　　　lx

位置	右舷中部	艏部	艉部	左舷中部
水面	820	870	810	1050
水下 5 m	90	48	106	120
水下 10 m	30	20	25	45
水下 15 m	9	6	13	26

表 5-4　不同位置的集鱼灯混合使用时的光照度　　　　　lx

位置	右舷中部	艏部	艉部	左舷中部
水面	4 300	1 250	1 600	3 600
水下 5 m	490	400	450	470
水下 10 m	350	180	200	250
水下 15 m	170	100	120	150

集鱼灯的灯泡有红、白、绿 3 种颜色，每种集鱼灯的光照强度不等，对于秋刀鱼的影响和作用也各不相同。从集鱼灯的灯色进行比较，红色集鱼灯可激励鱼群的活动，使得鱼群围绕集鱼灯作回旋游动；另外红色集鱼灯比白色灯和绿色灯在垂直水深方向的光照强度变化显著，促使鱼群从暗处游向亮处。

从集鱼灯的光照强度进行比较分析。熊凝武晴（1965）曾对鱼类的趋光适宜照度进行了测定，认为秋刀鱼鱼群稳定滞留的光照度为 150~200 lx，鱼群背离光源的照度为 600 lx。

从表5-3和表5-4中可以看出，白色灯和绿色灯比红色灯光照强度高，水下10 m处仍能达到180 lx以上，因而集鱼范围广。但是，也由于其过高的光照强度（或过长时间的照射），使得鱼群游动范围越来越大，并且游泳深度也越深，不利于诱导鱼群入网。而红色集鱼灯的光照度较低，在水下5 m处最低仅为48 lx，集鱼范围狭窄，但是，也正是由于其光照度较低，诱集的鱼群不会产生逃离光源现象，在针对表面的鱼群时，其集鱼效果相当好，并且可通过肉眼观测鱼群的大小和移动行为，方便诱导和捕捞秋刀鱼鱼群。

第三节 吸鱼泵

通常渔民在海上捕捞作业，以及海上过鲜和码头卸鱼，均使用人力，劳动强度大，生产效率低，往往耽误了渔汛和降低鱼货质量。随着秋刀鱼远洋渔业的快速发展，秋刀鱼吸鱼泵也得到了快速发展，已成为重要的助渔设备之一，其广泛应用明显提高了工作效率。本节将简单介绍一些吸鱼泵的发展史、吸鱼泵类型和性能以及中国大陆目前吸鱼泵研制的情况。

一、吸鱼泵发展简史

国际渔业生产采用吸鱼泵距今已有60多年的历史。吸鱼泵最早应用于拖网和围网渔业，在海上或港口转运或卸载渔获物等。早期的吸鱼泵是利用泵体内叶片的高速转动，将鱼随水压提上来，由于鱼水受的是正压力，因此在鱼经过叶片的作用时，鱼体受损伤较大，死亡率较高。

吸鱼泵（fish pump）一般有4种形式：气力式水泵形式、离心式水泵形式、真空容积式水泵形式和高压喷射式形式。现在使用较多的为真空吸鱼泵（图5-22）。

图5-22 吸鱼泵

吸鱼泵现已成为现代渔业生产中重要的设备之一。它具有较高的工作效率，主要用于渔获的起卸和输送。吸鱼泵在渔船、码头、冷藏船和鱼品加工厂中都能广泛使用，既能减轻作业人员的劳动强度，又提高了捕鱼能力。渔船采用吸鱼泵，捕鱼效率可提高 15.5% 左右。

20 世纪 50 年代，美国马可公司就已研制成功离心式潜水吸鱼泵。它是利用液压原理驱动泵的叶轮旋转来抽吸渔获物，最早用于围网渔业中，效率高、速度快。美国爱达荷州达斯马尼亚公司生产的特大型 1614-P 固定式离心鱼泵，可抽吸的鱼体长最大可达 720 mm、重 9 kg，每小时能抽吸鱼 200 t。

加拿大在 20 世纪 60 年代研究成功了虹吸管式气力吸鱼泵，是较早的利用负压原理气力提升活鱼的吸鱼泵，它的主体是一根 U 型管，左端为压出管，右端为吸入管，在压出管的末端通入压缩空气，推动压出管中的气水从压出管端流出，再利用虹吸原理连续地将鱼水从船舱中吸出。

由美国"EIT"公司生产的文丘里（Venturi）吸鱼泵是目前世界上较先进的射流吸鱼泵，由于它结构简单、加工容易、相对成本也较低。

丹麦"IRAS"公司生产的真空吸鱼泵被挪威、法国、冰岛、爱尔兰、加拿大等国应用。大型 PV 系列真空吸鱼泵吸鱼量达 500 t/h，小型的可在工厂化养殖池中用来输送小鱼、小虾等。

20 世纪 60 年代，中国水产科学研究院渔业机械仪器研究所和浙江省海洋水产研究所研制成功气力吸鱼泵。它是利用罗茨鼓风机在整个管路系统中抽风形成负压，当系统风速高于鱼的悬浮速度时，将鱼货吸入到吸鱼管内，再经锥形扩容器使鱼货进入分离卸料器中，鱼货靠自重落下，达到吸鱼的目的。

1975 年渔业机械仪器研究所研制成功液压马达驱动的潜水离心式吸鱼泵，100 min 内可抽吸冰鲜大黄鱼 35 t，损耗率仅 1%，可输送体长 400~500 mm、体重 1.10~1.30 kg 的活草鱼、鲢鱼、鳊鱼。但是离心式吸鱼泵一般都不能抽吸活鱼。

近几年，由于人们的消费更追求活鱼和高鲜度鲜鱼，其相应的处理技术随之兴起。作为鱼的输送手段，过去一直采用抄网、铁锹等人工处理，费时费力、劳动强度大，并损伤鱼体难以适应活鱼的输送。随着吸鱼泵的出现，生产作业得到了极大的改观，即省时又省力，不仅加快了生产作业速度，提高了效率，减少了成本开销，而且尽可能小地减少了鱼体损伤，使活鱼得到保鲜，让人们可以吃到新鲜的鱼肉。

二、吸鱼泵类型及其性能

吸鱼泵是以水或空气为介质吸送鱼的装置。主要用于从渔网和鱼舱中抽吸和运送出渔获物，也可在水域中吸鱼进行无网捕捞，即把鱼和水一起吸进压送。从其实质机能来看，吸鱼泵就是把具有一定大小的柔软固形物不损伤地与流体一起输送。纵观世界各国实际上使用的鱼泵，不仅可输送鱼，而且还可用于输送鱼卵、食品加工场内的中间制品、产业废弃物、贝、海藻、果实、蔬菜类等。流体不仅为水还可为空气，输送对象则进一步扩大到冰、冻鱼、粉末类等。例如，自 20 世纪 70 年代以来，在我国上海等地，就开始将鱼泵用于岸边卸货。

目前，国内外常用的吸鱼泵大概有以下 4 种类型，分别是离心吸鱼泵，气力吸鱼泵，射流吸鱼泵和真空吸鱼泵。随着时代的发展，将会有更多的新型吸鱼泵应用于生产作业，但其工作原理基本上还是根据 4 种常见吸鱼泵而来，只是在一些细节上加以改进，更加完善，并且提高了生产作业效率。

1. 离心吸鱼泵

离心式吸鱼泵像一台离心水泵，靠叶轮的高速运转，把鱼抽取上来。离心式潜水吸鱼泵是利用液压原理驱动泵的叶轮来抽取渔获物，由吸鱼泵、液压驱动系统和鱼水分离器三部分组成。最早用于围网渔业中，操作时，将吸鱼泵潜入围集于网内的鱼群中，启动鱼泵，鱼水混合物借助吸鱼泵叶轮的转动（一般 500~900 转/min），沿着离心力的方向离开叶轮并沿着壳体被引出泵外，由导管送到鱼水分离器，进行鱼水分离，鱼从分离器的侧面引出，直接导入鱼舱，水自出水口由引水管排至舷外。离心吸鱼泵效率高、速度快，但对鱼体损伤大，一般不用于抽吸活鱼。

2. 气力吸鱼泵

气力吸鱼泵是利用罗茨鼓风机在整个管路系统中抽风，当系统风速高于鱼的悬浮速度时，鱼货随风气流吸入，再经扩容器进入卸料口排出。气力吸鱼泵由三部分组成，分别为：①真空泵、电动机、滤净器和消音器；②由受鱼器、卸鱼阀等组成的机组；③机架、吸鱼管和绞机等。第①和②部分机组是装置的基本设备，不能更动；第③部分的机件是装置的辅助设备，可根据工作条件选配。

操作时，先启动电动机，并将吸鱼管用手工或机械搬到船上、此后插入鱼舱内，吸鱼管的吸口对准鱼货即可卸鱼。卸鱼时，鱼被气流吸入吸口，以 15~25 m/s 的速度，通过卸鱼管把鱼送入受鱼器中。吸鱼管中气流的流速由真空泵控制，在受鱼器中，气流受阻，并继续被真空泵抽吸，经消音器、真空泵、滤净器后排出至大气中，鱼则落到卸鱼阀门内，经此阀门再卸到输送机带继续被运送。

气力吸鱼泵不能抽取活鱼，只能做"海上过鲜"用。

3. 射流吸鱼泵

射流吸鱼泵是利用高速工作流体的能量来完成鱼类输送的机械装置，由柴油机或液压马达、主水泵、射流器（Venturi throat）、脱水减速装置（bazooka）及吸头和吸、排鱼管等组成，此外也可配置鱼类分级器。其核心部件是射流器，由喷嘴、吸入室、喉管（混合管）以及扩散管等部件组成。射流器与供其他工作的动力泵及其管路系统组成了射流吸鱼泵装置。

射流吸鱼泵的工作原理为：当柴油机或液压马达启动时，与其直联的主水泵运转，打出的水流到达射流头并通过一缝隙，使水流产生附壁效应，而绕射流头的整个内壁高速喷出。当高压水流以流量由喷嘴高速射出时，连续带走吸入室内的空气，此时在吸入室内便形成了一定程度的真空，射流头中心便产生了"文丘里效应（Venturi effect）"形成负压，鱼和水被吸入射流头内的水流保护层中，无激烈冲撞、鱼不受损伤。然后，吸入的鱼和水再进入一个分水器（弯头体），也称作"bazooka"的脱水装置，使鱼水得到分离，鱼再落入一个分级器被机械分离，或落到贮藏柜中进行人工分级（图 5-23）。

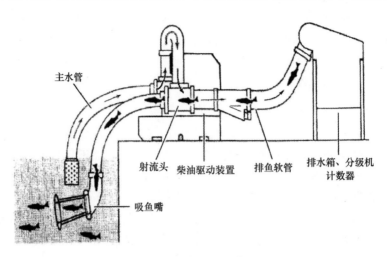

图 5-23　射流吸鱼泵工作原理

整个输送过程中渔获物不通过运转的部件、无机械接触，因而鱼体不会受到擦伤损害。

4. 真空吸鱼泵

真空吸鱼泵由气水分离器、真空泵组、吸鱼管、筒体、抽气管、电器控制装置和机座等部分组成（图 5-24）。其工作原理为：用真空泵将泵体抽成真空呈负压状态，鱼与海水从吸鱼管被吸入泵体内，由马达带动涡轮旋转，将鱼与海水从箱体阀门、出鱼管排出。正常吸鱼后可关闭真空泵。在结构上主要包括涡轮，在涡轮的两端分别连通有进鱼口管道和出鱼口管道，进鱼口管道上设置真空泵，出鱼口管道设置有箱体，用于安装单向阀门（单向阀门设置于箱体底部），箱体两端均与出鱼口管道连通，在箱体的一侧设置有开口，开口通过不锈钢盖板和螺栓进行密封。使用时，单向阀门关闭，通过真空泵对吸鱼泵内腔进行抽真空，通过负压把鱼吸入进鱼口。

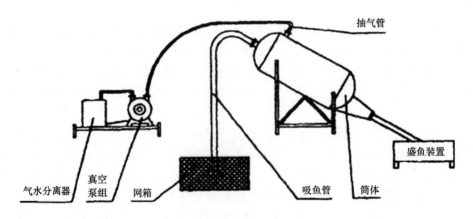

图 5-24　真空吸鱼泵结构示意图

资料来源：叶燮明等，2004

156

目前世界上主要捕捞秋刀鱼的国家及地区，包括日本、俄罗斯、韩国、中国台湾省及大陆一般采用真空旋转式无叶片吸鱼泵。该吸鱼泵最早由日本千叶县的二光电机有限公司生产，后日方提供技术，该产品逐步由中国台湾的奉珊工业有限公司生产。目前中国台湾省和中国大陆秋刀鱼作业船一般都是使用奉珊公司出产的真空旋转式无叶片吸鱼泵。2012年以来，宁波捷胜海洋装备股份有限公司联合上海海洋大学开始大力研发秋刀鱼吸鱼泵装备，在部分新建的秋刀鱼渔船上推广使用。

真空旋转式无叶片吸鱼泵依据真空吸鱼泵的原理制造，在旋转涡轮叶片上进行了加工改良，把先前老式的旋转叶片改成了弯曲通路的旋转形状。这种鱼泵的特色是泵内的通路从入口到出口断面积不变化，并设计成被输送物与泵内部的突起物和棱角不冲突的形状。这种设计方式避免了被吸上来的鱼体受到叶片的损伤，提高了生产效率；并且该吸鱼泵真空机与吸鱼泵本体分开，提高了真空机的工作效率，使得吸鱼泵及吸鱼管内部真空状态比老式的真空泵更接近理想值，能够做到"活鱼输送"。吸鱼泵系统主要由吸鱼机、给水器、真空机、吸鱼管几部分构成（图5-25）。

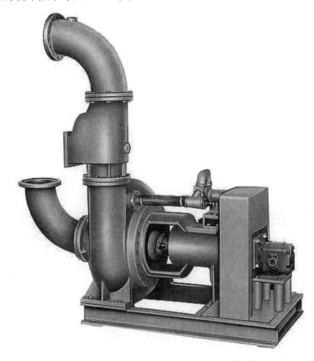

图5-25 真空旋转式无叶片吸鱼泵

（1）吸鱼机。型号是N06101真空旋转式无叶片吸鱼泵，该泵与液压马达或电力马达相连。两个端口分别与吸鱼管和输鱼管相连，吸入管端装有滤网和逆止阀，排出的水流进入高压水枪。其主要参数为：回转速：600～650 r/min；扬程：6～8 m；使用压力：140 kg/cm²；使用流量：135 h/min；输送能力：60～100 t/h。

（2）给水器。外部结构为圆柱钢体结构，顶端由一端盖密封。两根橡皮软管分别连接真空机和吸鱼泵，达到冷却真空机液压马达和气水分离吸鱼泵及泵管内残留液体，使泵体和吸鱼管内达到真空状态。

（3）真空机。型号为 F0612，转速为 1 720 r/min，后端由一台液压马达带动主机工作，主机顶端分别有一个吸入口和一个吐出口，分别连接吸鱼泵以期达到真空状态和排出吸出的气水混合物。

（4）吸鱼管。直径约 300 mm，长度可根据实际情况自行调节，其材质为钢化塑料，特点为耐腐蚀，易弯曲，方便作业。一端连接吸鱼泵的吸入口；另一端抽吸被输送鱼体。

其工作原理为：先开启真空机把吸鱼机及吸鱼管内抽成真空状态，然后开启吸鱼机、放下吸鱼管开始抽吸鱼水混合物，同时给水器主要起到冷却真空机马达的作用，并使吸鱼泵内及吸鱼管内的液体气水分离。

三、中国大陆秋刀鱼吸鱼泵研制现状及特点

吸鱼泵，位于驾驶台前方操作甲板的左侧，由泵体、真空泵、手动比例操作阀、动力源等部件组成。它是先用真空泵将泵体抽成负压，海水进入吸鱼泵以后，手动比例操作阀操纵马达开始正常工作，关闭真空泵，达到抽取鱼的目的。

进入 21 世纪以来，上海海洋大学和捷胜海洋装备股份有限公司在秋刀鱼渔船甲板渔捞装备研制方面不断加强合作与交流，共同开展了秋刀鱼渔船甲板渔捞装备，已成功研制出国产秋刀鱼船用吸鱼泵（图 5-26），主要用于秋刀鱼舷提网渔船抽取网囊内的鱼与海水的混合物。

图 5-26　秋刀鱼吸鱼泵

（一）秋刀鱼吸鱼泵技术参数和结构

秋刀鱼吸鱼泵技术参数见表 5-5。结构见图 5-27。

表 5-5 吸鱼泵技术参数

序号	内容	技术参数
1	产品编号	JBJ690005
2	回转速	500~700 r/min
3	扬程	7~10 m
4	工作压力	160 bar
5	所用流量	170 L/min
6	输送能力	>200 t/h
7	管径	$\Phi 10''$

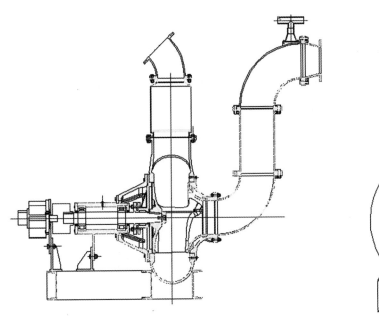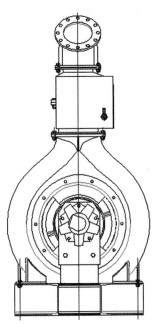

图 5-27 秋刀鱼吸鱼泵结构

(二) 秋刀鱼吸鱼泵结构改进

(1) 吸鱼泵与水泵一样，轴系密封多采用碳素纤维编织填料，该填料有一个特性，即在水浸湿膨胀状态下有很好的密封效果，但如果长时间处在干燥状态，有可能会出现漏气、渗水现象，密封效果变差。秋刀鱼吸鱼泵使用有一定的周期性，如休渔期有几个月时间不使用，会使碳素纤维编织填料过渡干燥，造成密封效果不好，出现漏气、渗水问题等。同时漏气还会造成真空泵抽真空时效率降低，增加了抽真空时间。本设计在压紧碳素纤维编织填料的端盖上增加了一开口，开口通过不锈钢盖板和螺栓进行密封，增设了一件骨架密封圈。解决了轴系漏气和渗水问题。

（2）秋刀鱼吸鱼泵的工作原理是通过真空泵将泵体抽成真空并呈负压状态，鱼与海水从吸鱼管被吸入泵体内，启动马达，带动涡轮旋转，将鱼与海水从箱体阀门、出鱼管排出。正常吸鱼后可关闭真空泵。鱼从网兜内吸取完毕、关闭液压系统后，但仍有一部分海水残留在泵体内，特别是长时间（如休渔期）不使用吸鱼泵时，海水在泵体内会腐蚀泵体、叶轮等部件。虽然吸鱼泵的泵体、叶轮采用耐腐蚀、高强度的铝合金铸造，但长时间浸泡在海水中，特别是海水与空气交界处，更容易发生电化学腐蚀，造成泵体减薄及局部腐蚀严重，大多呈溃疡状的坑点腐蚀，很容易形成穿孔，使泵体报废。新设计的泵体在底部铸造增加了一个凸孔，后连接水管与外部联通排气；并外接一水管，底座开孔连接到外部，设一球阀。当吸鱼泵不使用时，球阀打开，将泵体内海水全部排空，同时在上端箱体开口处用淡水冲洗泵体内腔，避免了海水对泵体的腐蚀；大大延长了秋刀鱼吸鱼泵的使用寿命。

（3）吸鱼头是秋刀鱼吸鱼泵的重要配套部件，安装在吸鱼管的头部，材质为不锈钢。吸鱼头的上端设多道圆钢制作围栏，围栏之间有一定间隙，保证适合吸鱼泵规格的鱼可顺利进入吸鱼管，内部有一定的空间。围栏的主要作用是避免网兜封住吸鱼管口，使鱼与海水按一定比例进入吸鱼泵，避免超大的鱼进入吸鱼泵。吸鱼头斜锥筒一侧与套管平齐；另一侧外端设一吊耳便于起吊，向外呈喇叭口形扩大，加大了外端围栏内腔空间；平齐端可使吸鱼头放置网兜内或者存放在甲板上时可贴平放置，避免围栏受力变形。吸鱼头与吸鱼管套管处设多道环槽，便于与橡胶吸鱼管用卡箍压紧密封。

（4）橡胶单向阀门在秋刀鱼吸鱼泵工作中起到了关键作用。吸鱼泵在抽真空工作时，要求橡胶单向阀门与箱体阀门口紧密贴合，不能漏气、漏水。其需要有很高的强度、弹性、耐海水腐蚀性，能承受真空泵产生的极限负压-0.097 MPa。经过天然橡胶与合成橡胶反复盐雾、强度实验，最终确定使用进口天然橡胶作为单向阀门用材。

（三）秋刀鱼吸鱼泵的改进与特点

（1）本次改进设计、研发了一种新型吸鱼泵，能够方便地打开出鱼口箱体。吸鱼泵泵体上分别连通有出鱼管和进鱼管，在出鱼管上设置有箱体、箱体底部设置单向阀门、箱体侧壁位置设置有可开启关闭的箱门。箱门包括固定于箱体上的门框和铰接在门框上的盖板上设置有通孔，门框对应于通孔位置上设置有螺母。只需要打开箱体上的箱门便可放出多余的水和鱼，使用十分方便，并且结构简单，实施成本较低。

（2）泵体上分别连通有出鱼管和进鱼管，出鱼管和泵体连接处内侧壁采用圆弧过度，以保证鱼与水沿着涡轮切线方向甩出时，减小在转角处受到的碰撞，有效减少了鱼类在泵体内部输送过程中的碰撞，尤其是出鱼管和泵体连接处的碰撞，减少了鱼体在泵体中受到的损伤。

（四）吸鱼泵特种材料与铸造工艺的特点

1. 外壳材料特点

吸鱼泵外壳要求强度高、重量轻、耐腐蚀性能高。经过测试分析，在3种型号的材料（铝合金6061、5086、AC7A）中，选用铝合金AC7A作为吸鱼泵外壳的材料。3种材料的测试数据见表5-6。

表 5-6　铝合金材料性能对比

材料牌号	铝合金 6061	铝合金 5086	铝合金 AC7A	
化学成分 /%	Cu：0.15~0.4 Mn：0.15 Mg：0.8~1.2 Zn：0.25 Cr：0.04~0.35 Ti：0.15 Si：0.4~0.8 Fe：0.7 Al：余量	Cu：≤0.10 Mn：0.20~0.7 Mg：3.5~4.5 Zn：≤0.25 Cr：0.05~0.25 Ti：≤0.15 Si：≤0.40 Fe：0.0~0.5 Al：余量	Cu：≤0.10 Mn：≤0.6 Mg：3.6~5.5 Zn：≤0.15 Ni：≤0.05 Ti：≤0.20 Fe：≤0.25 Si：≤0.20 Al：余量	
力学性能	抗拉强度：≥310 MPa 屈服强度：≥276 MPa 伸长率：12%	抗拉强度：≥240 MPa 屈服强度：≥95 MPa 伸长率：≥12%	AC7A 铸造铝合金（金属型） 抗拉强度：≥210 MPa 伸长率：≥12%	AC7A 铸造铝合金（砂型）抗拉强度：≥140 MPa

AC7A（含镁 3.5%~5%）合金的耐蚀性，特别是对海水的耐蚀性好，容易进行阳极氧化而得到美观的薄膜。在铝镁系合金中，它是伸长率最大、切削性也较好的合金。但熔化、铸造比较困难。AC7A 铝合金耐腐蚀、韧性、阳极化性能好，铸造性能差，用于架线、配件船舶零件、把手、雕刻坯料、办公器具及飞机电器安装用品等。

采取在熔炼过程中分两阶段进行的方法，可有效控制 Fe、Si 两种元素对合金液的污染。合金液在覆盖熔剂保护下进行熔炼和浇注的方法，预防了铸件针孔缺陷的产生。低压铸造工艺引入阶梯式双层浇注系统后，解决了 Al-Mg 合金易产生夹渣和缩松的问题。

2. 铸造工艺特点

由于秋刀鱼吸鱼泵外壳机型大，浇铸时间长，液体状态时流动性欠佳，容易造成铸件有缩孔、裂纹等缺陷。

（1）合金成分优化。加入 Cu 元素的目的是为了提高合金的高温力学性能。Fe 与 Si 两种元素分别以 Al_3Fe 和 Mg_2Si 两种化合物的形式存在于 α 固溶体晶界处，对合金的力学性能的影响相当大，这两种元素含量越低，合金的综合性能越高。Mn 元素可以降低 Fe 的有害作用，可提高合金的力学性能。因此在合金中添入 Mn 元素，添入量为 0.3%~0.6%。Ti 元素能细化 α 固溶体，改善力学性能，因此在合金中添入该元素，添入量为 0.12%~0.20%。对于 Zn、Pb、Cr 等杂质元素，在合金允许含量小于 0.1%范围内。考虑到 AC7A 合金还属于二元合金范畴，而二元合金铸造性能易受到其他杂质元素的影响，实际生产过程将这些杂质元素均控制在 0.02%以下（表 5-7）。

表 5-7　优化后合金组分　　　　　　　　　　　　　　%

Cu	Mn	Mg	Zn	Cr	Ti	Si	Fe	Sn	Pb
0.2~0.4	≤0.3~0.6	3.5~4.5	≤0.02	≤0.02	≤0.12~0.2	≤0.1	≤0.015	≤0.02	≤0.02

（2）熔炼方法改进。熔炼方法的选取对 AC7A 合金特别重要。融化设备采用经过改造的铸铁坩埚燃油加热炉，优点是融化速度快，温控方便，因融化时间短，增 Fe 量有限。铸铁坩埚可加入含 $MgCl_2$ 的覆盖溶剂，使得金属炉料在溶剂的覆盖下，避免了来自炉气的氧化。低压铸造机保温炉采用石墨坩埚电阻丝加热炉熔炼方法能保证每炉合金的增 Fe 量小于 0.05%，增 Si 量小于 0.04%，Mg 烧损小于 5%，针孔度一级。所浇注的砂型试棒力学性能指标几乎全部达标。熔炼过程分两阶段进行的方法对提高合金的力学性能也有一些效果，使用两种不同坩埚熔炼的合金液所浇注的试棒（砂型）比只用一种坩埚熔炼的合金液所浇注的试棒，伸长率高 10%~30%。

（3）浇注工艺。Mg 含量为 4% 左右的 Al-Mg 合金，结晶范围较大，形成热裂、疏松等缺陷的倾向大，再加上 Mg、Al 等元素很容易被氧化生成杂质物，铸造性能较差。但是，如果采取适当的工艺方法加以克服，还是可以获得符合要求的铸件。外壳结构属于形状复杂的铸件，应尽量使铝合金液平稳进入型腔，促使铸件同时凝固，避免局部过热；铸件最后凝固处能得到充分补缩，为此，采用阶梯式双层浇注系统能对铸件位置最高、壁厚尺寸最大处进行有效补缩。

3. 试验结果

采用改进的 AC7A 合金铸造的吸鱼泵壳体，抗拉强度已达到或接近 ZL301-T4 规定值，伸长率则超过 ZL301-T4 规定值（铸造铝合金国家标准（GB/T1173）中伸长率规定值为 10% 合金只有 ZL301 一种，而 ZL301 合金达到这一数据还必须通过长时间的 T4 热处理才能实现）。因此，对那些耐酸、耐碱、抗腐蚀和需要承受较大冲击载荷的零件，这种材料可以优先选用。秋刀鱼吸鱼泵采用了该种合金材料，并取得了良好的效果。

第四节　鱼水分离器

一、鱼水分离器发展概述

鱼水分离器（fish water separator）是吸鱼泵的重要配套装置，几乎是与吸鱼泵同时问世，最早出现于 20 世纪 50—60 年代。在远洋探捕作业中，除了秋刀鱼和小型鱼类生产作业使用鱼水分离器外，总体来说非常少见，目前分级装置和鱼水分离器主要运用在网箱养殖中。

我国的鱼水分离器是在吸鱼泵研制中诞生和进行的，1961 年，原国家水产部下达"吸鱼泵"项目，由渔业机械仪器研究所、南海水产研究所等单位承担，起止时间为 1960—1970 年，其中包含了"鱼水分离器"部分，1969 年，南海水产研究所利用过去的鱼泵，进行安装配套，并进行了启动装置和鱼水分离器研究，1970 年春汛进行围网起鱼试验，获得成功（《中国水产科学研究院获奖科技成果汇编（1978—1990）》P27）。

Johnsons 在 1983 年设计了一种安装在地拉网中用以分离鲑鱼的刚性铝质格栅。其原理是把地拉网放入网箱中，通过拖曳网具使网箱中的鱼全部进入地拉网中，网箱中的鱼被地拉网所围住后，从而使体宽较小的鲑鱼可以轻松地穿过铝金属格栅间隙游出，仍保留在网箱中；体宽较大的鲑鱼不能通过格栅间隙，则被留在地拉网中供捕捞出售。这种自然刚性格栅的主要缺点是：分离系统非常重，分离栅的面积受到限制，且刚性的格栅往往引起鱼体损伤，从而影响分离质量和效果。

Ivor 和 Angus Johnson 等在设得兰群岛的鱿鱼养殖场研制了一种叫做"Flexi-Panel"的柔性选别格栅，它是用 Dyneema 绳索连接塑料管组成一分离栅，然后把分离栅连接到地拉网上分离，可实现自动化选别。缺点是其造价昂贵。

在秋刀鱼作业及其他小型鱼类的探捕作业中，最早且最多使用的是由日本千叶县二光电机有限公司生产的选鱼机和鱼水分离器，目前该设备已由台湾奉珊工业有限公司生产。中国台湾省、越南、中国大陆秋刀鱼作业船只90%以上使用的鱼水分离器均为台湾生产，该套设备操作简单、方便实用，已被小型鱼类探捕船只广泛接受和使用。

二、鱼水分离器的种类、结构与性能

目前，在西北太平洋秋刀鱼作业渔船上使用的鱼水分离器主要由箱体、渗水板、吸鱼通道、排水通道、支架等几部分组成。从层次上可以分为箱体部分、入鱼通道部分和脚架部分。箱体由前挡板、左右挡板、入鱼口、排鱼口、渗水板等部分组成，箱体上方敞口。中层为渗水板，底层设排水槽，而渗水板结构为单层孔型渗水板，由不锈钢材料制成，并与箱体焊接固定，不可拆卸。渗水板下方有一个排水通道，由排水口排出被分离出的水，此后排至船体外，以避免甲板湿滑导致船员作业时滑倒摔伤，影响生产。入鱼通道与吸鱼泵的吸鱼管相连接，从底部的入鱼口吸入鱼体，从上端的出鱼口喷出鱼体。入鱼口、排鱼口用法兰盘与吸鱼泵、秋刀鱼选别机的管路法兰盘连接。脚架起到支撑鱼水分离器主体及其承接部分的作用。为了增加鱼体的下滑速度，脚架部分可活动调节，使用时可根据当时情况需要来选择倾斜角度。整个鱼水分离器结构所使用的材料均采用不锈钢材料制作（图5-28）。

图 5-28　鱼水分离器

鱼水分离器主要用于把吸鱼泵抽吸上来的鱼水混合物经过鱼水分离器使其达到鱼和水

分离。其工作原理是从入鱼通道（与吸鱼泵连接的吸鱼管相连）将鱼水混合物吸入，抽吸上来的鱼群经过箱体内的渗水板，鱼体从排鱼口排出，被分离出的水直接从渗水板渗出，从下方的排水通道排出，落至排水槽中，通过管路流入大海。鱼水分离器是整个分鱼系统设备的第一道环节，其工作的好坏直接影响其后鱼体分级装置的分级效率和精度。

根据不同的结构形式和工作原理，常见的鱼水分离器有下述几种。

1. 滑板式鱼水分离器

图5-29为滑板式鱼水分离器示意图。①分离器壳体；②鱼水混合体进口；③用木条或金属棒做成的栅栏板，其倾斜角大约为30°，鱼沿该板滑下，而水则流至下方；④排水管；⑤辅助软管连管；⑥横跨折板。栅栏板还可以为金属板套挖长形孔结构，孔长30 mm，宽3 mm，间距分别为5~6 mm。

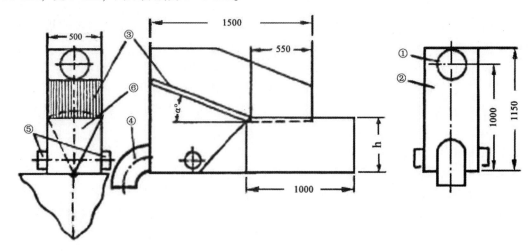

图5-29 滑板式鱼水分离器示意图

2. 圆柱形鱼水分离器

圆柱形鱼水分离器是与小型吸鱼泵匹配之用，其结构见图5-30。①滑板伸长板；②滑板；③鱼水分离后的回管；④扩散器；⑤活动罩，其下部是固定罩；⑥固定罩；⑦排水管；⑧离心式吸鱼泵；⑨输送鱼水混合体用的管道。

3. 不带扩散器的鱼水分离器

图5-31是一种不带扩散板的鱼水分离器，适合与中排量吸鱼泵匹配。①壳体；②带圆孔的弯管；③和④均为普通弯管；⑤滑板；⑥进口弯管；鱼水混合体从进口弯管⑥进入带圆孔的弯管②，水通过管外经底部排水管排出；⑦两个软管接头，供接排水管用。该鱼水分离器适用排量250 m³/h左右，鱼集中率1∶5，其尺寸为900 mm×1 100 mm×1 160 mm，重150 kg。没有扩散器的鱼水分离器，使用中有一些不便之处。

4. 双滑板鱼水分离器

图5-32为双滑板型鱼水分离器结构示意图。①输进鱼水混合体的水压管；②下部滑

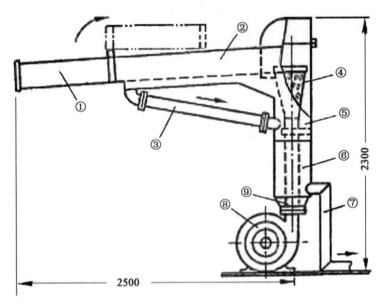

图 5-30　圆柱形鱼水分离器结构示意图

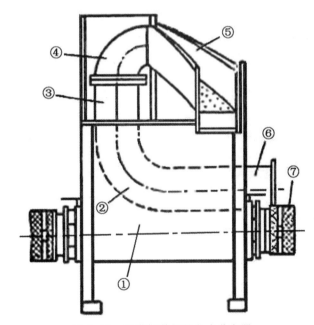

图 5-31　不带扩散板的鱼水分离器

板；③扩散器；④转弯的舌头部分；⑤上部滑板；⑥壳体；⑦边集水室；⑧带圆孔的滑板；⑨排水管；⑩滑板；⑧带圆孔部分的圆孔位置。鱼水混合体由水压管①输进，经扩散器③和舌头部分④后，由切线方向排向上部滑板⑤，其上有许多圆孔，在此鱼水初步分离。鱼很集中的鱼水混合体再折向下部滑板分离，并将鱼引向带圆孔的滑板⑧。鱼水分离后的水集中到边集水室⑦，由排水管⑨排出。滑板⑧带圆孔的部分—即⑩的位置，其圆孔用以分离余水。分离器外形尺寸为 1204 mm×908 mm×1432 mm；不包括其机座的重量，约为 155 kg。

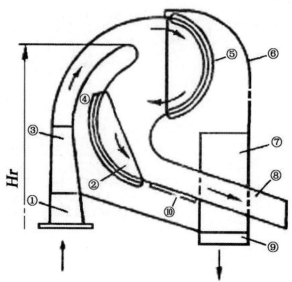

图 5-32　双滑板型鱼水分离器结构示意图

5. 水平式单滑板鱼水分离器

图 5-33 为船用水平式单滑板鱼水分离器结构示意图。①水压管；②扩散器；③壳体；④带圆孔的滑板；⑤排水管；⑥排水软管；⑦滑板。鱼水混合体由水压管①进入扩散器，沿壳体③滑动，经过带圆孔的滑板④，分离后的鱼由此滑下。

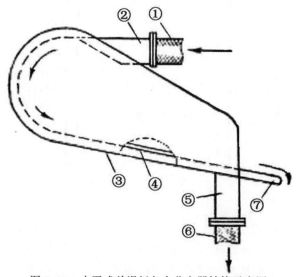

图 5-33　水平式单滑板鱼水分离器结构示意图

资料来源：郭仁达，1983

三、秋刀鱼鱼水分离器

1. 主体结构

鱼水分离器主要由箱体、渗水板、吸鱼通道、排水通道、支脚等几部分组成。渗水板下方有一个排水通道，由出水口排出被分离出的水。为了给鱼体一个下滑速度，该设备与水平面呈 15°~20°倾角，靠四根支脚固定。吸鱼通道包括入鱼口和出鱼口，通过软管与吸鱼泵连接，其出鱼口架设在渔货分级装置上。在挡板上方安置一个挡板盖，防止鱼体因流速太快而飞出分离器挡板。考虑是海上作业，海水具有腐蚀性，所有结构均采用不锈钢材料制作。整个鱼水分离器三维结构示意图见图 5-34 至图 5-37。

图 5-34　秋刀鱼鱼水分离器

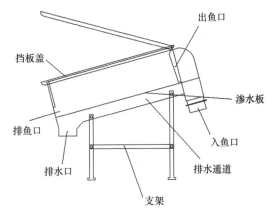

图 5-35　鱼水分离器主视

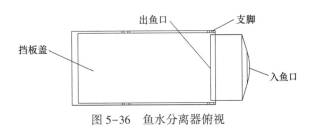

图 5-36　鱼水分离器俯视

167

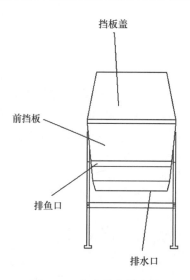

图 5-37　鱼水分离器左视

2. 总效果图

秋刀鱼鱼水分离器的总效果图见图 5-38 至图 5-40。

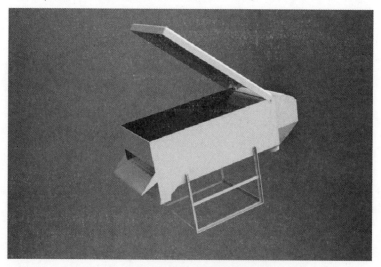

图 5-38　秋刀鱼鱼水分离器效果

四、秋刀鱼鱼水分离器的改进设计

鱼水分离器是秋刀鱼及其他小型中上层鱼类渔业中重要的助渔设备，但实际生产作业中，抽吸上来的鱼水混合物在经过鱼水分离器、过滤掉水以后，由于流速不够及鱼水分离器与水平面平行放置等原因，经常出现部分鱼体堆积在分离器的渗水板上，并不滑至排鱼口排出鱼体，影响生产效率。其次，由渗水板排出的水直接落至甲板上，造成甲板大面积

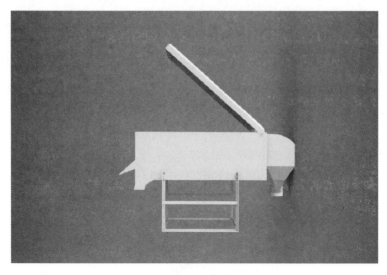

图 5-39 秋刀鱼鱼水分离器前视效果

图 5-40 秋刀鱼分离器侧视效果

湿滑,不利于船员工作,甚至容易跌倒摔伤,发生意外事故。

由吸鱼泵抽吸上来的鱼体在从吸鱼通道排出的一瞬间,流速和压力非常高。由于箱体是敞口的,所以经常出现鱼体飞出箱体的现象,造成不必要的损失和浪费;并且由于吸鱼泵转速快、扬程过高,流速过快,飞出的鱼体撞击在箱体的四周容易造成鱼体碰撞损伤,不利于活鱼保鲜。

随着作业时间和次数的增加,渗水板上的渗水孔很容易被吸鱼泵抽吸上来的海上漂浮垃圾、海藻、及废弃的缆绳等堵塞,而渗水板又是固定焊接在箱体的底部,不方便及时清理,降低了作业效率。

针对上述问题,在秋刀鱼捕捞作业的不断实践过程中,笔者及相关科技人员对鱼水分离器进行了进一步的改进设计。

1. 箱体结构

箱体由前挡板、左右挡板、挡板盖、排鱼口等部分组成。该箱体由不锈钢材料制成，上方敞口，并且与排鱼口由螺丝固定，可拆卸。后端与吸鱼通道相连接，底层为渗水板。

在鱼水分离器的挡板内层处黏附一层防水且具有弹性的热塑性弹性体（TPE），亦称热塑性橡胶（TPR）（图 5-41 至图 5-43）。该种材料弹性好，耐候性好，并且防水耐腐蚀，适合于海上生产作业（海水具有高腐蚀性）。对于抽吸上来的鱼体给予一定的缓冲作用，使得鱼体能够尽量避免因吸鱼泵转速快、扬程过高、使用压力及使用流量过大造成秋刀鱼被抽吸上来时受到强力冲击而受到的碰撞损伤，做到活鱼保鲜。另外该材料价钱适中，不属于稀有材料，具有实际投产价值。

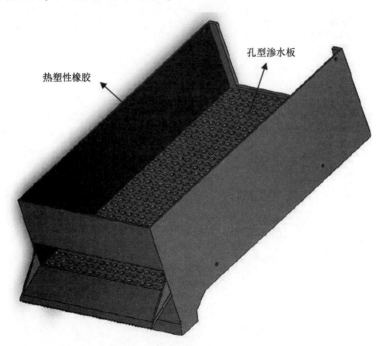

图 5-41　秋刀鱼鱼水分离器箱体立体示意图

2. 渗水板结构

渗水板设计成双层渗水板（两层），均采用不锈钢材料，底层为孔型渗水板，其上面一层为栅格状渗水板（图 5-44）。为了防止海藻、废弃的缆绳以及海上漂浮垃圾堵塞渗水孔，上面一层渗水板（栅格渗水板）可以起到阻隔、防护作用，尽量避免堵塞的情况发生。另外栅格渗水板可以自行抽出（图 5-45），在鱼水分离器不用的时候可以定期进行保养维护，疏通一下渗水孔及两渗水板之间因长时间使用而堆积的未清除的垃圾，方便今后的高效使用。

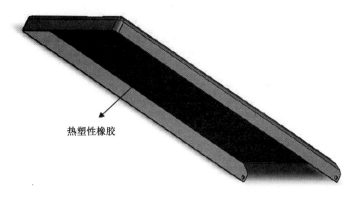

热塑性橡胶

图 5-42　秋刀鱼鱼水分离器挡板盖立体示意图

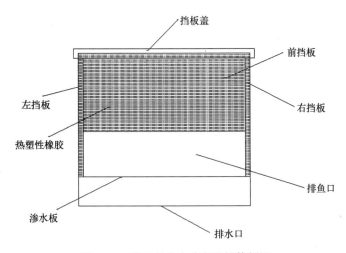

图 5-43　秋刀鱼鱼水分离器箱体剖视

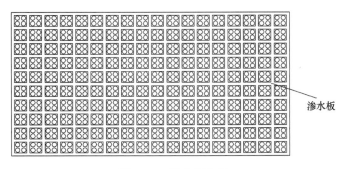

图 5-44　渗水板主视

3. 入鱼通道

入鱼通道（图 5-46）与吸鱼泵的吸鱼管相连接，从底部的入鱼口吸入鱼体，从上端的出鱼口喷出鱼体。下端与吸鱼管连接部分设计成类圆锥状以方便装卸，上端呈半圆弧状

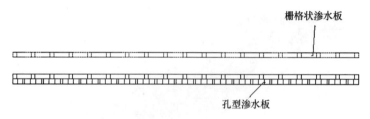

图 5-45　渗水板剖视

给吸入鱼体一个回转空间，有助于鱼体从出鱼口喷出。采用抽屉原理将其两端及出鱼口下端与鱼水分离器的箱体后端正好嵌入，可拆卸，方便栅格渗水板的装卸及有助于清理长期垃圾的便利。

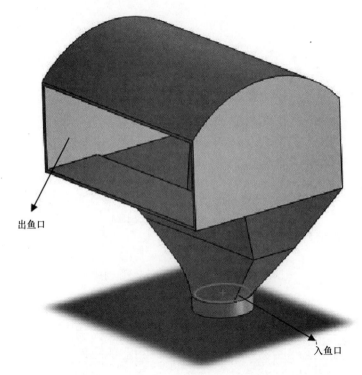

图 5-46　入鱼通道立体示意图

4. 分离器脚架改进

脚架起到支撑主体与承接部分的作用。脚架的底座上分别由 4 根呈 "L" 型钢条连接，焊接固定（图 5-47），根据所需的高度或者场所的需要，可以灵活地将支架架在一定的高度上，用螺栓固定在箱体上。

5. 改进后的鱼水分离器特点

鱼水分离器成箱形，一端设一管路法兰与吸鱼泵出鱼管路法兰连接；另一端设一出鱼

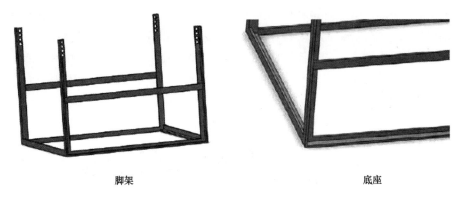

脚架　　　　　　　　　　　　　　　　　　　底座

图 5-47　秋刀鱼分离器脚架与底座

口；下端设 3 个排水口；中部上端用圆钢构成条形状滤网，下端设密封水槽，滤网和水槽均与水平面呈一定角度，便于鱼与海水顺利排出。鱼通过滤网滑进出鱼口进入选别机内。海水流入下端水槽中，再流入排水口进入大海。为防止海水腐蚀设备材质选择不锈钢（表5-8）。

表 5-8　秋刀鱼鱼水分离器的零部件材料

零部件	材料	优点及用途
端盖	317、316	抗点腐蚀能力好　价格经济
箱体	Al-Mg 系防锈铝合金	抗蚀性好，塑性好，易于变形加工，焊接性能好，用于制造管道和容器以及承受中等载荷的零件
栅格渗水板	Al-Mg 系防锈铝合金	抗蚀性好，塑性好，易于变形加工，焊接性能好，用于制造管道和容器以及承受中等载荷的零件
入鱼通道	317、316	抗点腐蚀能力好　价格经济
脚架	317、316	抗点腐蚀能力好　价格经济
TPR 弹性体	热塑性橡胶	耐候性、抗疲劳性、耐温性好，五毒无害

鱼水分离器箱体进口端上部，设一圆弧形挡水板，可调节水流进入箱体的方向与距离，保证鱼在足够水流的冲击下可顺利滑入出鱼口，避免在箱体内部出现堵塞现象。滤网由带孔板改为圆钢条形，圆钢方向为水与鱼流出方向，减小了阻力和鱼体损伤率；并设一定角度，使鱼从高处倾斜向下滑入出鱼口。

第五节　鱼体分级装置

一、秋刀鱼鱼体分级装置概况

秋刀鱼分级装置是秋刀鱼舷提网渔业中最为重要的助渔装置之一，该分级装置不仅可应用于秋刀鱼渔业，也可对同类型鱼体大小进行选别。分级装置主要由运动装置和辅助装置两部分组成。运动装置主要包括传动装置和分选装置，传动装置主要由在箱体内的减速器和传动机构组成；分选装置由安装在槽体内的锥形辊排列组成，一般情况下，分选装置可采用多组锥形辊排列方式，这样可以大大提高分选精度。辅助装置则由卸鱼箱、鱼体整理器、喷水装置以及脚架组成。从层次上可以分为上体部分、承接部分和脚架部分。秋刀鱼分级装置的结构如图5-48至图5-50所示。

图5-48　秋刀鱼选别机

图5-49　秋刀鱼选别机前视

主要结构和原理：分级装置平行面与水平面呈7°的倾角。辊与辊之间的间隙由小到大，两锥辊中心线相互平行，当辊筒以相反方向旋转时，鱼体靠本身重力产生下滑力，沿选道向下运行，当鱼体宽度略小于选道间隙时，鱼落入相应的卸鱼箱，从而被分选出来。

工作原理：分级装置主要是通过11根前粗后细，呈锥形的不锈钢钢管平行排列组成，钢管最粗一端直径为60 mm，最细一端直径为55 mm，总长为2 300 mm。钢管之间的间距可以调节，所有钢管与水平位置呈一固定角度放置。该设备依靠油压马达带动工作。开启后，钢管会自动旋转。鱼体从钢管最粗端至最细端横向移动（图5-51）。根据不同鱼的体宽大小，小鱼从前面坠落，大鱼从后面坠落，以期达到自动分级的目的。

由于鱼的体长和体重与鱼体厚度呈一定的比例，故选别通常根据鱼的厚度变化进行

174

图 5-50　秋刀鱼选别机俯视

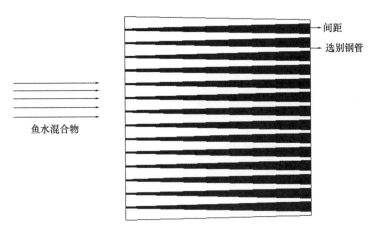

图 5-51　鱼体分级示意图

选别。

鱼类选别机（fish selector）是将鱼按体重或体厚分成等级的机械，鱼类经选别后可提高机械剖鱼或其他加工处理的效率。我国在鱼类选别方面研究开发甚少，早期的鱼类选别机体型都比较笨拙，体型大，制造成本高，不适应我国的渔业发展的情况；而新型的鱼类选别机研制开发，目前尚处于初级阶段。我国仅在 1986 年开发成功了对虾选别机，鱼类选别机与对虾只数分选机在选别原理上大同小异。日本是世界主要渔业国家之一，也是世界上最大的水产品进口国和消费国，20 世纪 50 年代后期以来，捕捞、增养殖和水产品加工业都得到了全面发展，建立了现代化的渔业生产体系，因此在水产品原料的初级加工方面起步也较早，鱼类选别技术方面相对比较成熟。

二、分级装置类型及性能

1. 鱼类选别机类型

鱼类选别机按传动类型分为管式和带式两种类型：①管式选别机主要由若干呈辐射状

排列的、管间距逐渐增大的圆管或异形管组成。鱼在管子转动或振动作用下沿着由小到大的管道间隙前行，不同厚度的鱼分别通过相应的管间距落入收集斗内，分成 3~5 个等级。②带式选别机主要由两根间距逐渐增大的输送带组成。两个带面分别向内倾成一下端开口的 "V" 形槽。工作时，鱼随输送带不断从带间距小的一端向间距大的一端前行，行至与自身厚度相应的间距段时，便下滑落入带面下的收集斗内，形成 3~5 个等级。

鱼类选别机按工作原理主要分为以下 3 种类型：①借助于振动圆棒或圆管类。棒或管成不等距排列，鱼体从其上面滑过、落在不同的鱼池内。②借助不等径回转轴类。数根不等直径的轴不断回转，鱼体按不同尺寸从各轴间落下。③借助斜面传送带类。带式或链式传送带间有分类斜面，在其前进方向逐步加大，鱼体按大小厚度自由落下分类。

2. 分级结构

分级装置整套结构采用不锈钢材料制作，包括钢管、滑板道、分级仓、挡板及护板等。钢管下方有若干出鱼口，一般有 2~3 个区间开启。每个出鱼口上方由挡板隔开，用来区分不同大小级别的鱼体，各间隔间距也可以手动调节（图 5-52 和图 5-53）。

图 5-52　F063 鱼类选别机

与前期使用的秋刀鱼选别机相比，本设计在锥形滚筒的底轴端连接齿轮的传动机构采用链轮与链条的上下配合，形成反向转动，锥形滚筒与水平面形成的倾斜角度为 0°~10°，使得鱼体在选别过程中能沿倾斜的滚筒向前滑行。分选装置旁侧面可装有喷水管，喷水管将水喷到卸鱼箱内壁，起到初步的清洗以及加快鱼体移动速度的作用。该选别机工作时，齿轮传动机构带动锥形滚筒反向转动。随着滚筒的转动，鱼体向下滑行，当滑行到两滚筒的间隙大于鱼体厚度处时，便落入卸鱼箱，卸鱼箱口可连接接料盆。锥形滚筒之间的间隙时是由小至大，使大小不同的鱼体从相应的间隙落入依次排列的卸鱼箱内，从而分成若干级别。

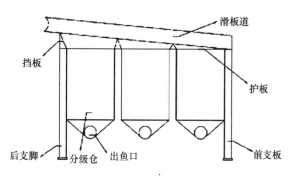

图 5-53 前期使用的秋刀鱼选别机结构

三、分级装置制造材料性能分析

秋刀鱼选别机整机采用薄板材料，板厚为 2 mm，由不锈钢和防锈合金构成，耐海水腐蚀性能好。秋刀鱼选别机的选材应具有较高的精度、便宜的价格和耐久性这 3 点。

众所周知，所有金属都和大气中的氧气进行反应，在表面形成氧化膜。早期的对虾分选机以及国外的一些选鱼设备多采用普通碳钢，价格便宜，但是普通碳钢上形成的氧化铁会继续进行氧化，使锈蚀不断扩大，最终形成孔洞。当然可以利用油漆或耐氧化的金属（例如，锌、镍和铬）进行电镀来保证碳钢表面免受腐蚀，但是这种保护仅是一种薄膜，如果保护层被破坏，下面的钢便开始锈蚀，导致使用寿命缩短，且外形不够美观。

不锈钢是在腐蚀介质中具有抗腐蚀性能的钢，目前常用的不锈钢，按其组织形态主要分为马氏体不锈钢、铁素体不锈钢和奥氏体不锈钢三大类。马氏体不锈钢主要是 Cr13 型不锈钢，随含碳量的提高，钢的强度、硬度提高，但耐蚀性下降。铁素体不锈钢（典型钢号如 1Cr17 等）具有导热系数大，膨胀系数小、抗氧化性好、抗应力腐蚀优良等特点，多用于制造耐大气、水蒸气、水及氧化性酸腐蚀的零部件。奥氏体不锈钢无磁性、且具有高韧性和塑性，但强度较低，不可能通过相变使之强化，仅能通过冷加工进行强化。奥氏体—铁素体双相不锈钢是奥氏体和铁素体组织各约占一半的不锈钢，与铁素体相比，塑性、韧性更高，无室温脆性，耐晶间腐蚀性能和焊接性能均显著提高，同时还保持有铁素体不锈钢的 475℃脆性以及导热系数高，具有超塑性等特点。与奥氏体不锈钢相比，强度高、且耐晶间腐蚀和耐氯化物应力腐蚀有明显提高。双相不锈钢具有优良的耐孔蚀性能，并由于双相不锈钢镍含量较低，因而它也是一种节镍不锈钢。

由于秋刀鱼选别机的使用环境特殊，常年在海洋环境下工作、易腐蚀，所以要求使用耐海水腐蚀性的钢板材料，0Cr17Ni12 Mo2 属于奥氏体型不锈钢，在海水和其他各种介质中，耐腐蚀性好。0Cr26Ni5 Mo2 属于双相不锈钢，比 0Cr17Ni12 Mo2 具有更好的抗氧化性、耐点腐蚀性、以及强度高等，如型号 2507、2205、2304 等，但价格较昂贵。从耐蚀程度上由大到小依次为：钛及其合金（TA1、TA2、TA9、TA10、TC4）、镍基合金（Hastelloy B、Hastelloy C）、双相钢（2507、2205、2304）、奥氏体不锈钢（317L、316L、304L）。耐蚀性能位居第二的镍基合金价格最贵。也就是说，海水工况的经济材质是奥氏体钢或者双相钢，如果再好一些的话就用钛材。316 和 317 型不锈钢含有铝，因而在海洋和化学工业环境中的抗点腐蚀能力好，且价格经济、便宜，适合用于秋刀鱼选别机的侧板、护板、脚架以及滚筒部分的选用上。

防锈铝合金也可以用于海洋环境条件下零部件的制造。当前使用的主要是 Al-Mn 和 Al-Mg 系合金，锰和镁的主要作用是提高抗蚀能力和塑性。防锈铝合金锻造退火后为单向固溶体组织，抗蚀性好，可塑性高，易于变形加工，焊接性能好；但这类合金不能进行热处理强化，常利用加工硬化来提高其强度。常用的 Al-Mg 系合金有 5A05（LF5），其密度比纯铝小，强度比 Al-Mn 合金高，用于制造管道和容器以及承受中等载荷的零部件。防锈铝合金适用于秋刀鱼选别机的齿轮箱、卸鱼箱和鱼体整理器等部分。

秋刀鱼选别机的把手部分可采用橡胶材质，价格便宜，是非金属，所以耐腐蚀性能也好。齿轮材料需具有耐磨性能、抗接触疲劳性能和抗弯曲疲劳性能，即要求齿轮材料表面硬度高、强度高、芯部韧性好且硬化层分布合理。由于齿轮形状复杂，齿轮精度要求高，所以要求材料工艺性好。常用材料为锻钢、铸钢、铸铁。采用中碳钢时：锻造毛坯→常化→粗切→调质→精切→高、中频淬火→低温回火→珩齿或研磨剂跑合、电火花跑合。常用材料为：45、40Cr、40CrNi，接触强度高，耐磨性好。齿芯需保持调质后的韧性，耐冲击能力好，承载能力较高。采用低碳钢时：锻造毛坯→常化→粗切→调质→精切→渗碳淬火→低温回火→磨齿。常用材料为：20Cr、20CrMnTi、20 mnB、20CrMnTo。秋刀鱼选别机在选材上考虑到经济适用的因素，可采用 40Cr 材料，强度、耐磨性和承载能力都比较好（表5-9）。

表 5-9　秋刀鱼选别机的零部件材料

零部件	材料	优点及用途
侧板	317、316	抗点腐蚀能力好　价格经济
护板	317、316	抗点腐蚀能力好　价格经济
脚架	317、316	抗点腐蚀能力好　价格经济
滚筒	317、316	抗点腐蚀能力好　价格经济
齿轮箱	Al-Mg 系防锈铝合金	抗蚀性好，塑性高，易于变形加工，焊接性能好，用于制造管道和容器以及承受中等载荷的零件
卸鱼箱	Al-Mg 系防锈铝合金	抗蚀性好，塑性高，易于变形加工，焊接性能好，用于制造管道和容器以及承受中等载荷的零件
鱼体整理器	Al-Mg 系防锈铝合金	抗腐性好，塑性高，易于变形加工，焊接性能好，用于制造管道和容器以及承受中等载荷的零件
喷水装置	317、316	抗点腐蚀能力好　价格经济
把手	橡胶	耐腐蚀　成本很低
齿轮	40Cr 调质，齿面硬度为 240~260HBS	接触强度高，耐磨性好
轴承	高碳铬轴承钢	耐冲击性、耐热性、耐腐蚀性好

四、分级装置优化及改进

秋刀鱼经过鱼水分离器达到鱼和水分离之后，再通过滑板道滑至鱼体选别机，根据鱼体大小进行自动分级，最后装箱进入冷冻仓，整个过程基本实现了机械自动化。但是根据实际生产要求，前期使用的设备还存在一定的缺陷，有时并不能达到完全机械自动化，在机械选别后，仍需要人工细分，当某个网次的渔获量非常大时，整个分级过程还是比较费时、费力、需要大量的劳动力，在一定程度上影响了生产效率，需要进一步优化和改进。

1. 分级装置结构

在实际分级过程中，前期使用的鱼体选别机一般只设有 2~3 个分级仓（图 5-53），但是秋刀鱼在最后的装箱过程中，至少要按照个体大小分为 5 个等级出售（特号、1 号、2 号、3 号和 4 号），最终的分级还要依靠人工进行，并没做到自动分级。其次，由吸鱼泵吸上来的鱼水混合物经过鱼水分离器时容易堆积在一起滑落至选别机。由于质量大、滑速慢，虽然选别机在转动，但是鱼体扎堆以后并不能够分开，此时后面吸上来的鱼体逐渐滑下来，之前没有分开、堆积在一起的鱼体挡住了滑行的道路，使得鱼体堆积越来越多，逐步堵塞住了钢管间距，使得选别机不能够正常分级。比如小鱼在前面的分级仓没有坠落，而是在后面的分级仓中坠落，或者大鱼受到堆积鱼体的挤压在前面的分级仓中坠落，而没有落在后面的分级仓内。除此以外，大量鱼体挤在钢管之间，还会造成鱼体损伤、死亡，影响鱼价。

针对上述问题，根据秋刀鱼渔船作业的实际生产经验，把原有的 11 根平行排列的钢管增加到 15 根（仍保持平行排列），钢管长度由原来的 2 300 mm 增加到 2 500 mm。钢管最粗端直径仍为 60 mm，最细端直径减至 50 mm。分级仓增加到 5 个（图 5-54），下设 4 块挡板隔开。分级仓的宽度均扩大，约为 500 mm。其钢管间距及挡板间距可根据实际生产需要手动调节以确定每一级鱼体的体长、体宽及体重范围。由于秋刀鱼生产作业环境为海水，其腐蚀性非常强，所以该整套设备包括钢管、框架、分级仓及挡板等均需要采用不锈钢材料。

2. 水幕喷射装置结构

为了避免鱼体堆积、堵塞选别机钢管间距，造成选别偏差的情况，在前期使用的分级设备上增设一套水幕喷射装置。该套装置的所有材料均采用不锈钢材料。整套设备共设 9 个水幕喷射嘴。分 3 组，每组 3 个，每个喷射嘴间隔一定距离。水幕喷射装置依靠固定在选别机钢管上方的两根支架、悬挂在选别机上方大约 200 mm 处（图 5-54 至图 5-56）。通过泵体抽吸海水，抽吸上来的海水通过喷射管道，由喷射嘴喷射鱼体以达到分开堆积鱼体和冲走废弃物的目的，从而避免堵塞分级通道、损伤鱼体。在每组喷射管道上方设置一个总阀开关，以控制每组喷射嘴（在渔获物个体大、量较多时全部开启；在渔获物个体小、量较少时，视情况开启某些部分或不开，以节约成本）。

3. 活动支脚结构

随着海况的变化以及适用于多种鱼体的选别要求，选别机与水平面之间的倾角固定不适合多变的海况以及不同鱼群个体大小的选别需要。在实际生产作业过程中，船员一般通过在选别机的后支脚处加垫砖头或者抬高选别机的滑板道来改变选别机与水平面之间的倾

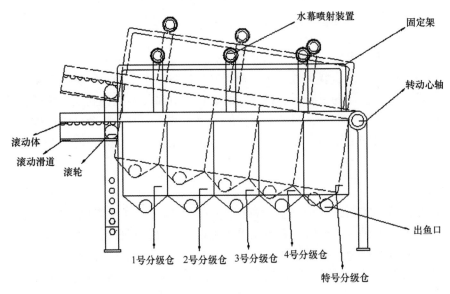

图 5-54　选别机结构主视

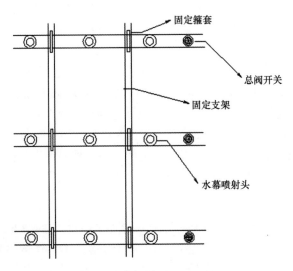

图 5-55　水幕喷射装置俯视

角，提高选别机的工作效率。

秋刀鱼的生产作业一般从每年的 4 月至翌年的 1 月，随着时间的推移，鱼体的大小及重量也在不断地变化。在 4—6 月，大个体鱼群的数量较多，选别机倾角应该稍大些，便于鱼体下滑进行分级。在 7—9 月，鱼体大小适中，这时倾角应该放置得较小一些。在 10—12 月，秋刀鱼鱼群洄游，数量多、鱼群个体大，倾角应该放置得大些。在目前实际生产作业中，选别机与水平面之间的倾角是固定的（大约 3°），不利于高效率的分级。

另外，该选别机不仅可以用在秋刀鱼的生产作业中，而且对于沙丁鱼等中上层体型较小的鱼种亦都适用。针对不同的鱼类品种，其放置的倾角度数也应相应的做出调整，选择

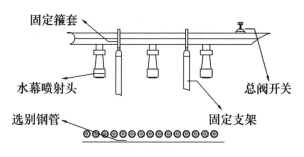

图 5-56　水幕喷射主视

调试到最适合的角度进行作业，而不应该固定死。根据生产需要，在选别机的前端设计一根转动心轴，可使选别机在一定角度范围内做圆周运动（图 5-54），该轴固定在两个轴套之间，中间由一个键固定住（图 5-57）。

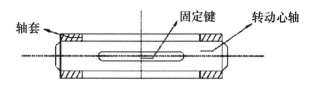

图 5-57　选别机转动心轴剖视

在选别机的后端设计一个带有滚轮的活动支脚，该支脚顶端两侧装有两个滚轮，其上端是一排滚动体，辅助其在滑道内滑行。两个滚轮下端是两排滚动滑道。该活动支脚可以与固定在甲板上的固定支脚通过螺栓固定。两个支脚设计呈重合状，整个形状呈凹型。两个固定支脚和两个活动支脚都设计有 6 个螺孔，螺孔之间有一定间距，其对应的角度为 2°～3°，即每往上增加一格，选别机与水平面之间的相应倾角就增大 2°～3°。这样就可以根据实际生产要求来调整选别机与水平面的倾角（图 5-54 和图 5-58）。另外，根据实际生产效果分析，排鱼滑板设计成与水平面夹角为 30°时（图 5-58），能够更方便排出鱼体，不会使鱼体堆积在分级仓中。通过改进活动支架结构就可以根据实际生产要求来调整选别机与水平面的倾角。

鱼体选别机钢管长度、个数和最小端直径的增加和减少可以增加选别机的选别范围，提高选别精度。在选别机上端增设一套水幕喷射装置可以防止鱼体和废料堵塞选别机的选别间距，减少鱼体损伤，提高选别机的工作精度和效率。把选别机的支脚设计成可活动支脚可以根据海况和鱼种随意调节选别机的倾角，提高选别精度，并使得该分鱼系统设备尽最大可能达到机械自动化。改进后的分鱼系统不仅适用于西北太平洋秋刀鱼的分级，还可用于其他小个体种类的分级，为今后在秋刀鱼或其他鱼种的生产作业中推广使用该套系统设备提供了技术支撑。

五、分级装置设计与制作

设计和制作一个完整的秋刀鱼选别机需要很多的部分组成，为了总装配过程能够方

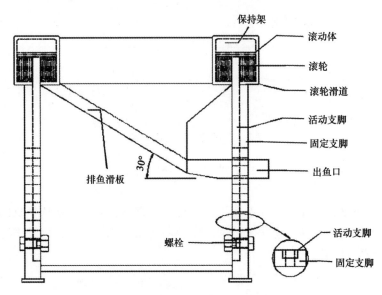

图 5-58　选别机后视图及支脚结构

便，本分级装置采用了先把一些装置，如：鱼体整理器，喷水装置，调心轴承等，预先小组合装配，再将小的装配体插入总装配中的装配思路。秋刀鱼分级装置结构见图 5-59a 和图 5-59b。

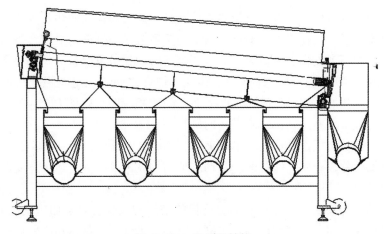

图 5-59a　选别机结构

1. 滚筒设计

滚筒外形设计。图 5-60 是两根锥形滚筒的俯视简图，锥形滚筒的中心线相互平行排列。其长度为 1 560 mm，两端面外径分别是 58 mm、38 mm，内径为 55 mm、35 mm（图 5-60）。两端的间隙设计是根据鱼体的厚度来选择，该选别机的滚筒以及滚筒的间隙设计，一般适用于以下 3 种鱼类。

（1）鲐鱼，体粗壮微扁，呈纺锤形，一般体长 200～400 mm、体重 150～400 g，南海

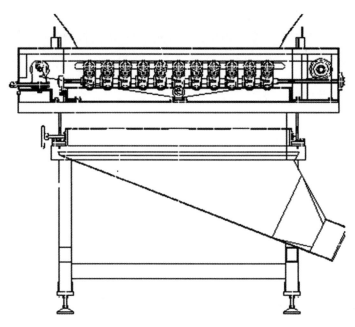

图 5-59b 选别机结构侧视

沿海全年均可捕捞。

（2）沙丁鱼，沙丁鱼为细长的银色小鱼，体长 150~300 mm（6~12 英寸）体型细圆，棒状。

（3）秋刀鱼，秋刀鱼鱼体延长而纤细，侧扁，略呈棒状。体长可达 350 mm。分布于北太平洋海域，包括日本海等海域。

由上述 3 种类型的鱼类可知，该选别机适用于体型偏长纤细、略扁的鱼体。鱼体长度 150~400 mm、宽度 50~100 mm、体厚一般在 30~50 mm。故该选别机除了对秋刀鱼适用以外，对青花鱼，沙丁鱼也可使用。

图 5-60 滚筒结构俯视简

2. 滚筒旋转方向设计

秋刀鱼选别机采用 11 根锥形滚筒，以中心线相互平行方式排列组成。早期鱼类选别机的旋转方向是固定单一的，因此会导致鱼被区分在一边，分类的精度严重下降。本分级装置设计的旋转方向采用两侧旋转，从滚筒上掉下来的鱼可均匀的在选别机上扩展开来，精度大大提高（表5-10）。根据选择鱼量的多少，也有9、13、15不同数量滚筒的鱼选别机型号。

表 5-10　选别机旋转方向

早期的选别机	现在的选别机
单侧旋转	两侧旋转
鱼分选在一边	均匀地在选别机上扩展开来
分选精度低	分选精度大大提高

锥形滚筒与水平面形成的倾斜角度为 $0° \sim 10°$，可使鱼体在选别过程中能沿倾斜的滚筒向前滑行。

3. 滚筒两端轴承设计

为了自动形成选别，可采用锥形滚筒，并且滚筒之间的间隙必须由小到大。如果滚筒与齿轮之间的连接采用刚性连接，对选别机的使用寿命会大打折扣。因此，在滚动轴承的选用上需有一定的要求。图5-61是对所有类别的滚动轴承的整理分类，不同的轴承有不同的适用情况。常用的代表性轴承有以下几种类型。

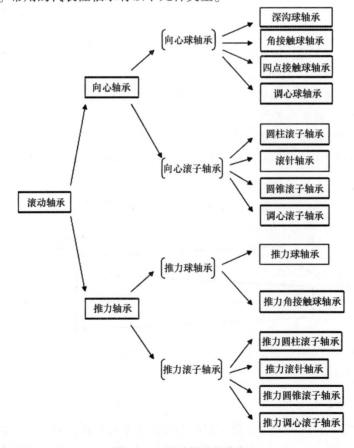

图 5-61　滚动轴承的分类

（1）深沟球轴承。此种轴承是最具代表性的滚动轴承，用途广泛。可承受径向负荷与双向轴向负荷，适用于高速旋转及要求低噪声、低振动的工作条件。其结构特点是带钢板防尘盖或橡胶密封圈的密封轴承内预先充了适量的润滑脂，外圈带止动环或凸缘的轴承。容易轴向定位，又便于外壳内的安装（韦焕典等，2009）。

（2）调心球轴承。由于外圈滚道面呈球面，具有调心性能，可自动调整因为轴或外壳的挠曲及不同心引起的轴心不正。圆锥孔轴承通过使用紧固件可方便地安装在轴上（陈永等，2012）。

（3）圆柱滚子轴承。圆柱滚子与滚道呈线接触，径向负荷能力大，即适用于承受重负荷与冲击负荷，也适用于高速旋转、N 型及 NU 型可轴向移动，能适应因热膨胀或安装误差引起的轴与外壳相对位置的变化，最适应用作自由端轴承（杜德昌，2008）。

（4）推力球轴承。由带滚道的垫圈形滚道圈与球和保持架组件构成，与轴配合的滚道圈称作轴圈，与外壳配合的滚道圈称作座圈，双向轴承则将中圈与轴配合，推力球轴承是分离型轴承，接触角为 90°，只能承受轴向力，极限转速低（周建男等，2001）。

列举了以上代表性的滚动轴承的应用范围，根据秋刀鱼选别机的实际要求，应采用调心球轴承（self-aligning ball bearing）较合适。该类轴承在球面滚道外圈与双滚道内圈之间装有球面滚子，由于外圈滚道的圆弧中心与轴承中心一致，具有调心性能，因此可自动调整因轴或外壳的挠曲或不同心引起的轴心不正可承受径向负荷与双向轴向负荷。

一般轴承的失效形式，主要有破裂、塑性变形、磨损、腐蚀和疲劳。调心球轴承的调心角度在 1°～3°，采用了该轴承可以延长滚筒的使用寿命，提高分选精度。调心球轴承（图 5-62）是依靠基准线来配合，这样挡环的基准线与调心轴承的基准线采用重合的装配方法，使得挡环和调心球轴承以基准线转动。

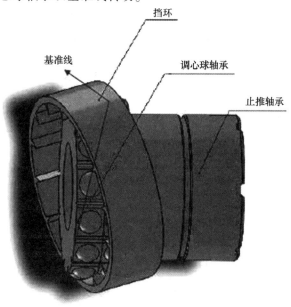

图 5-62　调心球轴承

根据滚筒托架端内径为 35 mm，参考调心球轴承的型号进行选型。从表 5-11 的部分选型参数可知，本分级装置设计的调心球轴承型号选取 1202 型。在图 5-62 中，还有一个止推轴承。止推轴承，是一种承受轴向载荷并防止轴的轴向位移的滑动轴承，也叫平面止推轴承。止推轴承一般采用润滑脂、油绳和滴油润滑方式，轴颈与轴承表面得不到足够的润滑剂，液体油膜不连续，所以摩擦因数较大，磨损严重。止推轴承常与向心轴承同时使用。

表 5-11 部分调心球轴承的型号及参数

型号	内径/mm	外径/mm	宽/mm
2201	12	32	14
1301	12	37	12
2202	15	35	14
1302	15	42	13
1202	15	35	11
1302	15	42	14
2303	17	47	19
2304	20	52	21
2205X	25	52	18
1305	25	62	17
2306X	30	72	27
2206X	30	60	20
2206	30	62	20
1306X	30	72	19
1206X	30	62	16
1206	30	62	16
2307	35	80	31

4. 齿轮传动装置设计

链齿轮传动设计

该齿轮传动机构是安装在齿轮箱内，连接滚筒部分以带动滚筒反向运转。

图 5-63 是该齿轮传动机构的装配图，其传动通过基准面的重合，同心，机械配合的链轮配合完成。由 12 对链齿轮与轴承座组成，其中 1 对用做主动轮。为了实现滚筒之间的反向转动，齿轮之间就必须反向运转。本链齿轮传动采用了齿轮与链条上下间隔的绕链方式，结构简单、成本低。但不足的地方是传动比不稳定，需要经常进行维护（图 5-63）。

轴承座内也采用调心球轴承。

惰轮，顾名思义，不做功的轮子，有一定的储能作用，链齿轮的传动使得系统不稳

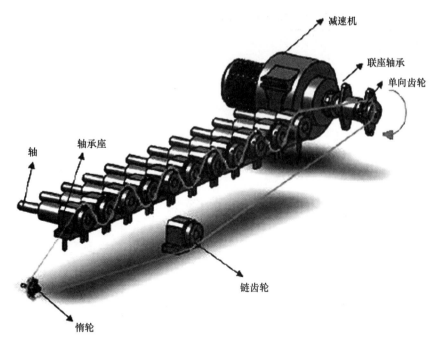

图 5-63　链齿轮传动机构

定，加入了惰轮对系统稳定有帮助，惰轮在机械中使用非常普遍，它有助于连接远处的轴。对链条起到导向、过渡作用，但不能驱动其他组件，并且位置不可调整。

减速机的选型

减速机是一种相对精密的机械，使用它的目的是为了降低转速，增加转矩。它的种类繁多、型号各异，不同种类有不同的用途。减速机按照传动类型可分为齿轮减速机、蜗杆减速机和行星齿轮减速机；按照传动级数不同可分为单级和多级减速机；按照齿轮形状可分为圆柱齿轮减速机、圆锥齿轮减速机和圆锥—圆柱齿轮减速机；按照传动的布置形式又可分为展开式、分流式和同轴式减速机。

中国大陆鱼类选别机尚没有自行研发，没有系数参数及技术要求，故参照日本同类型选别机的性能参数来进行选型（表 5-12），采用行星齿轮减速机。行星齿轮减速机是一种具有广泛通用性的新型减速机，内部齿轮采用 20CvMnT 渗碳淬火和磨齿。整机具有结构尺寸小、重量轻、体积小、传动比范围大、效率高、运转平稳、噪声低、适应性强等特点。行星齿轮减速机的型号繁多，根据表 5-13 的参数，对 PH 行星齿轮减速机进行选型。

表 5-12　日本同类型秋刀鱼选别机的基本动力参数

形式	F063
马力　Motor	1HP×4p×220V
减速比　Redction　Ratio	1∶5
滚筒转速　Speed	500 r/min

表 5-13 PH 行星齿轮减速剂机选型对照（部分）

1/4HP	1/3.75~1/2936.8	200-L1，L2，L3
1/2HP	1/3.75~1/73.7	200-L1，L2
	1/87.1~1/221	280-L2，L3
	1/239~1/494	280-L3，L4
	1/503~1/10041	301-L4
1HP	1/3.48~1/116	280-L1
	1/131~1/221	300-L3
	1/236~1/616	301-L3，L4
	1/618~1/756	303-L4
	1/801~1/869	305-L3，L4
	1/906~1/2422	307-L4
2HP	1/3.48~1/41.5	280-L1，L2
	1/51.8~1/177	300-L2，L3
	1/192~1/221	301-L3
	1/230~1/456	305-L3，L4
	1/492~1/591	307-L4
3HP	1/3.48~1/7.2	280-L1
	1/12.1~1/85	300-L2，L3
	1/87.2~1/221	301-L3
	1/230~1/276	305-L3
	1/278~1/1022	307-L3，L4
5HP	1/3.48~1/7.2	300-L1
	1/12.1~1/85	301-L2，L3
	1/90~1/134	303-L3
	1/136~1/184	305-L3
	1/188~1/546	307-L3，L4
	1/603~1/1022	309-L4
7.5HP	1/3.48~1/7.2	300-L1
	1/12.1~1/51.8	301-L2
	1/53~1/96.7	303-L6
	1/104~1/141	305-L3
	1/146~1/455	307-L3，L4
	1/492~1/546	309-L4
	1/586~1/1814	313-L4

10HP	1/3.48~1/7.2	301-L1
	1/12.5~1/54	303-L2
	1/63~1/107	305-L3
	1/113~1/234	307-L3
	1/270~1/455	309-L3, L4
	1/501~1/1814	313-L4

型号 Size		L1		L2		L3			
		一段 减速比	最大输入 马力	二段 减速比	最大输入 马力	三段 减速比	最大输入 马力	三段 减速比	最大输入 马力
		1 STAGE	(A)	2STAGE	(A)	3STAGE	(A)	4STAGE	(A)
280	3.48	C	3	12.1	C	2	53	A	2	131	A	0.5
	4.26	A	3	14.8	A	2	63	A	2	141	A	0.5
	5.77	B	3	48.1	S	2	69	S	1	144	A	0.5
	7.2	C	3	20	B	2	77	A	1	177	A	0.5
				24.6	A	2	85	A	1	192	B	0.5
				30.7	A	2	87.2		1	221	A	0.5
				33.3	B	2	104	A	1	239	B	0.5
				41.5	B	2	106	A	1	299	B	0.5
				51.8	C	2	116	A	1	373	C	0.5

PH 行星齿轮减速机分为 4 种规格类型，分别是 PH-DM（卧式直结型）、PH-FM（立式直结型）、PH-DS（卧式双轴型）、PH-FS（立式双轴型）。本设计中减速机是固定在侧板上的，所以采用 PH-DM 型行星齿轮减速机。

通过表 5-12 可知，输入马力为 1HP，减速比为 1/5，根据这两个数据查找表 5-13，减速比的范围在 1/3.48~1/116，故选用型号为 280-L1，再根据下半部分，可知，最大可输入的马力是 3 HP。

其中，1 HP = 0.73549875 kW，最大承受扭矩为：45 kg-m = 441000 N-mm。

六、辅助部件设计

1. 卸鱼箱设计

卸鱼装置是由 5 个单独的箱体（其中 4 个卸鱼箱形状完全相同、整机末尾一个卸鱼箱不同）、卸鱼箱吊架和卸鱼箱底座 3 部分组成（图 5-64）。

4 个卸鱼箱起到对鱼体进行选别归类的作用，将鱼体按体高从 30~50 mm 分成 4 个等级，根据需要，出口处可以接连接料盆。末端处的卸鱼箱起到将除这 4 个等级以外更大的鱼体一并收集处理的作用。

卸鱼箱的固定需要一个支撑的底座，卸鱼箱吊架承接了分选滚筒装置以及卸鱼装置。卸鱼箱与底座之间采用了抽屉的原理，使得箱体可以脱卸，方便清洗槽体。

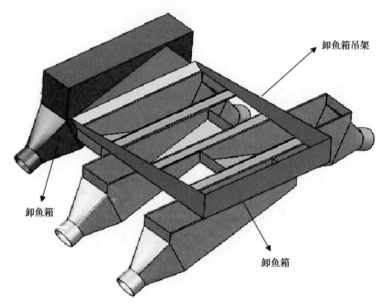

图 5-64　卸鱼箱

锥形滚筒与水平面有一个倾斜的角度，其实就是锥形滚筒与卸鱼箱体有一个倾斜的角度，该角度体现在卸鱼箱吊架上。根据我国研制的对虾分选机的标准，倾角选择为 7°，使得鱼体在选别过程中能沿倾斜的滚筒向前滑行。

2. 喷水装置设计

分选装置旁的侧板上装有喷水管，喷水管将水注入卸鱼箱槽体内，起到了防止鱼体与槽壁黏结、加快鱼体移动速度的作用，同时对所分选出来的鱼进行了初步的清洗。水管的一端用来连接自来水管，剩下的 4 个端口一一对应卸鱼箱的槽体。平行的 4 根喷水管上都装有水阀，水阀左右旋转可以开启和关闭以调节水量（图 5-65）。

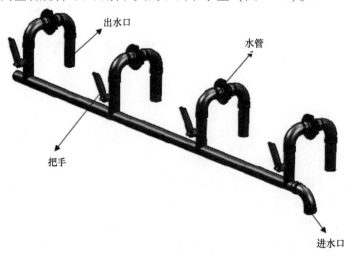

图 5-65　喷水装置

侧板的外侧是进水管，内侧是出水管，之间用六角头螺母和螺栓固定。

3. 鱼体整理器设计

通常在选别之前采用吸鱼泵将大量的鱼连同海水一起抽吸上来，经鱼水分离器分离，然后输送到鱼类选别机的鱼体整理器上，无需人工投料。吸鱼泵和鱼类选别机结合使用，鱼体自上而下滑动，通过鱼体整理器滑入分选装置。因吸上来的鱼都是无序排列，鱼体整理器的功能则是把横竖不一的鱼体通过整理器上的 6 组戟将鱼整理成竖列，戟与戟之间的宽度为 88 mm，鱼体长度大于 88 mm，鱼体厚度小于 88 mm，这样就能够进行选别操作。

鱼体整理器分为两部分，上半部分接连吸鱼泵出口，下半部分别接连分选装置，两部分由铰链连接起来，上半部分可以根据需求进行上下调整（图 5-66）。

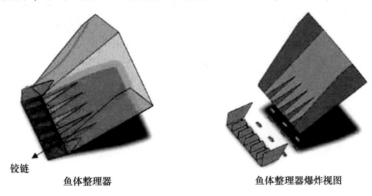

铰链

鱼体整理器　　　　　　　　　　鱼体整理器爆炸视图

图 5-66　鱼体整理器

4. 脚架设计

秋刀鱼分级装置需要一个脚架来支撑主体与承接部分。脚架的 4 个底座上分别有 4 个沉孔（图 5-67），根据所需的高度或者场所的需要，可以将支架架在一定的高度上，用螺母螺栓固定。

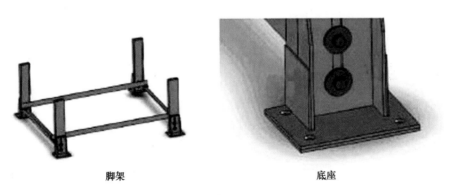

脚架　　　　　　　　　　　　　底座

图 5-67　脚架和底座

5. 齿轮箱设计

齿轮箱内放置齿轮传动机构，通过链条连接减速机和锥形滚筒。箱体内自带有齿轮槽和惰轮箱，用于固定齿轮机构（图 5-68）。齿轮箱内的槽体和轴承座通过六角头螺母及螺栓固定，方便维修保养很清洁。

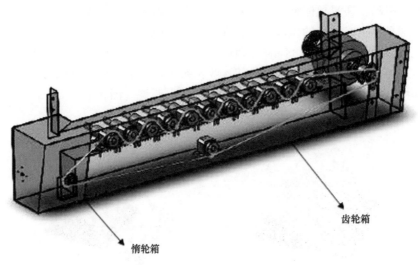

图 5-68　齿轮箱与传动机构的装配

齿轮箱盖与齿轮箱通过铰链连接，齿轮箱盖上的手柄不仅起到把手的作用，也是齿轮箱盖上的开关。当手柄与地面平行时，齿轮箱盖可以打开；盖上齿轮箱盖，将手柄旋至与地面垂直的角度，这样就固定住了齿轮箱盖。该设计简单方便易操作，成本也很低。手柄的握手处采用橡胶材质（图 5-69）

图 5-69　齿轮箱盖与手柄

6. 侧板与护板

侧板和护板的作用是在鱼体选别的过程中，使鱼体在规定的滚筒的轨道上滑动选别，保证选别的精度，同时也起到固定其他装置的作用（图 5-70）。

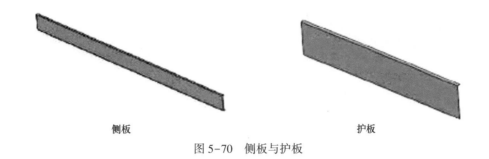

侧板　　　　　　　　　　　　　　护板

图 5-70　侧板与护板

第六节　舷侧滚筒与浮棒绞车

一、舷侧滚筒

20 世纪 60 年代初期，日本、加拿大等国家开始研究和使用"舷侧滚筒"。其中舷侧滚筒作为秋刀鱼捕捞作业中的主要装备之一，由马达、摆动架、滚筒等组成，其中摆动架与滚筒之间采用联轴器连接。舷侧滚筒位于渔船舷侧（图 5-71），依靠滚筒和渔网、缆绳之间的绞拉力进行起放作业，在渔业捕捞作业中具有广泛的用途。例如在起捕秋刀鱼时，在船员配合下，矩形网一端固定在水面的浮棒上，另一端覆盖在船舷侧滚筒上，依靠渔网与滚筒的绞拉力，进行快速起放网作业，利用舷侧滚筒可快速收放钢丝绳，大幅减轻操作人员的劳动强度，提高工作效率。

图 5-71　秋刀鱼舷侧滚筒

舷侧滚筒主要用于秋刀鱼舷提网渔船放网或起网作业。舷侧滚轮安装在左舷舯部舷墙上。安装时，沿船舷舷墙定好中心轴线，再依次安装底座、支座，最后安装滚筒、滚轮。目前中国大陆秋刀鱼捕捞船一般为鱿鱼—秋刀鱼兼作捕捞船，根据不同季节和渔汛情况装备不同的捕捞装备。但现状是，中国大陆渔船上所使用的舷侧滚筒，型式老旧，结构相对不合理，设备故障率高，捕捞效率低下，难以满足我国日益增长的渔业需求。针对秋刀鱼捕捞船的具体情况，科研人员对秋刀鱼捕捞装备中的舷侧滚筒进行了结构优化，使得该装备结构更加合理，降低了故障率，延长了设备使用寿命，提高了捕捞效率。

（一）舷侧滚筒主要技术参数与结构

舷侧滚筒主要技术参数见表5-14。舷侧滚筒结构见图5-72。

表5-14　舷侧滚筒主要技术参数

名　称	技术参数
产品编号	AAD013000
规格型号	JWG-10
滚筒额定拉力	10 kN
滚筒额定转速	20 m/min
卷筒额定拉力	10 kN
卷筒额定转速	20 m/min

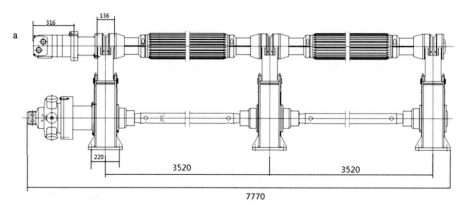

舷侧滚筒结构

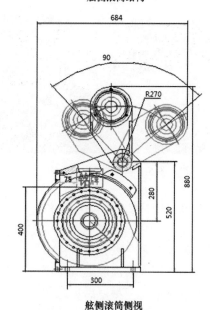

舷侧滚筒侧视

图5-72　舷侧滚筒结构

（二）舷侧滚筒特种材料性能与滚筒改进

1. 橡胶滚轮材料的特性

橡胶滚轮在舷侧滚筒起放网时起到了关键作用。由于网衣直接与橡胶滚轮接触，要求橡胶材料具有耐磨、耐油、耐海水腐蚀等特性。因其摩擦力需达到一定的程度，所以只能选用非金属类的橡胶。由于目前国内现有的橡胶材料远远不能达到上述要求，研发人员经过反复研究实验，终于研制出一种以橡胶作为主材料，添加多类其他元素的复合型耐磨橡胶，其指标性能均符合舷侧滚筒的要求。表 5-15 是复合型耐磨橡胶与进口天然橡胶材料的性能指标。

表 5-15　复合型耐磨橡胶与进口天然橡胶材料的性能指标

指标	扯断力 /MPa	伸长率 /%	永久变形 /%	硬度 /Sh°	300%定伸扯断 /MPa	弹性 /%	密度 /(g·cm⁻³)	磨耗 /(cm³/1.61 km)
复合型橡胶	20.7	461	20	66	11.6	42	1.15	0.30
进口天然橡胶	17.9	491	14	69	12.2	36	1.18	0.23

2. 舷侧滚筒结构改进设计

（1）每节滚筒两端的骨架油封上设置拆装孔，方便舷侧滚筒的拆装、维修。

船舷滚筒是一种外面敷包橡胶的圆柱形滚筒，设置于船舷上，起网时靠转动的滚筒与网衣之间的摩擦力将网衣带上甲板。该设备在渔船上作为动力滑车的配套设备完成收取网衣的工序。由于能省大量劳力、减轻劳动强度、减少网具磨损、提高产量和经济效益，现在我国的渔船上已普遍使用。传统舷侧滚筒的结构主要包括马达、摆动架、滚筒。在摆动架中通过轴承套设有滚筒传动轴，为了防止海水等进入轴承内对轴承造成腐蚀，一般都会在轴承两侧安装骨架油封，但是骨架油封拆卸十分不便。针对传统舷侧滚筒的不足，新设计的舷侧滚筒骨架油封拆卸方便，包括摆动架和骨架油封，摆动架对应于骨架油封位置的侧壁上开设有第四通孔，对称均匀设置；在通孔中伸入细棒即可方便的顶出在摆动架中设置的骨架油封，非常方便。

（2）液压双马达传动结构及滚筒同步结构，动力充足、节约成本。一般根据渔船的大小在渔船船舷侧安装有多组舷侧滚筒，各组舷侧滚筒之间通过设置在一端的马达传动，该结构要求动力源功率大，因而动力源马达体积过大；制造成本较高，且在渔船上安装也十分不便。

针对舷侧滚筒动力不足和马达体积过大的问题，新设计舷侧滚筒采用双马达传动，包括若干个摆动架组成的摆动架组，在摆动架组的两端分别设置马达和一个连轴套，摆动架内套设有滚筒传动轴，连轴套上分别设置与滚筒传动轴和输出轴对应的第一槽和第二槽，输出轴通过花键连接固定于第二槽中，滚筒传动轴通过花键连接固定于第一槽中。

为了防止双马达结构带来的各个舷侧滚筒不同步，新设计舷侧滚筒具有连接套，摆动架内穿滚筒传动轴，滚筒传动轴上套有连接套，并且连接套内侧壁与滚筒传动轴外侧壁之间设置有轴承，连接套的一端开设有第一槽，第一槽内穿设有连接轴，连接轴与滚筒固定连接。

（三）新设计舷侧滚筒特点

（1）结构特点：起网舷侧滚筒采用复合型橡胶包覆，并在橡胶上开设了多道轴向直槽，增加了网衣与滚轮的摩擦力，解决了网衣的打滑问题。同时为了保证橡胶与滚轮的强度与结合力，滚轮加工时进行了滚花处理。

（2）材料特点：通过以橡胶作为主材料添加多种元素形成新型复合型材料，增加了舷侧滚筒橡胶套材料的耐磨性，解决了普通非金属橡胶易磨损的难题。

（3）技术特点：在摆动架组的两端均设置有液压马达，带动滚筒转动，从而减小了单台马达的功率，使得马达体积更小，制造成本更低。且通过液压系统，解决各个滚筒不同步的问题，极大地提高了捕捞效率和稳定性。

二、浮棒绞车

浮棒绞车主要用于秋刀鱼舷提网渔船收放浮棒。浮棒绞车是由液压马达、减速机、支架和卷筒组成，液压马达与减速机做成整体结构，具有体积小、重量轻、载荷大等特点，整机结构紧凑，安装、调试和维护比较方便。浮棒绞机安装时，前后两台分别对准舷边滚筒的两端，用于收绞舷提网侧纲，其余4台均匀分布，用于收绞浮棒引纲。吊杆、底座均因地制宜地设计、制作、安装。绞车的安装位置与舷边滚筒的中部相对应（图5-73）。

图5-73　浮棒绞车

浮棒绞车主要技术参数见表 5-16。浮棒绞车结构见图 5-74。

表 5-16　浮棒绞车主要技术参数

名　　称	技术参数
产品编号	ACF017000
规格型号	YFJ-10
额定负荷	15 kN
最大负荷	20 kN
额定转速	30 m/min
钢丝绳直径	Φ14 mm
容绳量	170 m

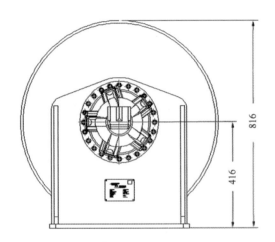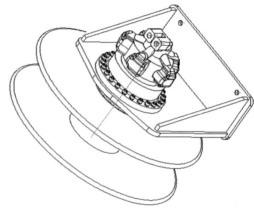

图 5-74　浮棒绞车结构

第六章　秋刀鱼捕捞技术

秋刀鱼广泛分布于西北太平洋及其沿海海域，是日本、俄罗斯、韩国、中国大陆和台湾省等国家和地区重要的捕捞对象之一。捕捞秋刀鱼的作业方式主要有舷提网、拖网、灯光围网、流刺网和抄网等。目前除俄罗斯采用"降落伞型"尾提网对西北太平洋秋刀鱼进行捕捞作业以外，现今从事秋刀鱼捕捞的国家和地区绝大部分采用光诱舷提网作业，在日本、韩国沿海仍有少量的流刺网作业，并有极少量的拖网作业。

秋刀鱼舷提网（日本称"棒受網"）起源于20世纪30年代日本的千叶县和神奈川地区，由于其操作简便、渔获效率高，从而得以迅速推广；1950年前后，日本研制出灯诱舷提网渔法，渔获量显著增长，现已成为秋刀鱼捕捞的主要作业方式。目前在西北太平洋海域，秋刀鱼的捕捞总产量约为60万t，在世界小型中上层鱼类产量中占有重要地位。

中国大陆从2003年开展探捕生产，秋刀鱼舷提网渔船从最初的几艘发展到2015年的50余艘，年产量从2012年的5 000 t跃升到2014年的超过7.6万t，已成为世界上主要捕捞秋刀鱼的国家和地区之一，秋刀鱼舷提网捕捞技术也成为中国大陆远洋渔业中重要的渔具渔法。

第一节　秋刀鱼舷提网作业的基本原理与方法

一、秋刀鱼舷提网分类与作业原理

舷提网属敷网类，敷网按照我国GB5147—2003《渔具分类、命名及代号》分类原则，分为箕状和撑架2型，岸敷、船敷和拦河3式。船敷式又可分为单船和多船；根据敷设水层，又可分为浮敷和底敷。其分类框架如下。

```
   类              型              式

             ┌ 1 箕状（jzh）┐    ┌ 1 岸敷（42）┐         ┌ 1 单船（00）┐    ┌ 浮敷
 敷网（F）┤              ├⇒  ┤ 2 船敷（43）├⇒  ┤              ├⇒  ┤
             └ 2 撑架（chj）┘    │              │         └ 2 多船（02）┘    └ 底敷
                                  └ 3 拦河（41）┘
```

依据上述分类原则，秋刀鱼舷提网属单船浮敷、船敷式撑架型敷网。舷提网作业原理为将网具从渔船单舷侧敷设海中，利用集鱼灯诱集鱼群至网上，然后提升网具而达到捕捞

198

目的。

　　日本的舷提网网具形状主要为方形或长方形，上缘绑扎一捆竹竿（日本称之为"向竹"）使网的上部浮于水面，竹竿浮子的长度略短于渔船的长度，一般100吨级的渔船，其竹竿浮子的长度在25~30 m。网具下缘的长度约为上缘的1.10~1.30倍，而网两侧的长度要比下缘短20%左右。网的下缘安装6~9根引纲，并装有沉子。网的两侧各有一根推竹（日本称之为"向竹撑出棒"），自船舷伸向竹竿浮子的两端，网的左右两缘装有浮子、铁环和环纲。作业时将网具预先敷设在水中，利用秋刀鱼的趋光特性，采用集鱼灯诱集鱼群，待鱼群进入网内，迅速收绞网纲，然后用抄网取鱼或用吸鱼泵放入网中抽取渔获物，以达到捕捞的目的。舷提网具有操作简单、渔获效率高等特点。舷提网作业示意图见图6-1和图6-2。

图6-1　秋刀鱼舷提网作业正面（左舷）

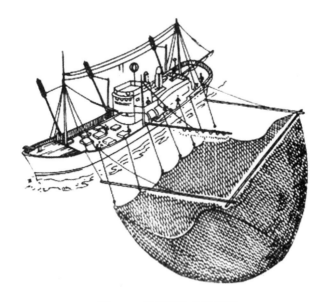

图6-2　舷提网作业示意图

199

二、舷提网作业的一般操作过程

秋刀鱼捕捞作业首先根据历史生产资料和船长生产经验，结合渔情、海况等资料及现场观测的水温、海况等状况，确定作业渔场的大致范围。渔船到达渔场后，利用探鱼仪和声呐寻找鱼群，入夜后渔船保持微速航行，一旦发现鱼群，开启诱集灯，把其他灯光全部关闭，并以右舷的所有水上集鱼灯诱集鱼群，当鱼群密集且安定时，停船并利用船艉三角帆稳住渔船，使作业舷受风。一般在左舷下网，支开撑杆，张好网具，待网具展开后，开启左舷的诱导灯，并依序熄灭右舷集鱼灯，将鱼群诱集至左舷（此系左舷作业模式，采用左舷或右舷作业常因船长的习惯而异）网内，并以中心的红色灯诱使鱼群上浮并集中，然后开始收绞起网纲索，起吊网身，直至取鱼部，利用吸水泵将鱼群吸入船内，再分类装箱冷冻。舷提网作业模式如图6-3所示。

图6-3 秋刀鱼舷提网作业模式（左舷作业）

资料来源：林龙山，2003

秋刀鱼舷提网捕捞作业过程主要有鱼群侦察、鱼群诱集、放网及诱鱼至放网舷（导鱼）、起网、鱼水分离、处理与加工等几个步骤（图6-4）。

1. 鱼群的侦察

秋刀鱼鱼群的侦察从白天就已开始进行，渔船边航行边侦察，一般开启少数几盏绿色集鱼灯，同时通过垂直和水平探鱼仪（声呐）来观察鱼群（白天主要是垂直探鱼仪）。到了夜晚，秋刀鱼渔船云集渔场，此时鱼群的侦察除了通过探鱼仪或声呐探测外，在渔船航行中，还可通过船艉的探照灯扫海来观察鱼群的厚度。在鱼群侦察过程中，船长的经验和其他渔船的动向也起着相当大的作用。

2. 鱼群诱集

一旦发现大的秋刀鱼鱼群，渔船便慢速前进，并开启渔船四周所有水上集鱼灯，开始诱鱼，诱鱼所需时间的长短主要视鱼群聚拢程度而定。因此在诱鱼过程中，船长和船员们要时刻注意鱼群动态。船长根据鱼群的厚度和自身经验，随时对灯光配置进行调整，以达到最佳集鱼效果，并决定是否放网（图6-5）。

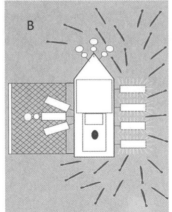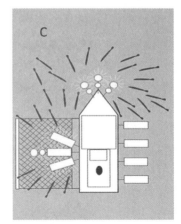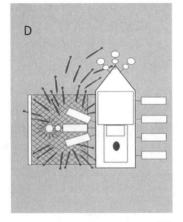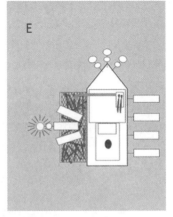

图 6-4　舷提网作业过程
A. 诱鱼；B. 放网；C 和 D. 导鱼；E. 起网

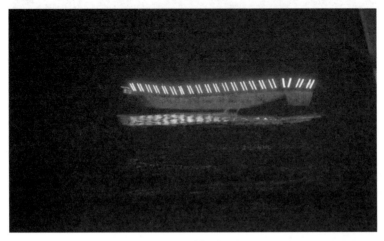

图 6-5　诱集秋刀鱼

3. 放网和诱鱼到放网舷

放网是秋刀鱼捕捞作业中比较复杂的一项工作，必须由船长和船员们相互配合好才能完成。当鱼群聚拢到一定程度后，船长决定放网。此时，负责放网操作的船员则各就各位（每台绞机都有专人负责，网衣的推放也有指定船员负责）。

放网时，使作业舷受风，先关闭放网舷所有的灯，让鱼群集中到另一舷。船长下令放网后，负责绞机的船员则开始工作，首先是放下浮棒，然后将网衣按顺序推放到海里，张开撑杆和网具。当网投放完毕后，打开放网舷的诱集灯，同时慢慢地、有顺序地关闭另一舷的诱鱼灯，使鱼群诱集到放网舷。将鱼群从集鱼舷诱集到放网舷的方法有两种：一种是引导鱼群穿过船底到放网舷，适用于吃水浅的小船，其作业方法是：当集鱼舷诱集了许多鱼后，打开放网舷的诱鱼灯，然后关闭集鱼舷的诱鱼灯，将鱼从船底引向放网舷。另一种方法是引导鱼群绕过船首和船尾迂回到放网舷，适用于吃水较深的大船，其作业方法是：打开放网舷的诱鱼灯，从船中央开始，依次关闭集鱼舷的诱鱼灯，把鱼从船首和船尾诱集到放网舷。总之，在放网和诱鱼到放网舷的过程中，灯光配置的选择很重要，船员之间，尤其是操纵绞机的各个船员之间要配合的非常默契，同时在放网过程中，船长对于开启和关闭各种诱集灯的时机要把握的非常好，这是影响秋刀鱼渔获产量的关键因素之一（图6-6）。

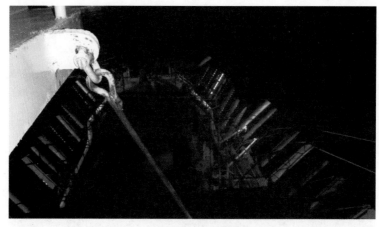

图6-6 诱鱼与放网

4. 起网

当秋刀鱼鱼群被诱集到放网舷后，除留下网具正中央的红色灯外，立即关闭船上所有诱集灯，诱使鱼群聚缩、上浮至水表层（红色灯虽然有稳定鱼群的作用，但时间过长会使鱼群向深处游去）。随后船长下令起网。为了防止鱼从网的两侧逃逸，同时收绞侧环纲（两侧括纲）和下纲，然后把网身吊起，固定于船舷，由船员依次将网衣由两边向中间聚拢，将鱼聚集到取鱼部（图6-7）。

5. 鱼水分离

当秋刀鱼集中到取鱼部后，随即放下吸鱼泵吸管，用吸鱼泵将秋刀鱼连水带鱼一起吸

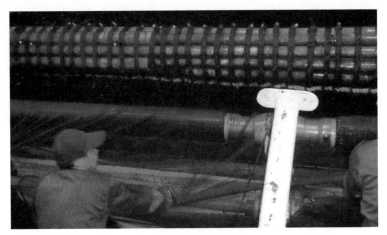

图6-7　起网

取上来。当鱼和水被吸鱼泵吸上来之后，经过鱼水分离器分离和分级装置，然后将秋刀鱼送入加工舱（图6-8）。

图6-8　鱼水分离

6. 渔货处理与加工

　　秋刀鱼渔货经鱼水分离器和分级装置后进入加工舱，加工舱人员已各就各位，待鱼依次倒入加工槽后，立即开始加工。渔货处理与加工过程主要有冲洗、分类装箱、冷冻、下舱4个步骤。

　　（1）冲洗。秋刀鱼倒入加工槽后，即刻用干净的海水将鱼冲洗干净（图6-9）。

　　（2）分类装箱。秋刀鱼冲洗干净后，即进行分类装箱，一般是边分类边装箱。秋刀鱼要按加工标准分类，其规格一般有以下5种。

　　特号：150 g/尾以上；1号：130~150 g/尾；2号：110~130 g/尾；3号：90~110 g/尾；4号：69~90 g/尾。

　　装箱时则按照以上5种规格装箱，装箱的标准如下：每箱净重10 kg，清洗干净，自

图 6-9　冲洗秋刀鱼

下而上，竖直整齐摆放，不得相互交叉，加塑料袋纸箱包装（表 6-1）。

表 6-1　秋刀鱼装箱级别

级别	g/尾	（不多于）尾/箱	（不低于）g/尾
特号	150 以上	≤67	≥150
1 号	130~150	≤76	≥130
2 号	110~130	≤90	≥110
3 号	90~110	≤110	≥90
4 号	69~90	≤144	≥69

（3）冷冻。秋刀鱼装箱后，通过运输传送带直接进入速冻舱进行速冻，其速冻量最大可达 50 t/d（图 6-10）。

（4）下舱。夜晚捕获的秋刀鱼速冻到次日早晨，负责下舱的船员将已速冻好的秋刀鱼运送到渔船冷冻舱进行保存，同时为当晚作业所捕捞的秋刀鱼速冻留出空间。当冷冻舱保存秋刀鱼达到一定吨数时，就傍靠转载船进行转载。

总之，秋刀鱼的加工过程，其标准对于从事秋刀鱼远洋捕捞的渔船来讲，几乎是一致的，以便日后销售。同时，除了渔获量因素外，加工过程中秋刀鱼鱼体质量的保证也是影响日后秋刀鱼市场价格的一个重要因素。

7. 舷提网作业原则

渔船找到中心渔场后，尽可能多地将渔船周围的鱼群诱集到船舷边上层水域并诱导至放网舷进入网中是舷提网作业成功的关键。因此，在网具大小及网目尺寸一定的情况下，必须注意以下几点：①要根据背景光选择恰当的诱集灯灯色配备及光强；②网具在水中要始终保持良好的扩张状态；③根据鱼群的大小，选择恰当的放网时间；④导鱼时，要根据鱼群跟灯的情况，选择恰当的诱集灯关闭方式和关闭时间。

图 6-10　冷冻

8. 舷提网捕捞作业操作时注意要点

目前由于中国大陆秋刀鱼捕捞技术发展较晚，舷提网灯光诱导秋刀鱼作业操作和捕捞技术还不够成熟，生产方式较日本、韩国和中国台湾省捕捞作业方式落后，捕捞作业、渔获物处理等大多靠人工手工分类操作。今后应当对秋刀鱼捕捞船、吸鱼泵、鱼水分离器等助渔装备进行全自动化升级，提高渔获处理效率、节约成本。

舷提网灯光诱导秋刀鱼捕捞作业操作时应注意的要点。

（1）将渔船周围的秋刀鱼鱼群诱导至渔船较上层水域，并诱入至舷提网的上方网内区域，是舷提网灯光诱导秋刀鱼作业的技术关键。因此，必须把握：①红、白、绿 3 种颜色诱鱼灯的组合和开关灯时间；②船网位置要正，网具在水中要始终保持良好的扩张状态；③在下纲未提离水面前，应尽量减少主机动车，以免螺旋桨激起的噪声和水流惊散鱼群；④绞收下纲和侧纲要迅速，以达到尽快封闭底网，防止鱼群从下纲和两侧逃逸。

（2）要充分利用暗夜和黄昏等最佳时间。因月光之夜诱鱼效果明显变差，大雾天气对诱鱼灯光照作用产生消减、诱鱼效果亦往往较差，故在月光之夜或大雾天气应合理选择灯光组合，以达到良好的诱鱼效果。

（3）要充分利用秋刀鱼渔船上配备的声呐和探鱼仪系统。在大雾或者月夜天气时，诱鱼灯对鱼群的聚集作用较弱，此时需要充分利用声呐和探鱼仪系统找到相对较大的鱼群后再用诱鱼灯聚集。

（4）掌握中心渔场。西北太平洋秋刀鱼作业船只之间要及时互通生产信息，并注意周围船只的生产动态。

三、秋刀鱼舷提网作业相关安全准则

安全生产是远洋渔业的生命线，相关生产渔船应坚持"安全第一、预防为主"的安全生产方针，认真学习贯彻农业部印发的《关于加强远洋渔业安全生产的通知》精神，注重从源头抓起，在船舶监造、安全设备安装调试、备航、航行、直至入渔海域生产等各个环节，对涉及的安全隐患要及时消除，并按照捕捞海域和国际海事、渔业有关法律法规的要求，制定安全生产管理制度和操作规程。从事秋刀鱼生产的渔船及人员应遵守以下相关规章制度。

1. 安全条列

甲板工作人员工作时，要求穿救生衣、工作鞋并戴安全帽。遇登高作业，系安全带。

放网时，严禁站在网上及绳索上。并注意网衣松放状态，如发生网衣缠入滚轮中，严禁在滚轮转动时，硬性拉扯网衣，应及时通知滚轮操作人员，待停止滚轮后，再解网衣。

放网时，滚轮及绞机操作人员应提前到位，并注意听取大副信号。放钢丝绳时，应同步松放。同时，注意钢丝绳状态，如钢丝绳发生纠缠或滑出导向轮时，停止绞机或滚轮，并向大副汇报。严禁在绞机、滚轮转动时，松解钢丝绳。

起网时，网衣由两端向中间依次拉进，拉网人员应注意网衣状态，一旦网衣缠入滚轮时，应停机后才可松解网衣。

收绞钢丝绳时，由于灯光较暗，操作人员需注意观察。收绞滚轮钢丝绳时，前后应同步。滚轮钢丝绳绞上后，收绞浮棒钢丝绳时，也需注意同步收绞，避免由于钢丝绳不齐而损坏浮棒。

吸取秋刀鱼时，应注意观察吸鱼管状态，避免损坏网衣或由于吸鱼管浮出水面而产生吸空现象。

加工人员需穿工作鞋。

加工间、冷冻间需经常清理地面，防止由于地面湿滑而造成人员摔倒受伤。

输送带间隙处需加装保护装置，严禁输送带相向转动。

严禁在无人看守的情况下，烘烤衣服、鞋帽等。

生产结束后，应关闭设备电源、控制阀等，并固定浮棒，罩好探照灯。

遇大风浪，应将艏部集鱼灯收进，防止由于上浪造成灯具、灯泡等损坏，并固定好网具等。

定期检查滚轮、绞机等设备的底座，避免由于底座螺丝松动而产生事故。

检查集鱼灯灯泡、电线、接线端子等，避免出现漏电等事故。

注意保养各项设备。

2. 操作守则

入夜后，开启数盏集鱼灯及探照灯，寻找鱼群。

发现鱼群后，船慢速接近鱼群，开启全部集鱼灯，将放网舷置于上风舷。并可使用探照灯驱赶外部鱼群至舷侧。

鱼群密集后，关闭放网舷中部的集鱼灯，待鱼群游向船首、船尾后，开始下网。

首先，下浮棒，待浮棒下出 3 m 左右时，停止。接着，下网衣，待网衣全部松放出后，浮棒下至水面。

松放出滚轮钢丝绳至预定长度，并逐步松放出浮棒钢丝绳。

待网具全部展开后，开启放网舷集鱼灯，开始关闭另一舷的集鱼灯，引导鱼群。

集鱼舷关灯时，从中部依次向两侧关闭，关灯间隔时间根据实际情况而定，在艏、艉转角处，略慢一点。

放网舷集鱼灯从艏、艉两侧依次向中部关闭，待关灯至主灯架处，保留 1~2 盏灯，开始起网。如遇大风浪天气，需动车顶风起网。

起网时，首先绞滚轮钢丝绳，待下纲绞上后（此时，可开启另一舷集鱼灯），收绞浮棒钢丝绳，待浮棒绞上后，开启放网舷集鱼灯。

网衣由两端向中间依次收进，有时需进车或倒车，保持网衣与船舷成垂直状态。待鱼集中于取鱼部后，放下吸鱼管，吸取秋刀鱼，吸完后，拉起吸鱼管，并拉上剩余网衣，完成一次起放网操作过程。

3. 工作职责

舷侧滚轮操作人员职责

放网前，打开油压马达，做好下网准备。

放网时，等放网舷灯光关闭后，听从大副的信号指挥，首先启动橡胶滚筒，松放出网衣，待网衣全部松放出后，缓慢松放钢丝绳至预定长度。

松放网衣过程中，注意避免网衣缠入滚筒。松放钢丝绳应注意前后一致，平稳均匀，避免由于受力不均使得网衣不能展开或破损。

起网时，首先收绞钢丝绳，下纲绞上后，等拉网人员拉上三角纲绳索后，启动橡胶滚筒，收绞网衣。在起网过程中，应集中注意力，观察网衣状态，如网衣缠入滚筒，及时停机。

在起、放网过程中，必须坚守岗位。并随时检查机械设备，发生故障及时通知驾驶台和修理人员。

作业结束后，关闭操作阀，关闭油压马达。

参加渔获加工工作。

绞机操作人员职责

放网前，做好准备工作。

放网时，听从大副信号指挥，排竹（亦称浮棒）先放下 2~3 m，等网衣全部松放出后，排竹放至水面，缓慢松放钢丝绳，保持前后一致均匀。如遇风、流复杂情况下，听从船长指挥调整。

在松放钢丝绳的过程中，注意钢丝绳状态，避免"压钢丝绳"及钢丝绳断裂等事故的发生。

起网时，等网具下纲绞上后，再同步收绞排竹的钢丝绳，将排竹绞至与滚筒齐平。

排竹绞上后，参加拉网工作。在起、放网过程中，必须坚守工作岗位。

作业结束后，关闭操作阀。参加渔获加工工作。

网具操作人员职责

在放网前，整理网衣，做好准备工作。

放网时，借助滚筒，将网衣、下纲全部松放出。

起网时，绞上下纲后，迅速拉上三角纲绳索，借助滚筒，开始收绞网衣。

收绞网衣时，由两端依次向中间收拢。在此过程中，注意避免网衣缠入滚筒或掉入海中。

网衣收拢至中间后，放下吸鱼管，抽吸秋刀鱼。

吸鱼完成后，拉上吸鱼管，并将剩余网衣拉进。

在吸鱼、关灯或放网的间隙，如产量较好时，应主动、积极参加加工工作。

作业完成后，将吸鱼管放入海中，抽出管内残存的鱼。并固定排竹，再参加加工工作。如遇天气条件恶劣的情况，需固定网衣和灯架。

加工人员职责

在作业前，整理加工间，做好各项准备工作。

在首次起网时，主动协助、参与拉网工作。

加工时，严格按照加工标准加工，分级清楚、摆放整齐，在保证质量的前提下，提高加工速度。

在进、出冻鱼时，鱼箱要轻拿轻放，保持箱内鱼体整齐及鱼箱外观整洁。

鱼数清点要求正确。

正确操作加工间各项设备，并经常检查，减少事故隐患。

加工结束后，关闭设备电源。打扫清理加工间。

第二节　秋刀鱼舷提网渔船及装备布置

一、舷提网渔船的一般要求

秋刀鱼舷提网作业渔船多数是与鲑鳟鱼流网渔船、鲣竿钓渔船、鱿钓渔船兼作使用，随着公海流刺网渔业的终止，现在的秋刀鱼渔业只有一小部分仍保留流刺网作业，大部分已以舷提网捕捞为主体。因此，秋刀鱼舷提网作业渔船一般应满足以下条件。

（1）吃水浅：渔船吃水过深，集鱼灯的光线会被船底遮挡住，从而影响鱼群通过船底游向放网的一侧。但大型船例外（因为大型船，鱼群是通过船艏的诱导灯诱导，由右舷绕过船首游向左舷的）。

（2）抗风性能好：抗风性能差的渔船，在风浪较大时，要保持船、网相对位置稳定相当困难，而且起网也很麻烦。

（3）干舷低：起网时较容易将网拉入船内；同时，取鱼也比较方便。自从开发了各种起网机械以后，干舷问题已不十分突出。

（4）鱼舱分成为几个小仓：要将渔获物按先后顺序分别收容于冷舱内，可以保持鱼货的冷藏度。渔船鱼舱布置与鲣竿钓渔船相同，即采用纵向三列配置小鱼舱。大型渔船则采取冻结舱形式。

二、舷提网渔船的装备布置特点

1. 总体布局

舷提网渔船主要由三层甲板、生活区、捕捞操作区和加工操作区组成。渔船共有三层结构，甲板上两层为船员生活区，甲板下层为加工操作区，主要开展秋刀鱼加工操作和渔获物冷冻处理，冷冻仓在甲板下层加工操作间；渔船船舱前端为捕捞操作区，捕捞操作设备主要有舷边滚筒、浮棒绞机、电动和液压绞机、吸鱼泵、鱼水分离器、分级装置等。集鱼灯位于船舷的两侧、船艏和船艉，舷侧滚筒位于两舷，舷提网网具平时堆放在船侧甲板上（和舷侧滚筒同侧）；渔船船舱后端为渔获物资堆放区（图 6-11 和图 6-12）。

图 6-11　中国大陆秋刀鱼舷提网渔船

图 6-12　中国大陆秋刀鱼舷提网渔船兼鱿钓渔船局部

2. 渔捞装备的布置

秋刀鱼舷提网渔船甲板渔捞机械主要有集鱼灯、舷侧滚筒、浮棒绞车、电动和液压绞机、吸鱼泵、鱼水分离器、鱼货分级装置以及与之配套的液压单元。集鱼灯的作用是诱集秋刀鱼至船舷两侧，并引导秋刀鱼汇集于舷提网中，其性能的优劣直接影响捕捞效果。集鱼灯主要分诱集灯和诱导灯两种，诱集灯装置在诱集舷，诱导灯装置在艚艉和起放网舷。诱集灯用于诱集鱼群，诱导灯用于将诱集灯诱到的鱼群引导到装有网具的作业舷。舷侧滚筒主要采用液压驱动，用于舷提网的起放网操作。浮棒绞机采用液压驱动，其作用是收绞、松放浮棒引纲及侧纲；浮棒绞机共有 6 台，其中 4 台用于收、放浮棒引纲，两台用于收、放侧纲。吸鱼泵、鱼水分离器、分级装置的作用是在起网完成后，吸取网内的秋刀鱼，并通过鱼水分离器把鱼与水分离，再通过分级装置把各种规格的鱼分别送至各个加工台。

三、舷提网渔船类型及其比较

1. 日本舷提网渔船类型

日本的秋刀鱼舷提网作业基本上都是鲑鳟鱼流网船、金枪鱼钓船、鱿鱼钓船和其他作业船的兼（轮）作渔业。日本舷提网渔船如图 6-13a 和图 6-13b 所示。由于离渔场较近，渔船多为 3~5 吨级和 50~100 吨级，较大的 300~500 吨级。渔船航速一般为 8~12 kn，续航力为一周至两个月，船上定员 10~30 人。鱼舱多为纵向三列配置，采用 0℃ 的冰块散装保鲜。

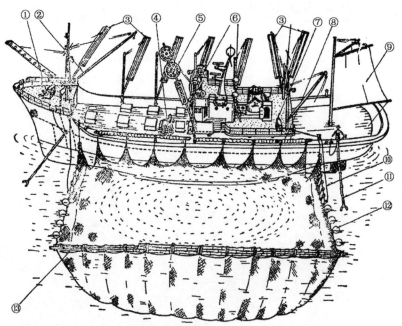

图 6-13a　日本舷提网渔船

①锚机；②抄网吊杆；③右舷诱鱼灯；④ 6（或 8）卷筒串联绞机；⑤左舷诱鱼灯；
⑥探照灯；⑦绞机；⑧舷边拉网滚筒；⑨艉桅纵帆；⑩引扬纲；⑪推杆；⑫浮子；⑬竹竿浮子

资料来源：津谷俊人著；段若玲译，1986

图 6-13b　日本最小和最大尺寸的秋刀鱼渔船（左边为最小尺寸，右边为最大尺寸）

2. 俄罗斯舷提网渔船类型

俄罗斯的拖网渔船捕捞能力很强，其加工母船可以快速处理捕捞上来的渔获物，但这些渔船传统的拖网作业方式无法从事秋刀鱼捕捞，工作母船又因船舷太高不能使用舷提网。为解决这些难题，2001 年俄罗斯远东研究所开始研究新的秋刀鱼渔具渔法，并对这些船只进行改装，研究小组成功设计出了"降落伞型"尾提式渔网用于秋刀鱼生产（图 6-14a 和图 6-14b）。俄罗斯最新开发的"降落伞型"尾提网和工作母船投入使用后给西北太平洋及远东地区的秋刀鱼捕捞业注入了新的活力，使俄罗斯在这一地区的秋刀鱼捕捞量大幅上升。

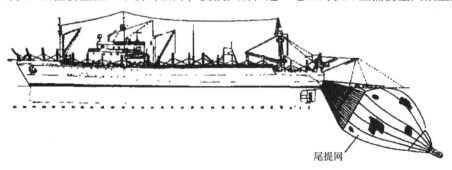

尾提网

图 6-14a　俄罗斯尾提网渔船

资料来源：徐宝生等，2004

"降落伞型"尾提网的网目尺寸（2a）为 10 mm，作业时在船尾下网，并用多根纲索与渔船连接，网口与船尾的距离为 70 m。网衣的浮子纲上装有大直径的浮子，浮子纲长度为 70 m。网具底部配有一定重量的沉子。"降落伞型"尾提网的渔法与秋刀鱼舷提网的渔法基本一样，也是利用两舷的集鱼灯诱集鱼群入网后起网而达到捕捞目的。但其与秋刀鱼舷提网作业的不同之处在于：舷提网一般从船的左舷或右舷边起放网，而"降落伞型"尾提网则在船尾起放网。当鱼群在船尾聚集到一定数量以后便开始使用渔船上的绞机起网，而渔船几乎原地不动，并用海锚防止其移动。

图 6-14b　俄罗斯尾提网渔船

资料来源：NPFC-2017-TWG PSSA01-Final Report

3. 韩国舷提网渔船类型

韩国的秋刀鱼舷提网作业开始于 1966 年。1985 年，当时仅有 3 艘船赴西北太平洋试捕秋刀鱼。1987 年，秋刀鱼舷提网作业实行许可证制度后，作业船数不断增加。韩国的秋刀鱼舷提网及渔船与日本的基本相似，多为一船多业的兼作方式，小型渔船一般主机总功率为100～150 HP（73.5～110.25 kW），大中型渔船主机功率 800～1 200 HP（588～882 kW）（图 6-15a 和图 6-15b）。

图 6-15a　韩国舷提网渔船示意图

图6-15b　韩国舷提网渔船

4. 中国台湾省舷提网渔船类型

中国台湾省秋刀鱼舷提网渔业开始于1977年，由两艘拖网渔船改装而成的舷提网渔船赴西北太平洋作业。舷提网渔船均由远洋鱿钓渔船兼作生产。渔船主要渔捞机械配置如图6-16所示。

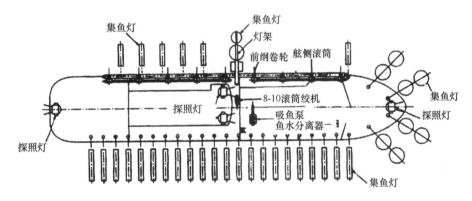

图6-16　中国台湾省秋刀鱼舷提网主要渔捞机械的配置（左舷式）

资料来源：林龙山，2003

5. 中国大陆秋刀鱼舷提网渔船类型

中国大陆的秋刀鱼舷提网渔船基本上都是由远洋鱿钓渔船改装而来，实施秋刀鱼兼捕作业，而后才逐步建造大型秋刀鱼舷提网渔船，但仍旧实施秋刀鱼和鱿钓兼捕作业，以扩大效益。

大连国际合作远洋渔业有限公司的"国际903号"是中国大陆第一艘从事西北太平洋秋刀鱼渔业资源开发的渔船，在舷提网捕捞技术方面积累了丰富的经验，渔船主要甲板机械有船侧滚筒、绞机、离心式吸水泵及鱼水分离器等。其主要性能参数如下：总长58.68 m，型宽10.10 m，型深6.70 m，吃水3.74 m，总吨909 t，净吨360 t，设计航速12.5 kn，舱容703 m^3，油舱350 t，淡水舱50 t，发电机3台，主机型号6LU35（1 212.8 kW），速冻能力50 t/d，制淡机3 t/d，集鱼灯功率714 kW。

2003年，中国水产科学研究院东海水产研究所与中国水产有限公司联合成立课题组，专门负责秋刀鱼舷提网作业项目，在较短的时间内顺利完成了渔船改装工作，成功将"中远渔2号"鱿钓渔船改装成秋刀鱼舷提网渔船，并圆满完成了初次秋刀鱼捕捞生产任务。本次改装工作根据舷提网作业的特点，增添了部分集鱼灯设备、捕捞操作设备，并对甲板、机舱等进行局部改装。渔船主要性能参数如下：总长70.00 m，两柱间长60.70 m，型宽10.60 m，型深6.95 m，主机功率1 323 kW，总吨位为1 096 t，净吨位为349 t，3台辅机功率分别为441 kW、441 kW和242.55 kW，并配备了较先进的助渔、助航仪器（图6-17b为鲁蓬远渔017号）。

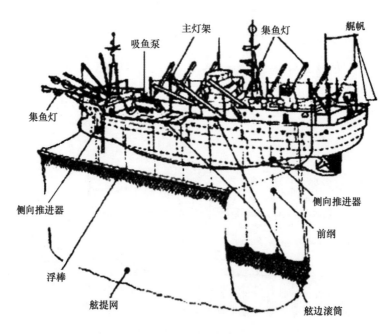

图6-17a　中国大陆舷提网渔船基本设备布置

资料来源：张 勋等，2005

截至2015年年底，中国大陆约有50余艘大型秋刀鱼渔船在西北太平洋公海从事秋刀鱼捕捞生产，秋刀鱼舷提网渔船主要参数虽然有所不同，但均可从事秋刀鱼和鱿钓兼捕生产作业。

图 6-17b 中国大陆舷提网渔船 （鲁蓬远渔 017）

第三节 秋刀鱼舷提网技术

秋刀鱼舷提网属浮敷类网具，其网具形状主要有方形或长方形，上缘用一捆竹竿（浮棒）使网的上部浮于水面，将网预先铺设在水中，利用秋刀鱼的趋光特性，使用集鱼灯诱集鱼群，以达到捕捞的目的。

秋刀鱼舷提网渔业就渔法来说，自问世以来基本上没有什么变化，但在省力和机械化方面已有相当大的进步。舷提网的网片材料已从棉线等天然纤维线改为化学纤维的尼龙网线，安装集鱼灯的铁管及网上缘的竹竿浮子已被玻璃纤维来代替，从而使整个渔具轻量化。

一、舷提网基本结构与构件功能

舷提网渔具由网衣、纲索和属具组成。网衣由上缘网衣、下缘网衣、主网衣、侧缘网衣 4 部分缝制连接组成；纲索主要包括上缘纲、沉子纲、下缘纲、侧纲等。属具主要包括铅沉子、浮棒、撑杆及纲索的连接件等（图 6-18）。

1. 网衣部分

（1）主网衣。主网衣（lint）用来兜捕渔获物。网衣的网目大小要均匀，尺寸需依据秋刀鱼个体的大小和体周而定。网线粗度在保证足够强度下越细越好。结节要牢固，不易松脱变形，通常用死结或变形死结编结。用合成纤维网线编结的网衣，一般应进行定型热处理，以防网目受力变形。为了方便扎制和缝拆，整个主网衣通常由若干矩形网片组成，网片数量依渔船的大小及渔具规格而定，一般为 10~15 片，网目较小。均为纵向使用。

（2）缘网衣。缘网（selvedge）主要功能是为了减少主网衣的受力和防止网衣与纲索的摩擦，增加与起网滚筒的摩擦力。主网衣通过上缘网、下缘网和两侧缘网网衣装配在上

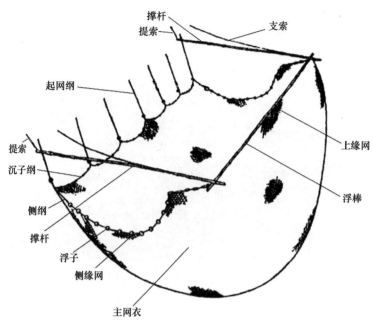

图 6-18　秋刀鱼舷提网结构

缘纲、下缘纲和两侧纲的纲索上，以减少网衣边缘与纲索的摩擦。缘网衣使用较粗的网线，网目也比主网衣要大，但上缘网、侧缘网网目较下缘网网目要小。缘网的长度或高度网目随主网衣的长度和高度而定，宽度网目一般为 5~10 目。

2. 纲索部分

（1）浮子纲及浮棒吊绳。与其他网具不同，舷提网浮子纲（floating line）是与浮棒相互捆扎在一起，主要是保证网具上缘浮于海面，并通过浮棒来防止鱼群从上缘逃窜。

浮棒吊绳（亦称支索）连接浮棒与船舷，具有一定的长度，一般为 30~50 m，视网具规格而定，其作用为在各种海况条件下能准确地控制放网距离。

（2）侧缘纲及侧括纲。侧缘纲（side line）装配于侧缘网衣边缘，加强网具两侧强度，承受垂向张力，避免网衣两侧在起网时受到集中载荷，并使网衣形成一定的缩结，维持网型。同时在两边侧缘纲上，每隔 1 m 左右装设一侧环，内穿侧括纲（side purse line），连于船舷底纲绞机，使起网收绞时，网衣呈"兜"状，并拢集鱼群。

（3）下缘纲和沉子纲。下缘纲穿入下缘网边缘网目，使网衣缩结后能保持一定的形状，并承受网具下缘的拉力。沉子纲（sinker line）用来结附沉子和承受渔具的载荷。沉力的配备能使网具下缘迅速沉降，对维持网衣在水中的网形，使其不至于因受水流冲击而产生较大拱度和损失捕捞体积相当重要。因此在秋刀鱼舷提网网具中使用双沉子纲（均穿有若干每个 1 kg 的铅沉子），与下缘纲三纲并扎，构成下纲，在保证网形的同时，使放网时网衣迅速下沉，提高放网效率。

（4）底边绞纲。在与船舷各滚筒接头对应下纲处装配一卸扣和"8"字转环，通过底边绞纲（亦称起网纲）连接至船舷底纲绞机上，便于起放网。

3. 属具

（1）沉子。沉子（sinker lead）用来伸展网具，使网具下纲迅速下沉，保证网衣的捕捞扫海面积。沉子材料一般为铅质，每个重约 1 kg。沉子绑缚在沉子纲上，与下缘纲并扎，形成底纲。

（2）浮子。浮子（float）用来伸展网具，使网具上纲上浮于海面，保证网衣的捕捞扫海面积。舷提网的浮子材料一般为硬质塑料，球形或圆柱形，绑缚在两侧的侧纲上。有的舷提网侧纲上不装配浮子；有的在靠近浮棒的侧纲上装配少量浮子。

（3）浮棒。浮棒用于支撑网具的上缘上浮于海面。浮棒一般由多根竹竿或塑料管绑缚在一起、结扎成一根浮棒作为浮子使用，同时亦起到阻止秋刀鱼从网中跃出的作用。

（4）推（撑）杆。网具的两侧各有一根推杆，自船舷伸向浮棒的两端。撑杆用于将浮棒撑出，以使网具保持纵向张开。

（5）铁环。网的左右两缘装有铁环，用以穿侧环纲（亦称侧括纲），起网时收绞侧环纲使网衣迅速形成网兜。

4. 网衣材料及构件的基本要求

（1）为使网衣能够迅速沉降和起升，要求网线不变形，沉降力好，抗拉强度高。

（2）网具上方以集鱼灯为中心，被诱集的鱼群在其应有充分的回旋余地，并按此原则决定网具的大小。

（3）浮棒一般采用浮竹或塑料管，浮竹长度为渔船全长的 90% 或略短，浮竹两端分别空余出 500 mm，其间装置浮子纲。网的高度应与鱼的游泳层相适应。

（4）网形应设计装配成"深袋形"或"兜"状。

（5）起网时，为避免网中水压威吓驱散诱集于网具上方的鱼群，网目应尽量大，便于迅速滤水，但应以不刺鱼为原则。

（6）取鱼部是渔获物集中部分，经常受抄网、吸鱼泵等冲击力作用，网线应具有足够的强度。

二、舷提网设计原则

1. 网线材料

舷提网在放网时要求沉降速度快和在起网操作过程中需要借助舷侧滚筒的摩擦力收绞网衣，因此，网线材料的选择应主要考虑材料的比重应大于海水密度、强力高、耐磨性能好及性价比高等。涤纶（PES）符合要求，是较好舷提网网线材料，但由于目前涤纶（PES）价格较高，通过比较常用渔具材料的综合指标，锦纶（PA）网线也较符合舷提网的材料要求，其具有较大的比重、较高的强力以及较好的耐磨性。

2. 网目尺寸

舷提网是一种过滤性网具，其网目尺寸大小的标准是使鱼类既不能穿过网目，又不能刺挂在网目上。秋刀鱼体征呈"纺锤形"，其鱼类体型系数为 0.08~0.10，可捕秋刀鱼的鱼体长度一般为 200~300 mm。根据理论计算，a 值的范围在 16~36 mm。目前捕捞生产中使用的舷提网网目尺寸约为 20 mm，但实际生产情况表明，有大量的渔获物个体达不到加工标准因而被抛弃。根据秋刀鱼生物学测定结果，体重 60 g（最小加工标准）的秋刀鱼体高约为 32.3 mm，并且网衣的横向缩结系数一般为 0.25～0.40、纵向缩结系数一般在 0.40～0.60，理论网目尺寸（$2a_1$）的范围可增大到 32～72 mm。但考虑网中鱼群较为密集，若网目尺寸过大，则易使鱼刺挂于网目中。因此，舷提网的网目尺寸（$2a$）30～35 mm 为宜，既可减少幼、小鱼的捕获率，又可减小网具的阻力。

3. 网具规格

网具规格的大小主要取决于绞机的绞拉力，同时亦应考虑使诱集到的鱼群在网具上方具有充分的回旋余地。当作业渔船确定后，即可根据渔船的规模和船型来确定绞机的数量和总绞拉力。以"中远渔 2 号"为例，通过计算，目前使用的渔具总阻力约为 245.62 kN，而渔船配备绞机的总拉力为 333.2 kN，阻力仅为总绞拉力的 73.7%。假设绞机拉力全部作用于网具，网具的缩结面积可达 1 865 m^2，比现有网具增大 39.4%。但是，理论计算时并没有考虑风浪、沉子沉力等因素，因此，在设计中需考虑安全系数，假设安全系数取 1.3，并扣除沉力，则网具的缩结面积为 1 392 m^2，比现有网具增大 4% 左右。采取相同的缩结系数，通过理论计算的值要大于实际数值。由于网具在水中实际状态并不是平面状态，因水阻力影响实际的面积可能更小，因此从理论上来说，网具的缩结面积可以增大，但是在确定网具规格时，尚需综合考虑风浪、鱼群和设备等因素。

4. 渔具设计注意的原则

（1）为使网衣能够迅速沉降和起升，网衣编结线普遍采用锦纶或涤纶网线。

（2）浮棒（浮竹）长度为渔船全长的 90% 或更小一些，浮棒两端分别空出 500 mm，其间装置浮子纲。沉子纲装配长度比浮子纲长约 20%，网的高度应与鱼的游泳层相适应。

（3）网形应设计装配成深袋形（兜状）。上缘纲的网衣缩结系数为 0.30～0.40，下缘纲的网衣缩结系数 0.30～0.45，侧纲的网衣缩结系数 0.40～0.60。网衣缩结系数对网具网衣材料用量、沉降速度、网形变化、网线张力等有很大的影响，要根据各部分的作用合理选用网衣缩结系数。

（4）起下纲时，为避免网内水压对鱼群的影响，网目应尽量大，便于迅速滤水，但以不刺鱼为原则。

（5）取鱼部是渔获物集中部分，经常受抄网、吸鱼泵等冲击作用，网线应具有足够的强度。

（6）秋刀鱼舷提网渔具亦属于一种过滤性网具，当鱼群被包围后不应让鱼类通过网目而逃逸，也不能使鱼类刺挂在网具上，应选用合理的网目尺寸（$2a$），一般为 30 mm 左右。

三、舷提网设计理论

舷提网设计主要根据渔船规模、渔捞设备、捕捞对象的特性、渔场条件、作业特点等因素来确定网具和属具的主尺度。

1. 网目尺寸的计算

确定网目尺寸（$2a$）时一般采取理论计算与实际相结合的方法，首先根据刺网理论公式进行计算，再进行修正，公式如下：

$$a \leqslant a_1 \tag{6-1}$$

$$a_1 = KL \tag{6-2}$$

式中：a —舷提网网目的目脚长度（mm）；a_1—刺网网目的目脚长度（mm）；L—鱼体长度（mm）；K—鱼类体型系数。

2. 网具主尺度的计算

网具规格的确定主要取决于渔船的大小和绞机的绞拉力，同时还应考虑被诱集的鱼群在网具上方有充分的回旋余地。当渔船确定后，可根据渔船的大小和船型来确定绞机的数量和总绞拉力。秋刀鱼舷提网作业时，绞机的绞拉力主要用于克服网具的重力及沿绞拉方向产生的阻力（图 6-19 和图 6-20）。

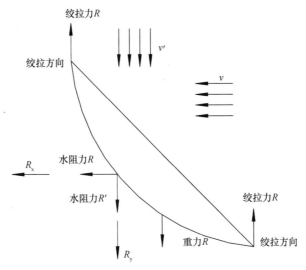

图 6-19　绞拉初始状态下网具受力示意图

资料来源：张勋等，2006

图 6-19 显示，为保持平衡，绞拉力 R 等于阻力 R' 和水动力 Y 向分力、网具重力之和，而图 6-20 中，Y 向水动力 R_y 和 R_y 之和要小于图 6-19 中 R_y，绞拉方向的各作用力之和在图 6-19 状态下大于图 6-20 状态下。因此，为确保在网具最大负荷状态下能收绞网具，采用在图 6-19 状态下进行水动力力学的计算。

$$R_{拉} \geqslant R' + R_{重} + R_y \tag{6-3}$$

式中：$R_{拉}$—绞机总拉力；R'—沿绞拉方向产生的网具阻力；$R_{重}$—网具重力；R_y—水平方向水流产生的 y 轴向的水动力。

秋刀鱼舷提网作业时，网片受水动力、重力等影响，弯曲变形，而其形状的改变，又使其所受的力发生变化，直到各作用力得到平衡。目前，尚未在理论上完全解决网片水动力与网具形状之间的关系。为便于计算，多假设网片在水流中呈理想的平面，那么网具的水动力可采用平面网片的力学计算方法来进行估算。田内网片阻力公式如下：

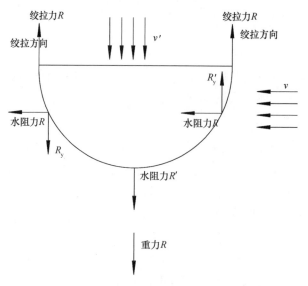

图 6-20 绞拉最终状态下网具受力示意图
资料来源：张 勋等，2006

$$R_\alpha = \left[17.6 + 19.6(\frac{d}{a} - 0.01)\alpha \right] SV^2 \qquad (6-4)$$

式中：R_α—网片与水流成 α 角时网片的阻力（N）；S—网片缩结面积（m^2）；V—来流速度（m/s）；α—网片冲角（°）；d—网线直径（mm）；a—目脚长度（mm）。

根据有关学者的测定，R_y 约为阻力的 20%。Y 向水动力的计算公式如下：

$$R_y = C_y \frac{\rho S V^2}{2} \qquad (6-5)$$

式中：R_y—Y 向水动力；C_y—Y 向水动力系数；ρ—海水密度（kg/m^3）；S—特征面积（m^2）；V—网片与水流相对速度（m/s）。

网片质量的计算公式如下：

$$G = 4aNG_H \qquad (6-6)$$

式中：G—网片用线总质量（kg）；G_H—网线单位长度的质量（kg/m）；a—目脚长度；N—网片中的网目总数。

$$R_重 = 9.8G \frac{\gamma - 1.04}{\gamma} \qquad (6-7)$$

式中：$R_重$—网具水中重力（N）；G—网片质量（kg）；γ—网线材料比重。

3. 浮力配备的计算

浮力的计算如下：

$$F = K(G_网 + G_{沉子}) \qquad (6-8)$$

式中：F—浮力（N）；K—浮力储备系数（2~2.2）；$G_网$—网具水中重力（N）；$G_{沉子}$—沉子水中重力（N）。

浮棒的净浮力计算公式如下：

$$F = \rho \times g \times (V_1 + V_2) - G_1 - G_2 \tag{6-9}$$

式中：F—净浮力（N）；ρ—海水密度（kg/m^3）；g—重力加速度；V_1—FRP 管排水体积（m^3）；V_2—毛竹排水体积（m^3）；G_1—FRP 管自身重力（N）；G_2—毛竹自身重力（N）。

4. 纲索的计算

舷提网纲索主要有浮棒绞纲、前纲（上纲）和侧纲等。

浮棒绞纲长度的估算公式如下：

$$L = K\sqrt{l^2 + H^2} \tag{6-10}$$

式中：L—浮棒绞纲长度（m）；l—浮棒与船舷的水平间距（m）；H—支架离水面高度（m）；K—富余系数。

前纲长度的估算公式如下：

$$L = K\sqrt{l^2 + (H + h)^2} \tag{6-11}$$

式中：L—前纲长度（m）；l—下纲与前纲连接点距船舷的水平间距（m）；H—下纲水中高度（m）；h—绞机距水面高度（m）；K—富余系数。

侧纲长度的估算公式如下：

$$L = K\left[l + \sqrt{l_1^2 + (H + h)^2}\right] \tag{6-12}$$

式中：L—侧纲长度（m）；l—力纲长度（m）；l_1—网具下纲距船舷的水平距离（m）；H—下纲水中高度（m）；h—支架距水面高度（m）；K—富余系数（张 勋 等，2006）。

四、舷提网设计与装配

舷提网网具结构与装配方法均基本相同，仅是在不同时期网具使用的材料略有差异，根据渔船的大小，渔具规格有大有小，因船而异。中国大陆早期从事秋刀鱼捕捞作业的渔船为远洋鱿钓兼捕渔船，使用的舷提网网具较小。以大连国际合作远洋渔业有限公司的"国际 908 号"渔船为例，简述一下舷提网的设计与装配。

（一）方案设计

（1）根据秋刀鱼生物学资料，包括最新的渔业资源预测情况，群体、个体的生物学参数（体长、体重、年龄方面的资料），洄游路线、产卵场、越冬场、作业渔场、渔期等以及捕捞对象的资源简况等确定秋刀鱼的可捕规格，进而确定网目尺寸。

（2）依据相关条例和规定等确定秋刀鱼可捕规格进而来确定网目尺寸。

（3）根据作业渔场环境条件（主要为水文、底质、气象等资料）和渔船、渔机方面的资料（主要为渔船基本参数、甲板布置、渔捞机械和助渔助航仪器的性能）等来确定网具的形状和规格的大小。网具的规格取决于绞机的绞拉力，当渔船规格确定后，即可确定绞机数量，并通过计算，确定网具的大致规格。从渔获效果来看，网具规格越大，扫海面积越大，渔获效果越好，但是，在最终确定网具规格时，尚需考虑几方面的因素：舷侧滚筒的长度、集鱼灯主灯架的长度等。网具装配好后，在水中作业时，应能够形成一定的"兜"状。

（4）参考国内外有关秋刀鱼舷提网方面的资料确定渔具主要参数。

（5）绘制网具设计图和装配图，编写施工说明书。

（二）基础资料

以"国际908号"渔船为例，渔船总长 58.68 m、型宽 10.10 m，总吨位 909 t，主机功率 1 212.8 kW，绞机 3 台，鱼舱容积 703 m³。西北太平洋秋刀鱼最小法定（或商业）可捕体长为 200 mm，最小可捕体重 60 g。

（三）主要参数的确定

秋刀鱼舷提网网衣由上缘网衣、下缘网衣、主网衣、侧网衣 4 部分缝制连接组成（图 6-21 和表 6-2）。

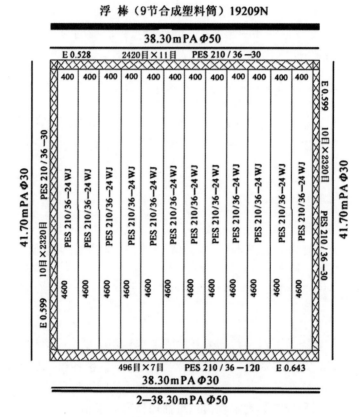

图 6-21 "国际908号"舷提网网衣展开

表 6-2　"国际 908 号"舷提网网衣参数

名称	片数	材料标准	网目尺寸 /mm	网衣规格（横向/目×纵向/目）	网结	网线直径 /mm
上缘网衣	1	PES. 210/36	30	2420×11	单死结	2
主网衣	12	PES. 210/36	24	400×4600	无结	1.5
下缘网衣	1	PES. 210/60	120	496×7	单死结	4
侧网衣	2	PES. 210/36	30	10×2320	单死结	2

1. 网具横向长度确定

舷提网网具横向长度因网具上纲与浮棒相连接固定，其缩结长度与浮棒长度有关。网具的横向长度取决于船长及舷侧滚筒的长度，考虑到渔船可操作区域及以网具上方集鱼灯为中心，一般最大取船长的 90% 或小于 90%，比舷侧滚轮的长度长 0.50~1.00 m，并使浮棒两端分别空余出 1.00 m 左右。网具很小、长度过长，对收绞侧纲带来较大的困难。经计算得出浮子纲装配长度为 35~40 m。本设计上纲长度取 38.30 m。

2. 网具纵向长度确定

网具纵向长度的确定主要考虑舷边鱼群的活动范围。在作业过程中，鱼群的活动主要受灯光的影响，从渔船的艏、艉向中间集中，并最终集结于舯部舷侧，围绕主集鱼灯作回旋游动。由于网具中央上方有集鱼灯存在，因此在集鱼完毕、收绞网衣时，要求秋刀鱼鱼群比较稳定，几乎在集鱼灯下方中心水域及附近游动，因此网具纵向长度只要满足网衣的作业深度、大于秋刀鱼集群时的栖息深度即可。本设计网具侧纲长度取 41.70 m。

3. 主网衣网目尺寸确定

影响渔具选择性的因素很多，其中最为关键的因素是网目的大小和形状以及鱼类群体的组成、个体大小和体型，正确选择群体中需要捕捞的秋刀鱼鱼体长度和重量，是确定舷提网网目尺寸的重要依据。经过水槽实验，认为当鱼类穿越网目时，鱼体的轴向与网目在空间的相对位置通常保持垂直状态。目前实际生产中使用的舷提网网目尺寸（2a）仅为 20 mm，但实际生产情况表明，有大量的渔获物因未达加工标准而被抛弃。以 2007 年为例，最小生产加工标准为 60~70 g/尾，但是在渔获物中 50 g/尾以下的个体约占总量的 55%，约过半数的渔获物被抛弃，不仅造成了浪费，而且破坏了资源。因此，为了保护资源，可适当放大网目尺寸。

根据探捕期间的秋刀鱼生物学测定结果，体重 60 g/尾（最小加工标准）的秋刀鱼体长 200 mm 左右、体高约为 32.3 mm，体型系数（K 值）为 0.08~0.10，代入式（6-2）（$a_1 = KL$）计算得出刺鱼网目的理论值 a_1 为 16~20 mm，$2a_1 = 32~40$ mm。若以不刺鱼为条件，那么舷提网的主网衣网目尺寸（2a）应小于 32 mm。故本设计网具主网衣网目尺寸取 2a＝24 mm。

4. 缘网衣网目尺寸确定

根据舷提网的作业特点（作业过程中，网衣两边由两侧括纲绞机收绞，底纲由底纲绞机收绞，主网衣则由手工收绞），参考 10~80 吨级渔船舷提网缘网的尺寸（上缘网目大小为 23 mm，侧缘网网目大小为 23 mm），故本设计网具下缘网网目尺寸取 2a＝120 mm，上缘网和侧缘网网衣网目尺寸为 2a = 30 mm。

5. 纲索

纲索主要包括上缘纲、沉子纲、下缘纲、侧纲。

上缘纲：尼龙（PA）绳，1 根，直径 50 mm，长 38.30 m；

下缘纲：尼龙（PA）绳，1 根，直径 30 mm，长 38.30 m；

沉子纲：尼龙（PA）绳，2 根，直径 50 mm，长 38.30 m；

侧缘纲：尼龙（PA）绳，2 根，两侧各 1 根，直径 30 mm，长 41.70 m。

侧环纲（括纲）：侧环纲（括纲）为 1 根钢丝绳，括纲总长为网具长度的 1.3～1.5 倍。括纲除了有封闭网两侧作用外，还有增加网具沉降速度的作用。

6. 浮沉力配备

（1）沉子纲沉力。作业过程中，需将网具预先敷设在水中，为缩短放网时间，提高捕捞效率，应结合绞机的收放速度和纲索拉力，选择加重沉子纲。

沉力：每根沉子纲串有铅沉子 310 个（铅沉子规格：1 kg/个），2 根，铅沉子共 620 个，总重量为 620 kg，总沉力约为 6 076 N。

（2）上缘纲浮力。在秋刀鱼生产期间（一般 7—11 月），尤其是生产后期，西北太平洋公海风浪比较大，为使网衣能一直浮于海面，防止鱼群从网衣上部逃窜，结合网具长度，将网衣通过上缘纲捆绑于一圆筒形浮棒（外部用竹竿包裹）上，实践中发现，没有秋刀鱼从网具上部逃窜，同时借助浮棒，将网衣固定，收绞网衣更加方便，也避免网衣缠绕。

浮力：根据渔船的大小确定节数，其浮棒由 9 节合成塑料筒组成，静浮力 217.79 kg/节，浮棒总净浮力为 19 209 N。

7. 属具

（1）不锈钢圆环。直径 120 mm，重约 200 g，共 100 个。分别装配在侧缘纲，括纲从其中穿过，收绞网具的两边，以利于形成网兜。

（2）撑杆。材质为钢制铁管，长约 15 m，直径 150 mm，2 根。

另外，该舷提网侧缘纲上无浮子。

（四）网具装配

1. 网衣缝合

先将 12 片主网衣按 1 目对 1 目逐次缝合成一片长方形的完整网衣，然后，再将两侧的缘网按 1 目侧缘网对 2 目主网衣的方式缝合，1 目上缘网对 2 目主网衣缝合，1 目下缘网对 10 目主网衣缝合。

2. 纲索装配

（1）上纲装配。上缘网衣以 0.528 的水平缩结系数装配在上缘纲上，每 7 目、即上纲长 110 mm 用油绳打结固定。浮棒为 9 节合成塑料筒，外面用直径 9 mm 的绳子吊扣打结固定。

（2）底纲装配。下缘网衣以 0.643 的水平缩结系数装配在下缘纲上，每 2 目、即下纲长 154 mm 与沉子纲固定结扎，共同组成底纲。并且在底纲与滚筒相对应节点处，安装一"8"字转环和卸扣，并通过钢丝绳连接至底纲绞机，用于起放网衣。

（3）侧纲。侧缘网衣以 0.599 的纵向缩结系数装配在侧纲上，每 0.851 m 固定一侧环，侧纲两端各固定扎缚 1 个侧环，用于穿引括纲，以便起网时使网形为囊状（图 6-22F）。

网具装配见图 6-22。

A. 侧纲的装配；B. 浮棒；C. 主网衣与上缘网、侧缘网的角部装配；
D. 沉子纲、下缘网与主网衣的装配；E. 沉子纲与侧纲角部装配；F. 侧纲、侧纲圆环与括纲

图 6-22　"沪渔 910 号"船舷提网装配

第四节　秋刀鱼舷提网渔具设计的研究

目前，中国大陆所使用的秋刀鱼网具多从中国台湾省或日本引进，对秋刀鱼舷提网设计的研究尚处于起步阶段，相关资料较少。本节将对这方面的相关研究作一简单介绍。

张勋等（2006）报道了秋刀鱼舷提网渔具设计的研究，着重研究了舷提网渔具的设计方法，在实际生产和试验研究的基础上，假设渔具在作业时处于理想状态，提出了一套设计方法，并以"中远渔2号"渔船为实例设计了网具。"中远渔2号"渔船两柱间长60.70 m，型宽10.60 m，型深6.95 m，主机功率1 323 kW，总吨位为1 096 t，3台辅机的功率分别为441 kW、441 kW和242.55 kW。捕捞操作设备及参数见表6-3。秋刀鱼舷提网呈长方形，网具前端缚扎在浮棒上，后端的下缘纲直接连接起网纲（亦称吊纲），网衣采用锦纶材料。母型网网具主尺度及参数见表6-4。

表6-3　捕捞操作设备及参数

舷侧滚筒规格	长度/m	绞机数量/台	单台绞机拉/kN	绞拉速度/（m·s⁻¹）	浮棒长度/m
10 段式	36	17	19.6	0.5	36

表6-4　母型网渔具主尺度及参数

L/m	H/m	S/m²	$2a$/mm	μ_1	μ_2	d/mm
35.2	37.5	1320	20	0.34	0.41	1.44

* L—网具横向缩结长度；H—网具纵向缩结高度；S—网具缩结面积；$2a$—网目尺寸；μ_1—横向缩结系数；μ_2—纵向缩结系数；d—网线直径。

一、网线材料选择

舷提网渔具材料的选择主要考虑以下几点因素：材料比重应大于海水比重，使其具有较好的沉降性能；网线材料具有较好的耐磨性能；性价比高，经济实惠。表6-5为常用渔用材料性能指标。涤纶（PES）的性能虽好，但价格较高，通过分析比较，锦纶（PA）网线材料符合要求。

表6-5　常用渔用材料（PA、PE、PES）性能指标

名称	比重	强力	耐磨性能	价格
PA（锦纶）	1.14	高	高	中
PE（聚乙烯）	0.96	中	良好	较低
PES（涤纶）	1.38	高	良好	高

二、网目尺寸确定

舷提网是一种过滤性网具，其网目大小的标准是使鱼类既不能穿过网目，又不能刺挂

在网目上。秋刀鱼体型为"纺锤形"，体型系数在 0.08~0.10，可捕秋刀鱼的鱼体长度一般在 200~300 mm。根据式（6-1）和式（6-2）进行计算，a_1 值的范围为 16~30 mm，因秋刀鱼鱼群在网具中比较密集，故可参考围网取鱼部网目尺寸的确定方法，网目尺寸为 $0.5a_1$~$0.6a_1$，即 a 值范围在 8~18 mm，舷提网网目尺寸（$2a$）范围在 16~36 mm。在实际作业时，网具中秋刀鱼的鱼体长度参差不齐，实际确定网目尺寸时，应在理论计算结果的基础上，需要兼顾考虑捕捞不同体长的秋刀鱼和提高网具的滤水性能。因此，目前国内外实际生产使用的舷提网网目尺寸范围为 20~23 mm。为了提高滤水性和减少渔具阻力，网目尺寸可放大至 30~35 mm，既可减少幼鱼的捕获率，又可减小网具的阻力。

三、缩结系数选择

舷提网在作业时，网具在水中形成"兜"状，在装配网具时，要求纵向网衣和横向网衣都比较宽松，因此，一般都选择较小的网衣缩结系数。同时又需考虑提高网具的滤水性能，减小网具的阻力。由于网具规格的不同，所选择的网衣缩结系数也不同。小型渔船的网具规格较小，相应的网具阻力也较小，因此，网衣缩结系数取值偏小。而大型渔船的网具规格较大，网具阻力也较大，为了减小阻力，提高滤水性能，网衣缩结系数取值相对大一些。目前，秋刀鱼舷提网横向网衣缩结系数 E_1 的经验取值范围在 0.25~0.45，纵向网衣缩结系数 E_2 的取值范围在 0.4~0.6。表 6-6 为目前国内外舷提网的网衣缩结系数。

表 6-6　国内外秋刀鱼舷提网缩结系数

国家和地区	上纲横向网衣缩结系数 E_1	下纲横向网衣缩结系数 E_1	纵向网衣缩结系数 E_2
日本	0.25	0.29	0.48
中国台湾省	0.28	0.39	0.47
中国大陆	0.34	0.35	0.41

四、渔具规格确定

在实际作业时，由于水流速度大于绞拉的速度，因此，由水流引起的水动力在所有的作用力中为主要作用力。根据平板水动力系数 C_y 的计算公式：

$$C_y = \frac{2\pi\sin\alpha\cos\alpha}{4 + \pi\sin\alpha} \tag{6-13}$$

式（6-13）中，当 $\alpha = 45°$ 时，C_y 值最大，此时，水动力 y 向的分力最大。因此，在计算中，假设网片与水流的夹角为 45°。

确定网具规格主要取决于绞机的绞拉力，同时应考虑使诱集的鱼群在网具上方有充分的回旋余地。当作业渔船确定后，即可根据渔船的规模和船型来确定绞机的数量，进而确定绞机的总绞拉力。以"中远渔 2 号"渔船为例，假设网片与水流的角度为 45°，绞拉方向与网片的夹角也为 45°，流速 2 kn，网目尺寸（$2a$）为 20 mm，网线直径 d 为 1.44 mm，网线单位长度的质量 G_H 为 1.87 g/m，根据式（6-3）至式（6-6）计算，目前使用的渔具总阻力约为 245.62 kN，而渔船配备绞机的总拉力为 333.2 kN，阻力仅为总绞拉力的 73.7%。假设绞机拉力全部作用于网具，网具的缩结面积可达 1 865 m²，比现有网具增大 39.4%。但是，理论计算时并没有考虑风浪、沉子沉力等因素，因此，在设计中需考虑安全系数，假设安全系数取 1.3，并扣除沉力，则网具的缩结面积为 1 392 m²，比现有网具增大 4% 左右。表 6-7 为秋刀鱼舷提网的主尺度计算值与实际值对比。

表 6-7　秋刀鱼舷提网的主尺度计算值与实际值对比

网具	缩结面积 /m²	横向缩结系数 E_1	纵向缩结系数 E_2	横向缩结长度 /m	纵向缩结长度 /m	沉力 /kg	阻力 /kN
计算	1392	0.34	0.41	35	39.8	≤1100	248.68
实际	1338	0.34	0.41	35.2	37.5	850	245.62

表 6-7 的计算结果显示，采取相同的网衣缩结系数，通过理论计算的值要大于实际数值。由于网具在水中实际状态并不是平面状态，实际的水阻力可能更小，因此从理论上来说，网具的缩结面积可以增大，但是在确定网具主尺度规格时，还需综合考虑风浪、鱼群、设备等因素，合理选用适当规格的网具。

从渔获效果来看，网具规格越大，扫海面积越大，渔获效果越好，但是，在最终确定网具规格时，尚需考虑几方面的因素：舷侧滚筒的长度、集鱼灯主灯架的长度等。网具的横向长度取决于舷侧滚筒的长度，一般比滚筒的长度长 0.50~1.00 m，过长，对收绞侧纲带来较大的困难。网具纵向长度的确定主要考虑舷边鱼群的活动范围和深度，鱼群的活动主要受灯光的影响，鱼群绕过渔船的艏、艉向舷的另一侧中间集中，并最终集结于舷侧艏部，围绕主集鱼灯作回旋游动，因此，可通过主集鱼灯的位置与作用范围确定网具的纵向长度。

五、浮沉力配备

秋刀鱼舷提网沉力配备时，应考虑鱼群所处的深度以及潮流、风浪等因素。实际作业过程中，网具在水动力作用下，发生弯曲变形，网具在水中的实际深度小于网具网衣的纵向缩结长度，尤其在流速较快或大风浪时，其实际深度更小。为了克服水动力的影响，尽可能减小弯曲变形程度，因此秋刀鱼舷提网沉力配备比较重。目前，国内外尚无标准的理论计算公式，在确定沉力配备时，多按照生产经验来进行估算。目前国内外秋刀鱼舷提网下纲单位长度的载荷范围在 20~25 kg/m，并且视具体情况而不断调整。一般认为，在大风浪、大潮汛或捕捞深水鱼群时，沉力配备较重；在风浪较小或捕捞表层群、浅水群时，可适当减轻沉力。"中远渔 2 号"渔船实际配备的沉力为 850 kg，单位载荷为 23.50 kg/m。

为舷提网提供浮力的浮棒是由 FRP（Fiber Reinforced Plastic）管和若干毛竹构成。由于毛竹还起到加强保护 FRP 管的作用，所以在装配浮棒时，需根据实际情况进行修正，毛竹实用数量要多于理论计算结果。

第五节　秋刀鱼舷提网渔具模型试验

秋刀鱼是大洋洄游性鱼类，游泳速度快，行动敏捷，起网作业时须快速将侧纲、下纲绞起，防止鱼群逃逸。舷提网网具在海上作业过程中，特别是水流较急的海域，网具起网过程比较缓慢，捕捞此类渔场的秋刀鱼时较为困难，舷提网网具能否快速将侧纲、下纲绞起，在尽可能短的时间内将鱼群包围，成为秋刀鱼舷提网捕捞成败的关键。因此，网具的起网性能最能反映整个舷提网的性能，也是研究舷提网渔具渔法的重要指标。影响起网性能的因素可分为内在因素和外在因素，前者主要指网具材料、网具结构、下纲配重等；后者则包括绞网速度、流速和海流等。

目前，网具性能研究使用最为普遍的两种方法是海上实测和模型试验。海上实测虽然能够获得网具在真实工况下的性能指标，但实测海况条件难以控制，需耗费大量的人力、物力和财力，研究成本较高。渔具模型试验是按照有关相似准则，将渔具制成小尺度的模型，在模拟相似的作业条件下，分析模型的受力状况和形状变化，从而推测实物渔具在实际作业中可能发生的现象。与实物试验相比，模型试验具有投资少，并可在人为可控条件下进行系列试验的优点。2014 年 11—12 月，石永闯等在中国水产科学研究院东海水产研究所进行了秋刀鱼舷提网模型静水槽实验，通过研究分析模型网绞收过程中的张力变化以及绞网速度和下纲配重对舷提网模型网网具张力的影响，能够掌握和了解秋刀鱼舷提网的绞网速度、下纲配重与曳纲张力的关系，可为舷提网的设计、结构优化及改进舷提网作业方式提供理论基础和参考（石永闯等，2016）。

一、模型网设计与制作

1. 模型准则尺度比选择和模型准则

根据静水槽尺度：90 m（长）×6 m（宽）×3 m（深），即静水槽模型试验最大垂直水深为 3 m，结合网具特点确定网具侧纲垂直长度小于 3 m，通过综合考虑确定模型网换算大尺度比为 $\lambda = 15 : 1$，在小尺度比的选择上，虽然采用实物网网衣尺寸制作模型网是最简便的方法，但舷提网实物网是由我国台湾省引进的，国内生产较困难，在不影响渔具性能的情况下，尽可能结合实际生产情况，最终确定小尺度为 $\lambda' = 3 : 1$。

渔具模型试验常用的试验换算准则包括狄克逊（Dickson W.）准则（Dickson W. 1959）、田内准则（Tauti M A. 1934）、克列斯登生（B. A. Christensen）准则（Konagaya T. 1971）等，这些准则大多数是针对拖网和围网渔具，迄今尚未发现专门针对舷提网试验的相应模型准则，且各个准则均有不同要求，如田内准则不考虑雷诺数对模型试验的影响，狄克逊准则在其拖网试验中，对大小尺度有所限制（$\lambda \leqslant 8$，$\lambda' \leqslant 4$），而克列斯登生准则以弗洛德重力相似定律为基础，并为保持雷诺数相似，要求 $\lambda < 10 \sim 15$（周应祺，2001；A. Л. 弗里德曼著，侯恩准等译. 1988），据研究要同时满足各种模型网和实物网相似条件，在实际上是不可能的，而雷诺数相似相对其他条件相似对模型网影响较小，且本次试验的大尺度比 $\lambda = 15 : 1$，综合考虑，选用田内准则作为本次模型网的制作准则。

2. 实物网的特点

实物网为大连国际合作远洋渔业有限公司"国际 908 号"渔船使用的秋刀鱼舷提网，形状为长方形，网具规格为 38.30 m（上纲长度）× 41.70 m（侧纲长度），上缘纲长 38.30 m，下缘纲 38.30 m，沉子纲 38.30 m，侧纲 41.70 m。浮力配备为 19.21 kN，下纲重量约为 6.076 kN。网衣由上缘网衣（网目尺寸 $2a$ = 30 mm）、主网衣（网目尺寸 $2a$ = 24 mm）、下缘网衣（网目尺寸 $2a$ = 120 mm）、侧网衣（网目尺寸 $2a$ = 30 mm）组成。实物网结构示意图见图 6-23。

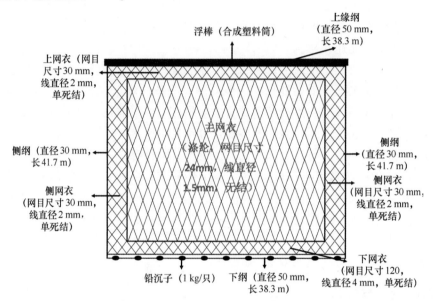

图 6-23 "国际 908 号"实物网结构示意图

3. 模型网特点

根据田内准则换算公式（表 6-8）换算制作模型网，大尺度比 λ = 15∶1，小尺度比 λ' = 3∶1，根据模型准则和实际情况，保持模型网和实物网缩结系数相同，制作的模型网规格为上缘纲 2.60 m，下缘纲 2.60 m，沉子纲 2.60 m，侧纲 2.80 m。浮力配备为 28.46 N，下纲配重约为 0.353 kg/m。模型网网衣材料和规格见表 6-9 和图 6-24。

表 6-8 田内准则换算公式

参数	公式
时间比 time scale	$(\lambda/\lambda')^{1/2}$
速度比 velocity scale	$\lambda'^{1/2}$
力的比 force scale	$\lambda^2\lambda'$
纲索直径比 rope diameter	$(\lambda\lambda')^{1/2}$
浮沉子直径比 diameters scale of float and sinker	$(\lambda\lambda')^{1/3}$

表6-9　模型网网衣材料和规格

网衣材料	材料标准	网目尺寸 /mm	网线直径 /mm	上纲长度 /m	下纲长度 /m	侧纲长度 /m	横向网目数 /目	纵向网目数 /目
n 涤纶/PES	PES. 210/6	15	0. 50	2. 60	2. 60	2. 80	960	920

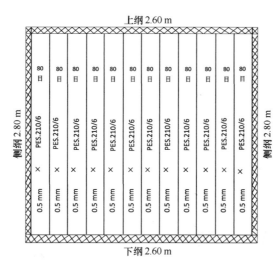

图6-24　舷提网模型网网具示意图

二、试验地点和试验设备

舷提网模型试验在中国水产科学研究院东海水产研究所静水槽进行，水槽主尺度：90 m（长）×6 m（宽）×3 m（深）。舷提网模型网试验装置主要由电动机、圆管、角铁、轴承带座、变频器等组成。其中，两根圆管用于固定曳纲，起到绞网机滚筒的作用；电动机用于带动圆管转动，模拟绞网机起网过程；变频器用于控制绞网速度。拉力测定使用JLBM 系列微型小尺寸拉力传感器，量程为 0~5 kg，误差±2‰。绞网速度用测速仪测定，精确度 0.01 m/s。模型试验组装如图 6-25 所示。

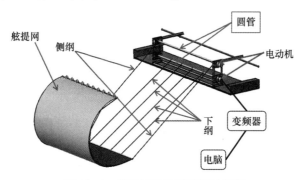

图6-25　模型试验装置组装示意图

三、模型试验

模型试验根据正交试验完全实验方法（刘瑞江等，2010）进行，具体实验操作过程如下：按照实验设计方案安装实验装置和组装网具，将实验装置固定在静水槽拖车架上，并连接电源、传感器、模型网等，进行软件、设备调试与校正；具体模型试验见图6-26。本研究的主要影响因素为绞网速度和下纲配重，考虑到按照模型试验准则换算后的模型网下纲重量为 0.353 kg/m，模型实验时的下纲重量在该基本沉力的基础上增加或减少 10%，共设 5 个级别：0.282 kg/m、0.318 kg/m、0.353 kg/m、0.388 kg/m 和 0.424 kg/m。另一个因素为绞网速度，调查发现，现秋刀鱼舷提网捕捞作业时浮棒绞车、绞网机等的绞网速度在 0.3~0.5 m/s，大连国际合作远洋渔业有限公司"国际908号"使用的舷提网绞网速度为 0.5 m/s，因此模型网下纲绞网速度设置为 0.08 m/s、0.15 m/s、0.22 m/s、0.29 m/s、0.36 m/s、0.43 m/s 和 0.5 m/s（速度间隔 0.07 m/s）7 个水平。根据舷提网网具性能可知侧纲绞收速度要大于下纲绞收速度，所以模型网侧纲绞收速度设置为 0.12 m/s、0.20 m/s、0.28 m/s、0.36 m/s、0.44 m/s、0.52 m/s 和 0.60 m/s（速度间隔 0.08 m/s）7 个水平，每种情况下模型试验做 3 次重复试验。

图 6-26　试验装置安装示意图

四、数据处理

试验中所用的拉压力称重传感器读数频率 4 Hz，最小读数间隔 1 s，即每秒读取 4 组数据。根据拉力传感器读取的数据对每组数据求平均值，用平均值代表对应时间的模型网网具张力值，分别求出侧纲、下纲绞收过程中各速度组与初始速度组（侧纲 0.36 m/s，下纲 0.29 m/s）的差异百分比，用来观察各组张力变化差异情况，侧纲张力差异百分比公式为：

$$C = (T_{v1} - T_{0.36}) \times 100\% \qquad (6\text{-}14)$$

式中：C—差异百分比；T_{v1}—侧纲各速度组的张力；$T_{0.36}$—侧纲初始速度组的张力；

下纲张力差异百分比公式为：

$$C = \left(T_{v2} - T_{0.29}\right) \times 100\% \tag{6-15}$$

式中：C——差异百分比；T_{v2}——下纲各速度组的张力；$T_{0.29}$——下纲初始速度组的张力。

将张力值结合绞网速度、下纲配重数据的设置，使用 SPSS、Excel 等数据统计分析软件处理和分别研究与模型网具张力的关系。

五、试验结果与分析

（一）模型网绞收过程中的张力变化

1. 模型网侧纲绞收过程中的张力变化

图 6-27 为在初始速度（0.36 m/s）、初始配重下（0.353 kg/m）的涤纶模型网起网试验过程中侧纲张力的变化情况，每一点为 3 次重复试验每秒的平均侧纲张力。从起网过程来看，侧纲张力总体上呈稳步增加趋势，仅在 10 s 和 15 s 时出现较明显的波动。起网开始时侧纲张力较小，张力随时间推移连续增大，起网过程即将结束时侧纲张力达到最大值。绞网过程的前 8 s 侧纲张力增加缓慢，图像斜率较小，8 s 至起网过程结束侧纲张力增加较快，图像斜率变大。从开始起网到结束，整个过程大约需要 16 s。

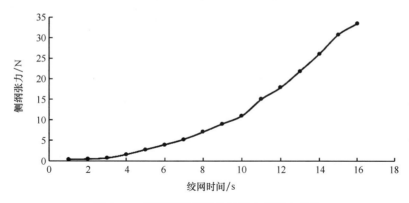

图 6-27　模型网侧纲绞收过程中的张力变化

2. 模型网下纲绞收过程中的张力变化

从图 6-28 可以看出，舷提网模型试验过程中下纲张力的变化情况与侧纲张力变化情况相似，开始时下纲张力较小，并随时间推移连续增大，起网过程即将结束时下纲张力达到最大值。绞收过程开始阶段下纲张力增加缓慢，图像斜率较小，在起网开始的 13 s 内下纲张力为 24.32 N，仅为最大张力（50.2 N）的 48.4%；13 s 至起网过程结束的 5 s 时间内下纲张力增加较快，图像斜率变大，其原因可能为网衣开始处于松弛状态，网衣阻力较小。从开始起网到结束，整个过程大约需要 18 s。这比侧纲绞收过程时间长了约 2 s（侧纲速度比下纲速度快）。

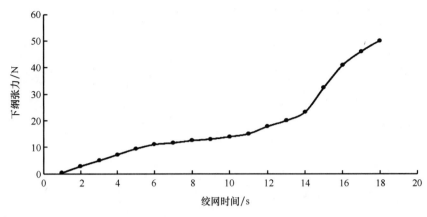

图 6-28　模型网下纲绞收过程中的张力变化

（二）绞网速度与模型网网具张力的关系

1. 绞网速度与模型网侧纲张力的关系

图 6-29 为绞网速度对模型网侧纲张力影响的情况。从图 6-29 中可以看出，模型网侧纲张力随着绞网速度的增加而逐渐增大，当绞网速度较慢时，侧纲张力随时间推移逐渐增大，但增大的趋势变化较小；当绞网速度较快时，侧纲张力随时间变化有了较大幅度的增加。侧纲张力的最大值出现在绞收过程即将结束的时候，当速度从 0.12 m/s 增加至 0.60 m/s 时，侧纲最大张力值分别为 3.01 N、5.78 N、11.32 N、24.37 N、33.32 N、37.52 N 和 44.08 N；所以，侧纲最大张力随速度的增加而依次增加。不同绞网速度组之间张力变化存在显著性差异（$P<0.05$）。

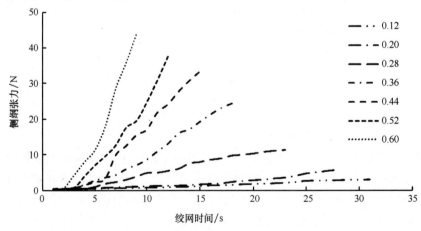

图 6-29　绞网速度对模型网侧纲张力的影响

每个速度组的张力与实际初始速度（0.36 m/s）组的张力差异百分比如图 6-30 所示，当速度小于实际初始速度 0.36 m/s 时，差异百分比均在 X 轴的下方且比较平稳；当速度大于实际初始速度时，差异百分比随着时间的增加依次增加，速度越大差异百分比增加的越明显。当速度为 0.60 m/s 时，差异百分比最大值达到 298.19%。

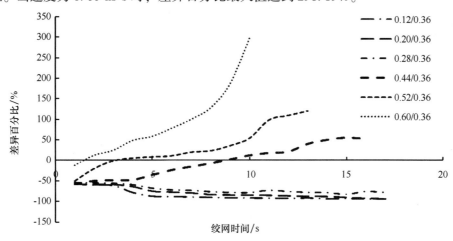

图 6-30 各速度组与实际初始速度组张力变化差异比较

2. 绞网速度与模型网下纲张力的关系

图 6-31 为模型网下纲张力与绞网速度的关系，由图 6-31 可知，当绞网速度增加时，下纲张力逐渐增加；速度不同，张力增加的幅度亦不同，速度越高，下纲张力增加的越迅速。与侧纲张力一样，下纲张力的最大值也出现在绞网过程即将结束时，当速度从 0.08 m/s 增加至 0.50 m/s 时，下纲张力的最大值分别为 23.79 N、26.09 N、34.73 N、49.26 N、56.72 N、97.83 N 和 113.22 N，故下纲最大张力随速度的增加而增加。绞网速度增加，绞收所用时间相应减少。与绞网速度对侧纲张力影响过程相比，由于下纲速度比侧纲速度低，下纲绞收时间比侧纲绞收时间要长，绞网过程中下纲张力比相应的侧纲张力要大。不同绞网速度组之间存在显著性差异（$P<0.05$）。

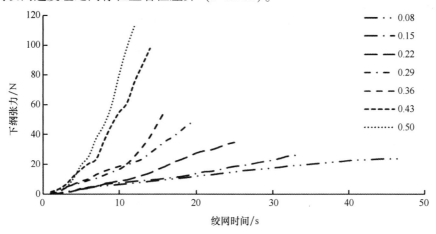

图 6-31 绞网速度对模型网下纲张力的影响

每个速度组的张力与实际初始速度（0.29 m/s，模型试验换算）组的张力差异百分比变化见图 6-32。从图 6-32 中可以看出，低速情况下差异百分比平稳变化，当速度低于 0.29 m/s 时，差异百分比在 X 轴以下；当速度高于 0.29 m/s 时，差异百分比增加的程度比较明显。速度为 0.43 m/s 和 0.50 m/s 时，差异百分比的最大值分别达到 455.78% 和 606.74%。

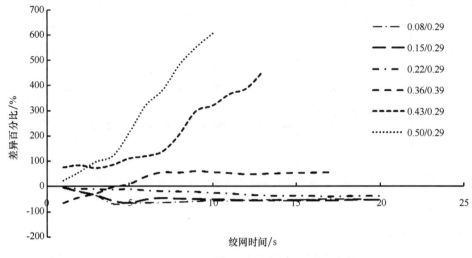

图 6-32　各速度组与实际初始速度组张力变化差异比较

(三) 下纲配重与模型网网具张力的关系

1. 下纲配重与模型网侧纲张力的关系

　　图 6-33 为不同下纲配重下侧纲张力随时间的变化情况，由图 6-33 可知，侧纲张力均随着时间的增加而呈指数增加。在相同时间情况下，下纲配重增加，侧纲张力也依次增加，但是增加的幅度并不明显；绞网过程开始的前几秒，下纲配重的增加对侧纲张力几乎没有影响。当下纲配重从 0.282 kg/m 增加至 0.424 kg/m 时，侧纲张力最大值分别为 18.43 N、22.12 N、22.43 N、23.54 N 和 25.43 N，相差不明显，但总体呈现依次增加的趋势。

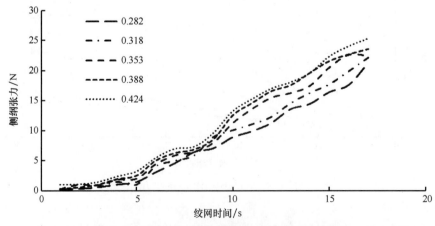

图 6-33　不同下纲配重对模型网侧纲张力的影响

2. 下纲配重与模型网下纲张力的关系

图6-34为不同下纲配重时下纲张力随时间变化的情况，与对侧纲张力影响相似，当下纲配重增加时，模型网下纲张力依次增加。在相同的时间下除下纲配重为0.25 kg/m 高于其他组的张力外，其他情况下，会随下纲配重的增加，下纲张力会随之增加。当下纲配重从 0.282 kg/m 增加至 0.424 kg/m 时，下纲张力最大值分别为48.44 N、51.13 N、50.89 N、51.54 N 和 53.45 N。同样除了下纲配重为 0.318 kg/m 高于前一组外，其他组都随下纲配重的增加依次增加。

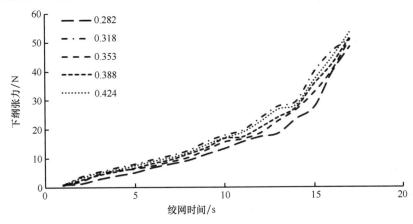

图 6-34　下纲配重与对模型网下纲张力的影响

资料来源：石永闯等，2016

六、起网过程中的张力变化及下纲配重对张力的影响

1. 模型网起网过程中的张力变化

秋刀鱼舷提网模型网侧纲和下纲拉力在起网绞收过程中随绞收时间的变化而随之变化，并且具有一定的规律和相似性。网具张力均随时间的增加而逐渐增大，前几秒时变化幅度较小，然后快速增加；起网初期网具张力增加程度小于起网后期，到起网过程即将结束时张力达到最大值；原因是当网具离开水面时下纲配重浮力为零、下纲重力突然增大，对网具张力产生一定的影响。此外，侧纲张力增长率的变化是先快速增大然后缓慢减小，而下纲张力则呈现出先增大再逐渐减小、再增大再减小的趋势，增长率变化差异的具体原因还有待进一步探讨。

2. 绞网速度和下纲配重对网具张力的影响

模型网下纲和侧纲张力均随绞网速度的增加而逐渐增大，且绞网速度越大张力增长率越大。当模型网侧纲绞网速度小于 0.36 m/s 时，差异百分比变化平稳；当绞网速度大于0.36 m/s 时，差异百分比快速提高。此外，绞网速度小于 0.36 m/s 时，适当改变绞网速度，网具张力增大幅度较小，均在网衣所能承受的范围内；速度大于 0.36 m/s 时，改变绞网速度网具张力增大的幅度很大，当侧纲速度为 0.60 m/s 时，差异百分比最大值达到

298.19%，下纲张力差异百分比最大值更高，发现绞网速度为 0.36 m/s 时模型网侧纲、下纲张力变化有临界值。据此，可以选择在网具所能承受张力时的最大绞网速度作为舷提网起网速度，使舷提网网衣迅速被收起，减少捕捞的空网率，本模型网试验的结果对网具的优化设计有着重要的参考价值。

下纲配重是影响渔具沉降和起网性能的重要因素之一。舷提网模型网的网具张力（侧纲张力和下纲张力）都随下纲配重的增加而逐渐增加。起网初期下纲配重对侧纲张力影响较小，对下纲张力的影响除下纲配重为 0.318 kg/m 时略高于其他组的张力外，其他则是下纲张力会随下纲配重的增加而不断增加。

模型试验在静水槽中实施，不能完全模拟海上实际生产过程，不能模拟海流、海风等因素及网衣特性对网具的影响，由于实验条件和设备的限制，以致某些问题还有待进一步深入研究（石永闯等，2016）。

第六节　秋刀鱼舷提网渔具海上实测

秋刀鱼舷提网的沉降性能和起网性能是舷提网作业性能的主要构成部分。在实际作业过程中，影响舷提网性能的主要因素不仅有网具材料、网具结构、下纲配重等内部因素，而且有海流、海风、绞网速度等外部因素；但是，沉降速度、沉降深度和起网速度、纲索张力亦是反映沉降性能和起网性能的关键性参数，同样是决定舷提网作业成败的重要指标。舷提网作业时，网衣沉降深度和纲索提升速度是衡量网具是否能够快速有效地包围鱼群提高捕捞效率的重要因素。网具在沉降过程中，经常会因为网衣中部的沉降深度不够快而减小了捕捞空间体积，以及纲索提升速度过慢会使网具下纲不能很快提升到位导致鱼群从缺口处逃逸。因此，舷提网沉降性能和起网性能是影响舷提网作业性能的主要因素之一，对其性能的研究十分重要。海上实测是研究渔具性能最好的方法之一，通过对舷提网网具沉降性能和起网性能的实测可以较为完整地将其自身网具性能与实际生产相结合，从而通过调整作业方式来提高捕捞效率，减少空网率。

由于中国大陆秋刀鱼舷提网作业方式起步较晚，对于舷提网网具性能的研究较少，迄今为止，尚未发现专门针对秋刀鱼舷提网网具性能实测的报道和文献。近年来，笔者在相关西北太平洋秋刀鱼捕捞技术的研究中，于 2015 年 7—10 月随蓬莱京鲁渔业有限公司"鲁蓬远渔 019 号"秋刀鱼舷提网作业渔船，在西北太平洋作业期间收集了网具作业参数和海流数据，海上实测了秋刀鱼舷提网的沉降速度、沉降深度、起网速度以及纲索张力与时间的关系、在变化过程中的稳定程度，对秋刀鱼舷提网网具作业性能进行了海上实测研究，并通过方差分析筛选出影响网具提升性能的关键性因子，以期对中国秋刀鱼舷提网的作业性能改进、结构优化提供重要参考。

一、试验渔船

蓬莱京鲁渔业有限公司"鲁蓬远渔 019 号"渔船的具体性能参数见表 6-10。

表 6-10　"鲁蓬远渔 019 号"渔船参数

序号	项目	参数
1	总长	76.70 m
2	型宽	11.30 m
3	型深	7.40 m
4	设计吃水	4.30 m
5	最大吃水	4.50 m
6	航速	14 kn
7	肋骨间距	570 mm
8	主机功率	1 912 kW
9	冻结室容积	345 m^3
10	船舱容积	1 420 m^3
11	燃油舱容积	430 m^3
12	淡水舱容积	32 m^3
13	船员定额	60 人
14	垂直渔探仪	2 台
15	声呐	1 台
16	雷达	3 台
17	无线电话	2 部
18	雷达应答器	2 套
19	气象传真	1 套

二、试验网具

"鲁蓬远渔 019 号"渔船实际作业使用的秋刀鱼舷提网网具结构示意图见图 6-35，渔具主尺度为 38.30 m × 41.70 m（上纲长度 × 侧纲长度）。网衣由上缘网衣（网线 PA）、下缘网衣（网线 PA）、主网衣（网线 PES，由 16 片网衣缝合而成）和侧缘网衣（网线 PA）4 部分缝制连接组成，上缘网衣的横向缩结系数为 0.476，下缘网衣的横向缩结系数 0.416，侧缘网衣以 0.560 的纵向缩结系数装配在侧纲上。侧纲两边分别设置 22 个侧环，用于穿引侧括纲，便于起网时使网形呈深袋状。浮力配备为 19.21 kN，下纲沉子总质量为 620 kg，下纲配重约为 16.18 kg/m。网衣材料规格见表 6-11。

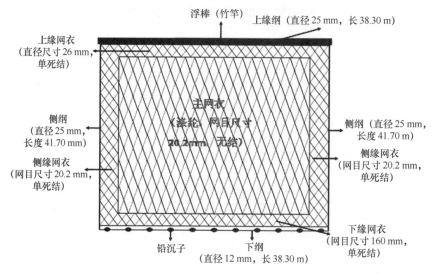

图 6-35　秋刀鱼舷提网示意图

表 6-11　"鲁蓬远渔 019 号"舷提网网片参数

网具部位	片数	网衣材料	网目尺寸/mm	网结	网线直径/mm
上缘网衣	1	PA	26	单死结	2
主网衣	12	PES	20.2	无结	1.5
下缘网衣	1	PA	160	单死结	4
侧网衣	2	PA	20.2	无结	4

三、测试仪器及测试方法

1. 测试仪器

（1）6 台加拿大 RBR 公司生产的 DR-1050 微型温度深度计，用于测量舷提网网具沉降深度和提升深度，仪器测定深度范围为 10~740 m，测试精度为满量程的 0.05%，分辨率为满量程的 0.001%。

（2）日本无线株式会社生产的 JLN-628 型鱼群监视潮流计，仪器测定的潮流为相对潮流。

（3）5 个水下张力仪，其测量范围为 0~1 000 kg，精度为 1%。

2. 测试方法

将 6 只 DR 进行编号（1~6 号），1 号、2 号、3 号 DR 均匀的捆扎在下纲上，即 1 号和 3 号 DR 固定在左右两端，2 号 DR 固定在下纲中部。4 号 DR 捆扎在侧纲左侧中部，5 号 DR 捆扎在侧纲右侧中部，6 号 DR 捆扎在主网衣中间。测量之前，DR 设置时间与电脑手机同步，时间间隔设定为 5 s，以 5 s 为时间间隔计算网具的平均沉降速度并假设其为瞬时速度，测试结束后将数据通过 USB 导入电脑。

　　秋刀鱼舷提网的侧纲部分由 1 根侧缘纲和 1 根侧环纲组成，下纲有 11 根底环纲，将 1 号、2 号张力仪分别固定在两根侧缘纲上，然后选取第 2、第 6、第 10 根底环纲，每根固定一个张力仪（分别是 3 号、4 号、5 号）进行抽样测量，测量完毕将数据导出。

　　实验装置见图 6-36。

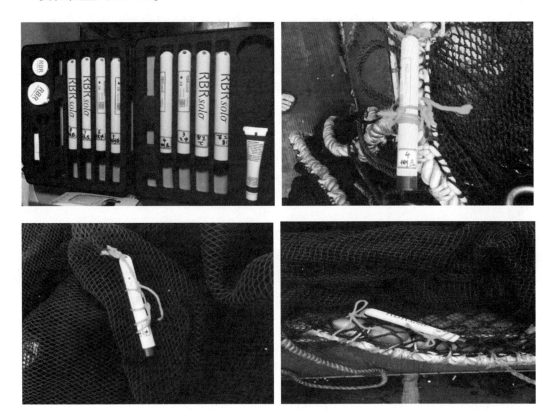

图 6-36　试验装置示意图

四、数据处理

1. 沉降速度和提升速度的测算

　　DR-1050 微型温度深度计测量的结果中包括压力、时间、深度等几项，网具开始入水及结束时刻主要以 DR-1050 中的压力数据变化进行判别，网具在未入水之前，压力变化处于一定的稳定范围，入水后随着水深的增大，压力也在不断增大，由此来判别网具入水时刻与达到最大沉降深度时刻以及结束时刻。网具各部分提升速度和沉降速度的计算均选取每隔 5 s 起网时间或沉降时间的平均速度，其中网具中部下纲计算了每间隔 2 m 深度的沉降速度以分析网具作业过程中速度的变化。

2. 纲索张力测算

　　由于试验是跟随实际作业的秋刀鱼渔船进行的，所以张力值的测算要将每网次的秋刀鱼产量考虑在内，计算出测试网次的平均产量。对张力仪记录的数据处理方法是，侧纲张力值取 1 号、2 号张力仪数值平均值的 2 倍作为侧纲的总张力值，将 3 号、4 号、5 号的张力仪进行处理求出每根底环纲上的平均下纲张力，然后再乘以底环纲数 11，作为下纲总张力值。网具纲索张力同样也是选取每隔 5 s 起网时间的平均纲索张力值。

3. 沉降速度、沉降深度、提升深度和提升速度与时间关系的分析

根据秋刀鱼舷提网的沉降速度和沉降深度，针对下纲各部分，每隔 5 s 选取沉降深度，采用多项式回归分析法分析沉降深度和时间的关系。计算下纲各部分每 5 s 的沉降速度，同样采取多项式回归分析法分析并运用变异系数（CV）比较不同时刻沉降速度的离散程度，公式表示为：

$$CV = \sigma / \mu \qquad (6-16)$$

式中：σ—标准差；μ—均值。

CV 值的大小决定了沉降速度的波动情况。通过计算侧纲和下纲每 5 s 的起网速度来研究舷提网作业的起网性能，并对起网速度的变异系数（CV）进行计算，分析网具起网速度的波动情况。

网具各部分的沉降速度和提升速度均值的 95% 置信区间使用 Bootstrap 方法确定，重复抽样的次数为 1 000 次，运算过程使用统计软件 Resampling Stats 2.0，以降低网具数据不足带来的误差，提高数据的准确度。利用 R 语言进行方差分析，检测因素各水平对试验指标的影响是否显著，确定下纲不同部位提升速度与不同水层海流两个变量之间是否存在显著相关性。

五、实测结果与分析

共进行了 22 网次的测试，有效网次为 18 次，采集的数据内容包括：网具沉降时间、最大沉降深度、压力、海流速度等。网具各部分最大沉降深度见表 6-12。

（一）网具沉降性能的研究

1. 网具沉降深度与时间的关系

1）中部网衣沉降深度与时间的关系

图 6-37 为每 5 s 舷提网网衣中部沉降过程中平均深度的变化。从整个沉降过程来看，网衣中部沉降深度随时间的推移呈现出稳步增加的趋势，前 60 s 中部网衣深度沉降较快，60~120 s 之间网衣沉降深度出现连续的波动，120 s 以后中部网衣沉降比较缓慢，直至到达最大沉降深度。前 60 s 网衣中部的沉降深度为最大沉降深度（20.39 m）的 53.65%；60 s 开始，网衣中部沉降深度之比明显减缓。整个沉降过程大约持续了 165 s。舷提网网衣中部沉降深度与沉降时间的关系可用下面公式表示：

$$h = 0.0002\,t^2 + 0.1483\,t + 1.891 \qquad (R^2 = 0.9806) \qquad (6-17)$$

式中：h—沉降深度（m）；t—沉降时间（s）。

表6-12 秋刀鱼舷提网各测试部位最大沉降深度 m

网次	仪器编号					
	DR1	DR2	DR3	DR4	DR5	DR6
1	32.18	32.35	33.84	11.94	18.52	12.59
2	29.56	34.91	32.40	12.56	13.29	14.02
3	35.47	29.33	30.92	14.45	15.82	19.02
4	28.98	31.59	33.60	11.90	11.73	15.35
5	30.94	32.47	33.78	16.74	12.56	13.76
6	32.56	32.03	35.61	10.45	16.35	13.28
7	34.68	32.94	32.98	13.61	12.74	13.39
8	32.75	35.12	30.42	11.67	14.11	15.73
9	33.60	34.48	28.04	13.51	11.06	18.35
10	29.57	34.07	33.98	12.03	12.15	11.04
11	35.22	30.76	27.87	11.28	19.41	12.65
12	32.69	32.35	30.58	11.25	14.72	12.82
13	31.05	31.38	35.87	10.49	13.78	14.73
14	31.54	35.63	32.82	13.39	14.07	11.29
15	32.08	34.16	35.21	11.63	14.27	13.46
16	29.77	33.25	34.67	9.03	13.24	14.5
17	30.85	33.58	33.74	12.21	10.05	12.49
18	34.62	30.02	32.85	10.26	11.59	15.65

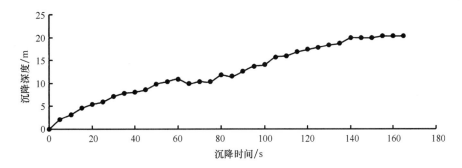

图6-37 秋刀鱼舷提网网衣中部沉降深度与沉降时间的关系

2）中部下纲沉降深度与时间的关系

图6-38为每5 s舷提网中部下纲沉降过程中平均深度的变化。从整个沉降过程来看，下纲沉降深度随时间增加呈现出稳步增加的趋势，在30 s和80 s时有稍微明显的波动。整个沉降过程大约持续了150 s，开始阶段下纲沉降较快，80 s后中部下纲沉降比较缓慢，直至提前预设的最大沉降深度。舷提网中部下纲沉降深度与沉降时间的关系可用下面公式表示：

$$h = -0.018\,t^2 + 0.5218\,t - 4.9017 \quad (R^2 = 0.9948) \quad (6\text{-}18)$$

式中：h—下降深度（m）；t—下纲下降的时间（s）。

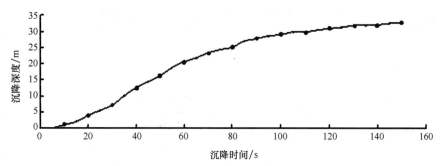

图 6-38　秋刀鱼舷提网下纲沉降深度与时间的关系

2. 网具各部分沉降速度与时间的关系

1）下纲中部沉降速度与时间的关系

图 6-39 为在沉降过程中舷提网下纲中部每隔 5 s 沉降速度随时间变化的曲线。从图 6-39 可知，在沉降过程中舷提网网具下纲沉降速度随时间变化呈现出先迅速增大后逐渐减小的趋势，下纲入水后沉降速度迅速增加，在 25 s 时沉降速度达到最大值 0.38 m/s（0.35~0.41 m/s），25 s 后沉降速度逐渐减小，直到沉降结束，整个沉降过程大约 150 s。从网具下纲沉降速度的 CV 值来看，沉降速度在前 80 s 波动比较剧烈，80 s 时开始沉降速度变化较缓慢。根据沉降速度的变异系数 CV 值可以看出，下纲在入水的前 100 s 速度波动比较大，之后 CV 值比较稳定，沉降速度波动相对较小。舷提网下纲沉降速度与时间的关系可用以下公式表示：

$$v = -1.6 \times 10^{-5}t^2 + 7.6 \times 10^{-5}t + 0.304 \quad (R^2 = 0.9403) \tag{6-19}$$

对式 6-19 进行求导，可得到下纲平均沉降加速度方程：

$$a = -3.2 \times 10^{-5}t + 7.6 \times 10^{-5} \tag{6-20}$$

式中：v—网具下纲平均沉降速度（m/s）；t—沉降时间（s）；a—网具下纲沉降的平均加速度（m/s^2）。

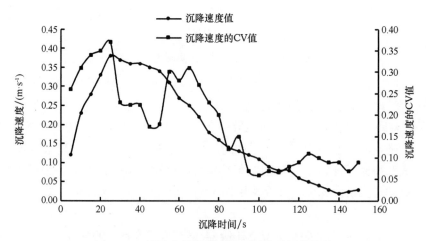

图 6-39　下纲中部沉降速度与沉降时间的关系

2）网衣中部沉降速度变化

图6-40为沉降过程中舷提网网具网衣中部每隔5 s沉降速度随时间变化的情况。由图6-40可知，整个沉降过程中网具网衣中部沉降速度波动比较剧烈。网衣入水后的0~35 s沉降速度波动最大，30~140 s时间段，网衣沉降速度分别在65 s、75 s、90 s、100 s和135 s左右时出现波峰，在100 s时沉降速度达到最大值0.30 m/s（0.28~0.32 m/s），之后迅速下降，可能的原因是网衣刚入水时受到下纲重量及其自身重力的影响沉降速度迅速增加，之后受到纲索张力和海流的影响沉降速度迅速减小。135 s后沉降速度呈逐渐减小的趋势。从网具网衣中部沉降速度的CV值来看，沉降速度在沉降过程中波动比较剧烈。并没有形成有规律的变化，这可能是由于船长操作习惯以及试验平台简陋所导致，具体原因尚待进一步研究。

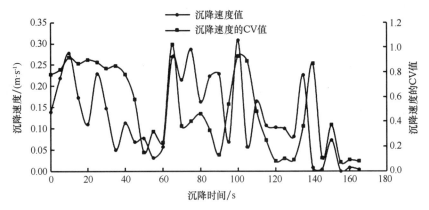

图6-40　网衣中部沉降速度与沉降时间的关系

3）侧纲沉降速度变化

图6-41为沉降过程中舷提网侧纲（侧缘纲和侧环纲）每隔5 s沉降速度随时间变化的情况。由图6-41可知，侧纲沉降速度在沉降过程中同样呈现出先增大后逐渐减小的趋势。网具侧纲沉降速度在25 s时最大，为0.18 m/s（0.17~0.20 m/s）。从网具侧纲沉降速度的CV值来看，沉降的前60 s，沉降速度波动较大，60~90 s之间CV值趋于平稳，90 s以后沉降速度又出现了一定程度的波动，整个过程大约130 s。

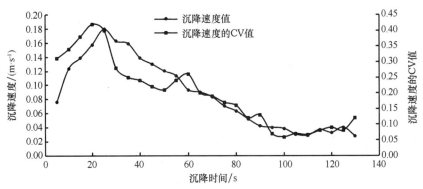

图6-41　侧纲沉降速度与沉降时间的关系

4）海流流速对舷提网网具各部位沉降性能的影响

运用 R 语言软件（V3.1.1）对表面海流速度对所选定的网具各部位沉降速度的影响进行单因素方差分析，结果表明表面海流速度对网具下纲和侧纲的沉降速度无显著性影响，对网衣中部的沉降速度有十分显著的影响，具体结果见表 6-13。

表 6-13　海流速度对沉降速度影响的方差分析

网具各部位	P
下纲 lead-line	>0.05
网衣中部 mid-part of netting	<0.05 *
侧纲 sideline	>0.05

注：* 显著性相关（$P<0.05$）．

图 6-42 为网衣中部的沉降深度随海流速度变化的散点图，由图 6-42 可知，网衣中部的沉降深度随流速的增加呈逐渐减小的趋势，当流速为 0.8 kn 时网衣的平均沉降深度为 13.22 m，流速为 0.2 kn 时网衣的平均沉降深度为 21.54 m，由此可见，当流速从 0.2 kn 增加到 0.8 kn 时网衣的平均沉降深度较少了 38.62%。

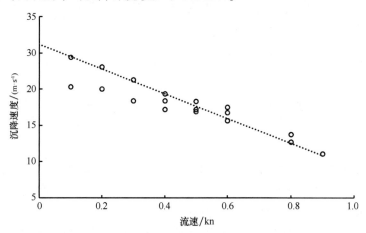

图 6-42　秋刀鱼舷提网网衣中部沉降深度与流速的关系

(二) 网具提升性能的研究

1. 网具中部网衣提升深度与时间的关系

图 6-43 为每 5 s 舷提网网衣中部提升过程中平均深度随时间的变化曲线。从整个提升过程来看，网具网衣中部在提升过程中呈稳步提升的趋势。前 15 s 提升深度的变化较为平稳，提升深度仅为总提升深度的 3.88%，15~55 s 之间提升深度明显加快，55~140 s 提升深度的变化又趋于平稳，140 s 后提升深度的波动又相当剧烈，整个网衣中部的提升过程大约需要 230 s。舷提网网衣中部提升深度与提升时间的关系可用下面公式表示：

$$h = -0.0002\,t^2 - 0.0221\,t + 18.476 \quad (R^2 = 0.9377) \tag{6-21}$$

式中：h—提升深度（m）；t—网衣中部提升时间（s）。

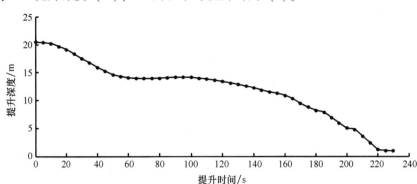

图 6-43　秋刀鱼舷提网网衣中部提升深度与提升时间的关系

2. 网具各部分提升速度

1）下纲中部提升速度与时间的关系

图 6-44 为在提升过程中舷提网下纲中部每隔 5 s 提升速度随时间变化的曲线，每一点为每 5 s 的平均起网速度。由图 6-44 可知，网具下纲提升速度随时间变化呈现出逐渐降低的趋势。提升开始时提升速度最大为 0.62 m/s（0.57~0.66 m/s），整个提升过程大约 55 s，提升过程的前 25 s，平均提升速度波动剧烈，下降幅度较大，至 25 s 时提升速度下降为 0.42 m/s，占最大提升速度的 67.74%。25~45 s 期间提升速度变化较为平稳，下降幅度较小，45 s 至起网结束速度变化又变得剧烈，提升速度迅速下降。提升速度的变异系数（CV）值在起网的初期波动较大，中期趋于平稳，后期又出现一定程度的波动，此现象也说明了下纲提升速度在起网过程的变化。

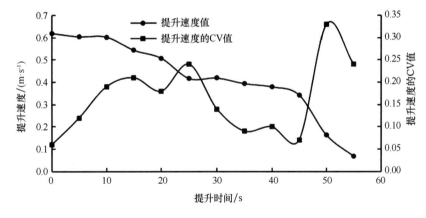

图 6-44　秋刀鱼舷提网下纲中部提升速度与提升时间的关系

2）网衣中部提升速度的变化

图 6-45 为提升过程中舷提网网具网衣中部每隔 5 s 提升速度随时间变化的情况。由图 6-45 可知，整个提升过程中网具网衣中部提升速度波动比较剧烈。起网开始的前 60 s，

网衣的提升速度呈先增大后逐渐减小的趋势，60~150 s 期间网衣提升速度变化不大，比较稳定。150 s 后提升速度分别在 165 s、190 s 和 210 s 左右时出现了波峰，然后提升速度又迅速减小。从网具网衣中部提升速度的 CV 值来看，提升速度在提升过程中波动比较剧烈，并没有形成有规律的变化。

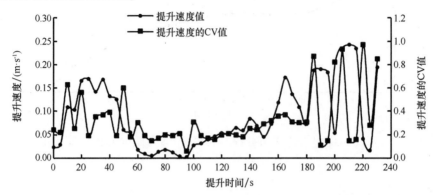

图 6-45　秋刀鱼舷提网网衣中部提升速度与提升时间的关系

3）侧纲提升速度的变化

图 6-46 为提升过程中舷提网侧纲（侧缘纲和侧环纲）每隔 5 s 提升速度随时间变化的情况。由图 6-46 可知，侧纲提升速度在提升过程中同样呈现出逐渐减小的趋势，最大提升速度出现在起网过程的开始，为 0.39 m/s（0.34~0.43 m/s）。随后提升速度随时间推移连续稳定降低，只有在 35 s 和 70 s 时出现了比较明显的波动，整个起网过程大约持续了 80 s。从提升速度的 CV 值来看，提升速度在开始和结束阶段波动较大，中间阶段提升速度波动较小。

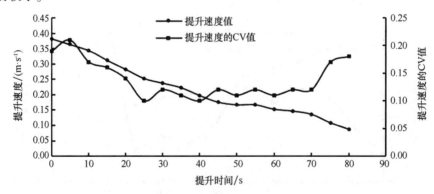

图 6-46　秋刀鱼舷提网侧纲提升速度与提升时间的关系

4）海流流速对舷提网网具各部位提升速度的影响

同样运用 R 语言软件（V3.1.1）对表面海流速度对所选定的网具各部位提升速度的影响进行单因素方差分析，结果表明表面海流速度对网具下纲和侧纲的提升速度无显著性影响，对网衣中部的沉降速度有十分显著的影响（表 6-14）。

表 6-14　海流速度对速度影响的方差分析

网具各部位	P
下纲 lead-line	>0.05
网衣中部 mid-part of netting	<0.05*
侧纲 sideline	>0.05

注：* 显著性相关（$P<0.05$）．

3. 舷提网的沉降特性

网具的沉降深度随沉降时间增加而逐渐增加。网具的沉降主要发生在前 100 s，沉降深度为 29.07 m，为平均最大沉降深度的 88.8%，沉降的后半阶段网具沉降比较缓慢，主要原因可能是一方面沉降后期网衣在沉降过程中展开面积逐渐增大导致网片水阻力增大；另一方面受到下纲和侧纲纲索张力的影响。因此从沉降深度而言，为了使网衣尽可能地较深沉降以便争取更大的捕捞空间，可以适当增加一点放网的时间，以便有利于网具的继续下沉。

网具各部分在沉降过程中沉降速度均呈现出先增大后减小的趋势。网具下纲的沉降速度最大值的出现最早大约在 15 s 左右，其次是侧纲，出现最晚的是中部网衣。网具下纲沉降速度最大，中部网衣次之，最小的是侧纲，因为沉子配备主要分布在下纲，所以下纲沉降初期受力最大。网具各部分沉降速度降低的过程均表现为：初期沉降速度波动比较剧烈——即速度降低程度较大，中期沉降速度缓慢降低、速度趋于稳定，末期 3 个部位的沉降速度均出现了不同程度的波动，在沉降末期网具会受到下纲纲索张力的影响，进而对沉降速度有一定的影响。在秋刀鱼舷提网作业过程中有时会出现网具沉降速度降低，网衣长时间不能完全展开，下纲不能下降到预定深度，直接影响鱼群的行为和捕捞效果，这种情况主要发生在沉降初期。为了使网具尽快沉降到预定位置以便尽快使鱼群被诱集到网具上方，在实际作业过程中放网时可以增加一定的初速度，使网具能在较短的时间内完成沉降过程，提高捕捞成功率。

4. 舷提网的提升特性

提升特性是影响秋刀鱼舷提网网具作业性能的关键因素。网具侧纲和下纲的提升速度均随时间推移而连续降低，起网最大提升速度出现在开始阶段，这与秋刀鱼舷提网网具的特性有关，秋刀鱼是一种大洋洄游性鱼类，游泳速度快，行动敏捷，起网作业时必须快速将侧纲、下纲绞起，把鱼包围在网衣中，防止鱼群逃逸。下纲最大提升速度为 0.62 m/s（0.55~0.68 m/s），大于侧纲的最大提升速度 0.38 m/s（0.33~0.42 m/s），下纲提升过程经历的时间相对于侧纲较短。这一特点导致了在起网过程中下纲迅速升起，而侧纲没有提升到一定高度把渔获物包围，鱼群就会从侧纲缺口处逃逸，因此在实际生产过程中可以适当提高侧环纲的绞收速度，使舷提网在起网时能较快地形成"兜"状将鱼群包围，减少渔获物的逃逸损失。从下纲和侧纲提升速度的 CV 值来看，各部分提升速度的变化较为剧烈，这可能是因为在起网过程中船体、绞纲速度不是特别稳定以及水流变化造成的。秋刀鱼舷提网网具沉降性能和提升性能的分析研究，对其优化改进和实现生态高效捕捞有一定的参考作用，由于环境的不确定性、因素太多以及网具本身的受力变化过于复杂等会对研究造成困难，有关网具内部因素与其网具性能的关系尚需作进一步研究。

5. 海流对网具沉降及提升性能的影响

网具在沉降和提升过程中表面海流速度对网衣沉降和提升性能有显著性影响（$P<0.05$），对下纲和侧纲的性能却无显著性影响（$P>0.05$），原因可能是下纲和侧纲在沉降和提升过程中主要受到下纲配重以及纲索张力的影响。随着流速的增加，网衣的沉降深度逐渐减小，流速越大，越不利于网具的沉降；较大流速引起的横向冲击力不仅阻碍网具下沉，甚至使网衣漂移。当流速从 0.2 kn 增加到 0.8 kn 时网衣的平均沉降深度减少了38.62%，足以看出海流对网衣沉降深度的影响之大。因此海流流速是影响网衣沉降性能较为显著的因子，这对于秋刀鱼舷提网的操作具有一定的指导作用。舷提网作业是极其复杂的过程，单凭个别因子不能全面地反映对舷提网网具性能的影响，由于生产中受测试仪器和船舶条件的限制，测试的项目数据及分析结果也略显不足，期待未来在精确数据的基础上加强对网具下纲配重、网具纲索张力等因素的数据采集，以便能对秋刀鱼舷提网网具性能做更为全面的研究。

第七章 秋刀鱼的加工和利用

秋刀鱼是日本、韩国、俄罗斯、中国大陆和中国台湾省等重要的渔业捕捞鱼种之一。秋刀鱼肉味鲜美，营养丰富，适合蒸、煮、煎、烤等多种方法烹饪，深受广大消费者喜爱，是一种具有高营养价值的中上层鱼类（图7-1）。在日本市场上，秋刀鱼是价廉物美大众化的普通食用鱼，因其肉质鲜美，深受家庭主妇等消费者的欢迎，是日本鱼市场上十大畅销鱼种类之一，位居销售量第四。秋刀鱼既可以制成鱼罐头，又是多种烹饪、烧烤的鲜料食材；同时又是金枪鱼延绳钓的高级诱钓饵料，具有一定的经济价值。在日本大约有70%的秋刀鱼在新鲜状态时被食用，约26%的秋刀鱼用各种方法进行加工，只有4%左右供出口或作诱饵或作为动物饲料。秋刀鱼是日本料理中最具代表性的秋季食材之一，最常见的烹制方式是将整条鱼盐烤，搭配白饭、味噌汤、萝卜泥一同食用。秋刀鱼的鱼肠有苦味，但是大多数食客并不把鱼肠去除，而是用酱油或柠檬汁来给盐烤秋刀鱼调味。日本人认为酱油的咸鲜或柠檬的酸味与鱼本身的苦味相结合，才是秋刀鱼的最佳风味。此外，盐烤秋刀鱼也是韩国料理中的一道菜肴。蒲烧秋刀鱼是另一种比较常见的烹制方式。秋刀鱼生鱼片亦开始逐渐流行起来。秋刀鱼寿司则并不是全日本十分普及的菜式，是纪伊半岛、志摩半岛等一些沿海地区的区域性食物。制作寿司用的秋刀鱼肉要先用盐和醋（有时用柠檬汁）进行腌制后方可食用。

秋刀鱼含有丰富的高质量蛋白质，它的营养价值比牛肉和金枪鱼毫不逊色，它含有所有人体必需的氨基酸，因此，是人类食用的美味佳肴。秋刀鱼不仅含有丰富的优质蛋白质和多种矿物质，而且含有人体不可缺少的 EPA 和 DHA 等不饱和脂肪酸，常食秋刀鱼可以延缓衰老，预防高血压、心肌梗死、动脉硬化、夜盲症及贫血等疾病。另外，DHA 有抑制乳癌、大肠癌、肺癌，提高学习机能以及防止老年性痴呆症的效果。除此以外，秋刀鱼还含有大量的钙（Ca），对中、老年人和儿童来说，钙能帮助其吸收维生素 D。同时研究还表明，秋刀鱼的"血合肉"中还富含有氨基乙磺酸（Taurine）。氨基乙磺酸有降低血胆固醇、改善视力、治疗贫血、强化肝功、促进人体分泌激素等作用。

第一节 秋刀鱼的营养成分

一、鱼体营养成分组成

秋刀鱼含有丰富的蛋白质、氨基酸、不饱和脂肪酸、矿物质、微量元素和维生素等。西北太平洋秋刀鱼鲜样肌肉的常规营养成分含量（表7-1）为：水分60.62%；灰分0.75%；粗蛋白质含量17.63%，低于银鲳，接近小黄鱼，高于鳕鱼、太平洋褶柔鱼和大

图7-1 秋刀鱼及其鱼肉

黄鱼等海洋经济鱼类。粗脂肪含量达21.04%，高于许多高脂海洋经济鱼类，如带鱼和大黄鱼等；低于挪威三文鱼。秋刀鱼属于高脂肪、高蛋白的海水鱼类，故有很好的口感（叶彬清等，2014）。

表7-1 秋刀鱼营养成分

蛋白质/%	脂肪/%	水分/%	灰分/%	钙/（mg/100 g）	磷/（mg/100 g）	备注
20.6	21.1	56.7	1.1	67	24.8	
17.63±0.34	21.04±0.60	60.62±0.48	0.75±0.01	13.1	75.1	叶彬清测

秋刀鱼蛋白质含量比牛肉和猪肉高，达到20.6%（陈建文等，2007），高于许多经济鱼类。根据鱼体中脂肪的含量可将鱼分为：少脂小于1%、中脂1%~5%、多脂5%~10%和高脂大于10%，秋刀鱼脂肪含量尤其高，达到21.1%，属于高脂鱼类，因此它具有高蛋白、高脂肪的特点（叶彬清等，2013）。

研究表明，秋刀鱼还富含维生素A、维生素E、维生素B_{12}等。

二、鱼肉氨基酸组成

秋刀鱼蛋白质中富含18种氨基酸，其中必需氨基酸/总氨基酸比例为0.38，符合联合国粮农组织（FAO）和世界卫生组织（WHO）推荐的优质蛋白质氨基酸模式。秋刀鱼蛋白质的氨基酸（除色氨酸和精氨酸外）总量为93.68 g/100 g（表7-2），高于中国对虾（73.16%）。必需氨基酸含量（除色氨酸外）达42.08 g/100 g，约占秋刀鱼鱼肉蛋白质氨基酸的44.92%。谷氨酸含量最高，达14.75 g/100 g，其次是天门冬氨酸（12.97 g/100 g）、亮氨酸（7.99 g/100 g）、赖氨酸（7.50 g/100 g）、丙氨酸（7.08 g/100 g）等，除色氨酸外，其余7种必需氨基酸都比较高，全部高于文昌鱼（叶彬清等，2013）。

动物蛋白质的鲜味在一定程度上取决于鲜味氨基酸的组成和含量，秋刀鱼肌肉的鲜味氨基酸（DAA）含量为6.69%，鲜味氨基酸/总氨基酸（DAA/TAA）比值为0.36，支链氨基酸（BCAA）含量3.24%，支链氨基酸/芳香族氨基酸（BCAA/AAA）的比值为2.36。由此可见，秋刀鱼肉中的氨基酸营养价值较高、味道鲜美。

表 7-2 秋刀鱼蛋白质的氨基酸组成 g/100 g 蛋白质

名称	氨基酸含量	名称	氨基酸含量
天门冬氨酸 Asp	12.97	蛋氨酸 Met	2.99
苏氨酸 Thr	4.56	异亮氨酸 Ile	4.55
丝氨酸 Ser	3.82	亮氨酸 Leu	7.99
谷氨酸 Glu	14.57	酪氨酸 Tyr	3.20
脯氨酸 Pru	3.89	苯丙氨酸 Phe	4.20
甘氨酸 Gln	6.10	赖氨酸 Lys	7.50
丙氨酸 Ala	7.08	组氨酸 His	4.56
缬氨酸 Val	5.29		

资料来源：叶彬清等，2013

三、不饱和脂肪酸

秋刀鱼粗脂肪中含有 21 种脂肪酸，其中单不饱和脂肪酸 6 种，占脂肪酸总量的 58.70%；多不饱和脂肪酸 8 种，占 20.73%。多不饱和脂肪酸主要为二十二碳六烯酸（11.3%）、二十碳五烯酸（5.2%）、二十二碳五烯酸（1.2%）和花生四烯酸（0.4%），n-3/n-6 比值为 9.4，比例较高。单不饱和脂肪酸主要为二十二碳一烯酸，含量为 29.0%，油酸仅含 6.0%。饱和脂肪酸中棕榈酸含量最高（10.5%）。秋刀鱼也是一种含 n-3 不饱和脂肪酸极其丰富的鱼类（叶彬清等，2013）。在秋刀鱼肉的脂肪酸组成中，Lewis 的测定结果为不饱和脂肪酸含量占总脂肪酸含量的 55.5%。其中，单不饱和脂肪酸含量占 21.5%，最主要的为油酸（13.5%）。多不饱和脂肪酸的含量为 34.0%，EPA（二十碳五烯酸）和 DHA（二十二碳六烯酸）分别达到 5.5% 和 22.2%，尤其是 DHA，在所有脂肪酸含量中位于第二，仅次于棕榈酸（30.4%），n-3/n-6 为 5.88（LEWIS，1967），低于叶彬清等的检测结果。单不饱和脂肪酸主要为油酸（13.5%）；饱和脂肪酸中棕榈酸含量最高（30.4%），与叶彬清等的测定结果差异较大。测定结果表明，尽管秋刀鱼是一种不饱和脂肪酸含量及其丰富的鱼类，但不同地域、不同年份和季节，可能其脂肪酸组成差异较大（罗海波等，2016）。

秋刀鱼脂肪酸高于许多经济鱼类，n-6/n-3（ω-6/ω-3）的值较高，根据 FAO 专家推荐每日饮食中 n-6/n-3 不饱和脂肪酸的比例在 5∶1~10∶1，因此秋刀鱼是一种含 n-3 不饱和脂肪酸及其丰富的鱼类。

如果用秋刀鱼分背、腹、皮、内脏来测定 EPA 和 DHA，可知皮肤和内脏里含量最高。另外，接近皮肤部分的棕色肉［被称作"血合肉（dark muscle）"的鱼肉，是指鱼体腹侧稍微发红黑色的肌肉组织，颜色重味道腥］，比普通鱼肉含脂肪多、蛋白质少，"血合肉"的蛋白质主要是含铁（Fe）的血红素和肌红蛋白。除了 EPA 和 DHA 以外，还含有各种维生素的成分，尤以维生素 B 族含量较高。

四、矿物元素

秋刀鱼肉中的常量元素钠（Na）含量最高，为 1 472 mg/100 g；其次为磷（P）、镁（Mg）和钾（K）。微量元素中铁（Fe）含量最高，为 1.15 mg/100 g；铜（Cu）含量最低，为 0.13 mg/100 g（表 7-3）。

表 7-3　秋刀鱼肌肉矿物含量　　　　　　　　　　　　　　　　mg/100 g

元素	含量	元素	含量
K	243.52±28.21	Zn	1.15±0.03
Ca	131.45±13.52	Fe	2.34±0.40
Na	1 472.05±43.80	Se	1.50±0.21
Mg	464.47±6.56	Cu	0.13±0.01
P	751.20±49.36	Mn	未检出

资料来源：叶彬清等，2013

第二节　秋刀鱼的加工利用

一、秋刀鱼的加工利用状况

秋刀鱼多数作为食用，其中 80% 用于生鲜、冷冻、罐头、食用加工，近几年秋刀鱼已成为餐桌上常见的鱼种。

食用加工有剖开晒干、浸糖、浸醋、原条晒干，罐头制品，烤鱼片，醋鱼米饭食品等。作为饵料主要用于金枪鱼延绳钓。在日本全国范围内用于冷冻的秋刀鱼占 60%。这是由于从 9 月 15 日到 10 月，秋刀鱼上岸量比较集中，因此必须冷冻储藏。这样一来就可不限于秋天，无论什么时候想吃都能吃到，同时，也有可能用冷冻原料来制造加工品。最常见的秋刀鱼加工方法有剖开晒干、原条晒干、罐头制品、烤鱼片、休闲食品、半加工烧烤原料、高档调味品、生物保健品和宠物食品等。

1. 刨开晒干

刨开。按照秋刀鱼的大小分别采用背剖、腹剖和腹边剖 3 种形式。背剖，一般用于鱼大肉厚的个体。剖割时从鱼背鳍下进刀，刀至鱼头骨时，微斜在头骨正中切开。除去内脏及牙墩，把脊骨的血污及腹内黑衣黏膜用刀片轻轻刮去。若鱼个体较大，在脊背骨下及另一边的肉厚处开刀，使盐水易于渗透。个体较小的，可采用腹剖。即在鱼腹正中进刀，两片对称剖开。腹边剖割的，可在鱼身中线下边切入，上至鱼眼外围，下到尾部肛门上为止。剖割后，去掉内脏。

洗涤。剖割后在血液凝固前，用刷子逐条地在清水中洗刷掉血污、黏液，放进筐内，滴干水分，即可进行腌制。也可以将洗涤后的鱼体投入事先备好的卤液中，浸洗 3~5 h，取出滴干卤水，再行腌制。

腌渍。根据鱼体的大小确定用盐数量，一般每 100 kg 鱼用盐 18~24 kg。冬、春季偏少，夏、秋季节偏多。腌制时，将盐均匀地擦敷在鱼体、鱼鳃、吞刀、眼球及钓孔内。然后置于腌池内，肉面向上，鱼鳞向下，鱼头稍放低，鱼尾斜向上，层层排叠。叠至池口时，可继续排叠，直至超出池口 100~150 mm。经 4~5 h 后，鱼体收缩至与池口平齐时，再加撒一层封口盐，并用竹片盖面，石头加压。使鱼体浸入卤水，充分吸收盐分，脱出水分。夏天还可以避免苍蝇在鱼体上生蛆。

晒干。鱼出卤时，利用卤水将鱼体洗刷一次，除去沾染的污物，滴干卤水后，排放于晒鱼帘上。鱼鳞向上，晒 1~2 h 后翻成肉面向上，晒至中午时，将鱼收进室内或将竹帘两头掀起盖上鱼体，让其凉至下午 3：00—4：00，利用弱阳光再晒。经过 2~3 d 晒至鱼肚、鳃挤不出水分时，就干燥了。

2. 原条晒干

原条晒干的方法基本与刨开晒干相同，不同之处在沿鱼腹肛门处顺长拉开一口子，掏出内脏，用清水洗净内部血污和黑膜即可。

3. 罐头制品

秋刀鱼罐头是以新鲜或冷冻的秋刀鱼为原料，经加工处理、装罐、加入调味料、密封、杀菌等加工过程制成的即食罐头产品。由于食用方便、营养丰富、便于携带，因而受到消费者的青睐。

秋刀鱼罐头工艺流程：选料→原料处理→盐渍→油炸→切段→配汤料→装罐→排气→密封→杀菌→冷却→擦罐→保温→打检→包装→成品。

烤秋刀鱼罐头。将秋刀鱼刨开，去头、尾及内脏，切成两段后再切成适当大小的片段，将秋刀鱼焙烤；加入酱油、砂糖等调料，密封于罐中，加热杀菌而成。

清蒸秋刀鱼罐头。将秋刀鱼刨开，除去内脏和头部，切成适当大小，装罐密封，加热杀菌而成。

调味秋刀鱼罐头。将秋刀鱼刨开，除去内脏及头部，切成适当大小的鱼块，加入酱油、砂糖，密封于罐中，加热杀菌而成。

茄汁秋刀鱼罐头。将秋刀鱼刨开，除去内脏及头部，切成适当大小的鱼块，加入番茄汁，密封于罐中，加热杀菌而成。

和式秋刀鱼罐头。工艺流程：原料鱼→去头和内脏→切段→去血水洗→沥水→蒸煮→去除液汁→装罐→注入调味液→真空封装肉罐→加热杀菌→冷却→和式秋刀鱼罐头。制作方法：将原料鱼去头，轻轻挤压腹部去除内脏；按罐型要求切成适当长短的鱼块；将鱼块浸渍在 3% 的食盐液中，然后去血水消洗，沥干水分；蒸煮 10~15 min 即成，去除汁液；调味液由酱油、砂糖、糖浆、食盐、化学调味料等配合而成；按规定重量将鱼块和调味液分别注入罐内；排气、密封（排气时使中心温度达到 75℃ 以上）；杀菌在 113~114℃ 的温度下进行 90~110 min；杀菌后冷却，即为成品。成品特点：色泽正常、肉味鲜香，调味液鲜美。

根据不同的加工方法和添加不同的调料，秋刀鱼罐头还有多种，如：水煮秋刀鱼罐头、五香秋刀鱼罐头、清炖秋刀鱼罐头、油渍煮秋刀鱼罐头、烤秋刀鱼罐头、调味秋刀鱼罐头、清汤秋刀鱼罐、煨秋刀鱼罐头、油渍热秋刀鱼罐头、清煮秋刀鱼罐头等。

4. 秋刀鱼烧烤

盐烤秋刀鱼是日本料理中最具代表性的秋季菜肴，食用时淋上柠檬汁或配上萝卜泥酱料。其制作方法为：将秋刀鱼用清水洗净，去除鳃，取出内脏，洗净后在鱼身上横划几刀；再在秋刀鱼身上竖划几刀；此后在鱼身上均匀地抹上适量的盐，淋入少许料酒、耗油、酱油，腌渍 30 min，至秋刀鱼入味；再在鱼的两侧均匀地抹上适量的蜂蜜；放入烤箱烤至金黄色、全熟；取出烤好的秋刀鱼、盛盘、放上柠檬汁和萝卜泥即可。

烤秋刀鱼，不仅味道鲜美诱人，而且营养丰富，内含足量蛋白质和多种不饱和脂肪酸，既健康又营养。烤秋刀鱼的做法为：秋刀鱼处理干净，斜着在鱼身上划几刀；抹一层薄盐和油，撒上黑胡椒粉、五香粉、孜然粉、辣椒粉，再滴几滴柠檬汁，腌 15 min 以上；烤箱预热 200℃，中层，15 min 烤一面、再翻面烤 15 min；吃的时候再滴几滴柠檬汁即可。

秋刀鱼烤鱼片是近几年新开发的熟食制品。选择个体大的三去（去头、去尾、去内脏）秋刀鱼作为原料（个体小、有异味或受机械损伤的应予剔除），先以清水冲洗干净，然后在流水中将两片鱼肉沿脊骨两侧一刀剖下，尽量减少脊骨上鱼肉，剖面要求平整。烘烤出来的鱼片鱼肉组织紧密，不易咀嚼，须用碾片机压松，使鱼肉组织的纤维呈棉絮状为最理想。经碾压后的熟片放在整形机内整形，使熟片平整、成形，美观，便于包装。加入不同的调料，就成为不同口味的秋刀鱼烤鱼片。

秋刀鱼烤鱼片的烤制方法和风味还有许多种。

二、秋刀鱼副产物利用

近年来，由于秋刀鱼具有产量大、营养价值高、价格低廉等优势，正逐渐进入人们的餐桌和加工企业。任何鱼类加工都会有大量的副产物产生，主要包括内脏、鱼皮、鱼鳞、鱼骨等，尤其当鱼加工成鱼片时，副产物会占到整条鱼总重的 60%~70%。80% 的秋刀鱼主要用于生鲜和加工，日本谷藤水产会社作为第一家大型的在中国进行秋刀鱼加工的公司，自 2005 年至今，已产生了数量巨大的秋刀鱼加工副产物。随着中国捕捞秋刀鱼技术的日臻成熟，秋刀鱼在中国市场上日益增多，中国企业对其加工也将不断扩大，继而将会有更多秋刀鱼副产物的产生。这些副产物富含多种营养成分，但目前这些副产物尚未得到充分利用，不仅浪费资源而且污染环境。如何充分、最大限度地提高其附加值成了众多学者研究的热点。目前，研究者对鱼类副产物的研究主要分为以下几个方面：①加工饲料，但其附加值较低；②生产鱼露；③提取功效性成分，如从鱼皮中提取胶原蛋白，内脏中提取鱼油，将副产物水解成蛋白水解物等；④从内脏中提取各种酶等。秋刀鱼加工副产物各部位有效成分及检测结果见表7-4。

表7-4　秋刀鱼加工副产物各部位有效成分及检测结果

部位	有效成分	检测指标及结果
鱼鳞	I型胶原蛋白	变性温度：24~15℃，脯氨酸含量和羟脯氨酸含量：低于猪肉中含量
	2种抗氧化活性肽段	对羟基自由基的清除能力：IC_{50}值分别为27.3 μmol/L和7.53 μmol/L
内脏	脂肪酸	脂肪酸组成：主要为棕榈酸，油酸，EPA和DHA
心脏和性腺	甲基萘醌	甲基萘醌：大量
	叶绿醌	叶绿醌：很少
幽门盲肠	阳离子胰蛋白酶	产量：8.9%；最适温度为60℃；纯化倍数：90倍
卵巢	卵黄磷脂蛋白	蛋白质分子量：420 ku
鱼卵	含脂的鱼卵提取物	对牛科动物的溶血磷脂酶D活性的拟制作用：（0.48±0.03）mg 鱼卵/mL
心脏和性腺	鞘脂类	鞘脂类：脑中最高，其次眼睛
	单己糖神经酰胺	单己糖神经酰胺：均小于（23.0±2.4）mg/g

资料来源：叶彬清等，2013.

由表7-4可知，国内外对秋刀鱼加工副产物的研究主要集中于两大类，鱼鳞和内脏。胶原蛋白是脊椎动物中最丰富的蛋白质，也是动物结缔组织中的一种主要的结构蛋白，构成总蛋白的30%左右。由研究得出，秋刀鱼鱼鳞中胶原蛋白含量为4%~15%，而鲫鱼鱼鳞中胶原蛋白为1.142%。秋刀鱼鱼鳞是胶原蛋白的良好来源，根据表7-4中I型胶原蛋白的特性，它可应用于食品添加剂，如增稠剂，工业用胶水等。同时，由秋刀鱼胶原蛋白分解出的肽段也具有较高的抗氧化活性。

蛋白酶是当今世界工业酶制剂最重要的组成部分，占工业酶市场的50%左右。如今，鱼类蛋白水解酶在食品加工过程中的需求不断增加。内脏是鱼类加工中最重要的副产品，被认为是消化酶的潜在资源，因为其蛋白酶在宽范围pH和温度下仍具有高活性。已有不少研究者从鱼类的幽门盲肠中提取了各类蛋白酶。Sappasith等（2007）从竹荚鱼的幽门盲肠中提取了胰蛋白酶（trypsin），Assaâd等（2012）从鲃的内脏中提取纯化了的胰蛋白酶，并将其应用于从虾的副产物中回收胡萝卜素。从秋刀鱼幽门盲肠中提取的阳离子胰蛋白酶，根据其特性，在食品工业中可被用于焙烤类、谷物类等食品、蛋白水解物的生产及风味物质的提取。

秋刀鱼内脏占秋刀鱼总重的17%~21%，脂质含量约为内脏湿重的18%，干重的46.3%。且其脂肪中富含EPA与DHA（李基洪，2000），可作为提取鱼油的良好来源。目前，有多种方法用来提取鱼油，如有机溶剂萃取法、水解法、超临界流体萃取法等，而超临界流体法能有效防止脂质氧化，尤其是当鱼油中含有丰富的ω-3（n-3）脂肪酸；显著减少了某些污染物，如砷；从含有较低脂肪含量的副产物中提取鱼油，如鳕鱼下脚料或巨型鱿鱼肝；避免了产生富含蛋白质或脂肪的废水，因此具有很大的优势。

宋维春等（2015）对秋刀鱼鱼油的提取及胶囊化进行了研究，以新鲜秋刀鱼为原料，采用超临界CO_2萃取法萃取鱼油，工艺流程为：秋刀鱼→预处理→粉碎→超临界萃取→鱼油。超临界CO_2萃取法萃取秋刀鱼鱼油的最佳工艺条件为：萃取温度45℃、萃取时间2.5 h、萃取压力27 MPa；在此条件下鱼油得率1.43%，所得鱼油中EPA占43.5%，DHA

占 30.1%。微颗粒制备工艺流程为：浸泡壁材→调配壁材→鱼油与壁材混合搅拌均质→喷雾定型固化→过滤→漂洗→沥水→烘干→鱼油微粒。以明胶和海藻酸钠配制成较浓胶体溶液后混合作为壁材，以鱼油为芯材，用喷雾定型固化法可以制备固体鱼油微粒；所得到的固体鱼油微粒为浅黄色的微粒状物质，微粒中 DHA+EPA 的含量可达 42 mg/g。

此外，在产卵季节，鱼卵的重量占到了整鱼的 25% ~ 30%，是良好的氨基酸与脂肪酸的来源（Bechtel 等，2007）。卵黄脂磷蛋白是卵黄蛋白原中主要的卵黄蛋白，Haruna 等（2008）从秋刀鱼的卵巢中纯化了卵黄磷脂蛋白。

秋刀鱼为青皮红肉的海产鱼类，体内含有大量的组氨酸，由于时间、温度控制不良，使有些微生物繁殖，在组氨酸脱羧酶的作用下会生成组胺，引起组胺中毒现象的发生，因历史上主要发生于鲭鱼，故亦称鲭鱼毒素中毒。海水中存有污染鱼类的组胺菌，组胺菌普遍存在于海水鱼的体表，也生活在活鱼的鳃和内脏中。当鱼体存活时，该细菌不会对鱼产生危害；一旦鱼死亡，鱼的防御系统被破坏，在适宜温度下，组胺菌就会迅速生长并产生组胺。陶志华等（2012）研究发现，秋刀鱼盐干制品随着盐浓度的增高，组胺生成量降低；在相同的盐浓度情况下，温度越高，组胺的生成量越高，在 25℃、5% 盐浓度的情况下，组胺的生成量最高为 2 000 mg/kg，即使在鱼干的不同部位，感染不同的组胺菌，受温度及盐度的影响也基本一致。在秋刀鱼的盐干品制作时，并在盐分允许的情况下，适当增加盐分浓度，能减少组胺的形成；另外，尽可能以较低温度贮藏，也能拟制组胺形成（陶志华等，2012）。因此，研究鱼干制作过程中温度及盐浓度对组胺的形成影响，对控制组胺的生成，防止组胺中毒现象的发生有其重要的意义。

三、秋刀鱼加工研究现状

秋刀鱼的加工分为粗加工和深加工。粗加工产品主要为秋刀鱼切筒和盐干秋刀鱼，前者是将秋刀鱼去头尾及内脏后，切成两到三段后包装销售。于慧等（2007）报道了以秋刀鱼为原料，分析测定其盐干品在制作过程中水分、钠离子、游离氨基酸和硬度等指标，观察鱼肉组织结构的变化情况。结果表明，秋刀鱼经盐渍后，鱼肉表面和内部的钠离子含量随时间均先增加后减少，并最终趋于一致；鱼肉中的水分在盐渍、干燥过程中含量逐渐降低，硬度逐渐增强；干燥 3 h 后，鱼肉已形成一定的弹性，鱼肉中风味游离氨基酸的含量达到最大。Seki 等（2015）研究发现，$MgCl_2$ 和 $MgSO_4$ 可提高秋刀鱼红肉中次黄嘌呤核苷酸降解酶的活性，建议在秋刀鱼加工过程中尽量除去 SO_4^{2-} 和 Mg^{2+}，以降低风味物质的损失。Cha 等（2001）用烟熏液浸泡秋刀鱼，发现液熏法可显著降低秋刀鱼在 4℃ 冷藏中的 pH 值、丙二醛值和过氧化值，维持相对高的脂肪氧化稳定性，其效果优于 0.05% 的丁基羟基茴香醚浸泡处理。陈建文等（2007）将秋刀鱼肉酶解后发现，在最佳酶解条件下，组氨酸（His）、酪氨酸（Tyr）、蛋氨酸（Met）等具有抗氧化活性的氨基酸和异亮氨酸（Ile）、亮氨酸（Leu）、缬氨酸（Val）等支链氨基酸占到了氨基酸总量的 50% 左右，具有很高的综合开发利用价值，值得进行深加工。目前市面上对鱼类的深加工主要为鱼糜、鱼罐头和鱼丸等，秋刀鱼深加工后其附加值可提高 15 ~ 35 倍，产品主要有秋刀鱼罐头（如中国宁波佳必可食品有限公司生产的 64.2 t 的秋刀鱼罐头于 2013 年 6 月 5 日顺利出口至俄罗斯）、蒲烧秋刀鱼、无骨秋刀鱼块等。赵谋明等（2015）以氮回收率和体外黄嘌呤氧化酶（XOD，xanthine oxidase）拟制活性为指标，通过单因素试验确定中性蛋白酶和胰蛋白酶为水解秋刀鱼制备 XOD 拟制肽的最佳蛋白酶，采用响应面分析法研究了加酶量、酶解时间和中性蛋白酶所占比例对酶解氮回收率及酶解产物 XOD 拟制活性的影响，确定了水解秋刀鱼制备 XOD 拟制肽的最优工艺：料液比 1∶2（g/g），总加酶量 0.3%（中性蛋白酶∶胰酶质量比 = 6∶4），在 pH 值 7.0 和 55℃条件下酶解 6 h，氮回收率和酶解产物 XOD 拟制率分别为 70.03% 和 30.96%，可用于秋刀鱼 XOD 拟制肽的酶法制备。秋刀鱼酶解产物以小于 3 kDa 的肽段为主，因此秋刀鱼是潜在的优质降尿酸食品原料，且优化后的 XOD 拟制肽酶法制备工艺简单、成本低廉，为工业化利用秋刀鱼生产降尿酸肽提供了一定的理论基础和技术指导。

第三节　秋刀鱼的贮藏

一、秋刀鱼冻藏

捕捞上来的秋刀鱼在渔船上经分级、整理、装箱后，通过运输传送带直接进入风冷速冻舱进行冻结，冻块中心温度降至-18℃以下出库，然后送入冷藏舱。

秋刀鱼从捕捞到直接销售或加工都要经过一段贮藏时间，所以如何更好地保存秋刀鱼的风味与营养也成为研究者研究的热点。最基本、最重要的是冷冻贮藏，Kimura 等（2010）研究了秋刀鱼在-10℃、-20℃、-40℃下贮存的三甲胺等含量的变化，结果表明，-20℃下贮藏 3 个月气味等开始改变；在-40℃下贮存 12 个月三甲胺含量依然很少，气味等均变化不大（Kimura 等，2010）。此外，在冷藏的基础上，还有一些方法可以提高贮藏效果和延长贮藏时间。

王凤玉等（2015a）对冻藏过程中秋刀鱼的品质变化进行了研究，认为秋刀鱼在-20℃、-30℃和-50℃条件下贮藏，各项理化指标的变化趋势基本一致，但变化幅度有较大差异。总体上冻藏温度越高，秋刀鱼肌肉持水性越差，蒸煮损失率下降明显（图7-2）；冻藏结束时，-20℃组的 TVB-N（挥发性盐基氮）值极显著高于另两组（$P < 0.01$），而-30℃和-50℃组间差异较小（图7-3）。冻藏过程中，秋刀鱼肌肉蛋白发生冷冻变性，导致肌原纤维蛋白（图7-4）及巯基含量逐渐下降（图7-5）；秋刀鱼 TBARS（硫代巴比妥酸反应物）值随着冻藏时间的延长而增加，其中-20℃组的 TBARS 值增加较快，180 d 时为 1.10 mg/kg，已达到脂肪轻微酸败程度（图7-6）。冻藏破坏了秋刀鱼肌肉组织结构，使纤维束变得松散，肌纤维之间的空隙增大，且冻藏温度越高，这种变化越明显。冻藏至180 d 时，-20℃条件下的秋刀鱼品质劣质化程度更为明显，各项指标已接近货架期终点。从品质保持和经济效能的角度考虑，-30℃适宜作为秋刀鱼冷冻贮藏的温度。

Kwamegi 是韩国一种传统的海产品，是一种半干（水分活度 0.90~0.95）的秋刀鱼产品，由于它是生食产品，所以消费者对它的食用安全性要求格外高。于是，Chawla 等（2003）首次研究了使用伽马（γ）射线处理对于抑制秋刀鱼中金黄色葡萄球菌（*Staphylococcus aureus*，SA）、沙门氏菌（*Salmonella*）等生长的作用。研究结果表明，辐照结合低水分活度和低温能有效地控制秋刀鱼的微生物安全性（Chawla 等，2003）。Kim 等

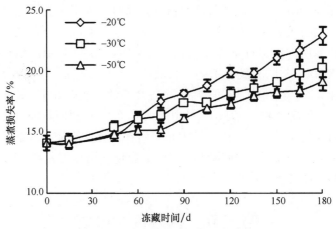

图 7-2　秋刀鱼冻藏过程中蒸煮损失率变化

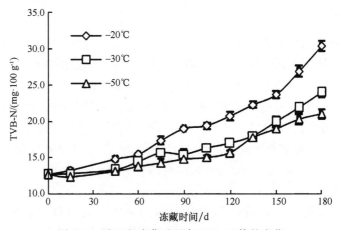

图 7-3　秋刀鱼冻藏过程中 TVB-N 值的变化

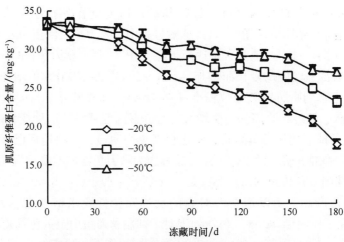

图 7-4　秋刀鱼冻藏过程中肌原纤维蛋白含量变化

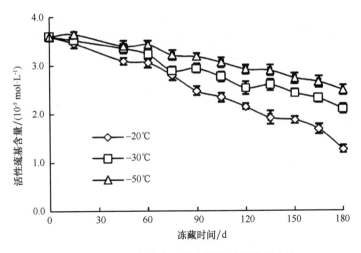

图 7-5 秋刀鱼冻藏过程中活性巯基含量变化

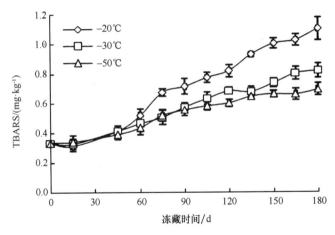

图 7-6 秋刀鱼冻藏过程中 TBARS 含量变化

资料来源：王凤玉等，2015a

（2006）研究了在 4℃ 时，秋刀鱼贮存在普通冰上与电解水—冰上 30 d 后的微生物量、化学性质及感官质量。研究表明，贮存于电解水—冰中的秋刀鱼肉的新鲜度更好，货架期更长（Kim W T 等，2006）。Sato 等（2011）研究了如何抑制氧化三甲胺分解成使秋刀鱼质量和气味变差的物质，结果表明在 5℃ 下纯气态氧能有效地抑制秋刀鱼肉中氧化三甲胺的分解（Sato W 等，2011）。

Sallam 等（2007）分别用卤渍（12% NaCl+2% 醋酸或 12% NaCl+3% 醋酸）和盐渍（12% NaCl+0% 醋酸）两种方法对秋刀鱼鱼片进行保存，并对其化学变化和感官特性进行评估。研究得出，秋刀鱼卤渍后可延缓脂质氧化和其他不良的化学变化，提高产品的感官特性，保质期可从 60 d 延长至 90 d（Sallam K I 等，2007）。随后，Sallam（2008）又做了进一步研究，对用上述第二种方法保存的秋刀鱼进行微生物安全性评估。发现卤渍鱼片中的好氧、嗜盐、乳酸菌和假单孢菌属的增长速度明显慢于盐渍中的这些菌。卤渍在2%醋酸中的鱼片对大肠杆菌和金黄色葡萄球菌的生长抑制时间从30 d延长至50 d（Sallam，2008）。

秋刀鱼是含高组氨酸鱼类，若贮存不当被细菌污染，组氨酸会分解产生大量的秋刀鱼毒素，食用后引起食物过敏性中毒。故在秋刀鱼的贮存过程中，一定要确保其新鲜、不变质。

二、秋刀鱼解冻

秋刀鱼捕获后需在船上进行速冻、冻藏处理，然后运输到陆地、再经解冻处理后进行加工利用。在解冻过程中，蛋白质变性、脂肪氧化以及微生物作用都会造成原料品质的劣变。许多因素决定了解冻对原料品质的影响，包括解冻实际有效时间、解冻温度等（郑杭娟，2014）。解冻过程会导致鱼肉蛋白溶解性显著降低，且不同解冻方式对鱼肉蛋白溶解性影响也不同。

1. 秋刀鱼外观感官评价

秋刀鱼解冻后的感官评价标准见表7-5。其评价方法为：由6名专业感官评定人员对秋刀鱼样品进行打分，其中满分8分为新鲜度良好，0分为腐败。

表7-5　秋刀鱼感官评价标准

指标	评分		
	2	1	0
外观	外表有银色光泽，无黏性，鱼眼透明	外表略有银色光泽，稍有黏性，鱼眼稍有光泽	外表无银色光泽，黏性大，鱼眼浑浊凹陷
气味	鱼腥味很弱，无酸败气味	鱼腥味轻，无明显酸败气味	鱼腥味很重，有明显酸败气味
色泽	肌肉切面鲜亮，具有光泽	色泽稍暗淡，肌肉切面略有光泽	色泽暗淡，肌肉切面无光泽
质地	弹性好，指压后可较快回复，肌肉组织坚实致密	比较有弹性，指压后回复速度较慢，肌肉组织稍松散	无弹性，指压后变形凹陷，无回复，肌肉组织松散

资料来源：王凤玉等，2015b

2. 解冻过程中温度变化

冻结的秋刀鱼中心温度从-18℃升至0℃时，流水、静水、室温和低温4种解冻方式所需时间分别为36 min、64 min、110 min和254 min。解冻的环境温度和解冻介质导致了不同解冻方式达到解冻终点时间的不同。采用静水为解冻介质的解冻时间较短；流水在解冻过程中可以不断将热量传递给冻结的秋刀鱼，因此解冻时间最短；低温环境下热传递速度慢，因而低温空气解冻所需时间最长。4种解冻方式将秋刀鱼完全解冻耗时由长到短依次为：低温空气解冻、室温空气解冻、静水解冻、流速解冻。秋刀鱼在解冻过程中的变化见图7-7。

3. 解冻方式对秋刀鱼理化指标和感官品质的影响

解冻损失率、蒸煮损失率和肌肉硬度值是衡量秋刀鱼肌肉持水力的重要指标。解冻损

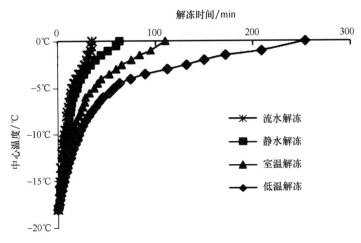

图 7-7 秋刀鱼解冻过程中温度变化

失率公式为：

$$解冻损失率 = \frac{冻结时样品质量 - 解冻后样品质量}{冻结时样品质量} \times 100\%$$

蒸煮损失率计算方法为，取秋刀鱼背脊肉，放入保鲜袋中，置于 85℃ 水浴锅中进行蒸煮，25 min 后取出，冷却至室温，其公式为：

$$蒸煮损失率 = \frac{蒸煮前样品质量 - 蒸煮后样品质量}{蒸煮前样品质量} \times 100\%$$

硬度值可采用 TA-XTplus 型质构仪进行测定，其方法为：取秋刀鱼背脊中部肉片，规格为 30 mm × 30 mm × 5 mm；具体参数为：探头 P/2N（针形），测前速度 1 mm/s，测试速度 5 mm/s，测后速度 5 mm/s，穿刺距离 10 mm，触发力 5.0 g，数据采集速度 200 pps。

4 种解冻方式的解冻损失率由大到小依次为：静水解冻、室温空气解冻、流水解冻、低温空气解冻。其中静水解冻和室温空气解冻的损失率无显著性差异（$P>0.05$），而低温空气解冻对应的解冻损失率显著低于其他解冻方式（$P<0.05$）。低温条件下解冻速率慢，肌肉细胞间隙逐渐融化的冰晶可重新被细胞吸收，而快速解冻会导致这些水分通过汁液流失的形式造成解冻损失率上升。蒸煮损失率的变化规律与解冻损失率基本一致，低温空气解冻对应的蒸煮损失率最低。肌肉在解冻过程中，肌肉蛋白结构发生改变，破坏了肌肉组织细胞，在蒸煮过程中更易发生聚合，降低肌肉持水力，导致蒸煮损失率上升。鱼肉在解冻过程中由于蛋白质变性、持水力下降等会造成质构特征的变化。秋刀鱼解冻方式对肌肉质构指标中的硬度值有较大影响。其中，低温空气解冻的秋刀鱼硬度值显著高于其他 3 组（$P<0.05$），而室温空气解冻的硬度值最低。秋刀鱼经 4 种解冻方式后，其感官评分也有所不同。流水解冻、静水解冻和低温空气解冻的秋刀鱼都具有良好的色泽和坚实的肌肉组织，感官评分组间无显著差异（$P>0.05$）；室温空气解冻耗时较长且环境温度较高，感官评分较低，与其他 3 组相比差异显著（$P<0.05$）（表 7-6）。

表 7-6   经不同方式解冻后的秋刀鱼理化指标和感官评分

解冻方式	解冻损失率/%	蒸煮损失率/%	硬度值/g	感官评分
流水解冻	2.44±0.24[b]	17.76±1.11[ab]	14.71±0.49[b]	7.29±0.32[a]
静水解冻	4.79±0.35[a]	18.63±0.89[ab]	16.29±0.59[b]	6.94±0.18[a]
室温空气解冻	4.60±0.24[a]	20.06±1.06[a]	12.89±0.18[c]	5.60±0.35[b]
低温空气解冻	1.70±0.10[c]	16.97±0.95[b]	19.22±0.93[a]	7.04±0.25[a]

注：表中同一列的不同字母表示差异显著（$P<0.05$）.

资料来源：王凤玉等，2015b

4. 解冻方式对秋刀鱼生化指标的影响

TVB-N（挥发性盐基氮）是由于内源酶和微生物作用，导致水产品蛋白质及非蛋白化合物分解而产生的碱性含氮类物质。水产品的 TVB-N 值是衡量其腐败程度的重要指标之一，与鱼肉品质有着很大关系。目前我国对海产鱼类 TVB-N 值的规定要求小于 30 mg/100 g。秋刀鱼经 4 种方式解冻后的 TVB-N 值均未超过国家标准，且 4 种方式对应的 TVB-N 值无明显差异（$P>0.05$），不同解冻方式对秋刀鱼 TVB-N 值影响较小。

肌原纤维蛋白是肌肉蛋白中最重要的结构蛋白和功能性蛋白，其含量可以在一定程度上反映肌肉蛋白的变性程度。肌原纤维蛋白的损失会导致鱼肉肌纤维松散、肌肉质地变软，同时也影响鱼肉的凝胶性能。不同解冻方式下，秋刀鱼肌原纤维蛋白含量差异不显著（$P>0.05$）。秋刀鱼在反复冻融过程中，肌原纤维会产生交联，一定程度上增强了结构的稳定性（Xia X 等，2009）。

巯基是蛋白质氨基酸残基中最活跃的基团，其含量可更直观地反映肌球蛋白头部结构变化。流水解冻和静水解冻对应的巯基含量相对较高，而低温空气解冻对应的活性巯基含量最低，长时间解冻会导致敏感的肌球蛋白头部结构发生改变，活性巯基含量的降低很有可能与巯基的降解或二硫键的形成有关；此外，巯基氧化也是 ATP 酶活性损失的重要因素之一（Wang et al，2015）。与肌原纤维蛋白含量相比，巯基含量更适合作为评价秋刀鱼解冻过程中蛋白变性程度的指标。

秋刀鱼属于高脂鱼类，利用硫代巴比妥酸与丙二醛试剂反应生成粉红色物质，测定 TBARS 值，可以准确地反映鱼肉脂肪氧化程度。在国际上普遍以 TBARS 值 1~2 mg/kg 作为鱼类脂肪氧化限值（迟海等，2011）。

4 种解冻条件下，秋刀鱼 TBARS 值均未超过 1 mg/kg，但与其他鱼类相比，秋刀鱼 TBARS 值仍然较高，这是由于秋刀鱼单不饱和脂肪酸和多不饱和脂肪酸含量较高，极易发生氧化有关。其中低温空气解冻对应的 TBARS 值最低，低温可以有效延缓脂肪氧化。此外，流水解冻和静水解冻对应的 TBARS 值显著高于其他两种解冻方式（$P<0.05$）（表 7-7）。

表 7-7 不同解冻方式对秋刀鱼生化指标的影响

解冻方式	TVB-N / (mg·100 g⁻¹)	肌原纤维蛋白含量 / (mg·100 g⁻¹)	活性巯基含量 / (10⁻⁵mol·g⁻¹)	TBARS / (mg·kg⁻¹)
流水解冻	15.48±0.93	26.66±1.65	2.32±0.19^a	0.73±0.04^{ab}
静水解冻	16.24±1.13	24.54±1.03	2.44±0.23^a	0.76±0.05^a
室温空气解冻	17.82±0.80	25.27±1.86	2.01±0.15^b	0.66±0.04^b
低温空气解冻	15.71±0.99	26.95±1.42	1.53±0.18^c	0.48±0.01^c

注：表中同一列的不同字母表示差异显著（$P<0.05$），无字母标注的表示差异不显著（$P>0.05$）.

资料来源：王凤玉等，2015b.

5. 解冻方式对秋刀鱼肌肉组织结构的影响

不适当的解冻方式会造成蛋白质结构的改变，细胞破裂及肌肉结构的破坏，肌肉结构的损伤会影响到秋刀鱼肉类熟制品的物理特性，如：汁液和质地。低温空气解冻的秋刀鱼解冻损失率和蒸煮损失率低、硬度值大，经低温空气解冻后的秋刀鱼肌肉纤维紧密、空隙小，肌肉持水力较强，汁液损失较少。室温空气解冻对秋刀鱼肌肉组织结构破坏性较大，相应的解冻损失率和蒸煮损失率较高、硬度值小，肌纤维束间的距离增大，肌纤维变得松散，出现轻微断裂现象。流水解冻和静水解冻也会对秋刀鱼肌肉纤维结构产生轻微的破坏，与室温空气解冻方式相比，破坏性相对较小（图 7-8）。

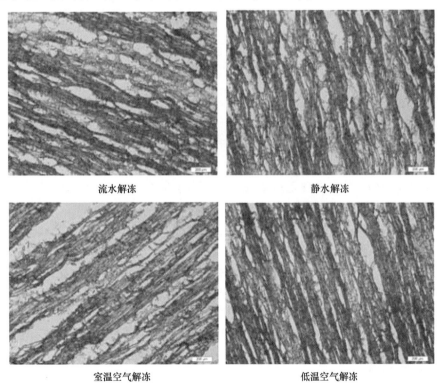

流水解冻　　　　　　　　　　　静水解冻

室温空气解冻　　　　　　　　　低温空气解冻

图 7-8 不同解冻方式对秋刀鱼肌肉组织结构的影响（×40）

资料来源：王凤玉等，201

第八章　秋刀鱼渔业的发展趋势展望

第一节　秋刀鱼资源开发前景及其评价

西北太平洋海域广阔，且由于黑潮（Kuroshio）暖流和亲潮（Oyashio）寒流的交汇为海洋生物、鱼类等的生长提供了良好的基础，从而形成了世界高产量海域之一。秋刀鱼广泛分布于西北太平洋温带水域，是一种具有较高资源量的中上层鱼类。秋刀鱼渔业是西北太平洋的重要渔业之一。目前，西北太平洋公海秋刀鱼及其渔场是为数不多的尚未完全开发利用的大洋性渔业资源和渔场。西北太平洋公海秋刀鱼的资源量在 300 万~600 万 t，在不破坏资源的情况下，每年可捕资源量超过 100 万 t。根据近年来日本对秋刀鱼资源的评估与预测，虽然每年的秋刀鱼资源量仍存在较大波动，但是每年的最大可持续产量（Maximum Sustainable Yield，MSY）水平仍有可能维持在 100 万 t 以上，而目前全球上岸量最高为 60 万 t，尚有 40 万 t 的开发潜力，按单船年产量 2 000 t 计算，仍可容纳 200 艘船进入生产，开发空间较大。

一、消费市场前景

秋刀鱼营养丰富，深受消费者喜爱，消费市场广阔。秋刀鱼含有丰富的高质量蛋白质和延缓衰老的维生素 E 和维生素 A 等，有益于降低血压和胆固醇，是不可多得的绿色健康美食；同时，秋刀鱼还含有丰富的不饱和脂肪酸 DHA 与 EPA，对大脑（特别是青少年）生长发育有重大作用。秋刀鱼虽然鱼体不大，但味道鲜美，蒸、煮、煎、烤等均可。秋刀鱼的营养丰富而均衡，蛋白质含量达 21% 左右，高于牛肉和猪肉，其蛋白质中含有 18 种氨基酸。除了蛋白质以外，秋刀鱼还富含钙（Ca）、磷（P），维生素 A、D、E、B_2 和 B_{12} 等人体所必需的营养素。常食秋刀鱼，可以延缓衰老、防治夜盲症、贫血、高血压、心肌梗死和动脉硬化等疾病。

秋刀鱼是一种价廉物美的经济鱼类，适用各种烹饪方法，不但适合世界上许多国家民众的口味，也适合中国民众的口味，近几年中国每年要进口 5 万~10 万 t 的秋刀鱼即是佐证。因此，开发利用西北太平洋的秋刀鱼资源，不但可以提高中国远洋渔业的经济效益，而且还可以更多地丰富中国民众的餐桌，具有良好的开发前景和广阔的消费市场前景。

二、社会效益显著

开发和利用西北太平洋公海秋刀鱼资源，可以带动相关产业的发展。首先，可以带动船舶制造业的发展。秋刀鱼渔船的建造和维修基本都在中国大陆完成，可以为船舶制造公司带来较大的经济效益。其次，可以带动渔用物资企业的发展，例如：生产所需要的网具、作业过程中的各种装备、加工过程中的冷冻设备等。再者，可以为水产品加工企业带来优质的原料，增加水产品加工企业的产品种类，提高产品质量。

另外，可为我国远洋渔业带来新的经济增长点，有利于调整和优化我国远洋渔业产业结构，确保远洋渔业的可持续发展。有利于创造更显著的经济利益和社会效益，从而带动相关产业的发展，具有较大的开发和市场前景。

三、实现海洋强国、维护公海海洋权益

海洋强国是指在开发海洋、利用海洋、保护海洋、管控海洋方面拥有强大综合实力的国家。当前，中国经济已发展成为高度依赖海洋的外向型经济，对海洋资源、空间的依赖程度大幅提高，在管辖海域外的海洋权益也需要不断加以维护和拓展，这些都需要通过建设海洋强国加以保障。海洋兴则国家兴，海洋强则国家强。世界上的发达国家大多是海洋强国。早在2000多年前，古希腊海洋学家狄未斯托克曾发出振聋发聩的预言："谁控制了海洋，谁就控制了一切"。古罗马哲学家西塞罗就指出："谁控制了海洋，谁就控制了世界"。600多年前，我国伟大的航海家郑和（1371—1433年）告诫明宣宗（洪熙初年，1425年）："欲国家富强不可置海洋于不顾，财富取之于海，危险亦来自海上"。100多年前，美国海军战略家马汉告诉世人："所有国家的兴衰，决定因素在于海洋控制……海权包括凭借或通过海洋能够使一个民族成为伟大民族的一切东西"。20世纪初，中国民主革命先行者孙中山提出"兴邦倚重海洋"，"自世界大势变迁，国力之盛衰强弱，常在海而不在陆，其海上权力优胜者，其国力常占优胜"（朱文泉，2014）。综观历史上世界各国强弱的更替，有着各种各样的原因，但其中有一条规律是普遍认同的：海权强则国家强，海权衰则国家衰，国家欲富强必须走向海洋。

中国共产党第十八次代表大会报告指出，中国将"提高海洋资源开发能力，坚决维护国家海洋权益，建设海洋强国"。建设海洋强国的战略目标是党中央在我国全面建成小康社会决定性阶段做出的重大决策，从我国的现实国情出发，中国特色海洋强国的内涵应该包括认知海洋、利用海洋、生态海洋、管控海洋、和谐海洋五个方面。纵观历史，任何大国的崛起必然伴随其海洋化的进程。中国在推进现代化的历程中，需要不断调整自己的海洋战略，加大建设海洋强国的步伐。21世纪是海洋的世纪。海洋事关国家安全和长远发展，世界主要海洋国家将海洋权益视为核心利益所在，积极推行新一轮海洋经济政策和战略调整。中国作为世界第二大经济体，已发展成为高度依赖海洋的外向型经济，对海洋资源、空间的依赖程度大幅提高。中国是一个拥有约300万km²海域、1.8万km海岸线的大国，建设海洋强国、维护海洋权益是发展之要、民生之需，也是中国海洋权益维护和拓展的题中之意。中国已经具备了大规模开发利用海洋的经济技术能力，科学合理地开发利用海洋，发展壮大海洋经济是人类文明进步的重要标志，也是实现海洋资源环境可持续发展的必然要求。实现海洋强国的战略部署是要从浅海进入深海，从领海、专属经济区、大陆架，走向公海、国际海底区域和两极，从而扩大中国生存发展和安全空间；从海洋资源开发、海洋经济发展、海洋科技创新、海洋生态文明建设、海洋权益维护等方面推动海洋强国的建成。

开发和利用西北太平洋公海秋刀鱼资源将有利于维护中国在国际公海的海洋权益。秋刀鱼的主要渔场是在千岛群岛以南的俄罗斯 200 海里专属经济区水域及以外公海海域、日本本州东北部和北海道以东洋面日本 200 海里专属经济区水域及以外公海海域。日本对俄罗斯陆续允许韩国、朝鲜及乌克兰渔船进入南千岛群岛（日本称北方四岛）水域捕捞秋刀鱼表示不满，并逐渐提高其抗议动作，包括向俄罗斯驻日本大使表达抗议以及向乌克兰提出抗议。2001 年俄罗斯与日本就禁止第三国渔船在北方四岛（俄罗斯称南千岛群岛）水域作业达成共识。2002 年起俄国又进一步提高新的替代作业水域（日本称北方四岛、俄罗斯称南千岛群岛的北侧）的秋刀鱼作业入渔费（平均每公吨 60 美元）。同时，日本也以《日韩渔业协定》为基础，严格规范韩国渔船的作业行为和许可条件，并限制中国大陆和台湾省渔船的作业。作为国际化程度越来越高的西北太平洋秋刀鱼渔场，今后的限制有可能会越来越严格。

2015 年 9 月 3 日，由中、美、日、韩、俄、加、中国台北（捕鱼实体）作为主要成员的"北太平洋渔业委员会（NPFC）"正式成立，北太平洋秋刀鱼已纳入该组织的管理之中，2017 年 NPFC 将完成北太平洋秋刀鱼资源评估，之后将开始限额管理。扶植和带动一批有一定规模的企业从事西北太平洋公海秋刀鱼资源开发，增强我国在该海域的生产能力，从而提高资源分配话语权，在"占有既权益"的世界渔业资源管理规则中维护我国海洋权益。

第二节　中国大陆开发利用秋刀鱼资源的前景

根据北太平洋秋刀鱼的渔业资源状况，我国一部分鱿钓船转向从事秋刀鱼舷提网渔业还是可行的，秋刀鱼渔业的渔具结构、渔法相对简单，渔捞设备设施与鱿钓船有一定的通用性，只要对鱿钓船进行局部改装，就可以投入秋刀鱼舷提网作业。部分鱿钓船投入秋刀鱼舷提网作业后可减轻北太平洋鱿钓作业的压力，同时也可部分改变我国北太平洋船队作业方式单一的现状，减轻风险。西北太平洋秋刀鱼舷提网作业的旺汛期在每年的 8—11 月份，如上半年在西南大西洋作业的 90 余艘鱿钓船中有部分渔船下半年转到西北太平洋的秋刀鱼渔场，不但可以增加远洋鱿钓渔船的经济效益，同时还可以减轻北太平洋鱿钓渔场和其他渔场的压力。

一、发展秋刀鱼渔业的有利条件

我国已连续多年开展了西北太平洋秋刀鱼资源的探捕调查，对秋刀鱼渔具渔法、渔场、生物学等有了一定的了解，积累了相当丰富的生产经验，为以后的发展奠定了技术基础。目前，在西北太平洋秋刀鱼公海渔场作业的国家和地区较少，仅有中国（含台湾省）和韩国，而韩国由于渔业的萎靡不振，从业渔船数量日趋减少，竞争相对不太激烈，对于我国今后的发展较为有利。

秋刀鱼舷提网渔业多为兼作渔业，而我国目前鱿钓渔船数量众多，仅在北太平洋就有 400 余艘作业渔船，西南大西洋还有 90 余艘，只要进行简单的改装，即可进行鱿钓与捕捞秋刀鱼兼作，能在较短的时间内形成一定的规模。

秋刀鱼渔业与西南大西洋鱿钓渔业存在生产时间的季节性互补，同时与鱿钓渔业存在资源性互补，因此，为了进一步提高渔船的使用效率和企业的经济效益，较易吸引企业参与、开发秋刀鱼渔业，实行一船多种渔业的兼作。

随着经济的发展，人民生活水平的提高，对动物蛋白的需求也越来越高。而秋刀鱼作为营养丰富、价格适中的一种海产品，也将越来越受到市场和消费者的青睐。

二、发展秋刀鱼渔业亟待解决的问题

目前，秋刀鱼设备与渔具仍主要依赖于引进，成本高昂，对于我国今后秋刀鱼渔业规模化发展带来较大的压力。

由于西南大西洋鱿鱼渔场与秋刀鱼渔场之间距离遥远，处于经济方面的考虑，企业不可能在盲目的情况下轻易调派渔船进行兼作。而目前我国却尚未开展秋刀鱼的渔海况预报研究，无法为企业合理安排渔船兼作提供情报支持，对于秋刀鱼渔业今后的发展必将带来严重的影响。

目前，中国大陆秋刀鱼市场销售多为秋刀鱼原条冷冻制品，在市场细化、要求日渐升高的情况下，实现盈利空间有限。鉴于此，急需开展秋刀鱼的深加工项目研究，提高其附加值。

秋刀鱼在目前消费者心中尚未广而晓之，急需开展宣传，提高知名度，拓展消费市场。

第三节　秋刀鱼渔船渔捞装备发展展望

21世纪初，我国渔业的发展首先要实现产业的结构性调整，特别是将远洋渔业作为实现渔业产业结构战略性调整的重要方面，是实施"走出去"发展战略的重要措施，并且逐步从过洋性渔业向大洋性渔业转变。我国海洋渔具的研发和生产水平整体偏低，已成为制约我国海洋及远洋渔业持续稳定发展的一个重要因素。秋刀鱼舷提网捕捞设备研制试验的成功不仅使我国捕捞设备研制水平上升到了一个新的台阶，而且使我国远洋捕捞能力达到甚至在某些方面超过了世界上某些先进捕捞国家和地区，例如日本、韩国和我国台湾省。西北太平洋公海秋刀鱼渔业的成功开发和利用，不仅在某些渔具及设备方面成功替代了国外进口的相关设备，弥补了我国在远洋捕捞方面的不足，而且为我国远洋捕捞事业的不断发展开辟了一条新的道路，前景广阔。

一、中层拖网捕捞作业的推广

目前，日本、韩国、中国大陆地区和台湾省都采用秋刀鱼舷提网渔具渔法作业，该种作业方式操作简便、渔获效率高，但是也存在一定的缺陷，对于作业环境要求较高，且易受外界干扰光的影响等。

俄罗斯根据本国拖网渔船的特点，开发了"降落伞形"秋刀鱼舷提网。但其辅助渔法和作业方式也是通过灯光诱集鱼类后、再放网捕捞，与秋刀鱼舷提网相比，改变了网具操作的位置，充分利用了渔船原有设备，但仍属于灯光敷网。

近年来，日本开展了秋刀鱼新渔具渔法的探讨，相关专家认为，中层拖网作为现在秋刀鱼资源调查的主要网具，渔获效果较好，因此，将来秋刀鱼渔具有由舷提网向中层拖网改变和发展的趋势。在此方面，中国应未雨绸缪，尽早开展利用变水层拖网捕捞秋刀鱼方面的研究。

二、渔船用大功率 COB 式 LED 灯研发

集鱼灯是重要的辅助渔具，集鱼灯能耗也是秋刀鱼渔船能耗的主要部分，渔船辅机约70%的功率消耗在集鱼灯方面。为此，日本早已大力开展节能型集鱼灯的开发研制，在1999年就研制出二极管式集鱼灯，并在近几年进行了实船试验，取得了一定的效果。根据日本的相关资料显示，2006 年，日本使用 50 kW 的发光二极管（Light Emitting Diode LED）代替 530 kW 的白炽光源进行实船试验，实验结果证明，在确保平均以上渔获量的前提下，使用发光二极管（LED）每航次可节约能耗 20% ~ 50%。

近年来，半导体照明得到飞速发展，LED 灯具被广泛地应用于室内外照明领域，一些传统光源由于存在光效低、寿命短、污染环境等诸多缺点，正逐步被 LED 灯具取代。

其中 COB（chips on board）LED 平面光源可称为新第 4 代光源或第 4 代光源的进化产品，因其采用一种特殊的封装技术，将发光二极管（LED）封装在 1 个面积微小的平面内，故称为面光源。与点光源相比，在同等功率瓦数情况下，面光源发光面面积比点光源发光面面积缩小 90% 以上，产生的热量也相应减少 50% ~ 90%，大大减少了能耗和因散热问题产生的光源衰竭，且使装配的灯具外壳更轻便简洁。面光源的发光角度和效果在透镜的折射与聚光下能得到更好的发挥和应用，使得发光角度可任意调配，进而可形成二次配光。而点光源应用于灯具，由于发光面积过大，透镜使用较为困难，发光角度变成了"死角"。评价灯具性能和使用效果，除通过观察灯具投射的光斑质量外，最重要的就是看灯具的配光曲线。根据灯具配光曲线可以看出光斑质量，计算灯具效率、目标区域内任意点照度值、照度分布情况等。初步拟定代替秋刀鱼渔船上集鱼灯的实施办法，面对秋刀鱼渔船灯具消耗的电能庞大的问题以及 LED 灯的使用可大大减少能耗和因散热问题产生的光源衰竭等，这些都还有待我们进一步研究和探讨。

三、多层选别机研发

在实际生产过程中常会出现鱼从鱼水分离器中流到选别机时，大量的鱼体因下滑速度过快，导致鱼体不能精确分级，不同大小级别的鱼体混在一起。在渔获量较大时，秋刀鱼不能迅速流入加工车间内，会在入口处堵塞影响生产效率。

面对这个不能精确的分离鱼体问题，应当尽快设计双层选别机，其构想为：待上层选别机开启后，钢管会自动旋转将鱼货分为两级，随后鱼货落入下层选别机，速度相应降低并分为 5 种级别大小的鱼货。根据不同鱼的体宽大小，小鱼从前面坠落，大鱼从后面坠落，以达到自动分级的目的，即秋刀鱼从鱼水分离器内被分离后进入到鱼体整理器内，在这里被整理后进入双层选别机的上层滚筒上，滚筒之间的间隙由小到大，而两滚筒中心线相互平行，当滚筒以相反方向旋转时，鱼体靠自身重力产生下滑力，沿选道向下运行，当鱼体宽度略小于选道间隙时，鱼落入相应的卸鱼箱，从而被分选出来，达到精确分级的

目的。

四、渔获物处理自动化

生产过程中由于日产量的不断变化，效率问题就成为关系到生产的一个重要因素，当日产量很多时工作量也相应地增加，渔民当晚完成工作所需时间也随之增加，在鱼货进入加工舱内后，渔民需要靠人工来排摆鱼货入箱。未来应当将加工车间内鱼体摆放和称重环节转换化为机械自动化，鱼货从选别机内进入加工车间后通过设备自动将鱼体按一个方向排列整齐，依次放入箱体内，再称重后自动进入冷冻车间冷藏保鲜，该课题有待研究。

五、渔获物信息化

从速冻冷库中取出的秋刀鱼转移到鱼舱内保存，待到渔船货物达到一定数量后再转载到运输船上，再转移过程中鱼货的数量问题和生产日期无法做到都能准确记载，在公海渔场转载时两方都要记录鱼货数量，难免产生错误，影响正常作业。运输船体相对比较大，鱼货数量也庞大，一般装载满船需要 1 个月左右、时间较长，第一次转载和最后一次转载的鱼货无法做到清晰的分离，会一并保存，影响鱼体的本身质量问题。建议使用条形码将每箱鱼货输入数据库，每箱鱼货对应相应的产地和生产日期以及鱼货其他信息，建立统一的数据库，此项技术对消费者的食品安全也会有很大的帮助，在加工车间内设置读码器，对每箱鱼货进行记录。

第九章 北太平洋公海相关渔业法规及管理

第一节 北太平洋渔业管理机构和执行体制
北太平洋渔业委员会概况和执行体制

《北太平洋公海渔业资源养护和管理公约（Convention on the Conservation and Management of High Seas Fisheries Resources in the North Pacific Ocean）》（以下简称《公约》），自 2006 年开始谈判，历经 10 次多边会谈和 7 次筹备会议（中国于 2010 年 1 月开始参加 NPFC 第 8 次多边会议，上海海洋大学一直派遣科研人员作为我国政府代表团成员全程参加），于 2015 年 7 月 19 日正式生效。

北太平洋渔业委员会（North Pacific Fisheries Commission，NPFC）是依据《公约》，于 2015 年 9 月 3 日成立的区域性渔业管理组织（政府间组织），主要目的是为了保护北太平洋海洋生态系统，以确保长期保护和可持续利用北太平洋公海海域的渔业资源。NPFC 主要管辖北太平洋公海水域所有渔业种类（其他组织管理种类除外）及其生态系统，已列入或即将列入议程的对象包括脆弱生态系统管理、秋刀鱼渔业、海山底层拖网渔业、鲐鱼渔业、鱿钓渔业等。NPFC 主要成员为中国、美国、俄罗斯、日本、韩国、加拿大、中国台湾省和瓦努阿图。

NPFC 下设 3 个机构，分别是：科学分委会（Scientific Committee，SC）、技术与执法分委会（Technical and Compliance Committee，TCC）、财务与行政分委会（Financial and Administrative Committee，FAC），主要职能体制详见《公约》。

2015 年通过了秋刀鱼渔业临时管理措施（详见《关于秋刀鱼的养护管理措施》），并成立专门的秋刀鱼科学工作小组开展秋刀鱼资源评估等相关工作。在 2017 年 2 月召开的秋刀鱼资源评估工作组会议上，基本完成了北太平洋秋刀鱼资源评估工作，会议认为目前秋刀鱼资源量处于良好的水平，在 2017 年 4 月召开的科学分委会上将会讨论具体的管理建议。

第二节 北太平洋部分国家和地区渔业管理概况

一、日本渔业管理概况

日本地处于亚洲东部、太平洋西侧，由北海道、本州、四国、九州 4 个主要岛屿和约 4 000 个小岛组成。日本海洋面积广阔，海岸线蜿蜒曲折，总长近 3 万千米。受黑潮

（Kuroshio）暖流和亲潮（Oyashio）寒流等的影响，日本渔场是世界上三大渔场之一，渔业资源丰富。日本是世界上渔业最发达的国家之一，对渔业非常重视。水产品在日本人的饮食中占有重要地位，是所有日本人饮食生活中不可缺少的食物，占日本人均动物性蛋白质摄取量的 40% 以上。

（一）渔业管理机构及其职能

日本的渔业管理由两个系统承担，一个是主管具体管理业务的"渔业调整委员会"，它负责制定管理计划、起草和宣传渔业法规、对重大渔业管理问题做出建议和答辩、对渔业纠纷实施仲裁、监督渔业法规的执行并采取检查手段等，但渔业调整委员会对违法行为没有直接的取缔权和判罚权。渔业调整委员会是日本政府管理渔业的最重要的参谋机构，也是日本渔业管理最具特色之处。另一个系统是中央和地方政府中的渔业主管部门、法院、警察及海上保安厅，其作用是作为渔业调整委员会的后盾，以法律和行政手段保证渔业调整委员会的管理措施得以贯彻。

1. 水产厅

农林水产省是日本内阁政府中主管渔业的最高权力机构，水产厅是农林水产省中具体主管渔业的职能部门。为适应《联合国海洋法公约》生效后的工作，日本水产厅从国际海洋新秩序的整治、顺应事态变化以及渔业面临的各项课题考虑，大幅度修改及调整其组织机构。根据 1997 年的组织编制，水产厅从原来的 5 部 18 课 8 室改为 4 部 1 审议官 17 课 9 室。

2001 年 1 月 6 日起由原来的 4 部 17 课、1 审议官、2 参事官改组为 4 部 15 课、1 审议官、3 参事官的体制。原资源生产推进部、渔港部分别改称为增殖推进部、渔港渔场调整部。现在的 4 部是渔政部、资源管理部、增殖推进部和渔港渔场调整部。下属 15 课为：渔政课、企划课、水产经营课、加工流通课、渔业保险课、管理课、沿岸近海课、远洋课、国际课、研究指导课、渔场资源课、栽培养殖课、计划课、整备课和防火渔村课。

2. 渔业调整委员会

渔业调整委员会是为保障渔业权制度和许可证制度的民主实施而建立的一个机构。它包括一批海区渔业调整委员会和中央渔业调整审议会。日本将其沿海划分为 66 个海区，除北海道沿海 10 个，长崎县沿海 4 个，福冈和鹿儿县各 3 个，青森、茨城、新潟、兵库、岛根、山口、佐贺、熊本等 8 县及东京都各两个海区外，其他府县都是 1 个海区，每个海区设渔业调整委员会，因而海区渔业调整委员会又称县渔业调整委员会。

海区渔业调整委员会由 15 名委员组成，其中 9 名由渔民推选，被选者可以是个人，也允许是法人，但必须是当地的经营渔业者。其余 6 名由都道府县知事任命，其中 4 名专家代表、2 名地方公益代表。农林水产大臣指定对马等 17 个海区的渔业调整委员会，委员名额为 10 名，其中渔民选举产生 6 名，知事任命 4 名。专家占 3 席，公益代表占 1 席。委员不允许兼任地方议会议员，其选举由都道府县的选举管理委员会主持，采用无记名投票。委员的任期为 4 年，期满之前无正当理由不得辞职。渔业调整委员会必须有半数以上委员出席才能开会。提案以简单多数通过。为了处理涉及两个海区的问题或处于特定的目的，有关海区可以设立联合渔业调整委员会，分常设和非常设两种。非常设联合渔业调整委员会可根据需要随时产生。

联合渔业调整委员会的委员人数由知事决定。涉及两个都道府县的，由双方知事协商决定，委员各占50%，从本海区渔业调整委员会中选派。如有必要，知事可任命不代表某方利益的专家委员，但人数不能超过海区代表委员的2/3。濑户内海、玄海和有明海三大内海，设有3个常设联合渔业调整委员会。凡海区渔业调整委员会的指示与常设联合渔业调整委员会的指示有抵触者，均不能生效。

海区渔业调整委员会及联合渔业调整委员会负责处理其所辖范围内有关渔业的事项，其权限和职能分为：咨询、提案、仲裁和指导。此外，渔业调整委员会出于工作需要，有进行测量、调查、检查、向行政部门反映情况的职权。

中央渔业调整审议会负责审议渔业法律的执行情况及渔业制度的整体方针、政策等。中央渔业调整审议会由25名委员组成，其中渔业生产单位的代表15名、专家10名。委员由主管大臣提名、内阁总理大臣任命。会长由委员互选。其具体职权是：对指定渔业管理制度的制订、修改、废除进行审议；对渔业管理的方针、政策进行审议；请求解散海区渔业调整委员会。在处理其职责范围内的事件时，可以传询有关人员，或派员到现场调查，包括测量、检查或拆除障碍物。中央渔业审议会和3个常设联合海区渔业调整委员会，在法律上是水产厅的附属机构，各海区渔业调整委员会则属于地方政府的执行机构。前者经费直接从国库开支，后者则由中央财政拨交地方，再从地方财政开支。

3. 渔业协同组合

渔业协同组合即渔业合作组织，是为促进渔民之间、水产品加工厂商之间的协同联合而建立的为渔民服务的社团法人；由日本广大中小渔业者和渔民组成的渔业合作经济组织，其历史可追溯到200年前。其目的：①管理沿岸渔场、解决渔场纠纷、维护渔业秩序、合理利用资源、稳定渔业生产，使中小渔业者和渔民能平等地从当地海域获得经济利益；②减少、消除渔业者和渔民可能在渔业生产信贷、产品销售中受到的中间盘剥，维护其经济利益和社会地位。此外，在社会功能方面，渔业协同组合还承担日本水产行政基层机构的任务，在政府和渔民之间起中介作用，向政府反映渔民意见，将政府的政策传达给渔民。

日本的渔业生产组织分为两类：渔业协同组合和渔业公司。就产量而言，渔业协同组合的产量占日本渔业产量的90%以上，因而它是日本渔业生产的主体。据20世纪90年代初的普查，全国有2 127个基层海洋渔业协同组合，分别隶属于43个县渔业协同组合联合会，拥有会员渔民53.5万人。80年代初成立了全国渔业协同组合联合会。日本的渔业政策十分强调渔民自己管理渔业资源与渔场，这被认为是合理、合乎需要以及保证渔业政策民主实施的方法。渔业协同组合是渔业权的拥有者和管理者，每个渔业协同组合有它的渔业权管理委员会。根据该委员会的建议，协同组合将渔业权分配落实到各个会员渔民，以达到各种不同作业对渔场的公平使用。渔业权管理委员会成员由协同组合内从事相应渔业权渔业的各渔民组的代表组成。

在组织结构上，按照作业方式、作业时间和地点、捕捞对象、渔船大小等，渔业协同组合内部分成若干个渔民组。这些渔民组既是制定又是实施有关管理规定的实体。渔业协同组合的全体会员每两年举行一次会议，选举产生其常设机构工作人员。渔民组每年举行一次会议，选举协同组合的主席及各部门的负责人。

根据日本《渔业法》的规定，都道府县知事将沿岸渔场授予当地渔业协同组合，因此渔业权就像磁铁一样把渔民吸引到协同组合中来。一个渔民除非他是当地渔业协同组合的成员，否则难以在沿岸渔业中立足。渔业协同组合依据法律框架制定出的具体规定，通常要比政府颁布的规定严格，这些规定包括网目尺寸、渔期、具体作业位置、可捕标准等。除了管理以外，协同组合通过销售鱼货、供应渔需物资、申请信贷以及提供卫生、福利、教育、信息等，为其会员渔民提供广泛的服务。每个协同组合有它自己的渔港和鱼市场，渔民回港后把鱼货交给协同组合，协同组合以拍卖的方式把鱼货卖给批发商和中间商，货款存入渔民在协同组合信贷部的账户，协同组合从中收取一定的管理费（通常为3%）。渔业协同组合利用渔民股金和存款进行经营，所得收入除了支付工作人员的工资外，主要用于渔区当地的公共设施建设。因此，渔业协同组合具有双重性质，它既是一级具有一定行政职能的渔民自我管理的社团组织，又是一个经营实体。

除此之外，日本渔业协会（JFA）也与日本的渔业管理有一定的关系，日本渔业协会是一个代表整个日本渔业界的非盈利性团体。成员包括日本主要的渔业公司、渔业协会以及其他有关工业，如销售、加工、造船、渔具渔网制造企业等。日本渔业协会成立于1882年，具有为日本渔业的发展服务的悠久历史，这些服务包括：研究国内外渔业问题，必要时发挥相应作用，向日本国会或政府职能机构提出有关渔业问题的请求或主张，促进成员之间的友好关系和信息交流，办理为达到协会的目标而认为是必要的其他事务。

（二）渔业管理制度

日本渔业政策的总目标是保证鱼品供应，以满足本国人民对于动物蛋白的需要，并提高渔业者的收入。渔业管理的目的有两个方面：一是资源管理，即防止资源的过度开发或开发不足，以保持最大可捕量。二是指导渔业发展，使企业家和渔民能够在国家和国际经济中发挥适当作用。即通过渔业管理，协调渔场利用和捕捞作业，提高渔业生产力，提供渔业资源保护的基本条件，维持渔民之间的正常关系。

在管理上，日本的渔业主要分为三类：渔业权制度下的渔业权渔业（或称捕鱼权渔业）、许可制度下的许可渔业（或称许可证渔业）和自由渔业。

1. 渔业权制度

渔业权制度适用于沿岸和内陆渔业。渔业权是这样一种制度，是指在一定的公共水域从事特定渔业的独占和专有的权力。渔业权制度旨在调节和规范沿岸渔业关系，保护沿岸渔业。其特点是依法可以独占特定的水域经营渔业，作业现场受到合法保护，免受他人侵犯。即，在此制度管理下的渔场或水面，除了渔业权拥有者之外，他人不得从事渔业活动。渔业权被看做是一种财产权（物权），但它一般不能抵押、出租及转让。未经持有者同意，不能要求归还渔场，但政府为了改造的需要，可以通过法定程序向持有者收买渔业权。

渔业权有公共渔业权、定置网渔业权（或称大型定置网渔业权）和区划渔业权等3种。整个日本沿海都实行渔业权制度。

1）公共渔业权

公共渔业权一般不授给渔民个人，只授予渔业协同组合。由渔业协同组合的全体成员，通过会议决定，协调解决公共渔业权中有关具体作业事项。以公平的原则，商讨决定每一种资源及渔场的分配，确定哪个渔民从事何种作业。公共渔业权的有效期通常为10年。公共渔业权还可以分为3种：一是采捕作业渔业权，主要采捕鲍、海螺、牡蛎、海参、海胆、海藻等定居性水生动植物资源；二是水深27 m以内小型定置网及底层刺网作业渔业权；三是底曳网、小型敷网、人工鱼礁及其他作业位置相对固定的渔业权。

2）定置网渔业权

定置网渔业权是指适用于水深27米以上海域的大型定置作业渔业权。为了获得稳定的产量，小型定置作业往往要变换作业位置。因此，为了使入渔者获得均等的机会，协同组合习惯采用每年抽签或轮换的办法重新分配渔具的设置位置。而大型定置作业则不同，它可能对附近其他捕捞作业产生潜在的影响，渔具设置位置必须固定。为此，不把它列入公共渔业权的范畴。定置网渔业权授予符合一定条件的渔民或渔民组织，优先授予渔业协同组合，有效期通常是5年。

3）区划渔业权

区划渔业权是指在给定的水域中从事海产养殖的权力。区划渔业权授予养殖生产，适用于公共渔业权规定的水域，分两种类型：一种由协同组合所拥有，使用海塘、筏、网具和延绳进行水产养殖，作业规模较小，从事的渔民也较多。为了避免冲突及影响有效管理，这种渔业权一般都授予协同组合。另一种授予珍珠养殖和从事大规模水产养殖项目，这类项目的渔业权不仅授予协同组合，而且授予具备技术力量和需要大量资金投资的私人公司和个人。除珍珠养殖和利用防波堤进行养殖的渔业权期限为10年外，其他养殖渔业权的期限均为5年。

渔业权由都道府县知事授予。渔业权分配时需要资格审查，并按优先次序核发。不经营渔业的大公司和个人，以及违反《渔业法》和《劳工法》者均无资格获得渔业权。渔业权优先核发的次序一般是：①渔业协同组合协会，②多数渔民组成的组织，③少量渔民组成的组织，④个人和公司。日本《渔业法》规定，都道府县知事在其管辖水域范围发放渔业执照（即批准渔业权）前，必须从水域的综合利用角度出发制订渔场利用规划，以利于渔业生产力的持续发展。同时要听取渔业调整委员会的意见，确定执照的申请期限、执照生效时间、各种渔业的渔场位置及界限、渔期等，并公告于众，以利公平竞争。渔业执照的发放不能损害社会公益或给渔业管理工作制造麻烦。

渔场管理计划是渔业权制度的基础，同时也是其出发点。规划的合理与否直接影响到渔民的生活，因此法律规定政府部门必须对渔场规划给予足够的重视。对新开辟的渔场必须在执照生效前3个月、对已经利用的渔场须在旧执照到期前3个月制订出渔场利用规划。制订规划须以渔业调整委员会的意见为基础，但同时应有渔民积极参与，并得到渔民的理解。海区渔业调整委员会可以就渔业权的内容、期限、地区等问题向知事提出建议。渔业调整委员会的意见在法律上虽然只是对地方政府的建议，但实际上是政府颁布命令的依据。如果渔业调整委员会投票结果有2/3以上委员反对，知事不予批准渔业权。

渔民申请渔业权执照，必须在规定时间内向所在地政府提交申请书，由地方政府转交知事。知事收到渔民申请后，根据海区渔业调整委员会的意见对申请者进行资格审查。各类渔业权均有法定的许可基准，据此裁定申请者是否有资格获得渔业权。定置渔业权和划界渔业权的申请，有以下情况之一者不予批准：① 海区渔业调整委员会的投票结果，有 2/3 以上委员认为该申请者缺乏遵守劳动法令的精神或有阻碍渔村民主化的行为。② 海区渔业调整委员会的投票结果，2/3 以上委员认为该申请者从事的渔业有可能受到不合条件者的幕后操纵。申请共同渔业权须符合下列条件：① 申请从事渔业的场所之一部分或全部位于居住地；② 合作社的性质是区域性的，而非行业性的；③ 2/3 以上的合作社社员（以户为单位）为当地渔民，并且 1 年内有 90 天以上从事沿岸渔业。为了保护不符合上述条件的渔业协同组合和当地非渔业协同组成员的正当利益，日本《渔业法》规定了以下措施：① 凡不具备申请资格但具有一定条件的协同组合，可以向具备资格的协同组合要求联合申请渔业权或要求渔业权共有。后者如无正当理由不得拒绝前者的要求。所谓一定条件，是指该协同组合有成员在当地居住，且 1 年有 90 天以上从事沿岸渔业。② 非协同组合成员可以自由申请加入协同组合，分享渔业经营权。③ 协同组合的参加是自愿的，不愿加入者可由海区渔业调整委员会根据法律做出具体指示，保护其从事渔业的权利。

通过资格审查后，再按申请者的具体情况排定具有渔业权的优先顺序。第一顺序者：本地渔民户中有 70% 以上参加或本地渔民的表决权及投资数额超过半数的渔业协同组合。即，成员中有 70% 以上是本地渔户；经常从事渔业的渔民中有 1/2 以上是该组织成员。第二顺序者：以渔业为主要经营目的法人（公司或集体）。具体为：有本地渔民 7 名以上在职；公司（或集体）成员中一半以上曾在该地区从事过该种渔业或正从事该种渔业；成员的 2/3 以上经常从事渔业；该定置渔业从事者一半以上是其成员；定置渔业从事者投资额超过一半。第三顺序者：普通的个人或公司。这一顺序内的先后次序是：渔民优先于非渔民；曾经从事过该渔业的渔民优先于其他渔民；曾在该海区从事过渔业的渔民优先于未在该海区经营过的渔民。

取得划界渔业权的优先顺序大致与定置渔业权第三顺序内的先后次序相同。公共渔业权是共同利用海域，故无优先顺序可言。对渔业权的取得者，由知事发给渔业执照并张榜公布。对未被批准者也必须尽可能及时发出通知。

渔业权不能买卖、转让或用作担保、抵押等，但公共渔业权或特定划界渔业权可以通过合同的形式部分地转移。即不拥有渔业权的协同组合在征得拥有者的同意并签约后，也可进入渔场生产，这称为"入渔权"。取得"入渔权"的对象仅限于渔业协同组合。双方在"入渔权"问题上发生纠纷时，例如要求取得"入渔权"者虽有正当理由却遭到拒绝时，可向海区渔业调整委员会申请仲裁。日本渔业法律允许申请"入渔权"者向渔业权拥有者支付一定费用，但金额需在合理范围内，主要用于渔场的保护管理和申请渔业权所需的开支。

2. 许可渔业（渔业许可制度）

为了保护渔业资源和维护作业秩序，有必要对以洄游性鱼类资源为基础的渔业采取限制措施，控制捕捞强度，无许可证者不得从事渔业。许可渔业在日本渔业管理中起着极其重要的作用。首先起始于拖网渔业，而后随着渔船机动化扩展到整个机动渔船的主要作业。几乎所有的拖网、围网作业和远洋渔业都置于许可渔业管理之下。根据渔业规模和渔船作业条件，许可渔业分为国家许可（农林水产大臣许可）和地方许可（都道府县知事许可）两类。

1）国家许可渔业

国家许可渔业在日本称为"指定渔业"，意为由政府政令指定、必须得到农林水产大臣的许可，得到由其签发的许可证方能经营的渔业，因而也称为大臣许可渔业。主要包括：近海中型拖网渔业、以西（东海、黄海）底拖网渔业、母船式拖网渔业、大中型围网渔业、北太平洋（白令海、鄂霍次克海）延绳钓和刺网渔业、大型远洋拖网渔业、捕鲸业、金枪鱼和鲣渔业、鲑鳟鱼渔业、母船式蟹渔业、珍珠贝采捕业等。

国家许可渔业的许可程序是日本渔业许可制度的典型。首先要考虑有关资源状况及作业条件。只要不危害公众利益，就可确定资源保护或资源增殖及维持渔业秩序。其次，分配是在正确衡量作业人数和作业条件后，按渔船吨位、捕捞区域和作业季节规定许可的渔船数。这要与中央渔业调整审议会讨论并征得同意后，由农林水大臣采用公告方式对准备批准或认可开业的船数、吨位、作业区、申请期限等有关内容事先公布周知。除特殊情况外，申请期限自公布之日起不得短于 3 个月，使申请者有一定的时间做准备。但对某些需紧急处理的许可则不在此例，特别是远洋渔业。往往在政府间谈判结束后，渔期很快开始，无法等待 3 个月。中央渔业调整审议会有权对公布的内容等向农林水产大臣陈述意见。

已获得渔船使用权者，可以直接申请许可证。尚未获得渔船使用权者，可在取得使用权之前预先向农林水产大臣申请开业认可。事先得到开业认可后再取得渔船使用权者，如无特殊情况一般都能得到批准。申请国家许可渔业的标准为：①申请者能遵守有关渔业法令和劳动法令（劳动保险、安全、劳资关系等法令）；②申请许可证的船舶符合主管大臣制定的条件；③申请者具有经营该种渔业的足够资本；④申请者必须是名副其实的该项渔业经营者，而不受其他无资格经营者的操纵。

当申请的船数超出公告中的限额时，至少需参照以下 3 点来裁定是否给予许可：①已在从事该种渔业且拥有很少渔船的，应优先考虑。目的是扶持其发展，适当扩大渔业公司的规模，避免"一条船公司"的大量出现，以提高生产效率，减少管理经费，达到经营的稳定和合理化；②从资源保护和渔业管理角度出发，希望某种渔业转向国家希望发展的另一种指定渔业的，应在政策上实施导向，鼓励渔民转向这种指定渔业；③对长期从事所申请的渔业的经营者，应优先考虑。获得许可的渔船如在许可有效期内发生沉没、损坏或因设备老化等原因需报废时，可以申请使用"代船"，只要"代船"的吨位、生产场所和时间等与原船一致，农林水产大臣应予许可。以各种方式（借用、转让、归还、继承等）获得渔船使用权者，如该渔船从事农林水产大臣许可的指定渔业，且符合以下情况之一者，可以向农林水产大臣申请许可或开业：已取得许可者为了经营的稳定或合理化，改变经营组织，吸收他人共同经营或从个体经营扩大为合资公司、有限公司、渔业合作社等，即所谓"经营法人化"，被吸收者可以申请使用已取得许可的船，只要申请的内容与原先一致，一般均应批准；取得许可者用于生产的渔船吨位较小，低于许可证中规定的最低吨位时，可以借用其他船舶，所谓 2 船抵 1 船或多船抵 1 船，加起来的吨位允许达到许可证中规定的上限；已取得许可者所从事的指定渔业因资源保护原因，需要转向其他指定渔业时，允许继承其他指定渔业的生产权；从事某指定渔业的渔民（必须是出海生产的渔民）单独或合作成立公司从事该指定渔业时，允许继承已获许可的渔船。

2）地方许可渔业

地方许可渔业的许可证由都道府县知事签发。从法定权限划分，地方许可渔业分为两类。

一类是农林水产大臣指定，由地方长官颁发许可证的渔业，称为"法定知事许可渔业"。其特点是作业范围广，生产能力较高，需要由两个或更多的都道府县协调，甚至需要在国家范围内协调的渔业。其重要程度仅次于国家许可渔业。法定知事许可渔业含下列渔业：① 5~40 吨级（指渔船总吨位，下同）的围网渔业；② 15 吨级以下的机动船拖网渔业；③ 濑户内海内 5 吨级以上的机动船拖网渔业；④ 30 吨级以下的机动船鲑鳟流网渔业。凡从事上述四类作业的渔船，必须全部经都道府县知事批准。主管大臣认为有必要时，可以对有关水域内的造船总数、总吨位或总功率数做出规定。但做出此项规定前需听取有关都道府县知事的意见。

另一类是一般的"知事许可渔业"。其特点是指以沿岸特定区域水域为作业中心的渔业，地方若认为有必要做出一些地区性规定，都道府县知事在征得农林水产大臣同意后制定自己的渔业调整规定和许可程序。列入这类管理的渔业种类繁多，实际上，几乎所有沿岸主要渔业都属此类。

无论是"法定知事许可渔业"还是一般"知事许可渔业"，都必须向知事提出申请，在获得许可后方能经营。申请时根据日本《渔业法》和《都道府县渔业管理条例》规定，要以船为单位或以渔法为单位填写申请书。例如，同一人经营双船围网，需为每艘船填写一份申请，但灯船、运输船、探鱼船等辅助渔船不必提出申请。又如，同一条渔船既从事底拖网渔业又从事围网渔业，则必须分两种渔法分别填写申请。提出申请的时间无专门规定，随时可以申请。申请书须填明渔业种类、作业区域、渔获物种类、作业时间、渔业基地、渔具种类及数量、船名、吨位、主机种类和功率、有无探鱼仪等。有灯船的须注明光源种类及其功率，用潜水器的要填写潜水器的种类、型号及氧气装置，还需附有申请理由书和若干证明材料。

许可的有效期为 3 年，但知事出于保护资源或渔业管理的需要，签发许可证时，要征求都道府县渔业调整委员会的意见。有些渔业涉及相邻的都道府县，如小型拖网渔业，则相应的都道府县之间的管理规定必须相应协调一致。在征得海区渔业调整委员会同意后，可以缩短许可期限。

"知事许可渔业"限制最严的是渔法、渔区、渔期、渔船总吨位及功率等 5 个方面。凡是与许可证中限定的内容不相符的作业，均属违禁作业。许可证禁止转让、借用，违者将受到处罚。

3. 渔船登记制度

日本《渔业法》规定，渔船必须到都道府县政府登记注册。禁止渔船从事注册专业以外的渔业。并且，渔船新建和更新要得到农林水产大臣或都道府县知事的批准许可。

4. TAC 制度

日本自 1997 年 1 月 1 日开始，正式开始执行 TAC（Total Allowable Catch）制度来管理

渔业。传统上，日本渔业是以捕捞努力量（渔船、渔具及渔期管理）作为渔业管理的基本方式，因此 TAC 制度对日本渔业来说，可以说是一个崭新的渔业管理制度。

1）制订 TAC 制度的基本设想

日本国会于 1983 年起通过决议，将日本渔业定位为粮食产业，同时将日本渔业的发展定为以 200 海里专属经济区为基础的型态，即以食物观点来考虑，日本国民对于每种水产品均有一个基本需要量。这一基本需要量应该由 200 海里专属经济区内加以供应，这才是名副其实的"粮食产业"。但不足部分仍可由养殖或进口来解决。日本渔业不只是国民粮食安全的保障，更在于促进国土均衡发展、维持社区活力中担负起重大功能。世界捕捞业年产量停滞在 9 000 余万吨，日本周边水域主要经济渔业资源均处于低水平状态。

鉴于日本周边水域资源持续恶化及渔业技术的进步，日本除了履行《联合国海洋法公约》的义务外，也有必要实施 TAC 这一具有客观指标的渔业管理制度。目前日本在实施 TAC 方面，暂时仅针对某些鱼种、渔业种类和地区实行，待将来条件成熟再扩大范围。

2）TAC 制度的实施办法

（1）对象鱼种。日本 TAC 对象鱼种的选定条件为：①渔获量多且经济价值高的鱼种；②资源状况相当恶化而需要紧急进行保护管理的鱼种；③外国渔船在日本周边捕获的鱼种。

（2）地区性鱼种。除了国家制订的针对主要渔获鱼种的 TAC 外，都道府县都针对地方性种群各自制订 RAC（Region Allowable Catch），以管理地区性种群的资源。

（3）对象水域。在考虑资源分布与渔业状况下，划定海域范围，并根据各种渔业的资源状况确定其总可捕渔获量。

（4）对象渔业种类。须直接进行数量管理的渔业种类，先考虑渔获量比重大的大臣许可渔业和大臣承认而授权知事许可的渔业。至于知事管理的渔业权渔业、自由渔业和游钓渔业等也应限定在许可总渔获量额度内。渔业权渔业方面，对渔获量少的渔业，结合地区的实际情况，由都道府县判断是否委托渔会等地方团体实施自主性管理。另外，有必要对自由渔业和游钓渔业等强化管理措施。

（5）设定与分配手续。决定 TAC 时，除了依据研究机关调查的结果，做出科学判断外，还需要考虑当时的社会、经济因素，以及以资源保护和管理的观点、科学利用生物为依据。为确保 TAC 的管理，这一地区的渔业应分为知事管理的额度（即知事许可渔业）和大臣直接管理的额度（大臣许可渔业）。在分配上，渔业相关者与都道府县的反映起十分重要的作用。实施时，也需要获得渔业者的谅解与协助。

（6）遵守许可总渔获量的措施。RAC 是采取自由竞争的奥林匹克方式（也就是说采取弹性、不规定上限的原则）进行作业，再辅以渔获努力量的调整。在进行管理前，先辅以相关的行政指导措施。当对象鱼种达到许可渔获量时，应制定有效的禁止作业措施。

（7）资源管理的主体与渔业实绩。为推动 TAC 的管理，由渔业人员作为资源管理的主体，通过他们之间的协定来管理资源。为管理许可总渔获量，赋予渔业人员提供渔获报告的义务，并由产地市场提供卸鱼数据，为此须尽快建立相关的网络系统。

（8）外国渔船渔获的处理。日本虽不会按《联合国海洋法公约》的规定把剩余的渔获量分配给外国，但鉴于传统上日本与一些国家（如中国、韩国和俄罗斯）有相互入渔的实际情况，尽可能物在互惠原则下，允许有关国家入渔，而外国渔船的渔获量应纳入许可总渔获量的额度内。

（9）资源的调查与研究。为制订许可总渔获量提供数量依据，必须进一步加强资源的调查与研究。

（10）许可总渔获量与渔业经营的关系。如能合理地应用 TAC 的设定，就能稳定渔业的中长期经营，不过短期内应考虑经营的实际情况，在不至于对渔业经营造成太大影响下，设定总可捕量。为今后着想，应考虑在总可捕量的制度下，谋求渔业的持续安定发展。

在 RAC 制度的实施中，针对主要管理对象和作业，大臣、都道府县知事和有关渔业企业分别签署协定，一致信守。从而正式进入官民共同管理资源的时代。此外，为了能顺利推动协定实施，相应地设立"协定委员会"。该委员会每年至少开会一次，委员会可视实际需要修订协定内容，或废止协定。另外，渔获物的管理应根据市场需求，分配作业时间和作业海区，要求渔获尽可能在船到岸后 3 天内卸下，同时为确实掌握相互遵守协定状况，准许相互派驻观察员了解情况。

3）为实施 TAC 采取的相关措施

水产厅着手制订渔业结构调整对策、渔业经营安定对策、鱼价和流通对策等计划。每年 TAC 决定后，对于必须减船的鲣鲔围网等渔业、以西底拖网渔业，或对于捕捞鲐鲹等资源变动较大的中小型围网渔业在资源减少而必须休渔时，或对于沿岸鲣鲔钓渔业，造成收入减少或损失，必须予以补偿或补助时，可通过渔业救济或资源管理基金予以补贴。基金的来源，目前倾向有四项：①向在专属经济区作业的渔民，或从海洋获得利益者，普遍征收数额很小的资源管理费；②由当局编列资源管理基金纳入预算；③把整个水产品入口关税纳入"资源管理基金特别会计"；④将违规捕鱼的罚款金全部作为"特别会计"，纳入资金管理基金内。

TAC 制度实施后，由于 200 海里水域内沿岸与近海渔场大多重叠，为防止近海渔民和沿岸渔民双方因渔期与渔法等利害而引发纷争，妨碍 TAC 制度的实施，同时为促进资源管理型渔业的协调，日本水产厅从 1998 年起，在全国 6 个水域以渔业调整事务所为单位，设置沿近海渔民协议会。成员除了近海渔民与沿岸渔民的代表外，还包括有关渔业研究人员、地方自治体相关人员、流通加工业者等。各区的会议以遵守各水域内的可捕量配额为目的，协议决定近海与沿岸渔民的渔期、渔法的设定等基本事项，然后将协议事项报告中央渔业调整审议会，作为水产厅将来运用 TAC 制度的施政参考。

日本虽然一直进行水产市况速报，但远不如美国。日本针对秋刀鱼、秋鲑和狭鳕实施每日渔获统计，但该项工作由相关业者自行进行。渔业情报服务中心进行统计的资料为半个月前的资料，农林水产省为一个月前的资料，农林水产省统计结果对外发表，供任何人自由提取。特别是采用 TAC 来进行渔业管理时，渔汛时渔获量的变化必须随时掌握，周报、日报的各种即时渔获速报显得非常重要。为此，日本规定渔民应履行向渔业管理部门定期报告渔获量结果的义务。同时，作为掌握渔获状况的办法，在渔获物上岸的港口，收集掌握渔获物上岸量的资料。为了保证渔获量报告的准确性，日本还采取了防止不履行报告义务及虚报的一定担保措施。

（三）渔业执法

1. 执法机构、人员及其职责

1）海上保安厅

为了维护领海主权和海洋权益，日本于 1948 年成立了海上保安厅，隶属运输省，类似于美国的海岸警卫队。日本海上保安厅以《日本保安六法》为法律依据，实施海上的全权监督管理。其主要职责有：海上交通安全、领海及 200 海里专属经济区的巡逻、维护海上及港口秩序、海上救助、防止海洋污染、航行警告、航标设置、海洋及水道规划、执行港口监督、海洋法务、对外国渔船不法作业监视取缔等。它拥有警察性质的拘留权，但没有裁决权。海上保安官由日本运输大臣任命，具有一定的司法权力和地位。海上保安厅下辖 11 个管区，下属 61 个海上保安部和 51 个海上保安署，全厅 1 万余人，拥有各类专业船舶 500 余艘。此外，海上保安厅还设有 1 所保安大学和 1 所保安学校，培养保安管理人才。

日本的渔政管理，由海上保安厅依靠都道府县的警备力量，负责监视 200 海里水域。日本在全国设有 11 个重点保护区。除了宗谷、津轻、对马（东、西航道）及大隅等 5 个海峡外，鄂霍次克海沿岸、北海道南岸、三陆和磐城沿岸、铫子沿岸以及冲绳海区等，是外国渔船集中的地方，也是重点监视海域。为适应形势的发展，自 1985 年 10 月开始，日本实施"船位通报制度"，由海上保安厅的计算机监督在日本海域航行的船舶的动静，配合飞机和巡逻船加强监视。

2）渔业监督官与渔业监督员

两者都是政府机构内专门负责检查渔业法令（不包括渔船法）执行情况的官员。所不同的是，渔业监督官属国家公务员，由农林水产大臣从农林水产省的职员中任命，其编制一般都在水产厅管辖的渔业调整事务所。而渔业监督员属地方公务员，由都道府县知事从其所属的职员中任命，其编制一般在地方水产部（局）的渔业调整课或渔政课。

根据日本《渔业法》的规定，渔业监督官和监督员必须符合下列条件之一才具备任职资格：从事贯彻执行渔业法令工作累计 1 年以上；从事渔业行政事务工作累计 2 年以上；中专以上院校法律或水产专业的毕业生。渔业监督官员受到任命后，即发给证书。执行公务时，须随身携带证件，被管理者有要求时应予出示，但万一未带，并不影响其履行职务。

渔业监督官员是渔业行政执法者，主要负责监督渔业法令的实施，检查有无违法行为，检举违法者并采取行政措施。渔业监督官和渔业监督员的职能完全相同，只是后者只能在其都道府县所辖范围内行使职权。渔业监督官员可以进入渔场、船舶、企业、办公室、仓库等任何有关地方检查现场，查看账册、文件等其他物件。因此其执法检查不局限于水上。渔业监督官员为了履行职责，可以命令船长或生产指挥者停船，也可以搭乘渔船实施监督检查。拒绝、逃避、妨碍检查的，或对渔业监督官员的调查拒不作答甚至弄虚作假的，可以判刑和罚款。

此外，日本渔业法律规定，渔业监督官员经其主管部门负责人与当地检察院院长协商后，可被指定担任司法警察的职务，在处理渔业违法案件中拥有刑事诉讼法赋予的司法警察权限，可以搜捕犯人，审问嫌疑犯并向法院起诉。作此规定的目的，是为了利用渔业监督官员对渔业法令的知识和工作经验，因其比一般的司法警察更易判断和检举渔业违法事实。

执行司法权限时，嫌疑对象有权保持沉默。但作为行政监督时，嫌疑对象必须回答问题，若拒绝则有可能被判 6 个月以下徒刑和 5 万日元以下罚款。为了避免司法权限和行政权限的混淆，在一般的渔政检查中行使行政权限，在调查渔业犯罪、审讯嫌疑犯时则按刑事诉讼法规定的手续办理，行使司法权限。

除了海上保安厅的巡逻船外，日本还有专门的海上执法船——渔业监视船。渔业监督官员随船执行公务。渔业监视船漆成白色，烟囱上标有"水"字标记，驾驶台两侧有"水产厅"字样。

2. 办案程序

日本的渔业管理制度类似于资本主义国家的议会制。对渔业管理负有直接责任的是海区渔业调整委员会。《渔业法》第六十七条规定，海区渔业调整委员会或联合海区渔业调整委员会为了保护水产动植物的繁殖、防止和解决渔场安排纠纷等，在其认为必要时可指示有关人员限制或停止捕捞、限制入渔人数、限制使用渔场。

渔业调整委员会对当事人的劝告，通过普通或双挂号邮件将意见告诉当事人，也可直接交给本人。不针对特定个人的指示，应在政府公告栏内张贴，并通过广播、报纸、告示牌等广为宣传。从法律上讲，渔业调整委员会的指示纯属劝告，并无法律约束力。但是，如当事人对渔业调整委员会的指示不予理会，渔业调整委员会有权建议知事发布命令，要求当事人遵守该项劝告。知事发出的命令具有法律效力，违反者要依法受罚。被处分者对大臣或知事的处分不服，认为该处分违反法令，可以向法院起诉，要求取消处分。但这种起诉必须经过审查和裁决之后才能进行。为了保护当事人的合法权益，中央和地方长官在宣布处分时应告知当事人有申诉的自由以及向何处申诉、申诉期限等。如申诉后 3 个月尚无裁决，申诉人为了避免接受处分造成损失，必要时可不经裁决即向法院起诉。

农林水产大臣和知事执行的处分内容，主要有吊销养殖业执照和机轮作业许可证，不准分割、转移、变更养殖水面的占有权，命令设置渔场或渔具标志等。

渔业调整委员会的指示或仲裁，不是法律意义上的处分，因此不能对其申诉或起诉。

二、韩国渔业管理概况

韩国位于亚洲大陆东北，朝鲜半岛南部。东临日本海，南向东海，西面同中国隔黄海相望。其海岸线长达 1.1 万余千米，渔业资源丰富，种类繁多，渔业比较发达。韩国渔业主要包括沿岸渔业、近海渔业、远洋渔业、养殖渔业和内陆渔业等。渔业是韩国的支柱产业之一，被称为"渔业粮食"。韩国既是世界主要渔业国之一，也是世界主要水产品出口国之一。

（一）渔业管理机构及其职能

1996 年 8 月 8 日，韩国海洋与水产部正式成立并开始运作，藉以统筹综合性的海洋开发利用和养护的行政业务。海洋与水产部下辖水产厅、海事港湾厅、海事警察局以及建设交通部的水陆局、通产部（相当于经济部，负责海洋开发）、环境部（负责海洋环境保护）、科学技术处（负责海洋研究调查）以及海难审判院等，职员约 9 000 人。该组织的首长为长官（相当于内阁的部长），下设次官（次长）和助理次官（助理次长）2 人。该部下设两个室、6 个局，其中有一直属部外单位——海洋警察厅（相当于日本海上保安厅）。负责水产方面的有水产振兴局、水产资源局及水产品流通局。

水产部门以往在农林水产厅内均列于农业部门之后，力量薄弱。涉及海洋业务的 13 个部、3 个厅，管理和业务实施都很分散，缺乏统一的规划和指导。海洋与水产部的成立，扩充强化了水产行政，成为推动国家级计划的海洋综合政策的一大支柱而受到瞩目。韩国 1996 年 1 月召开第一次海洋开发委员会会议，决定制订展望 21 世纪的"海洋开发基本计划"。该基本计划致力于建立专属经济区水域的管理体制，大力推动栽培渔业，加强集装箱的海运业务，增加农村和渔村生活圈，促进海洋开发技术、海洋环境保护，振兴水产品流通加工及水产品贸易等。

海洋与水产部的组建，使韩国不仅可以克服过去分散管理的弊端，而且可以从战略高度加强对海洋产业和水产业的统一规划和指导，并根据本国实力，结合周边国家的动态制定海洋与水产产业的长远发展战略，增强实力，提高国际竞争能力，适应日益激烈的国际海洋与水产资源的权益竞争，确保韩国在 21 世纪进入海洋强国之列，推动国家经济持续增长。

（二）渔业法律法规

韩国《水产业法》是其渔业的基本法。该法为 1953 年 9 月 9 日第 295 号法律，1984 年 12 月 31 日第 3764 号法令加以修改，目的是制定有关水产业的基本制度，综合利用水域，促进水产业发展，保护水产资源。主要规定有以下几点。

（1）渔业的批准、许可与申报：主要包括渔业的批准；水域界限的调整；共同渔业的批准；经水产厅批准的渔业；经道知事批准的渔业；渔业试验及教育；渔业的批准或许可的有效期；渔业的限制和条件；批准与发放许可证的禁止；停业的申请；停业期的许可；没有许可证者渔业经营的渔业资格的取消；保护公共利益的渔业限制；因停业而取消渔业资格的规定；渔业申请等。

（2）远洋渔业：主要是远洋渔业许可证的有关规定。

（3）渔业权：主要包括渔业权的取得及性质，保护区域的规定；获准的渔业权；批准的优先顺序；借贷的禁止；渔业权的转让、分享、变更；共同渔业权不准转让和担保；担保时建筑物的处理；中标者资格的限制；处分时权利义务的伴随；渔业权的取消；共有者的同意；因继承而取消渔业权；取消的通知；拍卖的请求；入场捕鱼之惯例；入场捕鱼的限制；共同渔业和入场捕鱼；渔业权的注册等。

（4）水产品加工业的许可及申请：主要包括水产品加工业的许可证及申请；水产品加工经营的限制、中止或取消等。

（5）渔业调整：主要包括有关渔业调整的命令；限制事项的规定、监督；规章的认可；渔场的利用及开发计划；禁止从事未经批准、许可及申请的渔业；渔场设施的拆除；标志的设置；渔业监督、测量与检查；公务员的资格、证件；司法管辖权等。

（6）土地和地面固定物的使用：主要包括土地等的使用；进入他人土地的规定；土地

等的使用通知等。

（7）资源的保护和管理：主要包括保护水域的指定；施工的限制；发布防治渔场病害的命令；有害渔业的禁止；溯河性鱼类的保护及人工孵化放养；禁止出售违法捕捞的水产品；对违法捕捞水生动物放生的命令；资源的调查报告；禁止从事渔业生产的区域、期限及对象；有关资源保护的命令等。

（8）补偿、补助及裁定：主要包括补偿；水质污染的损害赔偿；补偿款项的征收；对土地等的使用补偿；补偿款项的委托保管；有关入渔的裁决；有关渔场区域等的裁决；有关补偿及补助、裁决的细则等。

（9）水产调整委员会：主要规定了水产调整委员会的设置、委员会的构成。

此外，韩国还有《水产业法施行令》、《渔业资源保护法》、《渔船法》、《海港法》、《大韩民国专属经济区法》、《大韩民国关于对专属经济区内外国人渔业活动行使主权权利法》等渔业法律法规。

（三）渔业管理制度

韩国的渔业管理制度与日本有许多相似之处，只是规定得较粗。根据 1990 年 8 月颁布的《水产法》和 1991 年 2 月的《水产法执行令》，韩国的渔业在管理上可分为以下两种类型。

1. 渔业权渔业

渔业权渔业包括以下 4 种：①第一种养殖渔业：将一定的水面进行划分，利用水底或其他设施养殖海藻类或总统令规定的水产动植物（包括紫菜、裙带菜等海藻类和用垂下式以外的方法进行的贝类养殖）渔业；②第二种养殖渔业：将一定的水面进行划分，进行第一种养殖业以外的渔业（包括鱼类养殖、虾蟹等的筑堤式养殖、牡蛎等垂下式养殖）；③定置网渔业：将一定的水面进行划分，设置总统令规定的渔具来捕捞水产动物的渔业（包括大敷网、大谋网、轻型大谋网、落网、角网、八角网、小台网、竹防帘等）；④共同渔业：专用一定的水面，从事贝类、海藻类或水产厅指定的定居种水产动物的捕捞采收的渔业，一般规定水深在 10 米以内，特殊情况可在 15 米以内。

上述渔业权渔业必须得到市、道知事的批准。但凡属下列情况之一者，不容许从事以上渔业：不以渔业为目的的法人或团体；在首尔特别市、直辖市或道呆了 1 年以上而尚未购置住所者；所持渔场面积超过总统令的规定（60 公顷）者。

渔业权的有效期原则上为 10 年。渔业权作为物权，准用民法规定中有关土地的规定。取得渔业权的渔村以及进入渔场行使渔业权的资格、作业方式、入渔费等均需按"渔场管理章程"得到市长、郡守、自治区区长的认可。

2. 许可渔业和申报渔业

许可渔业按管辖部门的不同，可分为以下 3 种。

（1）水产厅长许可渔业：包括近海渔业和远洋渔业。近海渔业是指使用 8 吨级以上渔船的渔业，内含大型底拖网渔业、中型底拖网渔业、近海舷拖网渔业等 13 种指定渔业；远洋渔业是指以海外水域为作业区的渔业，主要包括远洋延绳钓渔业、远洋底拖网渔业、远洋舷拖网渔业等 10 种指定渔业。

（2）市、道知事许可渔业：主要为沿岸渔业，指使用无动力船、8 吨级以下机动船的渔业，内含沿岸流网渔业、沿岸鲅鳒网渔业、沿岸笼具渔业等 11 种指定渔业；其次还有陆上养殖业和苗种生产业。

（3）市长、郡守或自治区区长许可渔业：亦称区划渔业，指使用无动力船、8 吨级以下机动船的渔业，可分为定置性区划渔业（使用无动力船或 5 吨级以下动力船的包括地拉网、船拖网、笼壶等 13 种指定渔业）和移动性区划渔业（包括使用无动力船的垂钓渔业、使用无动力船或 5 吨级以下机动船的桁拖网渔业、虾拖网渔业）两种。许可渔业的许可有效期均规定为 5 年。

从事《水产法》所规定的渔业权渔业与许可渔业以外的渔业、水产厅长规定的渔业（即申报渔业）者，其渔船、渔具或设施都必须向市长、郡守或自治区的区长申报。

现行渔业管理制度对所有渔场都制订了规章制度，进行以下的生产和渔场管理：对水产动植物的捕捞或采捕实施限制或禁止；在渔船的数量、规模、设备与渔法上实施限制或禁止；对作业区域、渔业时间和可能捕获的种类实施限制或禁止；对近海渔业实行的限额；入渔者数量的限制或资格的确认；对非渔业者的捕捞实施限制或禁止。

在水产资源的保护与管理方面，水产厅长本人或市长、道知事通过申请，才均可将适合于水产动物产卵、水产动植物种苗发育和仔稚鱼成长的水面指定为"保护水面"。市、道知事负责对管辖区内的保护水面实施管理。市、道知事对栖息大量定居种的水面和为了水产资源人工放流或设置人工鱼礁的水面，在征得水产厅长的认可后，可以指定为"育成水面"。市、道知事可以让市长、郡守或自治区的区长在指定范围内管理育成水面。

为审议有关渔业调整、补偿或裁决等方面的事项，韩国水产厅内设置"中央水产调整委员会"，在市、道设置"市、道水产调整委员会"。

3. 总可捕量（TAC 制度）

为有效地保护和管理沿岸海域的渔业资源，韩国海洋与水产部决定自 1998 年 1 月 1 日起实施渔业自主管理制度，并在生产上自行调整以维持适当的鱼价，促进渔业的稳定经营。该自主管理制度被认为是准备实施 TAC（Total Allowable Catch）制度的前奏。

韩国曾于 1999 年试行 TAC 制度。海洋与水产部从 1998 年 9 月 16 日起至 10 月 30 日止，以大型围网渔业的鲐鱼为对象，进行为期 45 天的引进 TAC 制度前的试验作业。海洋与水产部在试验期间，分配给大型围网渔业界的，RAC（Region Allowable Catch）设定为 1.5 万吨，该 TAC 是以 1991—1997 年 7 年间的 9—10 月平均渔获量为基础而设定的。依照该基础，大型围网渔业协会把总渔获量的 70% 进行统一分配，每艘渔船各 350 吨，剩余的 4 500 吨再根据各种渔船的作业情况酌情增加配额。为此，海洋与水产部于 1998 年 8 月 31 日召集大型围网水产协会有关机构的有关人员到会，说明将鲐鱼的总许可渔获量设定为 1.5 万吨。在实施试验作业过程中，大型围网水产协会将分配给各渔业者的配额计划向海洋与水产部提出，待获得准许与配额证书后方能进行作业。渔船须报告每天渔获量及其船位。同时，水产振兴院在分析渔获量后，向海洋与水产部提出各渔业者配额的消化情况，当渔获量达到总配额的 50% 或 80% 时即予以公布。

（1）对象鱼种的确定。根据海洋与水产部的进度表，对象鱼种的选定在 1997 年 10 月前完成，同年 12 月制定 TAC 制度的基本计划。初步提出实施 TAC 制度的对象鱼种有：石鲽、带鱼、鲲、鲐、沙丁鱼、狭鳕、马面鲀、鲳、太平洋褶柔鱼、白姑鱼和秋刀鱼等。在这些鱼种中，将挑选一些鱼种率先进行 RAC 管理。选定的基准有下列几项：容易实施管理、经济价值高、渔获量大、资源状况恶化、有必要管理、外国渔船渔获量大。海洋与水产部首先确定了 5 种对象于 1999 年 1 月起实施 TAC 管理，分别是鲐、鲹、沙丁鱼、松叶蟹、马鲛。

（2）TAC 的分配。该制度实施中，市、道需获得海洋与水产部批准后才可决定对象鱼种的年捕获量，再按各业种、各地区、各渔会等分配给渔业关联团体配额，而且还要考察渔船过去的作业实绩和渔获能力，渔业者的捕捞量只能少于配额而不能超越。如发现渔民的渔获量超过年初许可配额的数量，海洋与水产部将在一定时间内中断渔船的捕捞活动。

（3）设立 TAC 审议委员会。为实施 TAC 制度，韩国特设立 TAC 审议委员会，并制定水产资源保护和管理规则。据此，海洋与水产部部长要求各业种渔会与各公会理事长提出所属渔民的配额计划书，而不属于各业种渔会或公会的渔民，则由各地区渔会理事长提出其配额计划书，并根据海洋与水产部制定的其作业实绩与渔获能力的方针，由市、道知事分配。

（4）违反 TAC 渔获报告的处罚。海洋与水产部决定从 1998 年 6 月起实施 TAC 制度的有关规定，取得配额的渔船需报告作业船位，渔获物需在指定港口卸下。当渔民未提出配额的渔获量报告时，特别是当渔获量总计超过配额或有超过之嫌疑时，对该渔船可实施停止作业、取消渔业许可或执照的行政处理等。

违反总可捕量时，将停止其生产作业，第一次为 30 天，第二次 45 天，第三次 60 天不等。而且对共有渔业权，凡未有其他共有者的同意担保而租赁渔业权时，第一次将采取警告处分，第二次则取消执照。

因在试行过程中，遇到种种难以克服的困难，海洋与水产部决定暂缓正式实施 TAC 制度。

（四）渔业执法

韩国的渔业监督和执法主要由水产厅负责。水产厅设立渔业监督公务员，并有专门的渔业监督船。渔业监督公务员由水产厅长在水产部门的国家公务员中指定，或由道知事或市长、郡守在水产部门的国家公务员中指定。主管水产业犯罪处理的法警官员与渔业监督公务员一起，根据有关职权范围，履行法警官员的职责。但对违反渔业资源保护法有关禁渔区规定的船只搜查，由海军舰艇的乘务军官、士兵及其他总统令规定的承担司法警察职责的公务员承担。在水产动物产卵、肥育期的 5—10 月间，作为全国统一行动时期，水产厅和海上警察将予以协作，加强对小型机轮底拖网、中型舷拖网等常有违规作业的监督和管理。

（五）对违法外国渔船的处罚

1. 对下列情况，处以 1 亿韩元以下的罚款

（1）在总统令规定的专属经济区内的渔业资源保护及渔业调整水域内（以下称“特定禁止水域”）从事渔业活动或未取得海洋与水产部长官许可的。

（2）在非特定禁止水域的专属经济区内进行渔业活动，违反海洋与水产部长官许可所附加的限制或条件，包括外国人根据海洋与水产部令得到海洋与水产部长官的认可，在专属经济区水域内从事以试验、研究、教育实习以及其他海洋水产部令规定的内容为目的而从事水产动植物的捕捞，或关于渔业的勘察或集鱼，或渔获物的保管、储藏、加工，或渔获物或其加工品的运输的。

（3）在专属经济区内转载或扒载渔获物的。但发生海洋事故等海洋与水产部令规定的情况除外。

（4）违反了韩国海洋与水产部长关于禁止外国人在专属经济区内从事渔业活动或者以试验、研究为目的的水产动植物捕捞（以下称"渔业活动"），或有关取消许可命令的。

注意：上述（1）～（4）条也适用于针对韩国大陆架中专属经济区水域外侧水域的固定性鱼种。

2. 外国人、外国船在专属经济区内捕捞的渔获物或其制品直接从韩国的港口登陆的

外国人或者外国渔船的船长将在专属经济区内捕捞的渔获物或其制品直接从韩国的港口登陆的，处以3 000万韩元以下的罚款。但发生海洋与水产部令规定的情况除外。

3. 对下列情况，处以500万韩元以下罚款

（1）没有取得韩国海洋与水产部长官认可而以进行试验、研究等为目的擅自捕捞水产动植物等行为者。

（2）违反海洋与水产部长官关于外国人在非特定禁止水域的专属经济区内进行渔业活动所附加的限制或条件，包括外国人根据海洋与水产部令得到海洋与水产部长官的认可，在韩国专属经济区水域内，从事以试验、研究、教育实习以及其他海洋与水产部令规定的内容为目的而从事水产动植物的捕捞，或关于渔业的勘察或集鱼，或渔获物的保管、储藏、加工，或渔获物、其加工品的运输附加的限制或条件的。也包括在韩国大陆架中专属经济区水域外侧水域针对固定性鱼种进行的这些活动。

（3）违反海洋与水产部长对以试验、研究为目的捕捞水产动植物的停止令的。

4. 没有海洋与水产部长官许可

没有根据海洋与水产部长官许可的规定标识许可事项或申领许可证的，以及违反海洋与水产部长令有关许可证的交付、备置等有关规定的，处以200万韩元以下的罚款。上述规定也适用韩国大陆架中专属经济区水域外侧水域的固定性鱼种。

5. 违反上述（1）、（2）、（3）规定的违法者

对违反上述（1）、（2）、（3）规定的违法者，可以没收其所有或所持的渔获物及其制品、船舶和渔具等其他渔业活动中使用的物品，其物品不能全部或部分没收时，可追缴其折价款额。

6. 对于法人或个人

对于法人或个人的业务或财产，如果法人代表、法人，或个人的代理人、使用人或其

他从业人员符合上述情况的，除对肇事者进行处罚外，还对法人或个人分别处以罚款。

7. 处理违规船舶的司法程序

（1）由检察官或者大总统令指定的司法警察官（以下称"司法警察官"），在船只、船长或其他人员违反本法规定，或者根据本法制定的限制或条件时，可采取停船、登船、检查、拘留等必要措施。

（2）司法警察官在采取上述（1）的措施后应向检察官报告结果，除了不能在事前迅速得到指挥外，应在检察官的指挥下采取上述（1）的措施。

（3）检察官在采取了上述（1）的措施或根据上述（2）的措施得到报告后，应即刻将下列内容告知船长或其他违规者。但是大总统令规定的外国人渔业活动除外。

A. 如果根据法务部规定向检察官提交了担保金或者担保金保证书，将释放船长和其他违规者，并归还船舶或其他押收物品；

B. 担保金。

（4）当检察官根据上述（3）的规定收取到已告知的担保金或担保金保证书时，应即刻释放船长和其他违规者，并返还押收物品。

（5）对于韩国规定的担保金，检察官应根据大总统令的规定并结合违规情节而确定。

8. 担保金的保管、归缴国库及归还

（1）对下列情况，应根据总统令规定从指定日的第2天起算1个月以后将担保金上缴国库，但在国库归缴日之前船长或者其他违规者提出申请，要求从指定日的第2日起算3个月之内的特定日期释放人员或返还没收物品的情况除外。

A. 检察官或法院批准释放船长或其他违规人员，但没有在指定的时间和地点释放；

B. 检察官或法院批准船长或其他违规人员可以提取被返还的没收物品，但没有在指定的时间和地点提取。

（2）根据上述（1）的规定，如果船长或其他违规人员没有在其申请的特定日期被释放或提取没收物品，那么没有上缴国库的担保金要在第2天上缴国库。

（3）根据上述（1）、（2）规定的上缴国库的情况，如果在担保金上缴国库之前就交纳了法院宣告的罚款金额，应返还担保金。

9. 担保金与释放

当违规者缴纳了担保金或者提交了担保金保证书后，检察官要立刻释放违规者，并返还违规船舶以及没有必要继续押收的物品。

10. 担保金的返还

（1）在检察官向国库上缴担保金之前，有下列之一情况发生时，应根据违规者或者担保金缴纳者的要求，返还担保金。

A. 交纳了法院宣布的罚款金；

B. 宣告判决无罪、免诉或者放弃诉讼；

C. 其他没有继续保管担保金的适当理由的情况。

（2）弱者可以提出返还担保金，但在30日之内没有提交返还要求时，经检察官在保

管表的命令栏中签署弃权命令并盖章、执法官员在专属经济区水域违规者记录表专属经济区水域违规者名单的规定事项中完成记录后，将保管表移交给有价证券办理公务员。

三、俄罗斯渔业管理概况

俄罗斯联邦（简称俄罗斯）面临太平洋、大西洋和北冰洋以及 10 多个边缘海，海岸线总长度达 4 万余千米，渔业资源十分丰富。从 20 世纪 50 年代起，苏联开始大力发展渔业。到 80 年代末 90 年代初，其渔业发展到了鼎盛时期。苏联解体后，俄罗斯的渔业受到严重影响，但仍是世界上重要的渔业生产国之一。

（一）渔业管理机构及其职能

俄罗斯的渔业管理分为三级。所有的管理授权决定都是来自俄罗斯农粮部直属的联邦渔业委员会，联邦渔业委员会对渔业工作实行管理、监督、实施和引导。委员会的成员代表着不同地区和团体的利益。地方一级的委员会有权推荐渔业配额和渔业法规，但批准权在联邦渔业委员会。联邦渔业委员会在地方渔业的决策问题上，拥有最终表决权，苏联体制下的中央集权方式仍在当前的俄罗斯渔业管理中被沿用。

1. 联邦渔业委员会

1992 年 9 月 30 日，叶利钦发布总统令，联邦渔业委员会从渔业部独立出来。1997 年 3 月 17 日，叶利钦下令重新调整联邦体制以及它的执行机构。1997 年 12 月，联邦渔业委员会并入农业粮食部，成为它的一个渔业管理部门，但是一个相对独立的管理机构。

联邦渔业委员会的职能一直在变动，1993 年 3 月 6 日，第 208 号法令又使联邦渔业委员会从农业粮食部中脱离出来，不再有特定的权力去控制和组织商业渔业活动，也无权对与航海安全和许可证有关的事项施加影响。1995 年 5 月 17 日，俄罗斯总理切尔诺梅尔金签署的第 467 号法令又代替了第 208 号法令，澄清了联邦渔业委员会权力的所有问题，授予了联邦渔业委员会组织、调整和管理地方渔业产业计划的权力，同时也有权颁发渔业许可证。其中最明显的权力，莫过于联邦渔业委员会可以保留所有渔业企业的清单，以便进一步管理和监督，而不管这些企业的所属部门是谁。这使得联邦渔业委员会能够控制渔业企业的利益分配。法令进一步声明，联邦渔业委员会将决定所有的渔捞配额，并有权规定它的分配方式。地方渔业部门必须汇报配额分配的数量、分配单位和地区。新法令就地区间、企业间和组织代理机构间的争议情况，针对性地赋予了联邦渔业委员会最终的表决权，只有经过联邦渔业委员会表决后，渔业案件才送交司法部门。

1995 年 9 月 26 日，第 967 号法令授予联邦渔业委员会发布管理渔业许可证及其转让方式的权力。允许在俄罗斯专属经济区入渔的外国渔船应当接受联邦渔业委员会第 86 号法令的管理。该项法令几乎覆盖了所有外国法定实体、俄罗斯联邦拥有外国投资的个体和公司的管理事项。总之，联邦渔业委员会有权管理整个俄罗斯的渔业生产，这些权利具体如下：①制定、执行和管理有关渔业产业的所有政策和法规；②分析、协调和指导整个俄罗斯渔业产业的社会经济和科学技术的发展，并对其发展提供短期或长期的战略目标；③组织科研机构研究渔业种群资源、可承受的捕捞水平和种群改善等课题；④渔港的监督管理；⑤监督海洋渔船的安全和船上人员的生命安全；⑥批准渔船在产卵场作业的许可证；

⑦确认由地方渔业委员会推荐的配额，批准政府间达成的协议或其他政府部门以及地区的分配方案；⑧决定禁渔期、禁渔区的开放和结束事项。

联邦渔业委员会还设有一些机构，如俄罗斯联邦海洋渔业和海洋学研究所（VNIRO）等，专门负责科学研究和确定捕捞配额及分配方式。

2. 二级管理部门——地区渔业管理委员会（或称管理局）

俄罗斯在各大区域均设有联邦渔业委员会直属的二级管理机构，这沿用了苏联的渔业二级管理机构按照4~5个大地区而划分的模式。管理局实际上也承担该地区的科研机构的角色。1983年，远东海洋渔业管理局是太平洋沿岸地区的管理机构；西部海洋渔业管理局是列宁格勒、柯林格勒和波罗的海诸国的管理机构，它的船队在波罗的海和大西洋里作业；管理里海和东北大西洋的是北方海洋渔业管理局；第四个管理机构是位于大西洋，同时也是管理黑海渔业的亚速海海洋渔业管理局；最后一个是管理内陆水域的里海海洋渔业管理局。

苏联解体后，俄罗斯联邦保留有4个主要的渔业管理局。位于北欧部分的北方海洋渔业管理局，其地位相当重要，因为它的政策一般都变动不大，尽管太平洋地区的远东海洋渔业管理局所管理的生产渔船更多。

联邦渔业委员会的副主席同时兼任渔业产业科学委员会的主席，又是太平洋海洋渔业与海洋学研究所（TINRO）的主任和远东海洋渔业管理局的董事会代表。科学委员会有38名固定成员和80名左右的专家。

1996年，关于海域渔业委员会的一个法令，声称将在各大海域设立地方渔业委员会以便更好地组织决策过程。他们的活动是在俄罗斯联邦渔业委员会的授权之下进行的。地方渔业委员会的成员是分别来自联邦渔业委员会、环境资源部、各渔业产业部门以及地方主管部门的代表。成员必须由联邦渔业委员会推荐。根据法令规定，地方渔业委员会拥有如下职权：组织地方的渔业委员会和渔业管理实体；评估与渔业资源有关或海盆事务有关的渔业法规；如有必要，建立工作组管理禁渔期和禁渔区；评估科研机构及其所属部门的科研计划；提供给科研机构在禁渔期和禁渔区中的探捕配额，同时也要指导他们在禁渔区当中的操作方式；提供或宣传联邦渔业委员会的有关材料，管理海盆内的渔捞配额；评估并解决地区渔民的配额建议；根据地方渔业委员会设定的法令、环境自然资源部设定的渔捞限制和渔捞配额固有的分配方式，推荐给渔业产业不同使用者配额；发展改进渔获配额的法规和实践方式的建议；评估和发展保护鱼类种群、改良鱼类生存的自然状况、改进人工繁殖的生物技术；评估有关防止或补偿因海洋环境问题造成渔业产业亏损的建议；发展鱼卵加工和更好地管理渔业的建议；收集和处理管理渔业发展的信息；分析违规现象的案例；在使用者无法完全利用其配额时，发展渔业配额在不同使用者间重新分配的建议；评估渔捞报告的真实性和规范性，并发展改进渔业数据统计和处理的建议。

根据环境自然资源部、各地方渔业委员会和各渔业产业单位的要求，联邦渔业委员会主席要定期召开渔业会议。会议召开需要有2/3以上有投票权的成员参加方才有效。考虑到鱼类的养护和法规事项，至少有半数以上的研究机构、执法部门和环境自然资源部的成员将列席参加会议。决议应经投票表决，如果成员中的多数不同意方案，会议主席必须寻求另外的补救方案。没有补救方案的话，主席应当做出决定。不同意主席决定的成员必须将他们的异议印成副本送交其他的参与组织和联邦渔业委员会的其他成员。成员和工作组的活动费用将由所代表的机构支付。会议每 3~4 年召开一次，分别在马加丹，哈巴罗夫斯克（伯力），符拉迪沃斯托克（海参崴），彼得巴洛甫斯克—堪察加斯克和萨哈林岛（库页岛）5 个地区轮流召开，但有时也在莫斯科召开。狭鳕会议则每 5 年召开一次，并在该年的 11 月举行。

3. 第三级管理机构——领水渔业产业委员会

俄罗斯联邦最基本的渔业管理机构就是各地区的领水渔业产业委员会。正是这些机构的存在，使得俄罗斯各个地区在渔业配额分配和使用上能够实现合作。1993 年 11 月颁布的地方渔业管理法令中，明确领水渔业管理委员会是由地方政府创办的、由联邦渔业委员会和地方政府共建的联合团体，目的是协调海洋渔业的活动。

委员会的成员主要是来自当地政府、太平洋海洋渔业与海洋学研究所、特种渔业调查局和渔业产业部门的代表。

委员会将为如下几个方面的地方渔业管理提供建议：①当地渔业部门的鱼类分配问题，也包括涉及外国的渔获量分配；②对开发不充分或罕为人知的物种进行开发研究；③渔业资源增殖；④渔业法律规章制度的修订；⑤跨区的渔业配额分配；⑥渔船的建造、购买，改造的许可证发放；⑦建立地方基金会对发展地方渔业利益的渔业执行机构和科研组织实行资助；⑧捕捞许可证的颁发。

委员会应当引导商业捕鱼不与由联邦政府和地方政府共同制定的法案相抵触；来自产业、科研机构、特种渔业调查局和地方渔业主管部门的代表，不是委员会成员的，也可参加委员会的会议；所有的建议在制定成法规条文之前，应当得到地方主管单位的批准；委员会应当成立以委员会主席领衔的工作组准备渔业会议的材料，收集分配信息，准备专家咨询，执行委员会决议；在地方管理局首席官员、委员会主席或委员会多数成员投票决定的要求下，可以召开临时会议；会议召开的法定人数是超过一半的成员到场，所有决议由投票表决。

总之，1995 年 5 月 5 日叶利钦签署的第 436 号法令指出，在俄罗斯联邦的领水、大陆架和专属经济区的有关资源保护问题上，关于捕捞水平或配额分配方式，不应当由各州、共和国等地方政府自行授权，授予权在联邦政府。

（二）渔业执法机构及其职能

俄罗斯的渔业执法和监督部门主要有特种渔业调查局、联邦边防军和渔业管理总局这三大执法部门。

1. 渔业管理总局

渔业管理总局直属于联邦渔业委员会。它负责对联邦内水、专属经济区、渔业协定规定的海区和大洋中开放性海域内的鱼类、海洋动植物的养护和保全实行规范管理。渔业管理总局在俄罗斯各地有 26 个分支机构，并负责对这些机构的组织和管理。渔业管理总局的职权即包括海淡水的渔业管理，也包括商业和生计渔业的管理。它同时负责对海洋哺乳动物的管理和养护。

2. 联邦边防军

联邦边防军（FBS），原先隶属俄罗斯国防安全部，如今是一个独立的机构。FBS 是在 1994 年 10 月从军队中分离出来，尽管它本质上仍实行军事化管理，人员训练和组织结构也呈军事化，但 FBS 的任务主要包括执行海洋法律的各项规定，拦截非法的偷渡行为，实施海关法的各项条文，打击走私犯罪活动，迅速防御，反情报和反渗透等，也承担部分搜索和救援职责。FBS 的总指挥部在莫斯科，共有 6 个主要分支机构，分别位于远东、察台和西北等各大地区。

联邦边防军约有 20 万人的武装力量，其中 2.2 万人是海军防务。拥有全长 200 米的较大型护卫舰、破冰船、巡逻艇和水翼船，同时还有为数众多的河流、港口的小艇以及一支补给舰队。空中装备包括有翼飞机和直升机。在俄罗斯专属经济区里，联邦边防军为执法目的，有权责令任何一艘非军用船舶抛锚，并实施登临检查。轻微的违规行为一般会受到警告处理，严重的则由渔业管理总局检查官根据现场情况决定处罚金额。扣留的渔获和渔船，一般应押到就近港口。每年由非法捕获物充公的金额通常达几十亿卢布，这笔款项应上缴联邦渔业委员会，其中很少的一部分补贴给联邦边防军。登临检查的陪同人员会有渔业管理总局检查官或者海关官员，他们联合对船只的航海日志、渔获物、渔具、货物等进行检查，同时也包括对船只本身和船员文件的检查。外籍渔船应当遵守排污规定。一般情况下，如无违规现象发生，登临检查历时约 3 小时。

3. 特种渔业调查局

特种渔业调查局（SMIS）是新机构，它只拥有执法功能而无管理责任。特种渔业调查局主要监督任何可能会危及环境的渔业和加工行为。特种渔业调查局在俄罗斯各地有分支机构，只接受中央管理，对海岸到专属经济区的渔业行为实行监督。除了对污染的法规实行监督和执法外，特种渔业调查局的检查官也可以执行任何联邦渔业委员会的法规。

四、中国台湾省渔业管理概况

台湾是中国一个由岛屿组成的海上省份。全省由台湾本岛、周围属岛以及澎湖列岛等共 80 余个岛屿所组成。台湾四面环海，东临太平洋，西接台湾海峡，北面东海，西向南海，为渔业发展提供了优良条件。台湾鱼类繁多，目前已命名的约有 2 450 种，占世界鱼类总数的十分之一。台湾渔业大致可分为捕捞业和养殖业，捕捞业又分为远洋、近海、沿岸以及内陆捕捞；养殖业分为海水养殖及淡水养殖。其中以远洋渔业的发展最为稳定与迅速，成为台湾渔业的主体产业。台湾渔业是台湾地区农业中的一个重要部分，在海岛经济及粮食自给来源方面具有重要地位。

（一）渔业管理机构及其职能

台湾地区渔业管理机构的设置体系与祖国大陆相似，设有各级渔业管理机关，负责辖区内海洋渔业和淡水渔业的管理。重要渔港设有渔港管理站。此外，各地还建立各级渔会组织。

各级渔业主管机关既是渔业管理机关又是渔业执法机关。台湾地区的渔业主管机关为"行政院"农业委员会渔业署，设有渔业巡护船队，每艘船除配有渔业督察、执行渔业巡护任务外，还配备有渔业保安警察，其任务是协助渔政机关执行渔业巡护工作，保安警察隶属于台湾地区"内政部"警政署保安警察第七大队。台湾省渔业局也设有渔业巡护船队，巡护船配置有渔业检查员（主任检查员及检查员），渔业检查员在该船船长的指挥下执行巡护任务。台湾在各县（市）设有联合取缔非法捕鱼小组，该小组通常由渔业单位人员、警察局警员或港警所警员、区渔会人员等组成。

1. 农业委员会渔业署

台湾地区渔业主管机构为"行政院"农业委员会渔业署，其前身为"行政院"农业委员会渔业处。渔业是台湾经济的重要产业。过去的50~60年期间，台湾的渔业得到迅速发展。20世纪80年代后，由于《联合国海洋法公约》的实施，国际渔业环境急剧变化，世界各沿海国纷纷建立其专属经济区，国际上加强渔业养护和管理的要求不断提高，加之责任制渔业的实施，公海捕鱼自由日益严格，使台湾远洋渔业面临越来越严峻的挑战。台湾岛内，由于工商业的发展，渔村劳动力大量流失，渔业从业人口日趋老龄化；沿海海域环境污染不断恶化，渔业资源衰退；由于对养殖水体的过度开发使用，渔业养殖环境也日趋恶化。为了加强台湾沿海渔业生产管理，促进渔业养殖与环境的和谐发展，维护台湾远洋渔业利益，以及适应贸易国际化、自由化趋势，提高渔业产业竞争力，降低生产成本，1998年经台湾地区"立法院"通过，"行政院"农业委员会渔业处升格为"行政院"农业委员会渔业署，并将原农林厅台湾区渔业广播电台兼并。按照有关规定，农业委员会渔业署设署长1人，副署长2人，主任秘书1人，下设企划组、渔政组、远洋渔业组、养殖沿近海渔业组，另设有4个室即秘书室、人事室、会计室和政风室，以及远洋渔业开发中心和渔业广播电台。渔业署的编制员额约为220人。

渔业署的主要职责有：渔业政策、法规、方案、计划的制定与监督执行；开展和规划渔业科学方面的研究，防治渔业公害；渔船及其船员的监督管理；组织、监督和协调渔业生产；指导和监督渔民团体及渔业团体的工作；训练、策划和监督渔业从业人员、渔民团体及渔业团体推广人员；指导和监督渔产品营销与加工、渔民福利及渔业金融；督导远洋渔业生产；促进国际渔业合作，协调涉外渔业事务；养护和管理渔业资源，组织开展渔业资源的调查与评估，规划、促进、监督、协调养殖渔业；规划和监督管理渔港及其附属公共设施；综合整理、分析渔获统计资料和渔业信息；指导其他有关渔业和渔民方面的工作。远洋渔业开发中心的职责是研究和开发渔业资源；开展渔业资源调查与评估；开展渔业技术的培训与推广工作。远洋渔业开发中心下属的渔业广播电台的职责是传播、推广渔业技术和渔业信息。

2. 其他渔业管理机构

台湾地区渔业管理机关分为省级、县（市）级和各县（市）所属渔港管理站。省级的有台湾省政府农林厅渔业局和高雄市政府建设局渔业处。县（市）级的为各县（市）政府渔业课、渔业股，县（市）政府设渔业课的有基隆市、台北县、桃园县、新竹市、新竹县、苗栗县、台中县、彰化县、云林县、台南市、台南县、高雄县、屏东县、宜兰县、金门县、连江县，澎湖县政府还设有渔业股和渔港股。

此外，台湾在各县（市）所属的重要渔港还设有渔港管理站。这些渔港管理站有：八斗子、正滨、外木山（基隆市），澳底、野柳（台北县），南方澳、梗枋（宜兰县），竹园、永安（桃园县），新港、新峰（新竹县），新竹（新竹市），龙凤、外埔、苑港（苗栗县），梧楼（台中县），温仔、芳苑、王功（彰化县），箔子寮（云林县），将军、北门、七股、青山（台南县），兴达、蚵子寮（高雄县），东港、兴埔、枋寮、林迈、后壁湖、琉球（屏东县），新港、后岛、长滨、伽蓝、尚武、三和、小港、金樽、开元（台东县），花莲（花莲县），马公、龙门、赤坎、赤马、七美、望安、锁港（澎湖县），前镇、鼓山、中洲、小港（高雄市）。

3. 渔会

1928 年，国民政府颁布《渔会法》，1930 年起实施。台湾地区除去日本殖民统治外实施《渔会法》已有 50 多年。台湾的渔会组织成立至今已有 70~80 年。台湾渔会组织的宗旨是"保障渔民权益，提高渔民知识、技能，增加渔民收益，改善渔民生活，促进渔业现代化并谋其发展"。长期以来，台湾的渔会组织在落实渔业政策，提高渔民福利等方面，处于基层工作的第一线，为台湾渔业的发展做出了重要贡献。

台湾的渔会分为 3 个等级。渔会所营运的事业受各事业主管机关指导和监督。台湾区一级渔会的设立以渔区的划定为基础。渔区根据其所辖的行政区域来划定，渔港是渔区划定的非常重要的参考。在同一渔区中具有会员资格者满 100 人以上时，应设立区渔会。区渔会在总干事以下分设会务、业务和财务各课，各课分设各股。此外，区渔会还设有渔民小组，渔民小组依渔业类别或村、里行政区域而划定，其人数不得少于 50 人。

台湾的渔会会员分为甲类会员和乙类会员。甲类会员须具有下列条件之一：远洋渔民、近海渔民、沿岸渔民、浅海养殖渔民、渔场养殖渔民和河沼渔民。乙类会员须具有下列条件之一：渔船主或渔场主、水产学校毕业或有渔业专著或发明而目前从事渔业改良推广工作者、兼业渔民（即不符合甲类会员资格，但也从事渔业劳动者）。

4. 渔业管理职权的划分

依照台湾地区有关规定中关于各级渔政主管机关组织职权的划分，一般的，台湾"行政院"农业委员会渔业署负责政策性、涉外性、地区一致性的业务及台湾经济海域以外的远洋渔业，并负责监督和指导下级渔政机关的工作；下一级渔业主管机关管理近海渔业并负责执行台湾地区的渔业政策、方针和计划等，以及监督和指导下级渔政机关的工作；再下一级渔政机关管理沿岸渔业及养殖渔业并负责完成上级渔政机关交付的工作。

此外，涉及渔船监理的业务由航政机关负责，涉及渔船、船员进出港检查等安全检查工作由警察机关负责，涉及渔民团体工作的监督由"内政部"主管。

（二）渔业法律法规

由于渔业在台湾地区经济中占有比较重要的地位，台湾地区当局非常重视渔业立法。台湾地区"渔业法"于 1993 年修订后重新颁布，为了贯彻与执行该项规定，还颁布了《施行细则》。台湾其他渔业及涉及渔业的规定还有：《台湾省渔港兴建管理办法》、《高雄市渔港管理办法》、《台湾沿海地区自然环境保护计划》、《渔船建造许可及渔业登照核发准则》、《渔船及船员在国外基地作业管理办法》等。台湾的渔会组织在渔业管理中起着重要作用，因而台湾也制定了一系列渔会相关规定。有关渔会的规定有：《渔会选举任免办法》、《渔会总干事遴选办法》、《省市渔会章程范例》、《区渔会章程范例》、《渔会人事管理办法》、《渔会财务处理办法》、《渔会信用部业务管理办法》、《渔会考核办法》、《台湾地区各级渔会合并方案》等。

（三）渔业管理制度

依照台湾地区有关规定，渔业是指采捕或养殖动植物业，及其附属的加工、运销业。因此台湾渔业的范围包括捕捞、养殖及其附属加工与运销等业务，凡与此有关的政策执行与事物管理均属渔政管理的内容，其范围相当广泛。此外，渔业经营是指以捕捞、养殖水产资源或游钓为目的所从事的事业，凡欲在公共水域或与公共水域相连成一体的水域中经营渔业，必须经台湾地区渔业主管机关的批准，否则，不得从事渔业经营。

台湾把渔政管理简单地定义为渔业政策的推动与渔业行政事务的处理。台湾渔政管理的目的为：有计划地推进水产资源的持续利用，提高渔业生产力，促进渔业健康发展，维持渔业秩序，改进渔民生活等。

依照台湾1993年颁布的有关规定，台湾把渔业分为以下5种：①定置渔业：在一定水域筑矶、设栅或设置渔具以捕捞水产动物的渔业；②区划渔业：在划定的水域中养殖水产动植物并予以收获的渔业；③专用渔业：利用一定水域，形成渔场，供人入渔的渔业；④特定渔业：以渔船采捕渔业主管机关所指定的水产动植物的渔业；⑤娱乐渔业：以渔船承载游客至水域从事垂钓或观赏的渔业。

其中，把定置渔业、区划渔业及专用渔业统称为渔业权渔业。

1. 渔业权渔业管理

1）定义

渔业权是指在特定水域经营特定的渔业的特定权，是经过行政单位核准而设定的权利，渔业权的含义具有以下5点：①渔业权是经营采捕或养殖水产动植物的权利；②渔业权不是在任何水域均可经营渔业的权利，其采捕或养殖的行为仅限于特定水域；③在该特定水域内所享有的权利并不包括可采取一切手段、方法采捕或养殖，而采捕或养殖水产动植物所采用的手段或方法均受到一定的限制；④权利拥有者在一定条件下所拥有的采捕或养殖水产动植物的权利，对于其他一般人具有排他性，该权利受到法律的保护；⑤所有的渔业权均系行政单位的核准而设定的权利，而不是因时效、先后顺序或习惯而取得的权利。

2）渔业权的种类

渔业权包含定置渔业权、区划渔业权和专用渔业权，均是在沿岸海域经营采捕或养殖水产动植物的权利。因此，渔业权与其说是经营权，还不如说是对水产动植物的采捕权和养殖权。

定置渔业权

台湾地区规定，经营定置渔业需申请定置渔业权，或向专用渔业权拥有人申请入渔，以固定渔具在水深25米以内经营捕捞水产动植物。前者无水深限制，后者一定要在水深25米以内。依据台湾地区《渔业管理办法》第3条第1项的规定，定置渔业权渔业又可分为以下7种：

台网类渔业：在一定水域用碇或其他材料敷设垣网诱导鱼类进入围网或囊网者；

落网类渔业：在一定水域用碇或其他材料敷设垣网诱导鱼类进入运动场或围网经过升网陷入囊网者；

多袋网类渔业：在一定水域用碇或其他材料敷设垣网诱导鱼类进入围网陷入多角形围网底层的长袋囊网；

张网类渔业：在一定水域用支柱或其他材料固定，顺流敷设囊网及袖网者；

遮网类渔业：在一定水域用碇或其他材料敷设垣网诱导鱼类密集后，使用围网、敷网、刺网等捕捞，或以带状网固定围困退潮时的鱼类；

栅堰类渔业：在一定水域用竹簾或网使用支柱、石堤或其他材料敷设者；

石泥类渔业：在一定水面敷设石、水泥埂遮断退潮时鱼类退路者。

区划渔业权

依照台湾地区《渔业管理办法》第3条第2项的规定，区划渔业权渔业可分为以下两种。

鱼贝藻类养殖渔业：以网、水泥、瓦、石、竹、木或其他材料固定或围筑于一定水域养殖鱼贝类、藻类者；其他养殖渔业：以一定水域养殖前项以外的水产动物者。

专用渔业权

包括：采捕水产动植物的渔业、养殖水产动植物的渔业、以固定渔具在水深25米采捕水产动植物的渔业。专用渔业权本质上是由渔会让渔民共同利用、管理一定渔场，经营渔业的权利。专用渔业权在渔场利用上是各种渔业的根本，因此在规划渔业权时，通常得先规划专用渔业权。一般仅限于渔会或渔业生产合作社拥有专用渔业权，由其订立入渔规章，让其会员按照规章入渔并从事采捕或养殖水产动植物。对于非渔会会员则签订入渔契约，无正当理由不得拒绝其入渔。入渔权人应依照入渔规章或契约向专用渔业权人缴纳一定数额的入渔费，否则将被拒绝入渔。

入渔权是指进入专用渔业权水域，进行渔业活动的权利。在定置或区划渔业中，不存在入渔权问题。入渔权是私法上的权利，但是依照台湾地区的有关规定，入渔权除了可以转让和继承外，不得租赁、抵押等。

3）渔业权的申请与核准

依据台湾地区的规定，渔业主管机关应对渔业权渔业进行整体规划并依此拟订计划，而计划应予以公告，申请人依照计划提出经营渔业权渔业的申请。由于经营渔业的水域仅限于公共水域及与其相连的非公共水域，因此，渔业主管机关规划的水域也仅限于这些水域。

申请渔业经营时应提交下列文件：①申请书3份，包括申请人姓名、地址、身份证号及职业，渔业种类及名称，渔场位置、区域及面积或范围（定置渔业权渔业免面积），渔具种类及数量，渔获对象，渔期；②渔场图3份（应标注渔场各基点与陆上相间方位、距离及网具大小等）；③事业计划书3份。

主管机关对于申请书的审查分为形式审查和实质审查。形式审查不合格时，应责令申请人补证，不补证者视为放弃申请，超过期限者为重新申请。定置及区渔业的实质审查项目如下：①申请的渔场范围、渔业种类、渔期、渔获种类等是否符合规定；②事业计划书是否合理可行。专用渔业权的审查项目为：①申请的渔场范围、渔业种类、渔期、渔获种类等是否符合规定；②事业计划书是否合理可行；③申请者是否具有形成渔场的能力；④申请者是否具有管理、维护渔场的能力；⑤申请者是否具有发展当地特色渔业的长远计划或目标；⑥申请者是否将当地大部分渔民纳入专用渔业经营的范围；⑦入渔费的收取是否合理。

主管机关审查后，对于符合条件的予以核准，否则予以驳回。核准对于申请人就产生渔业权。核准应具有书面形式且内容必须符合法定的记载事项，此书面形式称为"渔业执照"。依照台湾地区的规定，定置、区划及专用渔业执照应记载的事项有：渔业权人姓名、地址及身份证号码，核准号数及年、月、日，渔业种类及名称，渔场位置、区划及面积或范围，渔获对象，渔期，渔业权有效期间，核准时所附条件及限制事项。

4）渔业权的得失变更

渔业权的取得有两种途径：一是向主管机关申请取得，称为原始取得；二是通过转让而取得。渔业权失效的原因有两种：一是因期限届满而丧失效力；二是核准被废弃。

依照台湾地区的有关规定，渔业权视为物权，因此渔业权是一种财产。定置渔业权和区划渔业权的变更有3种，即转让、继承和强制执行。①转让应以书面的形式，即买卖契约，转让应得到主管机关的批准。②继承人因定置或区划渔业权人"死亡"而取得定置或区划渔业权。③强制执行是指债权人为达到债务履行的目的，请求法院以强制方法拍卖债务人的定置或区划渔业权。

专用渔业权与定置和区划渔业权不同，专用渔业权不得转让、继承，不得作为强制执行标的，不得抵押、租赁等，也不得从一个渔会或渔业生产合作社转至另一个渔会或渔业生产合作社。

5）渔业权渔业的管理

渔业权渔业所使用渔船的管理

渔业权渔业所使用渔船的建造、改造、租赁、输入的许可，依照台湾地区《渔船许可及渔业证照核发准则》的规定办理；其渔业证照的核发依照台湾有关规定和《渔业权登记规则办理》；

特定渔业渔船、专营娱乐渔业渔船、渔业权渔业渔船不得相互取代建造；

渔业权渔业作业所配备的渔船，其建造的申请，应以其他不限渔业种类的渔船汰建。新建渔船吨位或规格，不得超过淘汰的渔船吨位或规格；

渔业权渔业用的渔船的基本资料及规格应记载于渔业权渔业的执照上，不另发渔业执照。

渔业权渔业经营的管理

定期查核渔业人及渔业从业人是否按规定填报渔业报表及其他相关资料。

不定期检查的项目有：是否持续经营；是否依原申请的事业计划书经营及其经营状况是否与预期相符；是否按各项规定及限制事项办理；渔场是否超出规定范围；是否有其他违反法令的事情。

执照的收回与撤销：渔业人违反所颁布的有关规定和其他条例、命令时，主管机关限制或停止其渔业经营，或处以收回渔业执照一年以下的处分；情节严重者，撤销其渔业执照。渔业权经核准后，有下列情形之一者，由主管机关撤销其核准：自核准之日起，无正当理由逾一年不从事渔业，或经营后未经核准继续休业逾两年；以一定身份获准经营渔业的人，丧失身份者；渔业权的获得是申请人以不正当方法取得的。

2. 特定渔业管理

所谓特定渔业，是指经营主管机关所指定的渔业种类。因此，主管机关首先应指定可以经营的渔业种类。台湾地区规定，各级主管机关应依渔获对象、经营时间、作业海域、渔船、渔具、渔法及其他必要事项，指定渔业种类。从事特定渔业的权利不得转让和继承。

1）申请与核准

从事特定渔业的经营必须获得主管机关的批准。申请经营特定渔业应提交申请书3份，申请书应标明下列事项：申请人姓名、地址及身份证号码，渔业种类，渔场位置及区域，渔船名称、总吨位、净吨位、统一编号及船员人数，渔船机械种类、功率、油槽容量及时速，渔具种类及数量，渔获对象，渔期，渔业根据地及渔获物起卸港，船长姓名、出生年月日、籍贯及职务船员证书，渔船来源证明，渔船冷冻、冷藏能力及容量，主要渔捞及航海仪器设备，通信设备，申请经营期间，主管机关同意意见，此外，还应提交船舶检验记录和船舶检验证书等。

主管机关核准特定渔业，应以书面的形式，即发给特定渔业执照，特定渔业执照应记载下列事项，如渔业种类，渔场位置及区域，渔船名称、总吨、净吨、统一编号及船员人数，渔船机械种类、功率、油槽容量及时速，渔具种类及数量，渔获对象，渔期，渔业根据地及渔获物起卸港，渔船的通信设备、国际呼号，执照有效期限及限制条件等。

2）作业管理

特定渔业渔船，未取得出海作业许可，不得出海作业。渔船出海作业应符合主管机关所规定的最低船员人数标准。渔船出海作业不得携带未经批准的设备及非必要物品及搭载非本船船员。渔船出海作业，应携带各种必要的证件，如渔业执照、渔船专用电信执照、捕捞日志等。

渔船作业期间，应依规定与岸台及其他指定单位保持联络，并应遵守涉及以下内容的各种行政命令：渔船在国际社会给予台湾的渔获配额内作业，若渔获量已达到配额限制时，主管机关对作业渔船下达停止作业命令；设定禁渔期，禁渔区，鱼体大小限制，禁止捕捞、持有及运输的鱼种；兼捕渔获物的限量及兼捕渔获物的处理方式；捕捞渔船应每日通报船位及当日总渔获量及填写捕捞日志，有些作业渔船还应通报每段时期中的总渔获量；运输船载运渔获物应填写运输记录，运输船不得装载禁捕、持有及运输的违禁鱼种；渔船回港后，应提交渔捞日志、转运记录、卫星导航自动记录及其他有关资料；渔船应接受主管机关指派的观察员随船检查以及接运观察员往返；代理商销售鱼货的限制及条件。

此外，若特定作业的渔船利用国外基地进行作业，应向主管机关申请并获得批准。在国外基地作业的渔船，因缺乏船员而雇佣外籍船员或中国大陆船员，所捕获的渔获物得在国内及国外基地销售或在国外基地转口销售时，应向主管机关报告，渔船在国外基地的船务、补给及渔货销售，应委托代理商代理，其中销售渔货的代理业务，应经主管机关批准。

3）违规处分与执行

（1）逾期换照。对逾期换照的渔船应查明是否违反有关规定，违反规定者，主管机关应撤销其执照，或处以新台币6万元以上、30万元以下的罚款。

（2）走私、偷渡。对于走私、偷渡的渔船或船员予以处罚，处罚标准依据《渔船及船员涉案走私处分原则》的规定办理。

（3）逾期返港及出海船员员额不足。渔船出海作业应在渔业主管机关规定最高出海作业时限内，向渔船所在地警察机关申请出海作业天数。不超过规定最高出海作业时限的三分之一，准以自行延长作业，逾期延长作业时限，属逾期返港，依逾越时间长短分别处以罚款。渔船出海作业，应依渔政机关配置最低船员人数，否则不准出海作业。100总吨以上渔船出海作业过程中，遇有船员离船，船员的补充为船主的责任，渔船出海后如船上无船长或轮机长而未按规定补充时，收回渔船渔业执照两个月。船长及轮机长均无，而未按规定补充时，收回渔船渔业执照3个月。

（4）擅自经营未经核准的渔业种类。由该船主管机关依有关规定给予处分。

（5）渔船擅自改造。由该船主管机关以违反有关规定，并报请"行政院"农业委员会核准，处以收回渔业执照。

各级主管机关应办理的事项。户籍地政府：将处分通知书送达受处分人；将收回的渔船渔业执照转送船籍港主管机关执行执照收回处分，或将受处分的渔船渔业执照转送原核发机关注销。船籍港直辖市或县（市）政府：执行渔船渔业执照收回的处分，或将受处分撤销的渔业执照依主管机关职权予以注销或原核发机关注销。

3. 娱乐渔业管理

娱乐渔业分为专营和兼营两种。专营是指以渔船专门从事娱乐渔业；兼营是指以经营其他渔业的渔船同时经营娱乐渔业。台湾娱乐渔业的计划由渔业主管机关拟订，各级主管机关依照此计划来核准娱乐渔业的经营。娱乐渔业计划的拟订应配合资源管理计划、渔业权渔业计划和特定渔业管理计划，后3种具有优先地位。娱乐渔业权也不得转让和继承。

经营娱乐渔业需获得渔业主管机关的批准。申请娱乐渔业应包括以下事项：申请人姓名、地址及身份证号，渔业种类，渔场位置及区域，渔船名称、总吨、净吨、统一编号及船员人数，渔船机械种类、功率、油槽容量及时速，渔具种类及数量，渔获对象，渔期，渔业根据地及渔获物起卸港，船长姓名、出生年月日、籍贯及职务船员证书，通信设备，乘客最高搭载人数，保险契约，紧急联络者的姓名、地址。

与其他渔业经营相似，主管机关也应以书面形式发给申请人执照，而且应记载下列事项：申请人姓名、地址及身份证号码，核准号数及年、月、日，渔场位置及区域，渔船名称、统一编号、总吨、净吨及船员人数，乘客最高搭载人数，船籍港，渔船机械种类、功率、油槽容量及时速，执照有效期限，安全设备，通信设备，限制条件等。

4. 对渔船的管理

台湾对渔船的管理涉及两个方面：一是航政方面；一是渔政方面。航政机关主要负责船舶登记、国籍、设备、丈量等；渔业主管机构主要负责使用登记、检查、建造、改造、输入、输出、租赁、转让、渔捞设备、保藏系统及渔获物处理设备等。

渔业经营的渔船应向渔业主管机关登记，登记的渔船给予统一编号，编号不得更改，直至渔船报废。渔船编号、船名和船籍港应按主管机关的规定，标在船体上。依照台湾地区的有关规定，主管机关为渔船登记后，应发给执照，未经登记及领取使用执照的渔船，不得使用。渔船的使用执照应注明渔船的船名、船籍港、使用的渔业种类、渔船总吨、主机种类及功率等。

为了养护和管理渔业资源，台湾地区对各种特定渔业的渔船数量及总吨实行总量控制。若现存的渔船数量及总吨已达到渔业主管机关所设定的最高船数和总吨时，禁止建造新的渔船。只有现有的渔船报废后，才可以新建。特定渔业的渔船报废以后，特定渔业权人应向航政机关办理注销船籍，并向渔业主管机关申请注销渔业执照。特定渔业权人在注销执照后，才能向主管机关申请重新建造或由主管机关主动发给重建资格，只有在取得重建资格以后，才能新建渔船。重新建造的渔船不能超过原有的功率，也不得改变渔业经营类型。

依照规定，娱乐渔业的渔船报废后，也得申请重新建造，但是，渔业权渔业的渔船报废后，不得申请重新建造。

台湾地区规定，进口渔船必须获得"行政院"农业委员会渔业署的许可。所进口的渔船必须符合《渔船建造许可及渔业登照核发准则》的规定，进口的渔船仅限于以下两种：①具有新式渔法的渔船；②船团式鲭鲹围网渔船。渔船的出口则不需要得到台湾"渔业署"的许可。

渔船的租赁需获得渔业主管机关的许可，被租赁的渔船仅限于台湾地区渔船，可以被租赁的渔船有两种：①目前未使用于渔业经营的渔船；②正在使用于渔业经营的渔船。非渔业船舶不能被租用来从事渔业。

渔船的转让同样仅限于台湾地区渔船，但是渔船的转让可以不经渔业主管机关的许可，可以被转让的渔船也只有两种可能：①目前未使用于渔业经营的渔船；②正在使用于渔业经营的渔船。如果特定渔业权人或娱乐渔业权人将所使用的渔船转让给他人，则他们所拥有的特定渔业权或娱乐渔业权，也因此而失效。但渔业权渔业则不同，渔业权人所拥有的渔业权并不随渔船的转让而丧失。

（四）渔业执法

1. 执法机构、人员及其职责

依照台湾地区"行政院"农业委员会渔业巡护船巡护作业的要点，台湾渔业执法的内容有：巡察海上作业渔船，维持渔业秩序，调解渔业纠纷；防止及取缔渔船非法进入外国专属经济区作业；防止及取缔违反国际公约及国际渔业协定的违规作业；防止及取缔渔业法规禁止的违规作业；保护渔业资源，协助海上救难。

执行渔业执法的机关为各级渔业主管机关。台湾地区渔业署设有渔业巡护船队，台湾省及各县（市）也有渔业巡护船。各级巡护船的船员由渔业行政机关任命或以聘用契约的形式雇佣。受任命或雇佣的船员具有公务员身份。渔业署的渔业巡护船队都配有渔业督察，执行渔业巡护任务，船长除了执行航行任务外，应受渔业督察的委托及指挥，来执行检查任务，其他船员也应受委托执行检查任务。巡护船队则配有渔业检查员（分为主任检查员及检查员），渔业检查员则是在船长的指挥下执行检查任务。

渔业巡护船都配有渔业保安警察。渔业保安警察隶属于"内政部"警政署保安警察第七总队并受其派遣驻于巡护船上，协助渔业执法工作。各县（市）设有联合取缔非法捕鱼小组，此小组通常由下列人员组成：渔业单位人员、警察局警员或港监所警员、区渔会人员。联合取缔非法捕鱼小组的人员即为渔业执法人员。由于县（市）巡护船较小，通常执法人员兼做船员。

渔业执法人员为执行任务，可以采取以下措施：命令停船及停止作业；登船；检查，包括检查文件、物件、渔获物等，询问人员及搜查；封存，即将船舱或渔获物、渔具及其他物件予以封闭保存；扣押，包括扣押物件、文件或渔获物；逮捕人员；命令船舶前往指定港口或地点，或强制船舶前往港口或其他地点。

渔业执法人员在执行检查时，应出示身份证明及检查权限证件，否则，被检查人可以拒绝接受检查。执法人员执行封存或扣押时，应有渔船船员或其他公务人员在场作证，封存或扣押的物件，应开列清单。执法人员完成检查，应做书面报告，此报告应由船员或其他公务人员签字，渔船船长可在报告上签注不同意见。

渔业执法人员不享有司法权，因此，有关犯罪的侦察、拘留、搜索、扣押、逮捕、押送人犯等不是其职责。若渔业执法人员在执行渔业检查时，发现有犯罪情形，仅能将渔船、渔获物或其他足以证明犯罪的证据予以扣押，只有在不能及时求助到司法机关的情况下才能采取这种措施。渔业检查中，若发现有触犯刑律者，应移送司法机关处理。若遇碰撞、缠网等海事纠纷时，应协助有关当事人调解。调解不成，应做成记录，并由当事人向最近港口的港务单位申请评议及仲裁。若发生纠纷时，有暴力行为，则由渔业保安警察处理或通知有关机关处理。

台湾地区"行政院"农业委员会渔业巡护船巡护作业要点还规定，若有外国或中国大陆渔船进入离台湾海岸12海里内作业，应通知海军派军舰处理。

当事人不服渔业行政机关的行政行为，可以提出异议、申诉、诉愿、再诉愿及行政诉讼。所谓异议是指当事人不服渔业行政机关的行政行为，向做出该行为的机关请求指正。异议的提出，不受时间的限制，可以以任何方式提出。对于当事人提出的异议，行政机关具有审查及做出答复的义务。所谓申诉，是指当事人不服行政机关的行政行为，向原行政行为的监督机关请求指正。依照有关规定，若当事人不服行政机关依照法规做出的行政处分，可以依法向诉愿管辖机关（各级政府）提诉愿，若不服诉愿的结果，可以提起再诉愿。若不服再诉愿的结果，可以提起行政诉讼，但当事人必须接受行政诉讼的结果。提起诉愿有时间的限制，从行政处分开始计算之日起为30天，逾期则不能提起诉愿。

2. 对违法行为的处罚

台湾地区对违反渔业规章的处罚有：收回、没收渔业执照，行政罚款，拘役、罚金或判处有期徒刑。除了上文叙述的对违反各渔业种类经营规定的处罚外，对于下列行为分别处以刑事处分包括有期徒刑、拘役和罚金，或者行政罚款。

1）刑事处罚

使用毒物、爆炸物或麻醉方法采捕水产动植物者，处以5年以下有期徒刑或拘役，还可并处新台币15万元以下罚金；

违反有关水产动植物采捕或处理的限制或禁止规定，或违反有关贩卖或持有水产动植物或其加工品者，处以 3 年以下有期徒刑、拘役，还可并处新台币 15 万元以下罚金；

违反渔具、渔法的限制或禁止规定者，处以 6 个月以下有期徒刑、拘役或新台币 3 万元以下罚金，或并处新台币 3 万元以下罚金。

下列行为处以拘役或新台币 15 万元以下的罚金：涂改渔船船名或统一编号；转移、污损或毁坏渔场、渔具标志；私设栅栏、建筑物或任何渔具，以断绝鱼类洄游路径。

2）行政处罚

除对以上行为处以刑事处分外，对于下列行为处以行政上的制裁，即罚款：

（1）下列行为处以新台币 6 万元以上、30 万元以下的罚款：未经主管机关核准而在公共水域从事渔业经营；违反主管机关对渔业权的决定；渔业执照期满而未经核准延期，继续经营渔业。

（2）下列行为处以新台币 3 万元以上、15 万元以下的罚款：违反主管机关为了开发、养护渔业资源，或者其他公共利益所附加于执照中的条件或限制；违反主管机关对于渔场设置、采捕、养殖方法、渔具及其他规定条件；从事主管机关所指定的渔业种类以外的渔业活动；违反主管机关对于作业海域、经营期限及其他事项的有关规定；未申领执照而经营娱乐渔业；拒绝或妨碍主管机关的检查或检查人员的询问，无正当理由拒不答复或作虚假的陈述；违反主管机关订立的渔场及渔场作业应遵守及注意的事项；违反主管机关依照渔业法发布的命令。违反下列主管机关所设的规定：渔区、渔期的限制与禁止；妨碍或阻碍水产动物的洄游路径；投放或放置有害于水产动植物的东西；拆除水产动植物繁殖所需的保护物或放置有碍于水产动植物繁殖的物体；违反有关水产动植物培育的限制或规定；违反主管机关为资源管理及渔业结构调整所发布的公告。

（3）下列行为处以新台币 1.5 万元以上、7.5 万元以下的罚款：渔业经营未经核准擅自休业达 1 年以上；拒绝、回避或妨碍主管机关为达到水产资源的养护目的而对于特定渔业种类所实施渔获量、作业状况及海况等的调查；或拒绝向主管机关提出因调查所要求的渔获量、时期、渔具、渔法及其他有关事项的报告；违反主管机关所定的作业规范。

刑事处罚由司法机关审理和判决，行政处罚则由行政机关审查和判决。罚款拒不缴纳或逾期不缴纳时，应由行政机关予以强制执行。因犯罪或其他违法行为所得的渔获物及所使用渔具，应予以没收。

第三节 相关法规和公约

农业部办公厅关于严格遵守北太平洋渔业管理组织有关管理措施的通知

农办渔【2015】64 号

《北太平洋公海渔业资源养护和管理公约》（以下简称"公约"）已于 2015 年 7 月 19

日正式生效。公约管理对象为除高度洄游鱼类、溯河和降河产卵物种、沿岸国定居物种以外的其他所有北太平洋公海渔业资源，例如鱿鱼、秋刀鱼、鲐鱼等。近期，北太平洋渔业管理委员会（以下简称"委员会"）召开了第一次会议，通过了关于数据报送和养护秋刀鱼资源等措施。

我国是北太平洋公海重要捕鱼国，主捕品种均纳入公约管辖范围。经国务院核准，我国已加入公约，成为公约缔约方。作为负责任渔业国家，我国在北太平洋公海从事渔业生产的企业及渔船须严格遵守委员会管理措施，促进北太平洋公海渔业资源的养护和合理利用。有关事项通知如下：

一、渔船注册

委员会将建立合法渔船注册制度，并对外公开。所有在公约区内作业的渔船均需由船旗国向委员会提供渔船信息。相关要求见附件1。经我部批准赴北太平洋公海从事渔业生产的渔船，在取得《公海捕捞许可证》后，应在15天内按附件1要求将相关渔船信息报中国远洋渔业协会。中国远洋渔业协会汇总后将渔船信息报我部渔业渔政管理局。我部渔业渔政管理局审核后向委员会办理渔船注册事宜，完成注册后渔船方可生产。

二、数据报告

委员会规定渔船须详细记录捕捞生产、转载数据，并向委员会报告。

（1）渔捞日志。所有在北太平洋公海生产的渔船均须填写渔捞日志。从事鱿鱼生产的渔船，按《农业部办公厅关于规范鱿鱼渔业渔捞日志的通知》（农办渔〔2010〕70号）要求填写，从事秋刀鱼和公海围网生产的渔船，分别按本通知附件2、3要求填写。鱿鱼和秋刀鱼渔业渔捞日志按要求报送上海海洋大学。公海围网渔业渔捞日志按要求报送中国水产科学研究院东海水产研究所。鼓励企业报送电子渔捞日志。

（2）月度产量。在北太平洋公海从事渔业生产的企业须于每月初10日内，向中国远洋渔业协会如实报告上月份品种捕捞产量，由中国远洋渔业协会汇总后报我部渔业渔政管理局。

（3）渔获转载。委员会规定各船旗国须报告其渔船海上转载渔获物数据。各企业须于每月初10日内，按本通知附件4的要求向中国远洋渔业协会如实报告上月渔获转载信息。中国远洋渔业协会汇总后报我部渔业渔政管理局。

三、公海登临检查

公约已建立公海登临检查机制，委员会正在研究制定实施细则。届时，所有在北太平洋公海生产的渔船，均须配合经委员会授权的执法船和执法人员实施登临检查。作为公约缔约方，我国将参与北太平洋公海登临检查机制。中国海警局将加大对我国在北太平洋公海作业渔船执法检查力度。对于未经批准违法从事公海渔业生产的渔船，按国家有关法律和规定严格处理，扣除涉事渔船当年全年政策性补贴，并依法追究企业法人的法律责任；对"三无"船舶，将按我部有关清理整治海洋涉外渔业"三无"船舶的文件要求，一律予以没收销毁。

四、船位监测和其他管理措施

委员会要求在公约区生产的渔船安装船位监测设备，并保证设备正常工作。中国远洋渔业协会和有关企业应按照我部《远洋渔船船位监测管理办法》（农办渔 2014］58 号）要求，做好船位设备安装以及船位调取、监测和记录工作。

所有在北太平洋公海生产的渔船，在作业时应与公海邻近国家（日本、俄罗斯）的专属经济区界限保持至少 3 海里的安全距离，避免引发涉外违规事件。严禁未经批准进入他国管辖海域违规生产。因天气、海况、船员伤病等原因需紧急进入、停靠他国港口的，有关企业应及时报请中国远洋渔业协会协调处理，中国远洋渔业协会应及时向我部渔业渔政管理局报告处理情况。

五、秋刀鱼渔业养护和管理

根据委员会第一次会议通过的《关于秋刀鱼渔业养护和管理措施》（附件 5），委员会将在 2017 年完成北太平洋秋刀鱼资源评估。在此之前，各成员应制止本国从事秋刀鱼渔业的渔船数量过快增长。我部已于 2013 年要求各地不再受理新建秋刀鱼作业渔船申请（农办渔［2013］73 号）。已获得我部船网工具指标、目前仍在建造的秋刀鱼渔船，应在船网工具指标有效期内完工，逾期不再予以延期。

各相关企业要严格执行上述管理措施，切实做好相关人员的培训和教育工作。有关省级渔业行政主管部门要督促所辖企业认真执行上述管理措施，避免涉外违规事件的发生。中国远洋渔业协会秘书处、上海海洋大学和水科院东海所要认真做好我部委托工作，并将有关规定细则在网上发布，以便于企业办理。

《北太平洋公海渔业资源养护和管理公约》和委员会通过的管理措施可登陆中国远洋渔业信息网（www.cndwf.com）查询。

农业部办公厅

2015 年 10 月 22 日

北太平洋公海渔业资源养护和管理公约

Convention on the Conservation and Management of High Seas Fisheries Resources in the North Pacific Ocean

（中文译本）

各缔约方，

承诺确保长期养护和可持续利用北太平洋渔业资源，保护渔业资源分布其中的海洋生态系统；

忆及一九八二年十二月十日《联合国海洋法公约》、一九九五年十二月四日《关于执行 1982 年 12 月 10 日<联合国海洋法公约>有关养护和管理跨界鱼类种群和高度洄游鱼类种群规定的协定》以及一九九三年十一月二十四日《促进公海上渔船遵守国际养护和管理措施的协定》，并考虑 1995 年 10 月 31 日联合国粮食及农业组织第 28 届大会通过的《负责任渔业行为守则》以及 2008 年 8 月 29 日联合国粮食及农业组织通过的《公海底层渔业管理国际指南》；

意识到联合国大会 61/105 和 64/72 决议的呼吁，逐步保护受破坏性渔业重大影响的脆弱海洋生态系统及相关物种，以及 60/31 决议鼓励各国，认识到一九九五年十二月四日《关于执行 1982 年 12 月 10 日<联合国海洋法公约>有关养护和管理跨界鱼类种群和高度洄游鱼类种群规定的协定》的基本原则也将应用于公海各鱼种；

认识到用以了解此区域海洋生物多样性和海洋生态而收集科学数据的必要性以及评估渔业对海洋生物和脆弱海洋生态系统的影响；

意识到有必要避免对海洋环境造成的不利影响，保护生物多样性，维持海洋生态系统的完整，并将捕鱼作业产生的长期或不可逆转影响的危险降低到最小程度；

关注未受管理的底层渔业可能对北太平洋海域海洋生物和脆弱海洋生态系统造成的不利影响；

进一步承诺执行负责任渔业行为，有效合作消除非法、不报告和不受管制捕鱼（"IUU 捕鱼"）及其对世界渔业资源和渔业资源依赖的生态系统状况的有害影响；

达成协议如下：

第一条　使用的术语

为本公约目的：

（一）"1982 年公约"是指一九八二年十二月十日《联合国海洋法公约》；

（二）"1995 年协定"是指一九九五年十二月四日《关于执行 1982 年 12 月 10 日<联合国海洋法公约>有关养护和管理跨界鱼类种群和高度洄游鱼类种群的规定的协定》；

（三）"底层渔业"是指在正常捕鱼操作中，渔具可能接触海床的捕鱼活动；

（四）"一致同意"是指在决策时，没有任何正式反对意见；

（五）"缔约方"是指同意受本公约约束以及本公约对其生效的任何国家；

（六）"公约区域"是指根据公约第四条，第一段规定适用的区域；

（七）"FAO 国际指导准则"是指随时可能修正的 2008 年 8 月 29 日在罗马通过的《FAO 关于公海中深海渔业管理国际指导准则》；

（八）"渔业资源"是指在公约区域内，由渔船捕获的所有鱼类、软体动物、甲壳纲动物和其他海洋生物，但不包括：

1. 依据 1982 年公约第七十七条第四款受沿海国管辖的定居物种和依照本公约第十三条第五款中定义的脆弱海洋生态系统标志性生物；

2. 降河产卵物种；

3. 海洋哺乳动物、海洋爬行动物和海鸟；以及

4. 现有国际渔业管理机制已管理的其他海洋物种；

（九）"捕鱼活动"是指：

1. 实际或试图搜寻、捕捞、采捕或捕获鱼类资源；

2. 从事任何可被合理地认为导致对鱼类资源的定位、捕捞、采捕或捕获的活动，无论目的为何；

3. 在海上对渔业资源的加工和在海上或港口进行渔业资源的转载；以及

4. 任何为以上 1 至 3 条描述的海上操作直接支持或进行准备的活动，但不包括任何为船员健康和安全或渔船安全而进行的应急操作；

（十）"渔船"是指任何为捕鱼目的使用或准备使用的船舶，包括水产加工船、补给船、运载船和任何其他直接介入捕鱼作业的船舶；

（十一）"IUU 捕鱼"是指 2001 年联合国粮食及农业组织《预防、制止和消除非法、不报告、不受管制捕鱼国际行动计划》第三款定义的活动以及委员会决定的其他任何活动；

（十二）"预防性做法"是指 1995 年协定第六条规定的预防措施；

（十三）"区域经济一体化组织"是指其成员将本公约涵盖的事务的决定权，包括就这些事务做出对其成员有拘束力决定的权力，转移给该组织的区域经济一体化组织；

（十四）"转载"是指在海上或在港口将一艘渔船上捕自公约区域的全部或部分渔业资源或渔业资源产品卸到另一艘渔船上的行为。

第二条　目　标

本公约目标是，确保在公约区域内渔业资源的长期养护和可持续利用，并保护渔业资源所处的北太平洋海洋生态系统。

第三条　基本原则

为有效实现公约目标，将适时单独或联合采取下列行动：

（一）促进最佳的利用渔业资源，确保渔业资源的长期可持续性；

（二）在可获得的最佳科学信息基础上采取措施，保证渔业资源维持或恢复到最大可持续量的水平，重视渔业模式、相互依赖的种群和任何被广泛推荐的无论是次区域、区域性或全球性的国际最低标准；

（三）依据相关国际法律和规定，特别是1982年公约和1995年协定及其他相关国际协定，通过并实施与预防性做法和生态系统做法相一致的措施；

（四）评估渔业活动对其所处的生态系统相关或依附物种的影响。必要时，在其再生能力受到严重威胁前，为维持或恢复此类物种的数量而采取养护和管理措施；

（五）保护海洋环境生态多样性，包括防止对脆弱海洋生态系统造成重大不利影响，参考包括FAO国际指导准则在内的任何相关国际标准或准则；

（六）预防和消除过度捕捞和捕捞能力过剩，保证渔业能力或渔获水平是建立在可获得的最佳科学信息基础上，与渔业资源可持续利用相称；

（七）确保与渔业活动相关数据的全面且准确，包括由缔约方及时和用适当的方式收集和共享的公约区域内主捕和非主捕品种数据；

（八）确保任何扩大捕捞能力、发展新型或探索型渔业或改变现有渔业使用的渔具的行为，只有在预先评估此类渔业活动对长期可持续性渔业影响的前提下才能进行。在确保此类活动不会对脆弱海洋生态系统产生重大负面影响，或保证采取行动设法防止此类影响前，不做出有关决定；

（九）根据1995年协定第七条，确保公海跨界鱼种的养护和管理措施和适用于国家管辖水域同一渔业资源的养护和管理措施互不抵触，以确保对这一渔业资源养护和管理的完整性；

（十）保证有效遵守养护和管理措施，适用于违法行为的制裁应足够严厉，以阻止在任何地方发生违法行为，并应剥夺违法者从非法活动中得到的利益；

（十一）通过采取措施，包括开发和使用精心选择的、环保、成本效益高的渔具和技术，最大程度减少来自渔船的污染和废弃物、抛弃的渔获、丢失或遗弃网具的行为以及对其他物种和海洋生态系统的影响；以及

（十二）以公平、透明、非歧视的方式，在国际法框架下实施本公约。

第四条　适用区域

一、本公约适用北太平洋公海水域，但不包括白令海和单一国家的专属经济区包围的公海水域。适用区域南部界限为自环绕北马里亚纳群岛的美国管辖水域外限起，沿北纬20度线，向东连接下列坐标点的连续线：

- 北纬20度，东经/西经180度；
- 北纬10度，东经/西经180度；
- 北纬10度，西经140度；
- 北纬20度，西经140度；以及
- 向东至墨西哥管辖水域外限交汇处。

二、本公约，及实行本公约的任何行动和活动不构成承认本公约任何缔约方对水域和

区域的法律地位和范围所表达的主张或立场。

第五条 委员会的建立

一、在此建立北太平洋渔业委员会，以下称"委员会"，将根据本公约履行其职能。每一缔约方将是委员会成员。

二、本公约提到的捕鱼实体可以按附件参与委员会的工作。捕鱼实体参与委员会的工作将不构成违背国际法的实践，包括1982年公约。

三、委员会应至少每两年举行一次例会，会议时间和地点由委员会决定。在必要时，为履行公约框架内的职责，委员会可举行其他会议。

四、委员会任一成员可以要求委员会召开会议，但需经多数成员同意。主席将适时召开此类会议，并可在征询成员的意见后就会议召开的时间和地点做出决定。

五、委员会应从来自不同的缔约方代表中选举出一名主席和一名副主席，任期两年，并应可连选连任，但相同身份连续任期不得超过四年。主席和副主席应一直留任，直至选举产生新的主席和副主席。

六、委员会及其附属机构会议的召开频度、会期和安排应适用成本效益原则。

七、委员会应具有国际法人地位，并具有为行使其职能和实现本公约目标所需的法律地位。委员会和其官员在一个缔约方领土具有的豁免和特权受委员会和该缔约方之间的协议限制。

八、委员会及其附属机构的所有会议应对根据委员会议事规则认可的观察员开放。相关文件应按照此类议事规则对外公开。

九、委员会可根据需要建立包括执行秘书和其他工作人员在内的常设秘书处，并且/或者和现有的组织秘书处签订服务合同。任何执行秘书需在缔约方许可下任命。

第六条 附属机构

一、在此建立一个科学分委会和一个技术和执法分委会。经协商一致，委员会也可随时建立其他附属机构以达到委员会目标。

二、每一附属机构在每次会议后，应向委员会提交工作报告，其中包括向委员会提出的意见和建议。

三、附属机构可以建立工作组，并可按委员会指导寻求外部意见。

四、附属机构向委员会负责并按照委员会的议事规则运作，除非委员会另有决定。

第七条 委员会职能

一、根据本公约第三条的原则以及基于可获得的最佳科学信息和科学分委会的建议，委员会将：

（一）通过养护和管理措施，以保证公约区域内渔业资源的长期可持续性，包括委员会可能决定的此类渔业资源的总允许捕捞量或总允许捕捞强度的水平；

（二）保证总允许捕捞量或总允许捕捞强度符合科学分委会的意见和建议；

（三）必要时，通过同一生态系统中的物种或依赖于或附属于主捕品种的养护和管理措施；

（四）必要时，为实现公约目标，通过任何渔业资源和同一生态系统中的物种或依赖于或附属于主捕品种的管理机制；

（五）通过养护和管理措施，防止对公约区域内脆弱海洋生态系统造成重大负面影响，包括但不局限于：

1. 指导和审议评估渔业活动是否对特定水域的生态系统造成影响；

2. 评估正常的底层渔业活动对脆弱海洋生态系统造成的不可预料的影响；

3. 视情决定不能开展渔业活动的区域；

（六）决定参与现有渔业的属性和内容，包括通过分配捕捞机会；

（七）经协商一致，决定公约区域内任何新渔业的范围和条件，以及参与这类渔业的属性和内容，包括通过分配捕捞机会；

（八）决定新缔约方获得渔业利益的方式，应在一定程度上符合公约范围内渔业资源长期可持续养护的需要。

二、委员会应通过措施，保证有效的监测、控制、监视和执行公约及委员会通过的措施。为此目的，委员会将：

（一）建立规范和监督转载捕自公约区域的渔业资源和渔获产品的程序，包括向委员会报告任何转载的地点和数量；

（二）参考相关国际标准和准则，研究并实施北太平洋渔业观察员计划（以下称"观察员计划"）；

（三）建立对公约区域作业渔船的登临检查程序；

（四）建立适当的合作机制以及有效监测、控制和监视，确保执行委员会通过的养护和管理措施，包括预防、制止和消除 IUU 捕鱼；

（五）制订供委员会成员通过公约区域作业渔船上安装的实时卫星定位传送器报告船舶移动和活动情况的标准、规范和程序，以及按照这类程序，协调成员的卫星船舶监测系统及时传播数据；

（六）建立捕捞渔船在捕捞或计划捕捞公约区域渔业资源时，及时向委员会报告进入和离开公约区域的程序；

（七）制订适当的与国际法一致的非歧视性的市场相关措施，以预防、制止和消除 IUU 捕鱼；以及

（八）建立审议本公约和按照本公约通过的措施执行情况的程序。

三、委员会应：

（一）协商一致通过或必要时修改召开会议和实施其职能的规则，包括议事规则，财务规则和其他规则；

（二）通过科学分委会、技术和执法分委会以及必要时其他附属机构的工作计划和职能；

（三）参考科学分委会在科学基础上提出的需委员会决定采取的任何对渔业资源和同一生态系统中的物种或依赖于或附属于主捕品种的养护和管理措施的问题，评估并处置渔业活动对脆弱海洋生态系统的影响；

（四）为公约区域内任何实验性、科学性或探索性的渔业活动建立定义和条件，决定任何有关渔业资源、脆弱海洋生态系统和同一生态系统中的物种或依赖于或附属于主捕品种的科学合作研究范围；

（五）随时通过并修正脆弱海洋生态系统中应禁止直接捕捞的指定物种名录；

（六）指导委员会外部关系；以及

（七）完成有助于实现公约目标的其他职能和活动。

第八条　决　策

一、作为一般准则，委员会的决策应协商一致做出。

二、除本公约明确规定需要协商一致的情况外，如主席认为经一切努力无法协商一致地做出决定时：

（一）委员会有关程序性问题的决定，应由参与赞成或反对投票的多数委员会成员做出；

（二）委员会有关实质问题的决定，应由参与赞成或反对投票的四分之三多数委员会成员做出。

三、一个问题是否是实质问题，该问题应被认为是实质问题。

四、一个决定只有在至少三分之二成员出席会议的情况下才能做出。

第九条　执行委员会决定

一、委员会通过的拘束性决定将按下列方式生效：

（一）在委员会通过一项决定后，委员会主席应及时书面通知所有委员会成员；

（二）该决定应在主席按照本款第（一）项通知所有委员会成员的日期90天后，对委员会所有成员生效，除非决定中另有规定；

（三）任何委员会成员可以对一项决定提出反对，但仅在其认为该决定与本公约规定或1982年公约或1995年协定不符，或该决定在形式上或事实上对该成员造成不公正的歧视的情况下才可提出；

（四）如一个委员会成员提出反对意见，该成员应在本款第（二）项规定的一项决定具有拘束力的日期至少两周前，以书面方式通知委员会主席。在此情况下，该决定涉及反对事项的部分对该委员会成员不具有拘束力，但对其他成员仍具有拘束力，除非委员会另有决定；

（五）根据本款第（四）项提出反对意见的任一委员会成员，应说明该决定与本公约规定或1982年公约或1995年协定不符，或该决定在形式上或事实上对该成员造成不公正的歧视，并以书面方式解释其立场。该成员必须同时采取并实施与其反对的决定具有同等效果的替代措施，并在同一日期实施；

（六）主席应及时将根据本款第（四）项和第（五）项收到的详细意见和解释向委员会所有成员散发；

（七）如委员会的一个成员按照本款第（四）项和第（五）项提出反对意见，在任何其他委员会成员请求下，委员会应召开会议，对被提出反对的决定进行审议。委员会将在其预算内，邀请两名或两名以上的来自非委员会成员，且具有充分的有关渔业和相关区域渔业管理组织知识的国际法专家参加会议，就相关问题向委员会提供建议。这些专家的选择和活动应按照委员会通过的程序进行；

（八）委员会会议将考虑提出反对意见的委员会成员其意见是否合理，其采取的替代措施与其反对的决定是否具有同等效果；

（九）如果委员会发现，有关决定没有在形式上或事实上对提出反对意见的委员会成员造成不公正的歧视，或没有与本公约规定或1982年公约或1995年协定不符，但替代措施与委员会通过的决定具有同等效果且可以被委员会接受，则该替代措施将对提出反对意见的委员会成员具有拘束力，以替代被反对的决定；

（十）如果委员会发现，有关决定没有在形式上或事实上对提出反对意见的委员会成员造成不公正的歧视，或没有与本公约规定或1982年公约或1995年协定不符，且替代措施与委员会通过的决定不具有同等效果，该成员可：

1. 提出另外一个替代措施供委员会考虑；

2. 在45日内执行原来的被提出反对意见的决定；或

3. 根据本公约第十九条或附件第四款争端解决程序处理。

二、任何按照第一款就一项决定提出反对意见的委员会成员可随时撤回其反对意见。如该决定已生效，则立即或在本款下其他生效时间对该成员具有拘束力。

第十条 科学分委会

一、科学分委会应按照委员会第一次例会时通过的职能提供科学意见和建议，并可随时修正。

二、除委员会另有决定外，科学分委会应至少每两年在委员会例会前举行一次会议。

三、科学分委会应尽可能协商一致通过报告。如未能达成协商一致，则报告中应指出多数和少数观点，并可包括委员会成员关于报告全部或部分内容的不同观点。

四、科学分委会的职能应是：

（一）向委员会提出研究计划，包括科学专家和其他组织或个人提出的特定事项或议题，并确定所需的数据和为满足这类需求的协调活动；

（二）规划、开展和审议公约区域鱼类种群状况的科学评估，确定需要采取的养护和管理行动，向委员会提出意见和建议；

（三）收集、分析并传播相关信息；

（四）评估渔业活动对渔业资源和同一生态系统中的物种或依赖于或附属于主捕品种的影响；

（五）制订确定脆弱海洋生态系统的程序，包括相关标准，和基于可获得的最佳科学信息确定此类生态系统出现或可能出现的区域或特征，以及在充分考虑保护机密信息需要的情况下，与此类区域或特征相关的底层渔业的位置；

（六）确定并向委员会建议应增加的脆弱海洋生态系统中应禁止直接捕捞的指定物种；

（七）建立基于科学的标准和准则，以决定底层渔业活动是否可能对脆弱海洋生态系统或对基于国际标准如 FAO 国际指导准则建立的特定水域内的海洋生物造成重大负面影响，并为避免此类影响提出措施建议；

（八）审议任何评估、决定和管理措施，提出任何必要的建议以达到本公约目标；

（九）制订供委员会通过关于收集、核实、报告有关渔业资源和同一生态系统中的物种或依赖于或附属于主捕品种以及公约区域内渔业活动的数据及此类数据的安全、交换、评估和传播的规定和标准；

（十）尽可能在可行的情况下，向委员会提供为实现任一管理目标可采取的替代养护和管理措施的分析，以便委员会通过或考虑；

（十一）向委员会提供科学分委会认为适合的，或委员会要求的其他科学建议。

五、科学分委会可根据委员会按照本条第四款第（九）项和本公约第二十一条通过的有关规定和标准，与其他相关科学组织或团体交换共同感兴趣的信息。

六、科学分委会不应与覆盖本公约区域的其他科学组织或安排的活动发生重叠。

第十一条　技术和执法分委会

一、技术和执法分委会的职能应是：

（一）监督、审议委员会通过的养护和管理措施的遵守情况，并在必要时向委员会提供这类建议；以及

（二）审议委员会通过的监督、控制、监视和执法的合作措施执行情况，并在必要时向委员会提供建议。

二、委员会应决定技术和执法分委会何时召开第一次会议。此后，除委员会另有决定外，技术和执法分委会应至少每两年在委员会例会前举行一次会议。

三、技术和执法分委会应尽可能协商一致通过报告。如未能达成协商一致，则报告中应指出多数和少数观点，并可包括成员关于报告全部或部分内容的不同观点。

四、为履行其职能，技术和执法分委会应：

（一）提供论坛，以便委员会成员交流委员会通过的在公约区域内养护和管理措施执行情况以及在毗邻水域实施的补充措施情况；

（二）提供论坛，以交流执法信息，包括执法努力、策略及计划；

（三）接受委员会每一成员有关其采取的对违反本公约和据此通过的措施的调查和处罚情况报告；

（四）向委员会报告遵守养护和管理措施情况的调查结果和结论；

（五）向委员会提交有关监测、控制、监视和执法事项的建议；

（六）制订指导使用有关监测、控制、监视和执法的数据和其他信息的规定和程序；

（七）考虑和/或调查委员会可能交办的其他事项。

五、技术和执法分委会应根据委员会随时通过的规则和指南行使其职能。

第十二条　预　算

一、委员会每一成员应自行支付出席委员会及其附属机构会议的费用。

二、在每次委员会例会上，委员会应协商一致通过未来两年每一年度的预算。执行秘书应至迟在讨论预算的委员会例会召开前 60 天，向委员会成员提交未来两年每一年度的预算草案及缴费时间表。如委员会未能协商一致通过某一年的年度预算，则委员会上一年度的预算将顺延至该年度。

三、预算应在委员会成员之间按照委员会协商一致通过的一个公式分摊。在一个财政年度期间成为委员会成员的成员，应自成为成员之日起，按该年剩余的完整月份的比例缴纳会费。

四、执行秘书应通知委员会每一成员其应缴纳的会费。会费应在通知发出后 4 个月内，按委员会秘书处所在国的货币支付。未能在截止日期前缴纳会费的委员会成员应向委员会解释原因。

五、如一个委员会成员连续两年未能足额缴纳会费，应不能参加委员会的决策，也不可以对委员会通过的任何决定提出反对，直至完全履行了其在委员会的财务义务。

六、委员会的财务应每年由委员会指定的外聘审计员进行审计。

第十三条　船旗国责任

一、缔约方应采取必要措施，确保有权悬挂其旗帜的渔船：

（一）在公约区域生产时，遵守本公约以及根据本公约通过的措施，其船舶不得从事破坏这类措施效力的任何活动；以及

（二）不得在临近公约区域的国家管辖水域内从事未经授权的捕捞活动。

二、缔约方不得允许有权悬挂其旗帜的任何渔船在公约区域内从事捕捞活动，除非该渔船得到该缔约方适当主管机构的授权。每一缔约方只有在其有能力根据本公约、1982 年公约和 1995 年协定，对有权悬挂其旗帜的渔船行使有效责任的情况下，方授权这类船舶在公约区域从事捕捞活动。

三、缔约方应确保在其法律框架下，对违反本公约和根据本公约通过的措施，以及未经上述第二款授权从事捕捞活动的渔船进行处罚。

四、缔约方应要求其在公约区域从事捕捞活动的渔船：

（一）根据第七条第二款第（五）项确立的程序，在公约区域内使用实时卫星定位传送器；

（二）根据第七条第二款第（六）项确立的程序，向委员会报告其渔船进入和离开公约区域的打算；

（三）按照委员会有待通过的根据第七条第二款第（一）项制订的规范和监督转载活

动的程序，向委员会报告任何转载渔业资源和捕自公约区域渔获的位置情况。

五、缔约方应禁止授权悬挂其旗帜的渔船直接从事以下物种的捕捞：软珊瑚，角珊瑚，珊瑚和石珊瑚，以及其他随时由科学分委会认定，并由委员会通过的脆弱海洋生态系统中的指定物种。

六、缔约方应根据委员会按照第七条第二款第（二）项建立的观察员计划，向其在公约区域作业的渔船上派遣观察员。在公约区域从事底层渔业的渔船应按观察员计划达到100%覆盖率。在公约区域从事其他渔业的渔船将由委员会决定一定比例的观察员覆盖率。

七、缔约方应确保有权悬挂其旗帜的渔船接受经正式授权的检查员按照第七条第二款第（三）项建立的登临检查程序进行的登临检查。经正式授权的检查员应遵守这类程序。

八、为有效实施本公约之目的，缔约方应：

（一）根据委员会通过的信息要求、规则、标准和程序，保留有权悬挂其旗帜并被授权在公约区域进行渔业活动的渔船名录；

（二）根据委员会将确立的程序，每年按委员会要求提供保留在名录中的每一艘渔船的信息，并应立即将此类信息的任何变更通知委员会；

（三）作为根据本公约第十六条要求的年度报告中的一部分，向委员会提交渔船名录中在上一年从事捕捞活动的渔船名录。

九、缔约方还应立即通知委员会：

（一）名录中任何增加的内容；以及

（二）名录中任何删除的内容，具体说明适用以下哪一条原因：

1. 渔船船主或经营者自愿放弃捕捞授权；

2. 撤消或未重新申请按本条第二款颁发的捕捞授权；

3. 有关渔船事实上不再悬挂其旗帜；

4. 有关渔船已经拆解、报废或失踪；或

5. 能提供特别说明的任何其他原因。

十、委员会应保留基于本条第八款和第九款所提供信息的渔船名录。在适当考虑根据缔约方内部实践个人信息保密的情况下，此类名录应按照同意的方式对外公开。经要求，委员会还应向任何缔约方提供名录中任何渔船没有公开的其他信息。

十一、缔约方未按第十六条第三款提交有权悬挂其旗帜的渔船在公约区域从事捕捞活动的任一年度的数据和信息，将不得参与相关渔业活动，直至提交此类数据和信息。委员会通过的议事规则将进一步指导本条款的实施。

第十四条　港口国责任

一、缔约方有权利和责任根据国际法采取措施，促进区域、次区域和全球养护和管理措施的有效性。

二、缔约方应：

（一）有效实施委员会通过的关于在公约区域从事捕捞活动的渔船进入并使用其港口的养护和管理措施，除其他外，包括渔业资源上岸和转载、对渔船文件、船上渔获和渔具

的检查、使用港口服务；以及

（二）在渔船自愿进入其港口，以及该船的船旗国请求提供协助以确保遵守本公约和委员会通过的养护和管理措施时，按照合理可行的方式并根据其国家法律和国际法，向该船旗国提供协助。

三、当缔约方认为使用其港口的渔船违反了本公约或委员会通过的养护和管理措施时，应通知相关船旗国、委员会以及其他相关国家和适当的国际组织。该缔约方应向船旗国，以及必要时向委员会，提供该事项的全部文件，包括检查的任何记录。

四、本条款不影响缔约方根据国际法在其领土内的港口行使主权的权利，包括他们拒绝使用港口，且采取较本公约更为严厉措施的权利。

第十五条　捕鱼实体责任

本公约第十三条和第十四条第二、三款比照适用于任一按本公约附件表达了其坚定承诺的捕鱼实体。

第十六条　数据收集、编纂和交换

一、委员会应充分考虑 1995 年协定附件 1 以及本公约第十条和第十一条，确立包括但不限于以下内容的标准、规则和程序：

（一）委员会成员收集、核实并按时向委员会报告所有相关数据；

（二）委员会编纂和管理准确和完整的数据以便进行有效的种群评估，确保获得最佳科学建议；

（三）委员会成员、其他区域渔业管理组织和其他相关组织之间的数据交换，包括从事 IUU 捕鱼的船舶数据，必要时还应包括有关这类船舶的受益所有权人的数据，以便以统一格式酌情发布这类信息；

（四）促进区域渔业管理组织之间文件和数据的分享协调，包括交换船舶注册，以及在可适用的情况下市场相关措施的数据；

（五）定期审查委员会成员遵守数据收集和交换要求的情况，处理在审查中确定的不遵守问题。

二、委员会应确保公开在公约区域内作业的船舶数量、本公约管理的渔业资源状况、渔业资源评估情况、公约区域内研究计划以及与区域性和全球性组织合作的情况。

三、委员会应制订委员会成员年度报告格式。委员会每一成员应按此格式按时提交年度报告。年度报告应包括委员会成员如何实施养护和管理措施以及遵守委员会通过的监测、控制、监视及执法程序，包括委员会成员按照第十七条采取的任何行动的结果以及委员会可能要求的任何其他信息。

四、委员会应确立规则，确保数据的安全、获取和传播，包括在适当考虑数据保密性并充分考虑委员会成员内部实践的情况下，通过实时卫星定位传输的数据。

第十七条　遵守和执法

一、委员会每一成员应执行本公约以及委员会通过的任何决定。

二、委员会每一成员应自发的或在其他成员要求并提供有关信息的情况下，全力调查有权悬挂其旗帜的渔船涉嫌违反本公约或委员会通过的任何养护和管理措施的情况。

三、如认为已有足够信息证明有权悬挂其旗帜的渔船违反本公约或据此通过的措施时，

（一）应及时通知相关委员会成员有关违法行为；以及

（二）该委员会成员应依照其法律和法规采取适当措施，包括立即进入司法程序，并酌情扣押有关船舶。

四、委员会每一成员在确定了一艘有权挂其旗帜的渔船严重违反本公约或委员会通过的任何养护和管理措施时，应按照其法律，命令渔船停止作业，并视情命令该渔船立即离开公约区域。该委员会成员应确保该船不得在公约区域内从事捕捞渔业资源的活动，直至对该船的所有制裁得到执行时为止。

五、为本条的目的，严重违法应包括 1995 年协定第二十一条第十一款第（一）项到第（八）项规定的任何违法行为，以及委员会可能决定的其他违法行为。

六、如果在本公约生效三年内，委员会未能通过在公约区域登临检查渔船的程序，则 1995 年协定第二十一条和第二十二条应如同本公约的一部分适用。在公约区域登临检查渔船以及相应的执法活动应根据委员会决定的程序及附加操作程序进行。

七、在不妨害船旗国基本责任的情况下，委员会每一成员应根据其法律：

（一）最大程度地采取措施和合作，确保其公民和其公民所拥有、经营或控制的渔船遵守本公约和委员会通过的任何养护和管理措施；以及

（二）自发地或在其他成员要求和提供有关信息时，迅速调查其公民或其公民所拥有、经营或控制的渔船涉嫌违反本公约或委员会通过的任何养护和管理措施的情况。

八、所有调查和司法程序应迅速进行。根据委员会成员的相关法律和规定制订的适用于违法行为的制裁应足够严厉，以收守法之效和防阻违法行为在任何地方发生，并应剥夺违法者从其非法活动所得到的利益。

九、依据上述第二、三、四或第七款实施的调查进展的报告，包括对涉嫌违法行为已经或可能要采取的任何行动，应尽快向提出要求的委员会成员和委员会报告，最迟应在要求提出后两个月内完成。调查结果的报告应在调查结束时提供给提出要求的委员会成员和委员会。

十、本条不妨害：

（一）任何委员会成员根据其法律和规定从事渔业的权利；以及

（二）任何缔约方有关双边或多边协定中没有与本公约或 1995 年协定或 1982 年公约条款不一致的涉及遵守和执法的权利。

第十八条　透明度

委员会应促进其决策过程和其他活动的透明度。与执行本公约事务有关的政府间组织和非政府间组织的代表应有机会作为观察员或委员会成员认为合适的方式参加委员会及其附属机构的会议。委员会议事规则应对这种参与做出规定，并不应进行不适当的限制。这类政府间组织和非政府间组织应能及时取得有关信息，但须顾及委员会可能通过的有关规则和程序。除非另有规定，应公开委员会及其附属机构通过的任何养护和管理措施和其他措施或事件。

第十九条　争端解决

1995 年协定第八部分所载有关争端解决的条款比照适用于有关委员会缔约方之间的任何争端，无论其是否是 1995 年协定的缔约方。

第二十条　与非缔约方的合作

一、委员会成员应交流在公约区域内悬挂本公约非缔约方旗帜的渔船活动的信息。

二、委员会应提请任何本公约非缔约方注意，委员会认为有违本公约目标的其国民或悬挂其旗帜的渔船的活动。

三、委员会应要求第二款中所指的非缔约方与委员会充分合作，或成为缔约方，或同意执行委员会通过的养护和管理措施。根据委员会可能建立的条款和条件，本公约的这类合作非缔约方从参加捕捞所得的利益应与其遵守关于有关种群的养护和管理措施的情况和对委员会的财政支持相称。

四、委员会每一成员应采取与本公约、1982 年公约、1995 年协定和其他相关国际法相一致的措施，防止悬挂本公约非缔约方旗帜的渔船从事破坏委员会通过的养护和管理措施效力的活动。

五、委员会每一成员应按照其法律采取适当的措施，防止悬挂其旗帜的船舶转移注册到非缔约方名下，以逃避遵守本公约的条款。

第二十一条　与其他组织或安排的合作

一、委员会应在适当时与联合国粮食及农业组织以及其他联合国专门机构和相关区域组织或安排，特别是与负责本公约区域相邻海域渔业的区域渔业管理组织或安排就共同感兴趣的事项进行合作。

二、委员会应考虑对本公约区域相邻海域或对非本公约覆盖的渔业资源（包括属于同一生态系统、相关或依附物种）有权限的、具有与本公约相一致的目标或支持本公约目标的区域渔业管理组织或安排和其他相关政府间组织通过的养护和管理措施或建议。

三、委员会应寻求与能有助于其工作和有能力确保生物资源及其生态系统长期养护和可持续利用的政府间组织发展合作工作关系和为此目的建立协定。委员会可以邀请这类组织派观察员参加委员会及其附属机构的会议，也可酌情争取参与这类组织的会议。

四、委员会应寻求就与其他区域渔业管理组织或安排的协商、合作和协作做出适当安排，以便最大限度地利用现存体系实现本公约目标。为此目的，委员会应寻求与在公约区域开展执法活动的组织和安排建立有关执法活动的合作。

第二十二条 审 查

一、委员会应对其通过的养护管理措施的效力进行定期审查，以满足本公约的目标。这类审查可包括检查本公约的效力。

二、委员会应为这类审查确定工作范围和方法，包括：

（一）考虑其他区域性渔业管理组织进行这类审查的实践；

（二）附属机构的适度参与；以及

（三）独立于委员会成员的有能力的人士参与。

三、委员会应考虑这类审查提出的建议并采取适度行动，包括适当修改养护和管理措施和实施机制。这类审查提出的修改本公约的建议应根据本公约第二十九条处理。

四、这类审查的结果应在提交委员会后尽快公开。

第二十三条 签字、批准、接受和核准

一、本公约应于××（时间）在××（地点）对参加北太平洋公海渔业管理多边会议的国家开放签字，并应在 12 个月内开放签字。

二、本公约须经各签字国批准、接受或核准。批准、接受或核准文书应由保存方韩国政府保存。保存方应向所有签字国和缔约方通报所有保存的批准、接受或核准情况，以及行使 1969 年《维也纳条约法公约》和其他国际法中所提出的其他职能。

第二十四条 加 入

一、本公约应对第二十三条第一款中提及的各国开放加入。

二、本公约生效后，经协商一致，缔约方可邀请以下各方加入本公约：

（一）其他有渔船希望在公约区域进行捕捞渔业资源活动的国家或区域经济一体化组织；以及

（二）其他公约区域沿岸国。

三、根据上述第二款未参与协商一致的任何缔约方，须书面向委员会说明原因。

四、加入文书应由保存方保存。保存方应通知所有签字方和所有加入的缔约方。

第二十五条 生 效

一、本公约应自保存方收到第 4 份批准、接受、核准或加入文书后 180 天生效。

二、在本公约生效要求之后但又早于生效日期前交存批准、接受、核准或加入文书的缔约方，其批准、接受、核准或加入应自本公约生效之日起生效，或交存文书后 30 天生效，以迟者为准。

三、在本公约生效日期后交存批准、接受、核准或加入文书的缔约方，应自其交存文书后 30 天生效。

第二十六条 保留和例外

不得对本公约做出任何保留或例外。

第二十七条 公告和声明

第二十六条不阻止一个国家或区域经济一体化组织在签署、批准、接受、核准或加入本公约时，为其法律法规与本公约规定的协调而做出公告或声明，不论其措辞或名义。但此类公告或声明不得声称排除或修改本公约在对该国家或区域经济一体化组织实施中的法律效果。

第二十八条 与其他协定的关系

一、本公约不应更改各缔约方根据与本公约相容的其他协定具有的权利和义务，不影响其他缔约方依据本公约享有权利或履行义务。

二、本公约任何条款不应损害各缔约方根据 1982 年公约或 1995 年协定而享有的权利、管辖权和责任。对本公约的解释和适用应在范围和方式上与 1982 年公约或 1995 年协定相一致。

第二十九条 修 正

一、对本公约的任何修正建议案文应以书面形式在委员会会议前至少 90 天提交给委员会主席，以便在会议中提议考虑。委员会主席应立即向所有委员会成员散发该建议案。对本公约的修正建议应在委员会例会中考虑，除非委员会大多数成员要求召开特别会议来讨论修正建议。特别会议可在至少提前 90 天通知的情况下召开。

二、委员会对本公约的修正须由缔约方协商一致通过。获得通过的修正案应由保存方向所有缔约方散发。

三、修正应在保存方收到所有缔约方同意的书面通知之日起 120 天后对所有缔约方生效。

四、在根据本条第二款通过修正后成为本公约缔约方的任何国家或区域性经济一体化组织，视为认可该修正。

第三十条　附　录

附录构成本公约不可分割的部分，除非另有规定，提及本公约时包括附录。

第三十一条　退　出

一、缔约方可在任一年的 12 月 31 日退出本公约，但需在前一年的 6 月 30 日或之前书面通知保存方。保存方应将该通知副本发送至其他各缔约方。

二、其他缔约方如在收到根据本条第一款的退出通知副本后一个月之内书面通知保存方，可在同年 12 月 31 日退出本公约。

下列全权代表，经各自政府正式授权，在本公约上签字，以资证明。

×××（日期）在×××（地点）签署英文和法文两份文本，每份文本具有同等效力。

附　录

捕鱼实体

一、在本公约生效后，任何有船捕捞或打算捕捞渔业资源的捕鱼实体，可向保存方提交书面文书，表达其遵守本公约条款和委员会通过的任何养护和管理措施的坚定承诺。这类承诺应在收到该文书之日起 30 天生效。任何这类捕鱼实体可书面通知保存方撤回这类承诺。撤回应在收到通知之日起 1 年后生效，除非上述通知规定了更晚日期。

二、第一款提及的任何捕鱼实体可向保存方提供书面文件，表达其遵守按第二十九条第三款规定予以修订的本公约条款的坚定承诺。该承诺应自第二十九条第三款规定的日期或收到本款所称的书面通知的日期起生效，以迟者为准。

三、根据第一款规定，坚定承诺遵守本公约规定且遵守根据本公约通过的任何养护和管理措施的捕鱼实体，必须遵守委员会成员的义务，可根据本公约的规定参加委员会工作，包括决策。为本公约目的，当提及委员会或委员会成员时，包括此类捕鱼实体。

四、如一争端涉及根据本附录承诺接受本公约条款约束的捕鱼实体，且该争端不能以友好方式解决，该争端应在争端任何一方的请求下，根据常设仲裁法院的有关规则，提交具有最终约束力的仲裁。

五、本附录有关捕鱼实体的参加规定，仅适用于本公约目的。

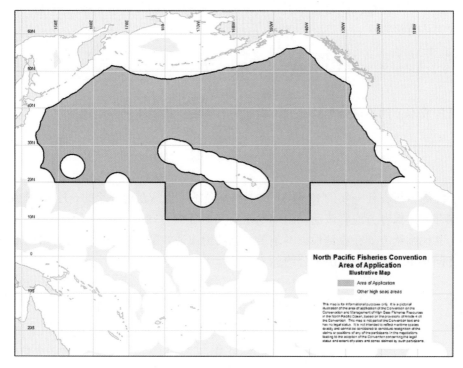

附图：《公约》适用区域

关于秋刀鱼的养护管理措施

北太平洋渔业委员会（NPFC）

认识到在科学工作组框架下的秋刀鱼科学工作组正在进行资源评估，且此项工作将由秋刀鱼科学委员会和科学委员会完成。

根据公约第 3 条总则中的内容，现采取与公约第 7 条一致的如下养护管理措施：

1. 直到由科学工作委员会和科学委员会完成下文第 6 段中对秋刀鱼的资源评估前，委员会各成员方应制止在公约区域内悬挂其旗帜及经批准的从事秋刀鱼作业渔船数量从现有水平过快增长。

2. 在公约毗连区域的国家管辖水域从事秋刀鱼渔业的委员会各方需采取与本措施第 1 段相协调的管理措施。

3. 委员会各成员方应保证在公约区域内从事秋刀鱼渔业的悬挂其旗帜的作业渔船于 2015 年 12 月 31 日前安装船位监测系统，且船位监测系统处于可用状态。

4. 委员会强烈要求参与北太平洋公海渔业管理多边会议，但尚未完成其国内对《公约》批准、接受和赞成程序的国家，同意采用本养护管理措施。

5. 委员会将向公约第 20 条第 2 段中内容涉及的非缔约国，包括在公约区域中从事秋刀鱼捕捞作业的国家或秋刀鱼作业渔船悬挂其旗帜的国家，提请注意并将要求非缔约方根据公约第 20 条第 3 段中的内容，制定必要措施。

6. 科学委员会及其附属秋刀鱼科学工作组将 2017 年以前完成资源评估，即便此项评估是临时性的，并根据公约第 10 条第 4（b）段，向委员会提供意见和建议。鉴于此，将在 2016 年和 2017 年举办秋刀鱼科学工作组会议。

7. 在 2017 年科学委员会向委员会提出可行性建议后，委员会将在 2017 年制定新的管理措施，本管理措施届时失效。

参考文献

陈建文，高建华，钟海明，等．2007．秋刀鱼蛋白酶解物的制备及氨基酸评价．食品研究与开发，142（9）：53-55．

陈新军．2003．灰色系统理论在渔业科学中的应用．北京：中国农业出版社．

陈新军．2004．渔业资源与渔场学．北京：海洋出版社．

陈新军，田思泉，陈勇，等．2011．北太平洋柔鱼渔业生物学．北京：科学出版社．

陈新军，钱卫国，许柳雄，等．2003．北太平洋150°E-165°E海域柔鱼重心渔场的年间变动．湛江海洋大学学报，23（3）：26-32．

陈永，王金荣．2012．7天充好电-机械领域从业人员读本．北京：机械工业出版社，35-39．

迟海，杨峰，杨宪时，等．2011．不同解冻方式对南极磷虾品质的影响．现代食品科技，27（11）：1291-1295．

崔建章．1997．渔具渔法学．北京：中国农业出版社．

杜德昌．2008．维修电工工艺与技能训练．北京：高等教育出版社，92-93．

樊伟，周甦芳，沈建华．2005．卫星遥感海洋环境要素的渔情分析应用．海洋科学，29（11）：67-72．

福建水产学校．1980．海洋捕捞技术（下册）．北京：农业出版社．

官文江，田思泉，王学昉，等．2014．CPUE标准化方法与模型选择的回顾与展望．中国水产科学，21（4）：852-862．

郭根喜，黄小华，胡昱，等．2013．深水网箱理论研究与实践．北京：海洋出版社，181-187．

郭仁达．1983．现代海洋渔船．北京：农业出版社．

国强．1990．天皇海山发现秋刀鱼渔场．现代渔业信息，5（9）：34．

韩士鑫译．1987．黑潮暖流环的卫星红外观测及其在秋刀鱼洄游方面的应用研究．现代渔业信息，2（5）：18-21．

贺波．2012．世界渔业捕捞装备技术现状及发展趋势．中国水产，（5）：43-45．

何大仁．1988．鱼类及海洋动物趋光生理研究论文选集．厦门：厦门大学出版社．

何大仁，蔡厚才．1998．鱼类行为学．厦门：厦门大学出版社．

洪惠馨，胡晴波，吴玉清，等．1981．海洋浮游生物学．北京：农业出版社

胡杰．1995．渔场学．北京：中国农业出版社．

花传祥，朱清澄，吴永辉，等．2005年西北太平洋公海秋刀鱼渔场分布及其与表温之间的关系．中国农业科技导报，8（5）：90-94．

花传祥，朱清澄，夏辉，等．2015．不同倾角的秋刀鱼集鱼灯箱照度实验比较研究．上海海洋大学学报，24（4）：603-609．

黄洪亮，张勋，徐宝生，等．2005．北太平洋公海秋刀鱼渔场初步分析．海洋渔业，27（3）：206-212．

黄硕琳，郭文路．2009．部分国家和地区渔业管理概况．上海：上海辞书出版社．

黄文彬，黄郁淳．2011．西北太平洋秋刀鱼 *Cololabis Saira*（Brevoort，1856）之生殖生物学：雌鱼成熟与产卵洄游．生物科学，（2）：18-28．

黄锡昌．1990．海洋捕捞手册．北京：农业出版社．

黄锡昌，虞聪达，苗振清．2003．中国远洋捕捞手册．上海：上海科学技术文献出版社．

黄锡昌．2001．捕捞学．重庆：重庆出版社．

黄锡昌．1984．实用拖网渔具渔法．北京：农业出版社．

贾晓平．2005．深水抗风浪网箱技术研究．北京：海洋出版社，116-120．

李基洪．2000．冰淇淋生产工艺与配方．北京：中国轻工业出版社，26-28．

李明德．1998．鱼类分类学．北京：海洋出版社，146．

李思忠，陈星玉，陈小平译．（Joseph S. Nelson 著）1994．世界鱼类．基隆：水产出版社．

林龙山．2003．台湾秋刀鱼舷提网渔业概况．海洋渔业，25（4）：200-213．

刘婵馨，秦克静，等．1987．辽宁动物志·鱼类．沈阳：辽宁科学技术出版社．

刘瑞江，张业旺，闻崇炜．2010．正交试验设计和分析方法研究．实验技术与管理，27（9）：52-55．

罗海波，陈 伟，王锦富，等．2016．秋刀鱼营养价值及其开发利用研究进展．水产科学，35（2）：179 -184．

罗会明．1985．海洋经济动物趋光生理．福州：福建科学技术出版社．

茅绍廉．1985．鱼类行动与捕鱼技术．北京：海洋出版社．

孟庆闻，苏金祥，缪学祖．1995．鱼类分类学．北京：中国农业出版社，464-465．

缪圣赐．1997．建议发展西北太平洋的秋刀鱼舷提网渔业．远洋渔业，（2）：13-15．

缪圣赐．2003．西北太平洋秋刀鱼的资源和日本秋刀鱼舷提网渔船的生产．福建农业科技，（4）：11-25．

缪圣赐．2003．日本采用中层拖网新手法对秋刀鱼资源进行调查．现代渔业信息，18（8）：33．

缪圣赐．2010．俄罗斯、韩国、中国台湾等的渔船关注着利用西北太平洋公海的秋刀鱼资源．现代渔业 信息，25（1）：34．

南朝君．2014．食疗 营养与烹饪调．北京：中国医药科技出版社，1161-1165．

庞景贵．1994．日本秋刀鱼的渔业资源现状．海洋信息．（7）：20-20．

彭增起，刘承初，邓尚贵．2010．水产品加工学．北京：中国轻工业出版社．

钱卫国，陈新军，孙满昌．2005．2 种水下集鱼灯水中光强分布及其比较研究．中国水产科学，12（2）：173-178．

钱卫国，孙满昌，田思泉．2004．鱿钓渔船集鱼灯水下照度分布与渔获效率研究．集美大学学报：自然 科学版，9（4）：322-327．

任光超，朱清澄，杨德利．2015．基于产业价值链的秋刀鱼产业发展研究．广东农业科学，（5）：187 -192．

上海市水产研究所．1975．渔业资源与渔业展望．上海：上海市水产研究所．

商李磊，朱清澄，晏磊，等．2012．西北太平洋公海秋刀鱼生物学特性研究．江苏农业科学，40（10）：198-201．

佘显炜．2004．渔具力学．杭州：浙江科技出版社．

沈国英，施并章．2002．海洋生态学（第二版）．北京：科学出版社．

沈惠民，洪梅．1986．西北太平洋海洋环境与主要中上层鱼类的分布．现代渔业信息，（2）：4-7．

沈建华，韩世鑫，樊伟，等．2004．西北太平洋秋刀鱼资源及其渔场．海洋渔业，26（1）：61-65．

沈新强，王云龙，袁骐，等．2004．北太平洋鱿鱼渔场叶绿素 a 分布特点及其与渔场的关系．海洋学报，26（6）：118-123．

《世界大洋性渔业概况》编写组．2011．世界大洋性渔业概况．北京：海洋出版社．

石永闯，朱清澄，张衍栋，等．2016．基于模型试验的秋刀鱼舷提网纲索张力性能研究．中国水产科学，23（3）：704-712．

宋维春，徐云升，范桂林，等．2015．秋刀鱼鱼油的提取与胶囊化研究．琼州学院学报，22（5）：37- 40，45．

孙满昌．2005．渔具渔法技术学．北京：中国农业出版社．

孙满昌，叶旭昌，张健，等．2003．西北太平洋秋刀鱼渔业探析．海洋渔业，25（3）：112-120．

孙中之．2014．黄渤海区渔具通论．北京：海洋出版社．

唐启义，冯明光．2007. DPS 数据处理系统．北京：科学出版社，1056-1060.

汤振明，黄洪亮，石建高．2004. 中国开发利用西北太平洋秋刀鱼资源的探讨．海洋科学，28（10）：56-60.

陶志华，韩雅丽，佐藤实．2012. 盐浓度及温度对秋刀鱼干制作中组胺生成的影响．现代食品科技，28（4）：371-373.

陶志华，佐藤实．2012. 秋刀鱼中组胺菌的分离与鉴定．现代农业科技，（16）：287-288.

田芊．2006. 工程光学．北京，清华大学出版社，21-66.

王凤玉，曹荣，赵玲，等．2015a. 秋刀鱼-20℃、-30℃和-50℃冻藏过程中品质变化．食品研究与开发，36（21）：7-11.

王凤玉，曹荣，赵玲，等．2015b. 解冻方式对冷冻秋刀鱼品质的影响．食品安全质量检测学报，6（11）：4584-4590.

王鸿熙．1992. 中国水产科学研究院获奖科技成果汇编（1978—1990）．北京：中国水产科学研究院，27.

王明彦，张勋，徐宝生．2003. 秋刀鱼 *Coloabis saira*（Brevoort）舷提网渔业的现状及发展趋势．渔业现代信息，18（4）：3-7.

王茜，江航，耿瑞，等．2016. 日本开发秋刀鱼资源近况．渔业信息与战略，31（1）：65-68.

王为祥．1991. 日本近海的竹刀鱼 *Cololabis saira*（Brevoort）．国外水产，（3）：28-32.

韦焕典，黄坚．2009. 现代汽车配件基础知识．北京：化学工业出版社，267-268.

吴永辉．2006. 北太平洋秋刀鱼渔场浮游植物生态特征的初步研究．中国农业科技导报，8（4）：37-39.

吴越，黄洪亮，刘健，等．2015. 西北太平洋公海秋刀鱼渔场及 CPUE 值的时空分布．渔业现代化，42（3）：61-64.

吴越，黄洪亮，刘健，等．2014. 2004—2011 年中国台湾秋刀鱼作业渔场年际变化初步分析．渔业信息与战略，29（4）：263-271.

夏章英．1991. 捕捞新技术·声光电与捕鱼．北京：海洋出版社．

夏章英．2013. 渔政管理学（修订本）．北京：海洋出版社．

夏章英．1996. 渔政管理学．北京：海洋出版社．

谢斌，汪金涛，陈新军，等．2015. 西北太平洋秋刀鱼资源丰度预报模型构建比较．广东海洋大学学报，35（6）：58-63.

徐宝生，李励年．2004. 俄罗斯大力开发秋刀鱼 *Coloabis saira*（Brevoort）捕捞新技术．现代渔业信息，19（8）：14-15.

徐玉成．1979. 渔获物冷却海水保鲜技术．北京：农业出版社，61-64.

许柳雄．2004. 渔具理论与设计学．北京：中国农业出版社．

许柳雄，兰光查，叶旭昌，等．2001. 下纲重量和放网速度对金枪鱼围网下纲沉降速度的影响．水产学报，35（10）：1563-1571.

许巍，朱清澄，张先存，等．2005. 西北太平洋秋刀鱼舷提网捕捞技术．齐鲁渔业，22（10）：43-45，5.

叶彬清，陶宁萍，王锡昌．2014. 秋刀鱼肌肉营养成分分析评价．营养学报，36（4）：406-408.

叶彬清，陶宁萍，王锡昌，等．2013. 秋刀鱼营养成分分析、贮藏加工及副产物综合利用研究进展．食品工业科技，34（22）：367-370.

叶彬清，王锡昌，陶宁萍，等．2014. 鱼类副产物利用研究进展．食品研究与开发，35（21）：15-19.

叶彬清，王锡昌，陶宁萍，等．2015. 超临界 CO_2 萃取秋刀鱼内脏油和卵磷脂．中国食品学报，15（9）：100-109.

叶彬清，王锡昌，陶宁萍，等．2013．海洋卵磷脂的提取纯化研究进展．食品工业科技，34（18）：379－382．

叶富良，张健东．2002．鱼类生态学．广州：广东高等教育出版社．

叶燮明，徐卓君，陈海鸣，等．2004．深水网箱真空吸鱼泵的试验研究∥2004水产科技论坛论文集．北京：中国水产科学研究院，103-107．

叶燮明，徐君卓．2005．国内外吸鱼泵研制现状．现代渔业信息，20（9）：7-8．

叶旭昌，刘瑜，朱清澄，等．2007．北太平洋公海秋刀鱼生物学特性初步研究．上海水产大学学报16（3）：264-269．

晏磊，朱清澄，张阳，等．2012．2010年北太平洋公海秋刀鱼渔场分布及其与表温的关系．上海海洋大学学报，21（4）：609-615．

殷远，朱清澄，宋利明，等．2011．西北太平洋秋刀鱼分鱼系统的改进．上海海洋大学学报，20（2）：284-289．

俞文钊．1980．鱼类趋光生理．北京：农业出版社．

郁岳峰，张勋，黄洪亮，等．2006．秋刀鱼舷提网集鱼方法的研究．浙江海洋学院学报（自然科学版），25（2）：154-156．

于慧，佐藤实，王锡昌．2007．秋刀鱼盐干品制造过程中理化变化的阐明∥中国水产学会．2007年中国水产学会学术年会暨水产微生态调控技术论坛论文摘要汇编．中国水产学会，79．

赵传绸，唐小曼，陈思行．1979．鱼类的行动（第二版）．北京：农业出版社．

赵谋明，徐巨才，刘洋，等．2015．秋刀鱼制备黄嘌呤氧化酶抑制肽的工艺优化．农业工程学报，31（14）：291-297．

赵强忠，刘丹．2014．秋刀鱼抗氧化肽制备及其抗氧化活性的研究．现代食品科技，30（10）：165-172．

赵忠森，赵德路，王卫东．2001．西北太平洋秋刀鱼渔业介绍．天津水产，（4）：9-12．

张超．2016．LED集鱼灯的研究与应用．中国水运，16（7）：95-96．

张孝民，朱清澄，花传祥．2015．2013年北太平洋公海秋刀鱼渔场与海洋环境的关系．上海海洋大学学报，24（5）：773-782．

张孝民．2016．西北太平洋公海秋刀鱼渔场研究．上海海洋大学：硕士研究生论文．

张勋，徐宝生，郁岳峰，等．2005．秋刀鱼舷提网设备及改装研究．渔业现代化，32（4）：42-43．

张勋，郁岳峰，黄洪亮，等．2006．秋刀鱼舷提网渔具设计的研究．浙江海洋学院学报（自然科学版），25（1）：40-45．

张阳，朱清澄，晏磊，等．2013．西北太平洋公海春季秋刀鱼生物学特性的初步研究．海洋湖沼通报，（1）：53-60．

郑杭娟，林慧敏．2014．解冻过程对水产品特性的影响．食品研究与开发，35（3）：127-129．

中国农业科技情报考察团．1982．中国农业科技情报考察团赴日考察报告（上册）·日本农业科学技术的主要成果和特长．北京：中国农业科学院科技情报研究所．

中国水产科学研究院科技情报研究所．1991．国外渔业情况．北京：科学出版社．

钟机，许艳萍，陈卫明，等．2016．调理生鲜秋刀鱼加工关键工艺及贮藏稳定性研究．肉类工业，418（2）：27-30．

周爱忠，张勋，张禹，等．2010．我国开发西北太平洋公海秋刀鱼资源的SWOT分析与策略．现代渔业信息，25（3）：8-11．

周建男，陈长征，周劬惟．2001．轧钢机械滚动轴承．北京：冶金工业出版社，9-33．

周应祺．2001．渔具力学．北京：中国农业出版社．

邹晓荣，朱清澄．2006．西北太平洋秋刀鱼渔场分布及与海水表层温度的关系分析．湛江海洋大学学报，

26（6）：26-30.

朱国平，朱清澄，陈锦淘，等．2006.北太平洋秋刀鱼渔场形成与水温之间关系的初步研究．海洋科学，30（7）：91-96.

朱清澄，花传祥，许巍，等．2006.西北太平洋公海7—9月秋刀鱼渔场分布及其与水温的关系．海洋渔业，28（3）：228-233.

朱清澄，刘昊，马伟刚，等．2008a.西北太平洋公海秋刀鱼渔场浮游动物数量分布的初步研究．水产科学，27（1）：13-16.

朱清澄，马伟刚，刘昊，等．2008b.夏季西北太平洋公海秋刀鱼渔场浮游动物数量分布初步研究．上海水产大学学报，17（1）：118-122.

朱清澄，夏辉，花传祥，等．2008c.西北太平洋公海秋刀鱼夏季索饵场浮游动物的分布．水产学报，32（6）：890-898.

朱清澄，夏辉，叶旭昌，等．2007.北太平洋公海秋刀鱼生物学特性初步研究．齐鲁渔业，24（3）：43-45.

朱清澄，张衍栋，夏辉，等．2013.秋刀鱼集鱼灯箱内不同灯位的照度实验比较研究．上海海洋大学学报，22（5）：778-783.

朱清澄，高玉珍，王晓杰，等．2015.西北太平洋秋刀鱼椎骨形态的初步研究．广东海洋大学学报，35（3）：16-21.

朱文泉．2014.岛屿战争论（上）．北京：军事科学出版社．

［德］布兰特（Brandt A. V.）著．李定安，彭镜洲译．1979.世界捕鱼大观．台北：台北徐氏基金会．

［日］川崎健著．李大成，张如玉译．1986.中上层鱼类资源．北京：农业出版社．

［日］高桥．1963.茨水试调查报告．6：1-23.

［日］津谷俊人著．段若玲译．1986.日本渔船图集．北京：海洋出版社．

［日］千国史郎著．1985.西北太平洋鱼类资源．罗马：联合国粮食及农业组织．

［日］相池幸雄．1963.东北区水产研究所研究报告第23号．第23号：85-92.

［苏］А. Л. 弗里德曼著．侯恩准，高清廉译．1988.渔具理论与设计．北京：海洋出版社．

［苏］С. М. 卡冈诺夫斯卡娅．1966a.日本海中的塞拉竹刀鱼．太平洋西部渔业研究委员会第七次全体会议论文集．北京：科学出版社，121-127.

［苏］С. М. 卡冈诺夫斯卡娅．1966b.苏、朝渔业科学考察队苏联组所进行的研究工作的简要报道．太平洋西部渔业研究委员会第八次全体会议论文集．北京：科学出版社，245-251

［苏］И. И. 西德尔尼科夫．1965.电光捕捞秋刀鱼．太平洋西部渔业研究委员会第六次全体会议论文集．北京：科学出版社，142-145

安井敬一，中村光雄．1985.日本近海におけるサンマ及びカツオの漁獲量と気象との関係．水産海洋研究会報，47・48号：185-190.

北原修．1970.昭和44年度カリフォルニア海域におけるサンマ試験操業について．水産海洋研究会報，17号：14-16.

長倉克男．1956.サンマの脂肪含有量の變動に就いて．東北海区水産研究所研究報告 第7号サンマ特集号：54-59.

長倉克男，川崎典子．1960.サンマの脂質 第1報 各種溶剤による肉脂質の分別．東北海区水産研究所研究報告 第16号：140-144.

長谷川勝男，鈴木四郎．2005.キビナゴを対象とした棒受網と流刺網の操業比較．水産工学，42（1）：79-86.

巣山哲，桜井泰憲，目黒敏美，等．1992.中部北太平洋におけるサンマCololabis sairaの耳石日周輪に基づく年齢と成長の推定．日本水産学會誌，58（9）：1607-1614.

巣山 哲，桜井泰憲，島崎健二．1996．夏季の中部北太平洋におけるサンマの成熟と日齢．日本水産學會誌，62（3）：361-369.

巣山 哲．2002．北太平洋におけるサンマ*Cololabis saira*（Brevoort）の年齢，成長および成熟に関する研究．水産総合研究センター研究報告 第5号：68-113.

巣山 哲，森岡泰三，中屋光裕，等．2006．サンマの成熟過程の解明：飼育実験の果たす役割．水産総合研究センター研究報告 第4号別冊：173-180.

矢島信一．1963．サンマ棒受網漁業の漁獲性能に関連する諸要因について．Bulletin of the Japanese Society of Scientific Fisheries, 29（3）：235-241.

池田信也．1931．東北海区における昭和5年秋刀魚漁況の一考察．水産物理談話會報，28：423-430.

池田信也．1933．東北沖における昭和5年サンマ漁況の一考察．漁業連絡試験報告―そのI．水試報告，3.

川端 淳，中神正康，巣山哲，等．2008．北西太平洋における近年のゴマサバ資源の増加と1歳魚以上の分布，回遊．黒潮の資源海洋研究 第9号：61-66.

川崎健．1971．マサバおよびサンマの資源変動についての最近の論議について．水産海洋研究会報，18号：16-24.

大高兼太郎．1956．青森縣西海岸に於けるサンマ漁況．東北海区水産研究所研究報告，7号サンマ特集号：296-303.

大関芳沖，北川大二，河井智康．1998．漁場外の分布量を含めたサンマ来遊資源量推定方法．中央水産研究所研究報告，12号：53-70.

渡辺武彦．1963．サンマ魚体の比重と粗脂肪量の関係．東北海区水産研究所研究報告 第23号：93-104.

渡辺良朗．1988．稚魚ネット1曳網当りサンマ仔稚魚採集尾数の偏りの補正．東北海区水産研究所研究報告 第50号：49-58.

渡邉一功，斎藤克弥，為石日出生，等．1999．時系列解析によるサンマ漁場の水温分布予測．水産海洋研究，63巻2号：61-67

度邊一仁，石田 理，矢野蔵和，等．2010．宮城県産サンマ缶詰のカーボンフットプリント．宮城県水産研究報告，10号：25-32.

福島信一．1958．東北海區に於けるサンマ漁況と海況との関係に就いて．東北海区水産研究所研究報告 第12号：1-27.

福島信一．1962．春夏の黒潮の消長と秋のサンマ漁況との関係に就いて．東北海区水産研究所研究報告 第21号：21-37.

福島信一．1970．北西太平洋のサンマ資源．水産海洋研究会報，17号：9-10.

福島信一．1976．サンマの摂餌量について．日本水産學會誌，42（10）：1189-1189.

福島信一．1978．多獲性魚類の漁獲量変動・サンマ．水産海洋研究会報，33号：80-83.

福島信一．1979．北西太平洋ふサンマの洞游機構の機械綜観解析．東北水研報，41：1-70

福島信一．1981．北西太平洋のサンマの回遊と海況変動との関係．水産海洋研究会報，39号：29-32.

福島信一，渡辺良朗，小川嘉彦．1990．北西太平洋におけるサンマの季節別発生群と大型魚，中型魚，小型魚との対応．東北海区水産研究所研究報告，第52号：17-27.

高橋．1963．茨水試調査報告［R］．6：1-23.

高橋正知，高木香織，川端淳，等．2010．マサバ・ゴマサバ太平洋系群2007年級群の推定孵化時期．黒潮の資源海洋研究，11号：49-54.

高 幸子，北片正章，和田時夫．1980．千島列島南東水域における7月のサンマ餌料生物と動物プランクトンの鉛直分布について．水産庁北海道区水産研究所研究報告，45号：15-41.

高 幸子，北片正章，和田時夫．1982．千島列島南東水域における夏季のサンマと餌料生物，特に *Calanus plumchrus* との関係について．水産庁北海道区水産研究所研究報告，47号：41-55.

和田時夫．1981．南下回遊初期におけるサンマ大型魚群の生殖腺重量と肥満度．水産庁北海道区水産研究所研究報告，46号：85-95.

和田時夫，北片正章．1982．サンマの中層流網による採集試験結果と昼間の行動について．水産庁北海道区水産研究所研究報告，47号：11-22.

荒川久幸，崔 淅珍，有元貴元，等．1995．小型イカ釣り漁船の集魚灯光の海中放射照度分布．Nippon Suisan Gakkaishi，62（3）：420-427.

吉田 彰．2011．伊豆諸島海域の棒受網によるゴマサバ年齢別漁獲尾数．黒潮の資源海洋研究，第12号：145-152.

磯田 豊，桜井泰憲．2000．親子モデルを用いたサンマの年齢と産卵に関する仮説の検証．水産海洋研究，64巻2号：77-84.

今村 豊．1961．灯火漁業の研究-Ⅳ．サンマ棒受網法について．Bulletin of the Japanese Society of Scientific Fisheries，27（5）：440-445.

今井義弘．1988．道東沖で漁獲された超大型サンマ*Cololabis saira* 生物学的特性．北海道立水産試験場研究報告，第30号：25-32.

久保雄一．1954．太平洋サンマ*Cololabis saira*（Brevoot）の生態學的研究-Ⅱ．生殖腺について．茨城水試研報，昭和25・26年度：87-97.

堀田秀之．1958．飼育実験によるサンマの成長について．東北海区水産研究所研究報告，第11号：47-64.

堀田秀之．1960．鱗・耳石によるサンマのポピュレーシヨン構造の分析とその成長．東北海区水産研究所研究報告，第16号：41-64.

堀田秀之，相沢幸雄．1961．東北海区に於ける漁期以外のサンマ群の分布と胃内容物にみられるサンマの原形復原について．東北海区水産研究所研究報告，第19号：42-48.

堀田秀之，小達和子．1956．サンマの食餌構成とその攝餌行動に就いて．東北海区水産研究所研究報告，第7号サンマ特集号：60-69.

堀田秀之．1962．東北海区にるサンマ資源の数量変動に関する研究 第1報．東北海区水産研究所研究報告，第21号：1-20.

堀田秀之，福島信一．1963．東北海区に於けるサンマ資源の数量変動に関する研究，第2報，卵の性状を基にした発生水域の推定．東北海区水産研究所研究報告，第23号：61-72.

堀田秀之．1963．東北海区に於けるサンマ資源の数量変動に関する研究 第3報 北上・南下期の漁獲物組成と海況との関係．東北海区水産研究所研究報告，第23号：73-84.

堀田秀之．1964．東北海区に於けるサンマ資源の数量変動に関する研究 第4報 資源構造の輪廻現象と漁況変動との関係．東北海区水産研究所研究報告，第24号：48-64.

堀田秀之．1964．東北海区に於けるサンマ資源の数量変動に関する研究 第5報 変動の特性について．東北海区水産研究所研究報告，第24号：65-72.

堀田秀之．1967．東北海区におけるサンマ資源の数量変動に関する研究 第6報 初漁期の陸揚け経過に基いて盛漁期の陸揚量予測の試み．東北海区水産研究所研究報告，第27号：1-10.

堀田秀之．1965．サンマと黒潮との関係について．水産海洋研究会報，7号：64-66.

堀田秀之，福島信一．1970．黒潮の変動とサンマ初期漁場位置の輪廻現象との関係．東北区水産研究所研究報告，30 号．67-78.

栗田 豊．2001. サンマの産卵場および産卵量の季節変化．サンマ等小型浮魚資源研究会議報告，49：203-205.

栗田 豊，杉崎宏哉．2004. サンマ日間摂餌量の季節および体長による変化．水產海洋研究，68（3）：133-141.

林 小八，小達 繁．1981. サンマ仔魚分布様式について．日本水產學會誌，47（6）：705-711.

木村喜之助．1956. 標準体長として測るべき魚体の部位に就いて．東北海区水產研究所研究報告，第 7 号サンマ特集号：1-11.

木村喜之助．1956. 昭和 11 年~18 年時代の本邦サンマ流網漁況に就いて．東北海区水產研究所研究報告，第 7 号サンマ特集号：146-183.

木村喜之助．1956. 定置網の漁獲サンマに就いて．東北海区水產研究所研究報告，第 7 号サンマ特集号：184-238.

木村喜之助，堀田秀之，小達 繁，等．1956. 津軽海峡周辺のサンマに就いて．東北海区水產研究所研究報告，第 7 号サンマ特集号：239-295.

木村メイコ，平岡芳信，木宮 隆，等．2010. サンマ肉のトリメチルアミン生成に及ぼす凍結貯蔵の影響．日本水產學會誌，76 巻 6 号：1073-1079，1143-1144.

木村喜之助，堀田秀之，福島信一，等．1958. 流れ藻調査から得られたサンマの產卵に関する知見．東北海区水產研究所研究報告，第 12 号：28-45.

木島明博，原 素之，藤尾芳久．1984. サンマ群の集団構造および回遊経路についての遺伝学的研究．東北海区水產研究所研究報告，第 46 号：39-51.

目黒敏美，安間元，梶原善之，等．1987. 北西太平洋におけるサンマの南北分布．北海道大學水產學部研究彙報，38 巻 2 号：126-138.

内海遼一．2006. 紀南海域におけるサンマ仔魚の分布生態について．黒潮の資源海洋研究 第 7 号：73-76.

納谷美也子，上野康宏，毛利隆志，等．2010. サイドスキャンソナーを用いた中層トロールのサンマに対する採集効率の推定．日本水產學會誌，76 巻 4 号：658-669.

朴 龍俊．1956. 棒受網の模型実験-I. Bulletin of the Japanese Society of Scientific Fisheries，21（9）：978-981.

山本昭一，目黒敏美，島崎健二．1982. サンマ*Cololabis saira* BREVOORTに対する刺網の網目選択性について．北海道大學水產學部研究彙報，33 巻 4 号：240-248.

山村弥六郎，武藤清一郎．1962. サンマの灯付に関する研究 第 1 報ビタミンAとの関連性について．東北海区水產研究所研究報告，第 21 号：57-62.

山村弥六郎．1970. サンマの灯付に関する研究．第 2 報 成熟サンマと未成熟サンマにおけるビタミンAの分布．東北海区水產研究所研究報告，第 30 号：113-121.

四之宮 博，為石日出生，小沼一德，等．1993a. 東北海域におけるサンマ漁況変動と親潮分枝の挙動．日本大學農獸医學部學術研究報告，50 号：101-106.

四之宮 博，為石日出生，大橋 等，等．1993b. 東北海域におけるサンマ漁獲量変動と偏西風波動．日本大學農獸医學部學術研究報告，50 号：107-114.

時松靖之．2009. さんま棒受網漁業の現状について．海洋水產エンジニアリング，7：40-45.

辻 浩司，佐藤暁之，金子博実，等．2009. 水蔵中のサンマの血合肉と普通肉の性状について（短報）．北海道立水產試験場研究報告，75 号：25-27.

松宮義晴，田中昌一．1976. 東北・北海道海区の表面水温分布の数量化とサンマ漁場との結びつき．水産海洋研究会報，29号：30-40.

松崎浩二，山内信弥，津崎 順．2009．飼育下で観察されたサンマの産卵時間帯．水産増殖，57（2）：339-340.

松尾 泰．1970．昭和44年度中央太平洋における信濃丸サンマ調査について．水産海洋研究会報，17号：10-13.

田 永軍，赤嶺達郎，須田真木．2002．北西太平洋におけるサンマ資源の長期変動特性と気候変化．水産海洋研究，66巻1号：16-25.

田 永軍，赤嶺達郎，須田真木．2003．北西太平洋におけるサンマ資源變動及ほす気候と海洋のレジームシフトの影響．月刊海洋，35（3）：171-180.

梶川和武，伊藤貴史，毛利雅彦，等．2011．山口県日本海沿岸域のウルメイワシ棒受網漁業のハロゲン水中集魚灯とLED水中集魚灯の配光特性．水産大學校研究報告，59（4）：273-279.

為石日出生，花岡 明，四之宮 博．1997．南下初期の操業データと暖水塊パラメータによるサンマ漁況予測．水産海洋研究，61巻1号：18-22.

西田 孟，柴田宣和．1981．サンマの各部位より抽出した脂質の酸化．北海道立水産試験場報告，23号：79-102.

熊沢泰生，胡 夫祥，不破茂，等．2009．修正田内則に基づく拡網装置を取り付けたトロール漁具の模型試験．日本水産學會誌，75（5）：793-801.

熊凝武晴．1965．利用"短波長光"的集魚方法．日本特許公報，1965：1-282.

夏目雅史，森 泰雄，辻 浩司．2009．北海道東部太平洋で夏期にさんま流し網漁業により漁獲されるサンマの来遊起源について．北水試研報，74：1-11.

相川廣秋．1933．太平洋沿岸における鰹鮪及ひ秋刀魚の魚況．水産学會報，5（4）：54-69.

相沢幸雄．1963．サンマ群の灯付状態と漁獲・魚群との関係について．東北海区水産研究所研究報告，第23号：85-92.

相沢幸雄．1967．サンマの鰭条数．東北区水産研究所研究報告 第27号：11-20.

小坂 淳．1981．北上期サンマ幼一未成魚の海洋前線乗り越えについて．水産海洋研究会報，39号：123-124.

小坂 淳，丹野信一．1984．熊野灘におけるサンマ漁獲量の変動についての一，二の知見．東北区水産研究所研究報告，46号：21-26.

小坂 淳．2000．北西太平洋におけるサンマの生活史とそれにもとづく資源変動の考察．東北海区水産研究所研究報告，第63号：1-95.

小達和子．1977．サンマの食性について．東北海区水産研究所研究報告，38号：75-88.

小達 繁．1956．サンマの脊椎骨數．東北海区水産研究所研究報告，第8号：1-14.

小達 繁．1956．東北海區に於けるサンマ稚魚の分布と産卵魚の成熟狀態．東北海区水産研究所研究報告，第7号サンマ特集号：70-102.

小達 繁．1958．サンマの形態學の研究．東北海区水産研究所研究報告，第11号：38-46.

小達繁．1962．日本近海におけるサンマ稚仔の分布．東北海区水産研究所研究報告，第20号：67-93.

小達 繁．1962．脊椎骨數からみたサンマ魚群集団の構造．東北海区水産研究所研究報告，第21号：38-49.

小達 繁．1970．北太平洋におけるサンマ資源の分布と系統群．水産海洋研究会報，17号：1-6.

小谷祐一，小坂 淳．1984．混合水域における表層性動物プラントンの分布とサンマ稚幼魚の餌生物．東北海区水産研究所研究報告，第46号：53-60.

小林 乔．1990．サンマ大型魚の漁況変動について．北海道立水産試験場研究報告，35号：1-28.

影山佳之. 2005. 伊豆東岸定置網におけるサンマ漁獲量の変動機構. 静岡県水產試験場研究報告, 40 号: 25-29.

有元貴文. 1985. 魚類の生態からみた漁法の檢討 (14) サンマと集魚灯 [J]. 水產の研究, 4 (14): 34-38.

宇田道隆. 1930. 千業以北の秋刀魚漁場の移動について. 水產物理談話会報, 23 号: 1-43.

宇田道隆. 1936. 東北海區におけるサンマ漁場移動と親潮寒流の関係. 日本水產學會誌, 6 巻 4 号: 23-30.

宇田道隆. 1970. 北部太平洋における海況 (サンマ関係). 水產海洋研究会報, 17 号: 7-9.

猿谷 倫. サンマ棒受網漁業の機械化についての研究-I 揚網时に於ける機械化について. 水試漁具漁法研究ぐん一プ, 茨水試: 試験報告, 昭和 37 年度, 1-13.

猿谷 倫, 佐藤 実, 高橋 惇. サンマ棒受網漁業の機械化についての研究-II 揚網时における問題点の改良. 茨水試: 試験報告, 昭和 39-40 年度, 1-13.

原 素之. 1986. 南下期サンマにおける肥満度の経年変化と漁獲量の関係. 東北区水產研究所研究報告, 48 号: 1-12.

原 素之, 伊藤孝一, 秦 満夫. 1981. サンマ普通肉の脂質含量と脂質組成. 東北区水產研究所研究報告, 42 号: 41-48.

原 素之, 木島明博, 藤尾芳久. 1982. 日本近海および沖合に分布するサンマ群の集団構造に関する遺伝学的研究. 東北区水產研究所研究報告, 45 号: 19-32.

原 素之, 伊藤孝一, 秦 満夫. 1982. サンマの各組織における脂質の特性. 東北区水產研究所研究報告, 44 号: 25-31.

原 一郎, 黑田一紀. 1982. 内湾域におけるサンマの異常出現について. 水產海洋漁具会報, 40 号: 80-92.

原 政子, 栗田 豊, 渡部諭史, 等. 1997. サンマの繁殖生態に関する基礎的研究: 卵・精子の微細構造. 東北区水產研究所研究報告, 59 号: 139-147.

中神正康, 巣山 哲, 納谷美也子, 等. 2014. 平成 25 年度サンマ太平洋北西部系群の資源評価. 東北区水產研究所研究報高-サンマ太平洋北西部系群: 254-296.

株式会社ヤマツ谷地商店. 2009. 大型サンマ棒受網漁船 (171トン) におけるLED 漁灯導入実証試験. 実証試験報告書: 209-229.

佐藤 渡, 志子田立平, 埜澤尚範. 2011. サンマ肉貯蔵中の酸素ガスによるトリメチルアミン-N-オキシドの分解拟制. 日本水產學會誌, 77 巻 4 号: 665-672.

佐野典達, 谷野保夫. 1983. 科学魚探によるサンマ資源現存量の推定について. 北海道大學水產學部研究彙報, 34 巻 3 号: 220-230.

Akinori Takasuka, Hiroshi Kuroda, Takeshi Okunishi, et al. 2014. Occurrence and density of Pacific saury *Cololabis saira* larvae and juveniles in relation to environmental factors during the winter spawning season in the Kuroshio Current system. Fisheries Oceanography, 23 (4): 304-321.

Antonio Agüera, Deirdre Brophy. 2012. Growth and age of Atlantic saury, *Scomberesox saurus saurus* (Walbaum), in the northeastern Atlantic Ocean. Fisheries Research, 131-133: 60-66.

Assaâd Sila, Rim Nasri, Mourad Jridi, et al. 2012. Characterisation of trypsin purified from the viscera of Tunisian barbel (*Barbus callensis*) and its application for recovery of carotenoproteins from shrimp wastes. Food Chemistry, 132 (3): 1287-1295.

Cha Y J, Park S Y, Kim H, et al. 2001. Oxidative stability of seasoned-dried Pacific saury (imported product) treated with liquid smoke. Journal of Food Science and Nutrition, 6 (4): 201-205.

Chawla S P, Kim D H, Jo C, et al. 2003. Effect of gamma irradiation on the survival of pathogens in kwamegi, a traditional Korean semidried seafood. Journal of Food Protection, 66 (11): 2093-2096.

Daiki Mukai, Michio J Kishi, Shin-ichi Ito, et al. 2007. The importance of spawning season on the growth of Pacific saury: A model-based study using NEMURO. FISH. Ecological Modelling, 202 (1-2): 165-173.

De Silva S S, T T T Nguyen, B I Ingram. 2008. Fish reproduction in relation to aquaculture//M J Rocha. Fish reproduction. Science publishers, New Hampshire. 535-575.

Dickson W. 1959. The use of model nets as a method of developing trawling gear. Modern Fishing Gear of the World, Fishing News Books Ltd, London, 166-174.

Eriko Hoshino, E J Milner-Gulland, Richard M Hillary. 2012. Bioeconomic adaptive management procedures for short-lived species: A case study of Pacific saury (Cololabis saira) and Japanese common squid (Todarodes pacificus). Fisheries Research, 121-122: 17-30.

Fukushima S. 1979. Synoptic analysis of migration and fishing conditions of saury in the northwest Pacific Ocean. Bull Tohoku Reg Res Lab, 41: 1-70.

Gong Y, Suh Y S. 2013. Effect of climate-ocean changes on the abundance of Pacific saury. J Environ Biol, 34 (1): 23-30.

H Hotta. 1960. On the analysis of the population of the saury (Cololabis saira) based on the scale and the otolith characters, and their growth. Bull Tohoku Reg, Fish Res Lab, 16: 41-64.

Haruna Amano, Makiko Kitamura, Toshiaki Fujita, et al. 2008. Purification and characterization of lipovitellin from Pacific saury Cololabis saira. Fisheries Science, 74 (4): 830-836.

Hatanaka M. 1956. Biological studies on the population of the saury, Cololabis saira (Brevoort). Part 1. Reproduction and growth. Tohoku Journal of Agricultural Research, 6 (1): 871-876.

Hatanaka M. 1956. Biological studies on the population of the saury, Cololabis saira (Brevoort). Part 2. Habits and migrations. Tohoku Journal of Agricultural Research, 6: 313-340.

Hideki Mori, Yurie Tone, Kouske Shimizu, et al. 2013. Studies on fish scale collagen of Pacific saury (Cololabis saira). Materials Science and Engineering C, 33 (1): 174-181.

Hideaki Yamanaka, Kuniyoshi Shimakura, Kazuo Shiomi, et al. 1986. Changes in non-volatile amine Contents of the meats of sardine and saury pike during storage. Bulletin of the Japanese Society of Scientific Fisheries, 52 (1): 127-130.

Hiroshi Shinomiya, Hideo Tameishi. 1988. Discriminant prediction of formation of saury fishing grounds by satellite infrared imageries. Nippon Suisan Gakkaishi, 54 (7): 1093-1099.

Hiroya Sugisaki, Yutaka Kurita. 2004. Daily rhythm and seasonal variation of feeding habit of Pacific saury (Cololabis saira) in relation to their migration and oceanographic conditions off Japan. Fisheries Oceanography, 13: 63-73.

Huang Wen-Bin, Nancy C H Lo, Chiu Tai-Sheng et al. 2007. Geographical distribution and abundance of Pacific saury, Cololabis saira (Brevoort) (Scomberesocidae), fishing stocks in the northwestern Pacific in relation to sea temperatures. Zoological Studies, 46 (6): 705-716.

Huang Wen-Bin. 2010. Comparisons of monthly and geographical variations in abundance and size composition of Pacific saury between the high-seas and coastal fishing grounds in the northwestern Pacific. Fisheries Science, 76 (1): 21-31.

Ichiro Yasuda, Yoshiro Watanabe. 1994. On the relationship between the Oyashio front and saury fishing grounds in the north-western Pacific: a forecasting method for fishing ground locations. Fisheries Oceanography, 3 (3): 172-181.

Ichiro Yasuda, Tomowo Watanabe. 2007. Chlorophyll a variation in the Kuroshio Extension revealed with a mixed-layer tracking float: implication on the long-term change of Pacific saury (*Cololabis saira*). Fisheries Oceanography, 16 (5): 482-488.

Kazuyoshi Watanabe, Eiji Tanaka, Sakutaro Yamada et al. 2006. Spatial and temporal migration modeling for stock of Pacific saury *Cololabis saira* (Brevoort), incorporating effect of sea surface temperature. Fisheries Science, 72 (6): 1153-1165.

Kh I Sallam, A M Ahmed, M M Elgazzar, et al. 2007. Chemical quality and sensory attributes of marinated Pacific saury (*Cololabis saira*) during vacuum-packaged storage at 4℃. Food Chemistry, 102 (4): 1061-1070.

Khalid I. Sallam. 2008. Effect of marinating process on the microbiological quality of Pacific saury (*Cololabis saira*) during vacuum-packaged storage at 4℃. International Journal of Food Science and Technology, 43 (2): 220-228.

Kim W T, Lim Y S, Shin I S, et al. 2006. Use of electrolyzed water ice for preserving freshness of Pacific saury (*Cololabis saira*). Journal of Food Protection, 69 (9): 2199-2204.

Konagaya T. 1971. Studies on the design of the purse seine. J Fac Fish Prefectural Univ Mie, 8 (3): 229-233.

Kosaka S. 2000. Life history of the Pacific saury *Cololabis saira* in the northwest Pacific and considerations on resource fluctuations based on it. Bulletin of Tohoku National Fisheries Research Institute, 63: 1-96.

Lennie K Y Cheung, Haruo Tomita, Toshikazu Takemori. 2016. Mechanisms of docosahexaenoic and eicosapentaenoic acid loss from Pacific saury and comparison of their retention rates after various cooking methods. Journal of Food Science, 81 (8): 1899-1907.

Lewis R W. 1967. Fatty acid composition of some marine animals from various depths. Journal of the Fisheries Research Board of Canada, 24 (5): 1101-1115.

M Abduh Ibnu Hajar, Hiroshi Inada, Masahide Hasobe et al. 2008. Visual acuity of Pacific saury *Cololabis saira* for understanding capture process. Fisheries Science, 74 (3): 461-468.

Mann K H. 1993. Physical oceanography, food chains, and fish stocks: a review. ICES J Mar Sci, 50 (2): 105-119.

Masayuki Iwahashi, Yutaka Isoda, Shin Ichi Ito, et al. 2006. Estimation of seasonal spawning ground locations and ambient sea surface temperatures for eggs and larvae of Pacific saury (*Cololabis saira*) in the western north Pacific. Fisheries Oceanography, 15 (2): 125-138.

Meiko Kimura, Yoshinobu Hiraoka, Takashi Kimiya, et al. 2010. Formation of trimethylamine in Pacific saury muscle during frozen storage. Nippon Suisan Gakkaishi, 76 (6): 1073-1079.

Mitushiro Nakaya, Taizo Morioka, Kyohei Fukukaga, et al. 2010. Effectiveness of using a vinyl sheet to reduce mortality caused by collision during rearing of Pacific saury *Cololabis saira*. Aquaculture Science, 58 (2): 301-303.

Mitsuhiro Nakaya, Taizo morioka, Kyouhei Fukunaga, et al. 2010. Growth and maturation of Pacific saury *Cololabis saira*. under laboratory conditions. Fisheries Science, 76 (1): 45-53.

Mitsuhiro Nakaya, Taizo morioka, Kyohei Fukunaga, et al. 2011. Verification of growth dependent survival in early life history of Pacific saury *Cololabis saira* using laboratory experiment. Environ Biol Fish, 92 (1): 113-123.

Nakaya Mitsuhiro, Morioka Taizo, Fukunaga Kyouhei, et al. 2010. Growth and maturation of Pacific saury *Cololabis saira* under laboratory conditions. Fisheries Science, 76 (1): 45-53.

P J Bechtel, J Chantarachoti, A C M Oliveira, et al. 2007. Characterization of protein fractions from immature Alaska walleye pollock (*Theragra chalcogramma*) roe. Journal of Food Science, 72 (5): S338-S343.

Runge J A. 1988. Should we expect a relationship between primary production and fisheries? The role of copepod dynamics as a filter of trophic variability. Hydrobiologia, 167-168 (1): 61-71.

Sallam K I. 2008. Effect of marinating process on the microbiological quality of Pacific saury (*Cololabis saira*) during vacuum-packaged storage at 4 degrees C. International Journal of Food Science and Technology, 43 (2): 220-228.

Sallam K I, Ahmed A M, Elgazzar M M, et al. 2007. Chemical quality and sensory attributes of marinated Pacific saury (*Cololabis saira*) during vacuum-packaged storage at 4 degrees C. Food Chemistry, 102 (4): 1061-1070.

Sappasith Klomklao, Soottawat Benjakul, Wonnop Visessanguan, et al. 2007. Trypsin from the pyloric caeca of bluefish (*Pomatomus saltatrix*). Comparative Biochemistry and Physiology Part B: Biochemistry and Molecular Biology, 148 (4): 382-389.

Sappasith Klomklao, Hideki Kishimura, Soottawat Benjakul. 2014. Anionic trypsin from the pyloric ceca of Pacific saury (*Cololabis saira*): purification and biochemical characteristics. Journal of Aquatic Food Product Technology, 23 (2): 186-200.

Sato W, Shikota R, Nozawa H. 2011. Effects of storage under gaseous oxygen on degradation of trimethylamine-N-oxide in the muscle of Pacific saury. Nippon Suisan Gakkaishi, 77 (4): 665-673.

Satoshi Suyama, Masayasu Nakagami, Miyako Naya, et al. 2012. Comparison of the growth of age-1 Pacific saury *Cololabis saira* in the western and the central north Pacific. Fisheries Science, 78 (2): 277-285.

Satoshi Suyama, Kazuhiro Oshima, Masayasu Nakagami, et al. 2009. Seasonal change in the relationship between otolith radius and body length in age-zero Pacific saury *Cololabis saira*. Fisheries Science, 75 (2): 325-333.

Satoshi Suyama, Masayasu Nakagami, Miyako Naya, et al. 2012. Migration route of Pacific saury *Cololabis saira* inferred from the otolith hyaline zone. Fisheries Science, 78 (6): 1179-1186.

Satoshi Suyama, Yutaka Kurita, Yasuhiro Ueno. 2006. Age structure of Pacific saury *Cololabis saira* based on observations of the hyaline zones in the otolith and length frequency distributions. Fisheries Science, 72 (4): 742-749.

Satoshi Suyama, Yasunori Sakurai, Kenji Shimazaki. 1996. Age and growth of Pacific saury *Cololabis saira* (Brevoort) in the western north Pacific Ocean estimated from daily otolith growth Increments. Fisheries Science, 62 (1): 1-7.

Satoshi Suyama, Akio Shimizu, Sayoko Isu, et al. 2016. Determination of the spawning history of Pacific saury *Cololabis saira* from rearing experiments: identification of post-spawning fish from histological observations of ovarian arterioles. Fisheries Science, 82 (3): 445-457.

Seinen Chow, Nobuaki Suzuki, Richard D. et al. 2009. Little population structuring and recent evolution of the Pacific saury (*Cololabis saira*) as indicated by mitochondrial and nuclear DNA sequence data. Journal of Experimental Marine Biology and Ecology, 369 (1): 17-21.

Seki H, Hamada-Sato N. 2015. Effect of various salts on inosinic acid-degrading enzyme activity in white and dark muscle of the Pacific saury. Fisheries Science, 81 (2): 365-371.

Shin-Ichi Ito, Hiroya Sugisaki, Atsushi Tsuda, et al. 2004. Contributions of the VENFISH program: meso-zooplankton, Pacific saury (*Cololabis saira*) and walleye Pollock (*Theragra chalcogramma*) in the northwestern Pacific. Fisheries Oceanography, 13 (Suppl. 1): 1-9.

Shin-Ichi Ito, Bernard A Megrey, Michio J Kishi, et al. 2007. On the interannual variability of the growth of Pacific saury (*Cololabis saira*): A simple 3-box model using NEMURO. FISH. Ecological Modelling, 202 (1-2): 174-183.

Shin-ichi Ito, Takeshi Okunishi, Michio J Kishi, et al. 2013. Modelling ecological responses of Pacific saury (*Cololabis saira*) to future climate change and its uncertainty. Journal of Marine Science, 70 (5): 980-990.

Shinya Baba, Takashi Matsuishi. 2014. Evaluation of the predictability of fishing forecasts using information theory. Fisheries Science, 80 (3): 427-434.

Susumu Kurita, Syoiti Tanaka, Masako Mogi 1973. Abundance index and dynamics of the saury population in the Pacific Ocean off Northern Japan. Bulletin of Japanese Society of Scientific Fisheries, 39 (1): 7-16.

Suyama S, Sakurai Y, Meguro T, et al. 1992. Estimation of the age and growth of Pacific saury *Cololabis saira* in the central north Pacific Ocean determined by otolith daily growth increments. Nippon Suisan Gakkaishi, 58 (9): 1607-1614.

Suyama S, Sakurai Y, Shimazaki K. 1996. Maturation and age in days of Pacific saury *Cololabis saira* (Brevoort) in the central North Pacific Ocean during the summer. Nihon-Suisan Gakkai-shi, 62 (3): 361-369.

T Konagaya. 1971. Studies on the purse seine-III: On the effect of sinkers on the performance of a purse seince. Nippon Suisan Gakkaishi, 37: 861-865.

T Konagaya. 1971. Studies on the Purse Seine-IV: The influence of hanging and net depth. Nippon Suisan Gakkaishi, 37: 866-870.

T Konagaya. 1971. Studies on the Purse Seine-V: Effects of the waiting time and the under water current on the pursing operation. Bulletin of the Japanese Society of Scientific Fisheries, 37 (10): 939-943.

Takashi Kuda, Toshihiro Yano. 2009. Changes of radical-scavenging capacity and ferrous reducing power in chub mackerel *Scomber japonicus* and Pacific saury *Cololabis saira* during 4℃ storage and retorting. LWT-Food Science and Technology, 42 (6): 1070-1075.

Tamotsu Okamoto, Kunio Takahashi, Hiroshi Ohsawa, et al. 2008. Application of LEDs to fishing lights for Pacific saury. J Light & Vis Env, 32 (2): 38-42.

Tatsuo Yusa. 1960. Embryonic development of the saury *Cololabis saira* (Brevoort). 東北海区水産研究所研究報告, 17 号: 1-14.

Tauti M. 1935. A relation between experiments on model and on full scale of fishing net. Nippon Suisan Gakkaishi, 3 (4): 171-177.

Tian Yongjun, Yasuhiro Ueno, Maki Suda, et al. 2002. Climate-ocean variability and the response of Pacific saury (*Cololabis saira*) in the northwestern Pacific during the last half century. Fisheries Science, 68 (Suppl. 1): 158-161.

Tina Y J, Akamine T, Suda M. 2004. Modeling the influence of oceanic-climatic changes on the dynamics of Pacific saury in the northwestern Pacific using a life cycle model. Fisheries Oceanography, 13 (Suppl. 1): 125-137.

Tina Y J, Akamine T, Suda M. 2003. Variations in the abundance of Pacific saury (*Cololabis saira*) from the north western Pacific in relation to oceanic-climate changes. Fish Res, 60 (2-3): 439-454.

Tian Yongjun, Ueno Yasuhiro, Suda Maki. et al. 2004a. Decadal variability in the abundance of Pacific saury and its response to climatic/oceanic regime shifts in the northwestern subtropical Pacific during the last half century. Journal of Marine Systems, 52 (1-4): 235-257.

Tomoaki Tsutsumi, Yoshiaki Amakure, Kumiko Sasaki, et al. 2007. Dioxin concentrations in the edible parts of Japanese Common Squid and saury. J Food Hyg Soc Japan, 48 (1): 8-12.

Tokyo Fisheries Agency, Research Department. 1973. Resources for stick-held dip-net saury fishery. In major fisheries resources in the coast waters around Japen. 115-130.

Travis B Johnson, Masayasu Nakagami, Yasushiro Ueno, et al. 2008. Chaetognaths in the diet of Pacific saury

(*Cololabis saira*) in the northwestern Pacific Ocean. Coastal Marine Science, 32 (1): 39–47.

Tseng Chen-Te, Sun Chi-Lu, Yeh Su-Zan, et al. 2011. Influence of climate-driven sea surface temperature increase on potential habitats of the Pacific saury (*Cololabis saira*). Journal of Marine Science, 68 (6): 1105 –1113.

Tseng Cheb-Te, Su Nan-Jay, Sun Chi-Lu, et al. 2013. Spatial and temporal variability of the Pacific saury (*Cololabis saira*) distribution in the northwestern Pacific Ocean. Journal of Marine Science, 70 (5): 991 –999.

Tsenga Chen-Te, Sun Chi-Lu, Igor M. Belkin, et al. Sea surface temperature fronts affect distribution of Pacific saury (*Cololabis saira*) in the northwestern Pacific Ocean. Deep-Sea Research Part II, 107: 15–21.

Tseng C T, Sun C L, Belkin I M, et al. 2014. Sea surface temperature fronts affect distribution of Pacific saury (*Cololabis saira*) in the Northwestern Pacific Ocean. Deep-Sea Research II, 107: 15–21.

Tyler C R, J P Sumpter. 1996. Oocyte growth and development in teleosts. Reviews in Fish Biology and Fisheries, 6 (3): 287–318.

V V Sablin et al V P Pavlychev. 1982. Dependence of migration and catch of Pacific saury upon thermal conditions. Bulletin Tohoku Regional Fisheries Research Laboratory, 44: 109–117.

Wade J, Curtis J M R. 2015. A review of data sources and catch records for Pacific saury (*Cololabis saira*) in Canada. Canadian Manuscript Report of Fisheries and Aquattic Sciences, 3058: iv, 1–20.

Wang H, Luo Y, Shi C, et al. 2015. Effect of different thawing methods and multiple freeze-thaw cycles on the quality of common carp (*Cyprinus carpio*) Journal of Aquatic Food Product Technology, 24 (2): 153–162.

Xia X, Kong B, Liu Q, et al. 2009. Physicochemical change and protein oxidation in porcine longissimus dorsi as influenced by different freeze-thaw cycles. Meat Science, 83 (2): 239–245.

Y KURITA. 2006. Regional and interannual variations in spawning activity of Pacific saury *Cololabis saira* during northward migration in spring in the north-western Pacific. Journal of Fish Biology, 69 (3): 846–859.

Yeong GONG, Young-sang SUH. 2013. Effect of climate-ocean changes on the abundance of Pacific saury. Journal of Environmental Biology, 34 (1): 23–30.

Yeong GONG, Toshiyuki HIRANO, Chang Ik ZHANG. 1983. On the migration of Pacific saury in relation to oceanographic conditions off Korea. Bulletin of the Japanese Society of Fisheries Oceanography, 44: 51–75.

Yeong GONG, Toshiyuki HIRANO, Chang Ik ZHANG. 1985. A study on oceanic environmental conditions for Pacific saury in Korean waters. Bulletin of the Japanese Society of Fisheries Oceanography, 47: 36–58.

Y Oozeki Y Watanabe. 2000. Comparison of somatic growth and otolith increment growth in laboratory-reared larvae of Pacific saury, *Cololabis saira*, under different temperature conditions. Marine Biology, 136 (2): 349–359.

Yoshioki Oozeki, Yoshiro Watanabe, Daiji Kitagawa. 2004. Environmental factors affecting larval growth of Pacific saury, *Cololabis saira*, in the northwestern Pacific Ocean. Fisheries Oceanography, 13 (1): 44–53.

Yoshioki Oozkei, Takeshi Okunishi, Akinori Takasuka, et al. 2015. Variability in transport processes of Pacific saury *Cololabis saira* larvae leading to their broad dispersal: Implications for their ecological role in the western North Pacific. Progress in Oceanography, 138, Part B: 448–458.

Yoshiharu Matsumiya, Syoiti Tanaka. 1976. Dynamics of the saury population in the Pacific Ocean off northern Japan-I Abundance index in number by size category and fishing ground. Bulletin of the Japanese Society Scientific Fisheries, 42 (3): 277–286.

Yoshiharu Matsumiya, Syoiti Tanaka. 1976. Dynamics of the saury population in the Pacific Ocean off northern Japan-II Estimation of the catchability coefficient q with the shift of fishing ground. Bulletin of the Japanese Society Scientific Fisheries, 42 (9): 943–952.

Yoshiharu Matsumiya, Syoiti Tanaka. 1978. Dynamics of the saury population in the Pacific Ocean off northern Japan-III Reproductive relation of large and medium sized fish. Bulletin of the Japanese Society Scientific Fisheries, 44 (5): 451-455.

Yoshioki Oozeki, Takeshi Okunishi, Akinori Takasuka, et al. 2015. Variability in transport processes of Pacific saury *Cololabis saira* larvae leading to their broad dispersal: Implications for their ecological role in the western North Pacific. Progress in Oceanography, 138: 448-458.

Yoshioki Oozeki, Yoshiro Watanabe, Yutaka Kurita, et al. 2003. Growth rate variability of Pacific saury, *Cololabis saira*, larvae in the Kuroshio waters. Fisheries Oceanography, 12 (4-5): 419-424.

Yoshioki Oozeki, Yoshiro Watanabe, Daiji Kitagawa. 2004. Environmental factors affecting larval growth of Pacific saury, *Cololabis saira*, in the northwestern Pacific Ocean. Fisheries Oceanography, 13 (Suppl): 44-53.

Yoshioki Oozeki, Akinori Takasuka, Hiroshi Okamura, et al. 2009. Patchiness structure and mortality of Pacific saury *Cololabis saira* larvae in the northwestern Pacific. Fisheries Oceanography, 18 (5): 328-345.

Yoshiro Watanabe. 2009. Recruitment variability of small pelagic fish populations in the Kuroshio – Oyashio transition region of the western north Pacific. Journal of Northwest Atlantic Fishery Science, 41: 197-204.

Yoshiro Watanabe, Nancy C H Lo. 1989. Larval production and mortality of Pacific saury, *Cololabis saira*, in the northwestern Pacific Ocean. Fishery Bulletin, 87 (3): 601-618.

Yoshiro Watanabe. 1990. A set of brightness categories for examining diel change of catch efficiency of saury larvae and juveniles by a neuston net. Bulletin of the Japanese Society of Fisheries Oceanography, 54 (3): 237-241.

Yoshiro Watanabe, Yoshioki Oozeki, Daiji Kitagawa. 1997. Larval parameters determining preschooling juvenile production of Pacific saury (*Cololabis saira*) in the northwestern Pacific. Canadian Journal of Fisheries and Aquatic Sciences, 54: 1067-1076.

Yoshiro Watanabe, Yutaka Kurita, Masayuki Noto, et al. 2003. Growth and survival of Pacific saury *Cololabis saira* in the Kuroshio-Oyashio transitional waters. Journal of Oceanography, 59 (4): 403-414.

Yu. V. Novikov. 1982. Some notions of mechanism of long-term variations of stock composition and abundance of Pacific saury. Bulletin Tohoku Regional Fisheries Research Laboratory, 44: 101-107.

Y Ueno, S Suyama, Y Kurita, et al. 2004. Design and operation methods of a mid-water trawl for quantitative sampling of a surface pelagic fish, Pacific saury (*Cololabis saira*). Fisheries Research, 66 (1): 3-17.